# Flask 2 +
# Vue.js 3
# 实战派

## Python Web开发与运维

杨永刚◎著

电子工业出版社·
Publishing House of Electronics Industry
北京·BEIJING

## 内 容 简 介

本书介绍了 Flask 编程从开发到运维过程中涉及的方法、技巧和实战经验，共分为 5 篇。

"第 1 篇 基础"介绍 Flask 开发的基础知识。

"第 2 篇 项目入门实战"通过开发一个图书管理系统后台来融合前面章节的知识点。

"第 3 篇 项目进阶实战"通过开发一个商城系统后台来融合钩子函数、蓝图、缓存、分布式任务队列、邮件等 Flask 进阶知识点。

"第 4 篇 前后端分离项目实战"通过 Flask-RESTful 框架来设计和实现 RESTFul 接口，使用"前后端分离"的方式开发商城系统前台，涉及 Vue.js 3、Axios、Vue Router 4、Pinia、Flask-RESTful 等技术。

"第 5 篇 部署及运维"涉及 Flask 应用的传统部署、Flask 应用的 Docker 部署。

本书通过完整的商城系统实例，融合了 Flask 开发中涉及的知识点；通过大量实例手把手带领读者学习完整的"需求分析、开发、部署上线"过程，践行"软件开发运维一体化"的理念。

本书适合所有对 Flask 感兴趣的读者阅读学习。

**图书在版编目（CIP）数据**

Flask 2 + Vue.js 3 实战派：Python Web 开发与运维 / 杨永刚著. —北京：电子工业出版社，2024.6
ISBN 978-7-121-47861-1

Ⅰ. ①F… Ⅱ. ①杨… Ⅲ. ①软件工具－程序设计 Ⅳ. ①TP311.561

中国国家版本馆 CIP 数据核字（2024）第 097467 号

责任编辑：吴宏伟
印　　刷：三河市良远印务有限公司
装　　订：三河市良远印务有限公司
出版发行：电子工业出版社
　　　　　北京市海淀区万寿路 173 信箱　　邮编 100036
开　　本：787×980　　1/16　　印张：28.5　　字数：706.8 千字
版　　次：2024 年 6 月第 1 版
印　　次：2024 年 6 月第 1 次印刷
定　　价：118.00 元

# 推荐语

在 Web 开发的世界中，轻量级的 Python Web 开发框架 Flask 以简单和灵活著称。Flask 不只是一个工具，更是一个充满活力的生态系统，拥有活跃的社区和丰富的文档资源，不仅可以让初学者轻松入门，还能让有经验的开发者从中获得必要的支持。

本书旨在引领读者深入 Flask 的精彩世界。它不仅介绍了 Flask 的核心概念和特性（例如轻量级的架构、简捷的 API、松散耦合的设计原则、对 MVC 模式的支持，以及灵活的路由系统），还提供了丰富的实战案例，从基础的 Web 应用构建到复杂的系统开发和运维，全面覆盖 Flask 的应用场景。

本书是为那些对 Python Web 开发充满热情的读者准备的。无论你是刚刚开始接触 Flask，还是希望提升现有的 Flask 应用水平，本书都能为你提供帮助。让我们一起踏上探索 Flask 的旅程吧，开发出"运行更快、代码更少、过程更简捷的 Web 应用"。

张震

中国电信集团云网运营部平台云化处处长

我觉得，未来的社会是一个人人都会编程的社会，所以每个人都要有一点儿编程思维，否则会跟不上时代。对于年轻人而言，最好具备编程技能。如何练就编程技能？一个好的办法是找一本好的编程实战书，按照书中的指导逐步练习。

本书作者杨永刚是我的同事。我认识他的时候他就已经写了好几本书，这是他的第 N 本书——一本 Web 编程的实战书。如果我还年轻，那我一定会按照这本书的指导进行学习，从安装、开发到部署运维，最后得到一个完整的 Web 应用。

钭安光

天翼云科技有限公司天翼云西北中心原总经理

本书由浅入深，介绍了如何利用"Flask（轻量级的 Python Web 开发框架）+ Vue.js（流行的前端开发框架）"来完成一个实用的 Web 商城系统。

当然，只了解怎么使用 Flask + Vue.js 搭建 Web 应用是远远不够的，一个完整成熟的商业 Web 应用需要考虑数据存储、部署、负载均衡、容器化等。这些内容在本书中都有详细的介绍。

本书是学习 Python Web 开发、成为一个专业的 Web 开发高手的重要资料。

陈锐

博赛软件有限公司 CTO

微软 2002—2012 年 MVP


在 VUCA 时代，一切充满变数，不论对企业还是个人而言，如何拥抱变化与应对变化都是一个关乎生存的重要课题。因此，近年来能够快速响应需求的"T 型"人才、"全栈型"人才正逐渐成为各行业人力资源部门重点关注的对象。在互联网领域，更是如此。懂前端、后端，会交互、运维的 Web 全栈工程师，已俨然成为人力市场上的"香饽饽"。

本书基于编程语言 Python、Web 服务端快速开发框架 Flask，以及渐进式 JavaScript 框架 Vue.js，试图帮助读者踏上全栈之路。

本书不仅适合已有一定基础的 Web 开发者阅读，对于各大有意探索"新工科"人才培养的高等院校中有志于成为 Web 全栈工程师的师生同样适用。

陈缘

浙江工商大学智慧教育研究院副院长

浙江工商大学国家级文科综合实验教学示范中心主管

微软 MVP

Unity 价值专家

Python 作为人工智能、机器学习、云计算、大数据、物联网等技术背后的主要语言，在这几年发展迅猛。在 TIOBE 编程语言指数 2023 年 11 月的编程语言排行榜中，Python 继续保持第一名。Python 语言简单易学，用户借助其众多的优秀模块可以从事很多领域的开发工作。同样一项工作，使用 C 语言可能需要 1000 行代码，使用 Java 语言可能需要 100 行代码，使用 Python 可能只需要 10 行代码。

Flask 是一个基于 Python 语言编写的、具有架站能力的开源 Web 框架。用户使用 Flask，只需要很少的代码，就可以轻松地完成一个网站所需的大部分内容，并进一步开发出全功能的 Web 服务。

## 本书特色

本书具有如下特点。

### 1. 紧跟潮流，使用最新版本

本书涉及的相关软件都使用了最新版本，如 Python 3.9.13、Flask 2.3.2、Flask-RESTful 0.3.10、Flask-JWT-Extended 4.5.3、Flask-CKEditor 0.5.0、Vue.js 3.3.4、Pinia 2.1.6、MySQL 5.7.30、uwsgi 2.0.22、Gunicorn 21.2.0、Supervisor 4.2.2、Nginx 1.21.1、Redis 6.2.5、Docker 20.10.5、Harbor 1.10.0 等。

### 2. 零基础入门，轻松易学

本书根据每个项目实例的特点，"从原理到实践"手把手地教学，通过图解、比喻、类比的方式深入浅出地进行讲解。

### 3. 实战性强，便于掌握

本书介绍了大量的实例，能让读者"动起来"，在实践中体会功能，而不只是理解概念。

在讲解每个知识模块时，我们都在思考：在这个知识模块中，哪些是读者必须实现的"标准动作"（实例）；哪些"标准动作"是可以先完成的，以帮助读者快速感知；哪些"标准动作"是有一定难度的，需要放到后面完成。读者在跟随书中实例实践之后，再去理解那些抽象的概念和原理就水到渠成了。

本书的目标之一是让读者在动手中学习，而不是"看书时好像全明白了，一动手却发现什么都不会"。

全书完成了一个完整的实例——商城系统。通过该实例将后台开发、前台开发、接口开发、部署运维等知识点融合在一起。

### 4. 提供代码，便于复现

本书附带实例代码。这些代码都是从实际项目演变而来的。利用代码，读者可以快速复现书中的效果，还可以举一反三将其转变为自己的项目。读者只要具备了这种举一反三的能力，就可以实现更复杂的功能，应对更复杂的应用场景。

## 本书适合的读者

- 初学编程的自学者
- 熟悉 Python 并计划学习 Web 开发的人员
- Flask 初学者
- 培训机构的教师和学员
- 有其他开发语言经验的开发人员
- 学习过其他开发框架的开发人员
- 高校的老师和学生

## 致谢

感谢我的家人，如果没有你们的悉心照顾和鼓励，我不可能完成本书。

感谢我的妻子，在我写作期间，承担了全部家务。感谢我的两个宝贝——雯雯和谦谦，你们是我持续写作的动力。

感谢电子工业出版社的编辑吴宏伟老师，在这一年多的时间里始终支持我的写作，吴老师对本书的内容框架、目录结构做了非常多的指导和细化。吴老师的鼓励和帮助引导我顺利地完成全部书稿。感谢吴老师的信任，期待与你再次合作。

尽管在写作过程中力求严谨，但是限于本书篇幅、本人的技术水平及本书的定位，书中难免有纰漏之处，希望读者批评与指正。

最后，祝读者在学习 Flask 的道路上一帆风顺！

杨永刚

2023 年 11 月于乌鲁木齐

# 目录

## 第 1 篇　基础

## 第 2 篇 项目入门实战

# 第 3 篇　项目进阶实战

# 第 1 篇

## 基础

# 第 1 章

## 走进 Flask

Flask 因其简单性和灵活性，成为开发中小型 Web 应用和 API 的理想工具。Flask 拥有活跃的社区和大量的文档，使用户可以轻松入门，并在需要时得到帮助。现在就让我们一起走进 Flask 的精彩世界吧。

## 1.1 了解 Flask

Flask 由 Armin Ronacher 在 2010 年创建，是一个轻量级的 Python Web 开发框架。

### 1.1.1 Flask 的特点

Flask 具备以下特点。

- 轻量级：Flask 是一个简单且轻量的框架，它提供了一些核心功能，同时保持了灵活性，允许开发者根据项目的需要进行定制。
- 简单易用：Flask 的 API 和文档相对简单，初学者和有经验的开发者都能够迅速上手。
- 松散耦合：Flask 遵循"松散耦合"的设计原则，允许开发者根据需要选择合适的插件或库，而不是强制性地将所有功能集成在一起。
- 自由：Flask 没有强制使用"模型–视图–控制器"（MVC）模式，而是提供了足够的自由度，以便开发者可以按照自己的喜好组织代码。
- 支持路由：Flask 使用装饰器来定义 URL 路由，使开发者能够将不同的 URL 请求映射到相应的视图函数上。

Flask 版本与 Python 版本的兼容情况见表 1-1。本书中使用 Flask 2.3.2 版本。

表 1-1

| Flask 版本 | 发行时间 | 兼容的 Python 版本 |
|---|---|---|
| 2.3.2 | 2023.5.1 | 3.7 之后的版本，不包含 3.7 版本 |

| Flask 版本 | 发行时间 | 兼容的 Python 版本 |
| --- | --- | --- |
| 2.2.2 | 2022.8.9 | 3.7 及之后的版本 |
| 2.1.0 | 2022.3.28 | 3.6 之后的版本，不包含 3.6 版本 |
| 2.0.0 | 2021.5.11 | 3.6 及之后的版本 |
| 1.0 | 2018.4.26 | 2.6、2.7、3.3 版本 |

## 1.1.2 MVC 和 MTV 模式

目前的主流 Web 开发框架都使用"模型–视图–控制器"（MVC）模式来开发 Web 应用。使用 MVC 模式的最大优点是，可以降低系统模块间的耦合度。

### 1. MVC 模式的 3 个层次

MVC 模式把 Web 应用开发分为以下 3 个层次。

- 控制器（Controller）：将用户请求转发给相应的模型进行处理，并根据模型的处理结果向用户提供相应的响应。
- 模型（Model）：负责实现各个功能（如增加、修改和删除）。其中包含业务处理类和模型实体类。
- 视图（View）：负责页面的显示和用户的交互。包含由 HTML、CSS、JavaScript 组成的各种页面。

MVC 模式如图 1-1 所示。

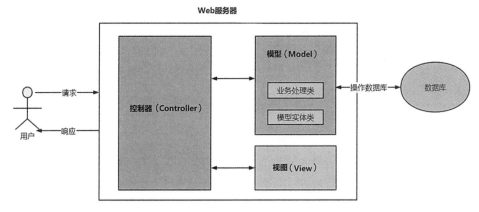

图 1-1

### 2. 举例

买家想买房子，需求包括：大户型、楼层好、采光优、价格便宜、靠近学区、精装修等。当需求较多时，买家仅靠在互联网上搜索来获取信息已经不再方便了。这时需要靠谱的人或者机构来完成这件事。于是，买家找到了房产中介，买家的诸多购房需求在房产中介这里都能得到反馈。房产中介根据各种数据，并结合一些实际情况，动态地给买家推荐一些合适的房屋，促成交易。

在上面这个场景中，买家、中介和卖家相当于 MVC 模式中的控制器、模型和视图。

> 📖提示 使用 MVC 模式，可以使开发过程变得更简单，流程更易于理解，并降低各个模块间的耦合。这就是现阶段 Web 开发框架都采用 MVC 模式的原因。

### 3. 介绍 MTV 模式

Flask 对 MVC 模式进行了修改，修改后的模式被称为 MTV 模式，如图 1-2 所示。

- M（Model）：模型，负责操作业务对象和数据库的 ORM（Object Relational Mapping，对象关系映射）。
- T（Template）：模板，负责页面的显示和用户的交互。
- V（View）：视图，负责处理业务逻辑，并在适当的时候调用模型和模板。

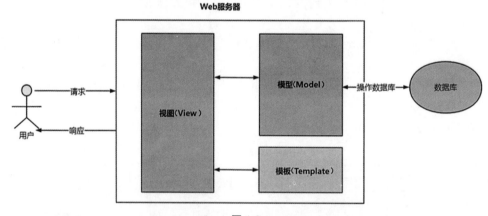

图 1-2

在 Flask 的实际开发过程中，没有模型，只有视图和模板，或者只有视图就能完成功能开发。这体现了 Flask"小而美"的特性。

## 1.1.3 Flask 的核心库

Flask 提供了一些核心库来支持运行，其中最重要的两个是 Werkzeug 和 Jinja 2。

### 1. Werkzeug

Werkzeug 提供了 Flask 框架的基础设施，包括路由、请求和响应对象等。Werkzeug 的核心功能如下。

- 路由：Werkzeug 提供了一个灵活的路由系统，可以将 URL 映射到 Python 视图函数上。
- 请求和响应对象：Werkzeug 提供了 request 和 response 对象，这些对象分别表示 HTTP

的请求和响应。

- 中间件：用于实现 Web 应用功能，例如 CSRF（Cross Site Request Forgery，跨站请求伪造）保护、会话管理等。
- 调试器：可以帮助开发人员快速定位和修复错误。

## 2. Jinja 2

Jinja 2 是 Flask 框架默认使用的模板引擎，其核心功能如下。

- 逻辑和控制流：Jinja 2 提供了 if 语句、for 循环、宏、模板继承等语句和结构。
- 变量和过滤器：Jinja 2 允许在模板中使用变量和过滤器。变量可以是 Python 对象，过滤器可以对变量进行转换和格式化。
- 模板继承：可以定义一个父模板，然后在子模板中继承父模板的内容并添加新的内容。
- 自定义过滤器：Jinja 2 允许开发人员定义自己的过滤器，以扩展 Jinja 2 的功能。

## 1.1.4　Flask 的库

Flask 让开发人员可以灵活地选择不同的库来满足开发需求。以下是一些常用的 Flask 库。

- Flask-Login：提供用户认证和会话管理功能，用户可以轻松地添加登录和退出功能。
- Flask-WTF：提供表单数据的检验和获取功能，用户可以轻松地创建 Web 表单并进行验证。
- Flask-SQLAlchemy：提供 ORM 功能，用户可以轻松将 Python 对象映射到关系型数据库中。
- Flask-Mail：提供发送电子邮件的功能，用户可以轻松地将电子邮件发送给指定的收件人。
- Flask-RESTful：提供对 RESTful API 的支持，用户可以轻松地创建 RESTful 风格的 Web 服务。
- Flask-Admin：提供一个基于 Web 的管理界面，用户可以轻松管理 Web 应用的数据和内容。
- Flask-Cache：提供对缓存的支持，用户可以轻松将常用的数据缓存到内存中，从而提高 Web 应用的性能。
- Flask-Security：提供对安全性的支持，用户可以轻松地添加密码哈希、CSRF 保护和角色管理等功能。
- Flask-RESTPlus：提供一组扩展，使得创建 RESTful API 变得更加容易，用户可以自动生成文档和验证规则。
- Flask-JWT-Extended：提供对 JSON Web Token（JWT）的支持，用户可以轻松地实现认证和授权。
- Flask-Script：插入脚本。
- Flask-Migrate：迁移数据库。
- Flask-Session：指定会话（Session）的存储方式。

- Flask-Bable：提供对国际化和本地化的支持。
- Flask-OpenID：认证。
- Flask-Bootstrap：集成前端框架 Twitter Bootstrap。
- Flask-Moment：本地化日期和时间。

这些库为 Flask 提供了广泛的功能和支持，使得开发人员可以快速构建高质量的 Flask 应用。Flask 也具有良好的扩展性，可以轻松地集成其他 Python 库和工具。本书将介绍大部分的 Flask 库。

## 1.2　安装 Flask

2023 年 5 月发布了 Flask 2.3.2 版本。安装 Flask 非常简单，使用 pip 命令即可。

### 1.2.1　使用国内镜像源加速安装第三方包

在安装了 Python 环境后，在命令行中输入"pip install *包名*"即可下载丰富的 Python 包。

> ■ 提示　pip 命令是 Python 的包管理工具，通过它可以方便地查找、下载、卸载各种包。

在使用 pip 安装时，有时会出现"连接超时"的问题，此时可以使用国内的镜像进行下载。国内的镜像首推清华大学和豆瓣，需要加上-i 参数以指定 pip 的镜像源，如下所示。

```
pip install flask -i https://pypi.tuna.tsinghua.edu.cn/simple/
```

每次运行上面的命令时都要指定镜像源，比较烦琐。可以通过以下方式永久指定镜像源。

在 Windows 主机中，在 Users 的用户目录下创建一个名为"pip"的目录，如：C:\Users\当前登录用户名\pip，然后在其中新建文件 pip.ini，内容如下：

```
[global]
index-url=https://pypi.tuna.tsinghua.edu.cn/simple/
[install]
trusted-host= pypi.tuna.tsinghua.edu.cn
```

保存文件并退出。再次使用 pip 命令下载安装，安装速度会大幅度提升。

### 1.2.2　安装 Python 虚拟环境

Python 版本众多，如果在一台主机上需要同时安装多个 Python 版本，烦琐且容易出错。此时，可以使用 Python 虚拟环境来解决。

Python 虚拟环境可以让每个 Python 项目单独使用一个环境。这样的好处：既不会影响 Python 系统环境，也不会影响其他项目的环境。

> **提示**　为了方便大家搭建环境和开发代码，本书实例的开发环境为：Windows 10、Python 3.9.13、Flask 2.3.2，开发工具为 PyCharm。

在安装 Python 虚拟环境前，需要先安装 Python 软件。关于 Python 软件的安装，这里不再赘述。

**1.　创建虚拟环境**

（1）在 "E:\python_project" 目录下创建 "virtualenv" 目录，用来创建虚拟环境。

（2）利用命令提示符窗口进入 "virtualenv" 目录，执行如下命令。

```
E:\python_project\virtualenv> virtualenv -p d:\python\python39\python.exe flaskenv
```

其中，"-p" 参数指明 Python 的解释器目录；"d:\python\python39\python.exe" 是笔者的 Python 解释器目录（读者可以选择自己的 Python 解释器目录）；"flaskenv" 是创建的具体的 Python 虚拟环境目录（包含 Python 可执行文件及 pip 库）。

（3）执行命令后会创建相应的目录，如图 1-3 所示。

图 1-3

**2.　激活和退出虚拟环境**

（1）进入 "E:\python_project\virtualenv\flaskenv\Scripts" 目录，执行如下命令激活虚拟环境。

```
E:\python_project\virtualenv\flaskenv\Scripts>activate
```

激活虚拟环境后会在最前方显示 "（flaskenv）"，如图 1-4 所示。

```
E:\python_project\virtualenv\flaskenv\Scripts>activate
(flaskenv) E:\python_project\virtualenv\flaskenv\Scripts>_
```

图 1-4

（2）退出虚拟环境。

在 "E:\python_project\virtualenv\flaskenv\Scripts" 目录下执行如下命令退出虚拟环境。

```
E:\python_project\virtualenv\flaskenv\Scripts>deactivate.bat
```

## 1.2.3　通过 pip 命令安装 Flask

通过 pip 命令安装 Flask 的步骤如下。

（1）在命令提示符窗口中通过 pip 命令安装指定版本。

```
(flaskenv) E:\python_project\virtualenv\flaskenv\Scripts>pip install flask==2.3.2
```

（2）安装过程如图 1-5 所示。

```
(flaskenv) E:\python_project\virtualenv\flaskenv\Scripts>pip install flask==2.3.2
Looking in indexes: ████████████████████████████
Collecting colorama
  Downloading ████████████████████████████████████████████████
56c221/colorama-0.4.6-py2.py3-none-any.whl (25 kB)
Collecting zipp>=0.5
  Downloading ████████████████████████████████████████████████
a67926/zipp-3.17.0-py3-none-any.whl (7.4 kB)
Collecting MarkupSafe>=2.0
  Downloading ████████████████████████████████████████████████
18ed6f/MarkupSafe-2.1.3-cp39-cp39-win_amd64.whl (17 kB)
Installing collected packages: zipp, MarkupSafe, itsdangerous, colorama, blinker, Werkzeug, Jinja2, importlib-meta
data, click, flask
Successfully installed Jinja2-3.1.2 MarkupSafe-2.1.3 Werkzeug-3.0.1 blinker-1.7.0 click-8.1.7 colorama-0.4.6 flask
-2.3.2 importlib-metadata-6.8.0 itsdangerous-2.1.2 zipp-3.17.0
```

图 1-5

在图 1-5 中，方框中是安装成功后的提示信息。

（3）在命令提示符窗口中运行以下命令，来查看 Flask 是否安装成功。

```
(flaskenv) E:\python_project\virtualenv\flaskenv\Scripts>python -m Flask --version
```

（4）如果安装成功，则会返回 Flask 的版本信息，如图 1-6 所示。

```
(flaskenv) E:\python_project\virtualenv\flaskenv\Scripts>python -m flask --version
Python 3.9.13
Flask 2.3.2
Werkzeug 3.0.1
```

图 1-6

## 1.3 利用 PyCharm 编辑器进行 Flask 开发

PyCharm 是 Python 的一种 IDE（Integrated Development Environment，集成开发环境），可以帮助用户在使用 Python 语言开发时提高效率。PyCharm 还支持 Flask 和 Django 等框架下的专业 Web 开发。

本书使用 PyCharm 来开发 Flask 应用，主要有以下原因。

（1）智能的代码编辑功能：在你输入字符时，拼写提示列表会缩小范围以匹配你输入的字符；并立即自动保存编辑内容。

（2）集成了众多专业功能和工具：几乎集成了程序员希望的所有功能和工具，比如，单元测试、代码检测、版本控制、代码重构等。

（3）支持各种 Web 开发语言、Web 开发框架：如 HTML、CSS、JavaScript、Angular、

Node.js 等。

（4）科学计算：集成了 IPython Notebook，其作为交互式的 Python 控制台，支持各种工具，如 Anaconda、NumPy、Matplotlib 等。

（5）跨平台运行：可运行在 Linux、Windows、macOS 上。

（6）远程调试：通过配置 Docker 或者 SSH，可以在本地使用远程服务器的 Python 解释器和环境进行调试和运行。这是其他大多数 IDE 所不具备的功能。

## 1.4　【实战】开发第一个 Flask 应用

接下来使用 PyCharm 开发第一个 Flask 应用。

### 1.4.1　使用 PyCharm 开发一个 Flask 程序

打开 PyCharm，单击菜单"File"→"New Project"，打开如图 1-7 所示的界面。在 1 处选择 Flask，在 2 处设置 Flask 项目的路径，在 3 处设置当前 Python 虚拟环境的目录，单击 4 处的"Create"按钮创建项目。

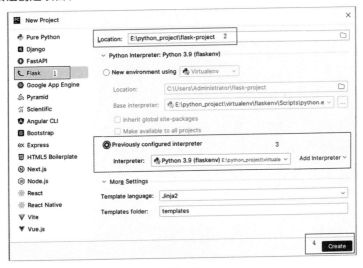

图 1-7

Python Interpreter 的默认设置为"New enviromnent using"，这个选项会在当前项目内创建一个虚拟环境目录，并且在创建项目时会自动下载 Flask 相关包的最新版本。这里选择"Previously configured interpreter"选项，使用在 1.2.2 节中已经创建的虚拟环境目录。

在"More Settings"选项中，可以设置模板语言和模板目录。模板语言默认为 Jinja 2，模板目录默认为 templates。可以根据项目需要进行修改。

在创建项目后，PyCharm 默认生成如图 1-8 所示的项目结构。

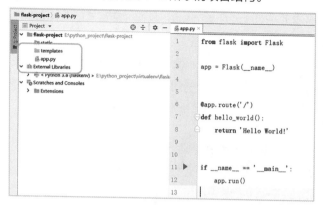

图 1-8

其中，"static"目录用于存放静态资源文件，"templates"目录用于存放项目的模板文件，app.py 文件是项目的入口文件，在右侧会自动生成一个路由地址为"/"、名称为"hello_world"的视图函数。

将"hello_world"视图函数中的返回内容改为"Hello Flask!"，保存后单击图 1-8 中的三角箭头运行项目，在浏览器中输入"http://127.0.0.1:5000"，将显示如图 1-9 所示的结果。

**Hello Flask!**

图 1-9

## 1.4.2 初步认识 Flask 程序

打开本书配套资源中的"ch01\1.4\1.4.1\app.py"文件，内容如下所示。

```
1  from flask import Flask
2  app = Flask(_ _name_ _)
3  print(_ _name_ _)
4  @app.route('/')
5  def hello():
6      return 'Hello Flask!'
7  if _ _name_ _ == '_ _main_ _':
8      app.run()
```

第 1 行代码导入 Flask 模块。第 2 行代码实例化 Flask 类，其构造方法使用_ _name_ _作为参数。参数_ _name_ _表示 Flask 程序的主模块或者包的名称。Flask 使用参数_ _name_ _来确定应用的位置，然后找到应用中其他文件（如图片文件、模板文件等）的位置。

如果第 3 行打印出来的结果是"app"，则意味着当前 Flask 程序的主模块或者包的名称是 app，位置是本书配套资源中的"ch01\1.4\1.4.1\app.py"。

第 4 行代码使用装饰器指定了一个路由地址，将路由地址"/"和第 5 行的视图函数 hello()关联起来，即服务器在收到对应的 URL 请求时，调用这个视图函数得到结果并返回。

第 8 行代码表示运行当前的 Flask 应用。run()方法的原型如下。

```
app.run(host,port,debug)
```

其中的参数如下。

- host：服务器的 IP 地址，默认为 None。
- port：服务器的端口，默认为 None。
- debug：是否开启调试模式，默认为 Flase。

## 1.5 Flask 项目的调试模式

在默认情况下，Flask 项目在启动后是没有开启调试模式的。若没有开启调试模式，则在修改代码后，必须手工重新启动项目才能看到修改后的效果。未开启调试模式的 Flask 项目的启动界面如图 1-10 所示。

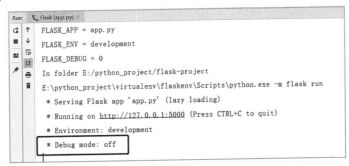

图 1-10

> 📢 提示　在开启调试模式后，在修改代码并保存后，PyCharm 框架会自动重启项目。此时，在浏览器或者 PyCharm 控制台上会显示详细的错误信息，以方便定位错误。

下面开启调试模式。

（1）在 PyCharm 中，单击项目名称右侧的下拉箭头，选择"Edit Configurations..."选项，如图 1-11 所示。

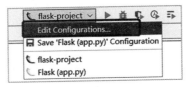

图 1-11

（2）打开如图 1-12 所示的界面，勾选"FLASK_DEBUG"复选框，单击"OK"按钮。

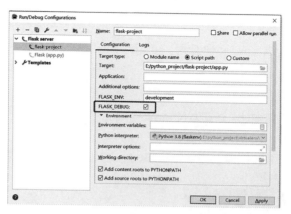

图 1-12

（3）再次运行项目，可以看到在 PyCharm 控制台中已经开启了 Debug 模式，如图 1-13 所示。

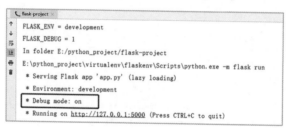

图 1-13

（4）在修改了 app.py 文件中的代码并保存后，可以看到在 PyCharm 控制台中自动重新加载了项目，如图 1-14 所示。

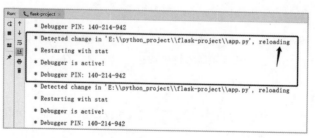

图 1-14

## 1.6 Flask 配置的保存/加载

在应用开发过程中会遇到大量的配置参数，可以使用 Flask 对象的 app.config 属性或配置文件来保存配置参数。

## 1.6.1　使用 app.config 属性保存配置参数

可以使用 app.config 属性保存配置参数，源代码见本书配套资源中的"ch01/1.6/1.6.1/app1.py"。

还可以使用 app.config.update() 方法来设置多个配置变量，源代码见本书配套资源中的"ch01/1.6/1.6.1/app2.py"。

随着项目逐渐复杂，上述两种方式会导致配置参数越来越多，代码越来越臃肿，难以维护。因此在实际项目开发中我们通常使用配置文件来保存配置参数。

## 1.6.2　加载配置文件的两种方法

可以使用 from_pyfile() 方法或者 from_object() 方法来加载配置文件。

### 1. 使用 from_pyfile() 方法加载配置文件

from_pyfile() 方法是 Flask 中从 Python 文件加载配置信息的一个方法。它允许你将配置信息存储在一个 Python 文件中，然后在 Flask 应用中使用这些配置信息。

新建配置文件 config.py，文件内容如下。源代码见本书配套资源中的"ch01/1.6/1.6.2/config.py"。

```
DEBUG = True,
HOST = "127.0.0.1",
PORT = "8000",
MYSQL = "mysql 的连接串",
COPYRIGHT = "2023"
```

新建 app1.py 文件，文件内容如下。源代码见本书配套资源中的"ch01/1.6/1.6.2/app1.py"。

```
from flask import Flask
app=Flask(_ _name_ _)
app.config.from_pyfile("config.py")
print(app.config["HOST"])
print(app.config["MYSQL"])
print(app.config["COPYRIGHT"])
```

运行项目后，控制台会打印相关信息，请读者进行测试。

### 2. 使用 from_object() 方法加载配置文件

from_object() 方法是 Flask 中从 Python 对象加载配置信息的一个方法。它允许你将配置信息存储在一个 Python 对象中，然后在 Flask 应用中使用这些配置信息。

新建 app2.py 文件，文件内容如下。源代码见本书配套资源中的"ch01/1.6/1.6.2/app2.py"。

```
from flask import Flask
import config
app=Flask(_ _name_ _)
app.config.from_object(config)
```

```
print(app.config["HOST"])
print(app.config["MYSQL"])
print(app.config["COPYRIGHT"])
```

运行项目后，控制台会打印相关信息。

## 1.7 采用 Flask-Script 库作为项目的启动方案

Flask-Script 是 Flask 的一个库。它提供了一个命令行解析器，使你能够在 Flask 应用中定义和运行命令行命令。

### 1.7.1 安装 Flask-Script

使用 pip 命令安装 Flask-Script，具体命令如下。

```
(flaskenv) E:\python_project\flask-project\ch01\1.7>pip install flask-script
```

安装后如果提示"Successfully..."信息则代表安装成功。

### 1.7.2 用 Flask-Script 替代默认的 Flask 应用对象

可以用 Flask-Script 替代默认的 Flask 应用对象，以便更好地管理和配置你的应用。以下是一个示例。

（1）新建 app.py 文件，内容如下。源代码见本书配套资源中的"ch01/1.7/1.7.2/app.py"。

```
from flask import Flask
app=Flask(_ _name_ _)
@app.route('/')
def hello():
    return 'Hello Flask'
```

（2）在"1.7.2"目录下创建一个名为"manage.py"的脚本文件。在该文件中导入 Flask-Script 和你的 Flask 应用，并创建一个管理器对象。

```
from flask_script import Manager
from app import app
manager=Manager(app)
if _ _name_ _=="_ _main_ _":
    manager.run()
```

此时在 PyCharm 控制台中执行 python manage.py runserver 命令即可启动应用的开发服务器。

还可以将 app.py 文件和 manage.py 文件合二为一。新建 manage1.py 文件，内容如下。源代码见本书配套资源中的"ch01/1.7/1.7.2/manage1.py"。

```
from flask_script import Manager
from flask import Flask
app=Flask(_ _name_ _)
```

```
manager=Manager(app)
if _ _name_ _=="_ _main_ _":
    manager.run()
```

在 PyCharm 控制台中运行 python manage1.py runserver 命令即可启动应用的开发服务器，
如下所示。

```
(flaskenv) E:\python_project\flask-project\ch01\1.7\1.7.2>python manage1.py
runserver
 * Serving Flask app 'app'
 * Debug mode: off
WARNING: This is a development server. Do not use it in a production deployment. Use
a production WSGI server instead.
 * Running on http://127.0.0.1:5000
Press CTRL+C to quit
```

> 📷提示　在执行 **python manage1.py runserver** 命令时，往往会提示如下错误。
>
> ```
> File "E:\python_project\virtualenv\flaskenv\lib\site-packages\flask_script\
> _ _init_ _.py", line 15, in <module>
>     from flask._compat import text_type
> ModuleNotFoundError: No module named 'flask._compat'
> ```
>
> 根据提示，找到 flask_script\_ _init_ _.py 中的第 15 行代码，如下。
>
> ```
> from flask._compat import text_type
> ```
> 修改为：from flask_script._compat import text_type

此外，在用 Flask-Script 替代默认的 Flask 应用对象后，无法直接通过 app.run(debug=True)
来开启调试模式，可以通过 Flask-Script 很方便地开启调试模式。新建 manage2.py 文件，文件
内容如下。源代码见本书配套资源中的 "ch01/1.7/1.7.2/manage2.py"。

```
from flask_script import Manager,Server
from flask import Flask
app=Flask(_ _name_ _)
manager=Manager(app)
manager.add_command("runserver", Server(use_debugger=True))
if _ _name_ _=="_ _main_ _":
    manager.run()
```

执行 python manage2.py runserver 命令后，PyCharm 进入调试模式。

## 1.7.3　Flask-Script 常用的功能

下面介绍 Flask-Script 的常用功能。

### 1. 定义命令

使用 Flask-Script，可以定义用户自己的命令并将它们与 Flask 应用关联。可以使用
@manager.command 装饰器定义一个命令，并在函数中实现其功能。

新建 manage.py 文件，文件内容如下。源代码见本书配套资源中的 "ch01/1.7/1.7.3/

manage.py"。

```
...
@manager.command
def hello():
    print('Hello World!')
if _ _name_ _ == '_ _main_ _':
    manager.run()
```

在上面的例子中，定义了一个名为"hello"的命令，在命令行中运行 python manage.py hello 后，将打印出"Hello World!"。

### 2. 定义命令行参数

Flask-Script 还允许用户为命令定义参数。可以使用@manager.option 装饰器定义一个参数，并将其与命令函数关联，如以下代码所示。源代码见本书配套资源中的"ch01/1.7/1.7.3/manage2.py"。

```
...
@manager.option('-n', '--name', dest='name', default='Flask')
def hello(name):
print(f'Hello,{name}')
@manager.option('-u', '--username', dest='username', default='admin')
@manager.option('-p', '--pwd', dest='pwd', default='123456')
def login(username,pwd):
    print(f'用户名,{username}')
    print(f'密码,{pwd}')
if _ _name_ _ == '_ _main_ _':
    manager.run()
```

在上面的例子中，定义了一个名为"hello"的命令，并添加了一个名为"name"的参数。其中，-n 为命令参数的简写，--name 为命令参数的全称，dest 的值必须与 hello()函数的入参名称完全相同。default 表示参数的默认值，即如果在执行 python manage2.py hello 命令时不带参数，则采用参数的默认值。

在命令行中执行"python manage2.py hello -n Flask"和"python manage2.py hello"命令，都将打印出"Hello, Flask"，如下所示。

```
E:\python_project\flask-project\ch01\1.7\1.7.3>python manage2.py hello
Hello,Flask
E:\python_project\flask-project\ch01\1.7\1.7.3>python manage2.py hello -n "flask"
Hello,flask
```

在上面的例子中，定义了一个名为"login"的视图函数，并添加了名为"username"和"pwd"的参数。在命令行中执行"python manage2.py login -u test -p 123"和"python manage2.py login"命令的结果不相同，如下所示。

```
E:\python_project\flask-project\ch01\1.7\1.7.3>python manage2.py login -u test -p 123
用户名,test
密码,123
```

```
E:\python_project\flask-project\ch01\1.7\1.7.3>python manage2.py login
用户名,admin
密码,123456
```

以上演示的只是 Flask-Script 库的一些基本功能，该库还提供了一些其他功能，如命令分组、命令提示、命令扩展等。使用该库，可以很方便地定义和运行命令行任务，并通过 manage.py 脚本作为入口来管理应用，从而提高开发效率。

## 1.8　Flask 在后端开发中的作用

Flask 为开发人员提供了构建 Web 应用的基本结构。在 Flask 中，路由、模板引擎和请求/响应对象等组件都被视为可插拔的扩展组件，这使得 Flask 非常灵活且易于使用。

> **提示**　在开发 Web 应用的过程中，Flask 通常在后端扮演重要角色。它负责业务逻辑处理、数据处理、与数据库的交互，以及生成动态内容，从而实现前端与后端之间的通信和数据交换。

以下是 Flask 在后端开发中的主要作用。

- 路由处理：Flask 将 URL 请求转发到适当的视图函数中，并返回响应，这有助于构建功能强大的 Web 应用。
- 模板引擎：Flask 支持多种模板引擎，允许开发人员以灵活的方式呈现动态内容，例如，使用 Jinja 2 模板语言来生成 HTML 页面。
- 表单处理：Flask 提供了一种简单的方法来处理表单数据，这对于构建交互式 Web 应用至关重要。通过 Flask-WTF 库，可以添加表单验证，以防止攻击者提交恶意数据。
- 数据库支持：Flask 可以与多种数据库进行交互。
- 扩展支持：Flask 生态系统中有许多库，可以方便地添加新功能。
- API 开发：Flask 可以用于构建 RESTful API，以实现前后端数据交换。通过定义 API 路由和视图函数，开发者可以提供数据和服务给 Web 客户端应用或其他客户端应用。

作为后端开发框架，Flask 还可以用于处理安全性问题。

> **提示**　在实际应用中，Flask 通常与其他技术和服务（例如 Nginx、Gunicorn、Docker 等）一起使用，以提供高可用性、高性能和安全性。

# 第 2 章
# 网站的入口——Flask 的路由和视图

在 Flask 中,路由是指,将 HTTP 请求(GET、POST、PUT、DELETE 等请求)分配到相应的视图函数中的机制。Flask 的路由反映了"URL"和"视图函数"的映射关系。

## 2.1 使用 Flask 中的路由

在 Flask 中,使用装饰器@app.route 和 app.add_url_rule()方法来配置路由。

### 2.1.1 使用装饰器@app.route 配置路由

装饰器@app.route 用于将 URL 路径映射到 Flask 应用中的视图函数,让 Flask 应用知道在收到某个 URL 请求时应该调用哪个视图函数。

该装饰器的基本语法如下。

```
@app.route(rule,methods)
```

参数如下。

- rule:指定 URL。它可以是一个字符串,也可以是一个包含多个字符串的列表,每个字符串表示 URL 的一部分。
- methods:指定允许的 HTTP 方法,如 GET、POST。它可以是一个字符串,也可以是一个包含多个字符串的列表。

使用装饰器的代码如下。源代码见本书配套资源中的"ch02/2.1/2.1.1/app.py"。

```
from flask import Flask
app=Flask(_ _name_ _)
```

```
@app.route('/hello')
def hello():
    return 'hello flask'
```

其中，@app.route()是一个装饰器，用于将视图函数与特定的 URL 绑定起来。在上述示例中，当用户访问 Web 应用的"/hello"路由时，会调用 hello()函数，并返回"hello flask"字符串。

运行 app.py 文件后，结果如图 2-1 所示。

hello flask

图 2-1

函数可以拥有多个入口，即用户访问不同 URL 可以调用同一个函数，如以下代码所示。源代码见本书配套资源中的"ch02/2.1/2.1.1/app1.py"。

```
from flask import Flask
app=Flask(_ _name_ _)

@app.route('/hello')
@app.route('/flask')
def hello():
    return 'hello flask'
```

运行 app1.py 文件后，无论是访问 http://localhost:5000/hello，还是访问 http://localhost:5000/flask，都可以得到正确的结果，如图 2-1 所示。

## 2.1.2　使用 app.add_url_rule()方法配置路由

在 Flask 中，使用 app.add_url_rule()方法可以动态地为应用添加一个路由。该方法的基本语法如下。

```
app.add_url_rule(rule, endpoint=None, view_func=None, **options)
```

参数如下。

- rule：要定义的 URL 规则或路径。
- endpoint：可选参数，表示视图函数的名称，可以在 URL 中被引用。
- view_func：处理请求的视图函数。
- **options：包含关于路由的其他配置选项，例如请求方法、URL 变量等。

下面的示例展示了如何用 app.add_url_rule()方法配置一个路由。源代码见本书配套资源中的"ch02/2.1/2.1.2/app.py"。

```
from flask import Flask
app=Flask(_ _name_ _)

def hello():
    return '这是使用 app.add_url_rule()方法配置的路由'
app.add_url_rule("/hello",view_func=hello)
```

在上面的代码中，定义了一个名为"hello"的视图函数，并使用 app.add_url_rule()方法将其绑定到路由"/hello"上。这个视图函数返回指定的字符串。最后，通过运行 Flask 应用来启动 Web 服务器。

当用户访问路由"/hello"时，Flask 将调用名为"hello"的视图函数，并返回指定字符串。运行 app.py 文件后，结果如图 2-2 所示。

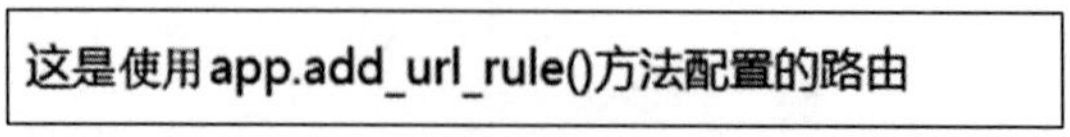

这是使用**app.add_url_rule()方法**配置的路由

图 2-2

### 2.1.3 查看路由规则

在 Flask 中，app.url_map 属性是一个 werkzeug.routing.Map 对象，用于访问和查看在应用中定义的所有路由规则。

以下示例演示了如何使用 app.url_map 属性来获取应用的路由规则。源代码见本书配套资源中的"ch02/2.1/2.1.3/app.py"。

```
from flask import Flask
app=Flask(_ _name_ _)

@app.route("/")
def index():
    return '这是首页'

@app.route("/about")
def about():
    return "这是关于页"

print(app.url_map)
```

在上述代码中，定义了两个路由规则：首页（/）和关于页（/about）。在运行应用时，会打印出应用的 URL 映射信息。

app.url_map 将返回类似于下面的输出。

```
Map([<Rule '/about (HEAD, OPTIONS, GET) -> about>,
 <Rule '/' (HEAD, OPTIONS, GET) -> index>,
 <Rule '/static/<filename>' (HEAD, OPTIONS, GET) -> static>])
```

可以看到，每个路由规则都包含 HTTP 方法（HEAD、OPTIONS、GET）和相应的视图函数（about、index）。/static/<filename>路由是 Flask 自动添加的特殊路由，用于访问静态文件。

通过访问 app.url_map，可以获得在应用中定义的路由规则的详细信息，包括 URL 模式、允许的 HTTP 方法及与之关联的视图函数。这对于调试应用的路由非常有用。

### 2.1.4　解析动态路由

除基本路由外，Flask 还支持动态路由。在 Flask 中，动态路由是指可以接受不同参数的 URL。这些参数可以用于识别特定资源或页面。

动态路由的语法是在 URL 中使用占位符。占位符用尖括号<>括起来。

#### 1. 举例说明

假设有一个图书网站，其中每本图书都有一个唯一的标识符（ID）。我们可以使用动态路由来处理查询单个图书页面的请求，代码如下所示。源代码见本书配套资源中的"ch02/2.1/2.1.4/app.py"。

```
from flask import Flask,url_for
app=Flask(_ _name_ _)

@app.route("/book/<id>")
@app.route("/book/<int:id>")
def show_book(id):
    return "根据 id进行数据库查询，这里省略"
```

在此代码片段中，@app.route('/book/<int:id>')定义了一个动态路由。 <int:id>中的 int 是一个整数类型的转换器，id 是一个参数。当应用收到请求"/book/123"时，会将"id=123"作为参数传给 show_book()函数。

通过这种方式，可以使用相同的视图函数来处理所有查询单个图书页面的请求，而无须为每个页面编写单独的视图函数。动态路由使得开发者可以更加灵活地构建 Web 应用，并能提高代码的可维护性和可扩展性。

#### 2. 动态路由的转换器类型

动态路由有 5 种转换器类型，见表 2-1。

表 2-1

| 转换器类型 | 说　　明 |
| --- | --- |
| string | 接受任何不包含"/"的文本，是默认类型 |
| int | 匹配 0 和正整数 |
| float | 接受正浮点数 |
| path | 类似 string，但是可以包含"/" |
| uuid | 匹配一个 UUID 格式的字符串，该对象必须包括"-"，所有字母必须小写。如 22221111-abcd-3cww-3321-123456789012 |

### 2.1.5　使用 url_for()函数反向解析路由

在 Flask 应用中使用 url_for()函数后，Flask 应用将使用指定的函数名称及其参数生成 URL。这个过程是动态的，这意味着你可以在应用的任何地方调用该函数，并且它将始终生成正确的 URL。

url_for()函数的作用是"传入函数名，得到函数的路由地址（即访问视图函数的地址）"。如果视图函数的路由地址发生了变化，则需要对模板中的每个链接进行修改，这显然不合适。通过 url_for()函数能直接反向获取视图函数的路由地址，这样就能避免受到路由调整带来的影响。

url_for()函数接受 1 个或多个参数。

- 第 1 个参数是要生成 URL 的视图函数的名称。
- 其余参数是关键字参数，这些参数将被传给视图函数并包含在生成的 URL 中。这些参数可以没有。

例如，应用有一个名为"home"的视图函数，它输出一个字符串。可以使用以下代码来生成指向该页面的 URL。源代码见本书配套资源中的"ch02/2.1/2.1.5/app.py"。

```
from flask import Flask,url_for
app=Flask(_ _name_ _)

@app.route("/index")
def home():
    url=url_for("home")
    print("欢迎来到 Flask 世界")
    return url
```

浏览"http://localhost:5000/index"，会打印出一个类似于"/index"的字符串，它是视图函数 home()的路由地址。

此外，还可以将变量传给 URL。比如应用有一个名为"detail"的视图函数，它需要使用 id 参数，可以使用以下代码生成指向该页面的 URL。源代码见本书配套资源中的"ch02/2.1/2.1.5/app1.py"。

```
from flask import Flask,url_for
app=Flask(_ _name_ _)

@app.route("/detail/<int:id>")
def detail(id):
    url = url_for("detail",id=3)
    print("欢迎来到明细页面,id="+f"{id}")
    return url
```

这里的"int:id"是一个动态路由，允许将 id 作为 URL 的一部分传递。在调用 url_for()函数时，使用"id=3"传递关键字参数。

## 2.2 认识视图函数

在 Flask 中，视图是 MTV 模式中的"V"，用于处理客户端的请求并生成响应数据。

在 Flask 中，视图函数是一个 Python 函数，用于处理 Web 应用中的 HTTP 请求，其接收 HTTP 请求，并返回 HTTP 响应。视图函数是 Flask 应用的核心，它定义了 Flask 应用中的各个页面和功能。

## 2.2.1　什么是视图函数

先来看 Flask 中一个简单的视图函数——返回字符串的视图函数。

在 Flask 中，通常使用装饰器来指定视图函数应该响应的 URL。例如，下面是一个简单的 Flask 视图函数示例：

```
from flask import Flask
app = Flask(_ _name_ _)
@app.route('/')
def index():
    return 'Hello, World!'
```

在这个例子中，@app.route('/')装饰器指定了根路径应该由 index()函数处理。当用户访问根路径时，Flask 将调用 index()函数并返回"Hello, World!"字符串作为响应。

## 2.2.2　视图函数的底层原理

视图函数主要使用 request 对象（请求对象）和 response 对象（响应对象）。当浏览器向服务器端请求一个页面时，Flask 先创建一个 request 对象（该对象包含关于请求的元数据），然后加载相应的视图。每个视图函数负责返回一个 response 对象。

### 1. request 对象

在 Flask 中，视图函数使用 request 对象来处理 HTTP 请求中的数据。request 对象是一个全局对象，它包含客户端发出的 HTTP 请求的信息，例如请求的方法、URL、请求头、表单数据等。

request 对象的一些常见属性和方法见表 2-3。

表 2-3

| 属性/方法 | 含　　义 |
| --- | --- |
| request.method | 返回 HTTP 请求的方法，例如 GET、POST、PUT 等 |
| request.url | 返回 HTTP 请求的 URL |
| request.path | 返回 HTTP 请求的路径部分，不包含查询字符串 |
| request.full_path | 返回 HTTP 请求的路径和查询字符串 |
| request.base_url | 返回 HTTP 请求的 URL，不包含查询字符串部分 |
| request.scheme | 返回请求的协议，如 HTTP 或者 HTTPS |
| request.host | 返回请求的主机名，包含端口号 |
| request.args | 返回一个字典，获取使用 GET 请求提交的数据 |
| request.form | 返回一个字典，获取使用 POST 请求提交的数据 |
| request.files | 返回一个字典，包含上传的所有文件 |
| request.headers | 返回 HTTP 请求头的字典形式 |
| request.cookies | 返回 HTTP 请求中所有 Cookie 的字典形式 |

续表

| 属性/方法 | 含　义 |
|---|---|
| request.values | 返回一个字典，包含 form 和 args |
| request.remote_addr | 返回发送 HTTP 请求的客户端的 IP 地址 |
| request.user_agent | 返回发送 HTTP 请求的客户端的用户代理字符串 |
| request.environ | 请求的原始 WSGI 环境字典 |

下面来看一个使用 request 对象的 GET 请求的视图函数。

（1）新建 app.py 文件，文件内容如下。源代码见本书配套资源中的"ch02/2.2/2.2.2/1/app.py"。

```python
from flask import Flask,request
app = Flask(_ _name_ _)
@app.route('/index', methods=['GET', 'POST'])
def index():
    if request.method == 'GET':
        print("url 参数为—>" + request.url)
        print("base_url 参数为—>" + request.base_url)
        print("host_url 参数为—>" + request.host_url)
        print("path 参数为—>"+request.path)
        print("full_path 参数为—>" + request.full_path)
        print("scheme 参数为—>" + request.scheme)
        print("请求方式为—>"+request.method)
        print("Host 为—>" + request.host)
        print("args 参数是—>" + request.args["id"])
        print("args 参数是—>"+request.args.get("aid",'args 没有参数'))
        print("remote_addr 参数为—>"+request.remote_addr)
        print("user_agent 参数为—>"+str(request.user_agent))
        print("headers 参数为—>"+str(request.headers))
        print("cookies 参数为—>" + str(request.cookies))
        print("environ 参数为—>" + str(request.environ))
        return "request-GET 测试"
```

在这个例子中，index()视图函数处理"/index"路由的 GET 和 POST 请求，并返回"request-GET 测试"字符串作为 HTTP 响应。

（2）运行后，通过浏览器访问"http://localhost:5000/index?id=1"，PyCharm 控制台将输出如下信息。

```
url 参数为—>http://localhost:5000/index/?id=1
base_url 参数为—>http://localhost:5000/index/
host_url 参数为—>http://localhost:5000/
path 参数为—>/index/
full_path 参数为—>/index/?id=1
scheme 参数为—>http
请求方式为——>GET
```

```
Host 为—>localhost:5000
args 参数是—>1
args 参数是—>args 没有参数
remote_addr 参数为—>127.0.0.1
user_agent 参数为—>Mozilla/5.0 (Windows NT 10.0; Win64; x64) AppleWebKit/537.36 (KHTML,
like Gecko) Chrome/114.0.0.0 Safari/537.36
headers 参数为—>Host: localhost:5000
Connection: keep-alive
Sec-Ch-Ua:"Not.A/Brand";v="8","Chromium";v="114","Google Chrome";v="114"
…

cookies 参数为—>ImmutableMultiDict([])
environ 参数为—>{'wsgi.version': (1, 0), 'wsgi.url_scheme': 'http', 'wsgi.input':
<_io.BufferedReader name=896>, 'wsgi.errors': <_io.TextIOWrapper
…
```

再看一个使用 request 对象的 POST 请求的视图函数。

（1）增加视图函数 login()。源代码见本书配套资源中的"ch02/2.2/2.2.2/1/app.py"。

```
@app.route('/login', methods=['GET', 'POST'])
def login():
    if request.method=="GET":
        return render_template("login.html")
    else:
        print("请求方式为—>"+request.method)
        print("form 参数为—>" + str(request.form))
        print("form 参数为—>" + request.form["username"])
        print("form 参数为—>" + request.form.get("password"))
        print("form 参数为—>" + request.form.get("name","这个参数不存在"))
        return "request-POST 测试"
```

（2）新建文件 login.html，在其中添加如下代码。源代码见本书配套资源中的"ch02/2.2/
2.2.2/1/templates/login.html"。

```
<form method="POST" action="{{ url_for('login') }}" novalidate>
    <label>用户名:</label>
    <input type="text" name="username" required><br>
    <label>密码:</label>
    <input type="password" name="password" required><br>
    <input type="submit" value="登录">
    {{ message }}
</form>
```

（3）运行后，在界面中输入用户名"admin"和密码"123456"，控制台输出如下。

```
请求方式为—>POST
form 参数为—>ImmutableMultiDict([('username', 'admin'), ('password', '123456')])
form 参数为—>admin
form 参数为—>123456
```

form 参数为——>这个参数不存在

## 2. response 对象

在 Flask 中，在调用视图函数后，会将视图函数的返回值作为响应的内容。如果返回值是一个字符串，则该字符串会被转换为一个包含状态码、text/html 类型和字符串的响应对象。如果返回值是一个字典，则会调用 jsonify() 方法来产生一个响应。

response 对象的常用属性见表 2-4。

表 2-4

| 属性 | 含　义 |
| --- | --- |
| Data | 返回的二进制内容 |
| status_code | 返回的 HTTP 响应状态码 |
| content-type | 返回数据的 MIME 类型，默认为 text/html |

常用的状态码 status_code 见表 2-5。

表 2-5

| 状态码 | 含　义 | 状态码 | 含　义 |
| --- | --- | --- | --- |
| 200 | 状态成功 | 500 | 内部服务器错误 |
| 301 | 永久重定向，Location 属性的值为当前 URL | 502 | 网关错误 |
| 302 | 临时重定向，Location 属性的值为新的 URL | 503 | 服务不可用 |
| 404 | URL 不存在 | – | – |

在 Flask 中，视图函数返回的不同类型数据（如字符串、JSON 数据和字典等）最终都会被转化为 response 对象。那么如何自定义一个 response 对象并获取 response 对象的一些属性值呢？下面演示自定义 response 对象的用法。

（1）增加视图函数 index()。源代码见本书配套资源中的 "ch02/2.2/2.2.2/2/app.py"。

```
from flask import Flask,make_response
app = Flask(__name__)

@app.route('/index/', methods=['GET', 'POST'])
def index():
    response=make_response("Hello Flask")
    response.mimetype="text/plain"
    print(response.data)
    print(response.content_type)
    print(response.status_code)
    print(response.headers)
    return response
```

要使用 make_response() 方法，则需要采用如下方式将其导入。

```
from flask import make_response。
```

（2）启动服务并浏览 "http://127.0.0.1:5000/index"，控制台将输出如下信息。

```
b'Hello Flask'
text/plain; charset=utf-8
200
Content-Type: text/plain; charset=utf-8
Content-Length: 11
```

此外还可以返回模板页面，不能写成 make_response('login.html')，必须写成 render_template('login.html')。下面进行演示。

（1）增加视图函数 login()。源代码见本书配套资源中的"ch02/2.2/2.2.2/2/app.py"。

```
from flask import Flask,make_response,render_template
app = Flask( _ _name_ _)

@app.route('/login/', methods=['GET', 'POST'])
def login():
    temp=render_template("login.html")
    response=make_response(temp,200)
    print(response.data)
    print(response.content_type)
    print(response.status_code)
    print(response.headers)
    return response
```

（2）启动服务并浏览"http://127.0.0.1:5000/login"，控制台将输出如下信息。

```
b'<form method="POST" action="/login/" novalidate>\n
<label>\xe7\x94\xa8\xe6\x88\xb7\xe5\x90\x8d:</label>\n      <input type="text"
name="username" required><br>\n      <label>\xe5\xaf\x86\xe7\xa0\x81:</label>\n
<input type="password" name="password" required><br>\n      <input type="submit"
value="\xe7\x99\xbb\xe5\xbd\x95">\n      \n</form>'
text/html; charset=utf-8
200
Content-Type: text/html; charset=utf-8
Content-Length: 281
```

同时页面上显示用户名和密码的输入框，以及"登录"按钮。

### 3. cookie

cookie 是一段不超过 4KB 的文本数据，保存在客户端浏览器中，其作用是记住并跟踪与客户相关的数据，以获得更好的访问体验和网站统计。

cookie 由一个名称（Name）、一个值（Value）和几个用于控制 cookie 有效期、安全性、使用范围的可选属性组成。其中，

（1）Name/Value：设置 cookie 的名称及相应的值。

（2）Expires 属性：设置 cookie 的生存期。有两种存储类型的 cookie：会话型 cookie 与持久型 cookie。缺省时，Expires 属性为会话型 cookie，仅保存在客户端内存中，并在用户关闭浏览器后失效；持久型 cookie 会保存在用户的硬盘中，直至生存期结束或用户在网页中单击"注销"等按

钮结束会话时才会失效。

cookie 一般通过如下方式使用。

（1）使用 make_response()方法从视图函数的返回值中获取响应对象。

（2）使用响应对象的 set_cookie()方法存储 cookie。

（3）使用 request.cookies 属性的 get()方法读取 cookie。

响应对象的 set_cookie()方法支持通过多个参数来设置 cookie 选项，见表 2-5。

表 2-5

| 参　数 | 说　明 |
|---|---|
| Name | cookie 的键 |
| Value | cookie 的值 |
| Max_age | cookie 被保存的时间，单位为秒。默认在关闭浏览器时过期 |
| Expires | 设置一个过期时间，格式为一个 datetime 对象 |
| Path | 定义在 Web 站点上可以访问该 cookie 的目录 |
| Domain | 设置 cookie 可用的域名 |
| Secure | 如果设置为 True，则只有通过 HTTPS 才可以使用 |
| Httponly | 如果设置为 True，则禁止客户端 JavaScript 获取 cookie |

下面演示设置、获取和删除 cookie。

（1）增加视图函数。源代码见本书配套资源中的"ch02/2.2/2.2.2/3/app.py"。

```python
from flask import Flask,make_response,request
app = Flask(_ _name_ _)
#设置 cookie
@app.route('/set_cookies', methods=['GET', 'POST'])
def set_cookies():
    resp=make_response("Hello Flask")
    #设置 cookie 的有效期，关闭浏览器就失效
    resp.set_cookie("username","admin")
    #设置 cookie 的有效期，max_age 的单位为秒
    resp.set_cookie("pwd","123456",max_age=60)
    print(resp.headers)
    return resp

# 获取 cookie
@app.route("/get_cookies")
def get_cookies():
    resp = request.cookies.get("username")
    print(type(resp))  # 类型为 str
    print(resp)
    return resp

# 删除 cookie
```

```
@app.route("/del_cookies")
def del_cookies():
    resp = make_response("del")
    # 删除 cookie 或者让 cookie 过期
    resp.delete_cookie("pwd")
    print(resp.headers)
    return resp
```

（2）执行情况。

访问"http://localhost:5000/set_cookies"，控制台输出如下。

```
Content-Type: text/html; charset=utf-8
Content-Length: 11
Set-Cookie: username=admin; Path=/
Set-Cookie: pwd=123456; Expires=Sat, 08 Jul 2022 13:28:05 GMT; Max-Age=60; Path=/
```

访问"http://localhost:5000/get_cookies"，控制台输出如下。

```
<class 'str'>
admin
```

访问"http://localhost:5000/del_cookies"，控制台输出如下。

```
Content-Type: text/html; charset=utf-8
Content-Length: 3
Set-Cookie: pwd=; Expires=Thu, 01 Jan 1970 00:00:00 GMT; Max-Age=0; Path=/
```

### 4. session

session 和 cookie 的功能类似，都用来存储用户相关的信息，区别如下。

- cookie 将数据保存在客户端。
- session 将数据保存在服务器端，用 session_id 来标识用户。

session 的出现主要是因为 cookie 存储数据不安全。

在 Flask 中，session 的使用方法和 Python 中字典的使用方法类似。在处理 session 时需要设置 SECRET_KEY，Flask 使用该值对 session 进行加密处理。

下面演示 session 的用法。源代码见本书配套资源中的"ch02/2.2/2.2.2/4/app.py"。

```
from flask import Flask, session, redirect, url_for, request
app = Flask(_ _name_ _)
app.secret_key = '1234567890'

@app.route('/index')
def index():
    if 'username' in session:  # 检查用户是否已经登录
        username = session['username']
        return f'用户名: {username} <br><b><a href="/logout">单击注销</a></b>'
    return '未登录, <br><a href="/login"><b>单击登录</b></a>'

@app.route('/login', methods=['GET', 'POST'])
```

```
def login():
  if request.method == 'POST':  # 如果是 POST 请求, 则处理用户登录
     session['username'] = request.form['username']
     return redirect(url_for('index'))  # 重定向到主页
  return '''
  <form action="" method="post">
    <p><input type="text" name="username" placeholder="请输入用户名" /></p>
    <p><input type="submit" value="登录" /></p>
  </form>
  '''

@app.route('/logout')
def logout():
  session.pop('username',None)          # 清除用户会话中的用户名
  return redirect(url_for('index'))  # 重定向到主页
```

上述代码解释如下。

- 设置密钥：通过 app.secret_key 设置应用的密钥，这是加密会话数据的关键。
- 定义主页路由：使用装饰器@app.route()创建一个路由，在访问 "/index" 时会执行 index()函数。在 index()函数中，会检查会话中是否存在 "username" 键，如果存在则显示用户名和注销链接，否则显示 "未登录" 字符和用户登录链接。
- 定义登录路由：同样使用装饰器@app.route()，在访问 "/login" 时会执行 login()函数。如果请求方法为 POST，即用户已经提交了登录表单，则将输入的用户名存储在会话中并重定向到主页。
- 定义注销路由：使用装饰器@app.route()，在访问 "/logout" 时会执行 logout()函数。该函数从会话中删除 "username" 键，然后重定向到首页。

### 2.2.3 视图处理函数

通过 request 对象和 response 对象，可以处理基本的数据请求并返回响应。但是这种方式烦琐。Flask 将这些底层的操作过程全部进行了封装，提供了几个简单的函数供我们使用——这种函数被称为视图处理函数。接下来一一进行介绍。

#### 1. 用 render_template()函数实现页面渲染

在 Flask 框架中，render_template()函数是一个用于渲染 HTML 模板的函数。其作用是将数据与 HTML 模板结合，生成一个 HTML 页面并返给客户端浏览器。

render()函数的基本语法如下。

```
from flask import Flask,render_template
render_template(template_name_or_list, **context)
```

参数含义如下。

- template_name_or_list：要渲染的模板文件名或文件名列表，可以是一个字符串，也可以

是一个包含多个模板文件名的列表。

- context：可选的关键字参数，包含要传给模板的数据。

render_template()函数使用 Jinja 2 模板引擎来渲染模板。在渲染模板时，Jinja 2 会将模板中的变量、控制语句和过滤器等转换为相应的 Python 代码，并在运行时动态生成 HTML 代码。Jinja 2 模板的知识将在第 3 章进行介绍。

下面是一个简单的示例——使用 render_template()函数渲染一个模板。

（1）新建 app.py 文件，在其中添加如下代码。源代码见本书配套资源中的"ch02/2.2/2.2.3/1/app.py"。

```
from flask import Flask, render_template
app = Flask(_ _name_ _)

@app.route('/index')
def index():
    # 定义一个字典，包含要传给模板的数据
    data = {'name': '张三', 'age': 30}
    # 调用 render_template()函数渲染模板，并将数据传给模板
    return render_template('index.html', **data)
```

在上面的代码中，定义了一个名为"index"的视图函数，并使用 render_template()函数来渲染名为"index.html"的模板。在渲染模板时，将一个包含 name 和 age 这两个键的键值对的字典传给模板。模板可以使用这些数据来动态生成 HTML 代码。

（2）新建 index.html 文件，在其中添加如下代码。源代码见本书配套资源中的"ch02/2.2/2.2.3/1/ templates/index.html"。

```
姓名：{{ name }}
年龄：{{ age }}
```

在模板 index.html 中，使用模板变量"{{ name }}{{ age }}"来获取传给模板的字典数据。

（3）运行后，利用浏览器访问"http://localhost:5000/index"，页面输出如下信息。

```
姓名：张三 年龄：30
```

### 2. 用 redirect()函数实现页面重定向

在遇到网站的目录结构被调整、网页被移到一个新地址等情况时，若不做页面重定向，则通过用户收藏夹的链接或搜索引擎数据库中的旧地址只能得到一个"404 错误页面"信息。

在 Flask 中，使用 redirect()函数实现页面重定向，函数原型如下。

```
flask.redirect(location, code=302, Response=None)
```

参数说明如下。

- location：一个地址，使用 url_for()函数得到，可以是静态文件地址，也可以是一个网址。
- code：可以取值 301、302、303、305、307，默认为 302，300 和 304 都不可以。

> 📝 **提示**　301 是永久性重定向。

redirect()函数的重定向有以下两种方式。

- 通过路由反向解析实现重定向。
- 通过一个绝对的或相对的 URL，让浏览器跳转到指定的 URL 实现重定向。

（1）通过路由反向解析进行重定向。

增加视图函数，如下所示。源代码见本书配套资源中的"ch02/2.2/2.2.3/2/app.py"。

```python
from flask import Flask,redirect,url_for
app = Flask(_ _name_ _)

@app.route('/home')
def Home():
    return redirect(url_for("login"))

@app.route('/login')
def login():
    return "欢迎来到登录页"
```

访问一个需要权限的路由地址"/home"，假设当前用户没有登录，则重定向到登录页面"/login"。读者可以自己执行后查看效果。

（2）通过一个绝对的或相对的 URL，让浏览器跳转到指定的 URL 实现重定向。

增加视图函数 to()，如下所示。源代码见本书配套资源中的"ch02/2.2/2.2.3/2/app.py"。

```python
from flask import Flask,redirect,url_for
app = Flask(_ _name_ _)

@app.route('/to')
def to():
    return redirect("https://www.phei.com.cn/")
```

运行后访问，可以看到浏览器跳转到电子工业出版社网站的首页。

### 3. 用 abort()函数终止视图函数的执行

在 Flask 中，abort()函数用于提前终止请求，并返回指定的 HTTP 错误响应。它允许你在应用的任何位置触发一个错误，然后返回相应的错误页面或信息。这在处理特定错误时非常有用。

abort()函数位于 flask 模块中。以下是 abort()函数的基本用法。源代码见本书配套资源中的"ch02/2.2/2.2.3/3/app.py"。

```python
from flask import Flask, abort
app = Flask(_ _name_ _)

@app.route('/test/<int:value>')
def test(value):
    if value < 0:
```

```
        abort(400)  # 终止请求并返回 400 Bad Request 错误
    return f"异常值: {value}"
```

在上述代码中,当访问"/test/<int:value>"路由时,如果提供的 value 参数小于 0,则 abort(400)
会触发 "400 Bad Request" 错误,终止请求并返回相应的错误页面。如果 value 大于或等于 0,
则返回一个带有值的正常响应。

> **提示**　可以根据需要使用不同的错误代码来终止请求,如 abort(404)表示资源未找到,abort(403)
> 表示禁止访问等。在终止请求时,也可以自定义错误页面。

### 4. 自定义 404 错误页面中的信息

在使用浏览器访问 URL 时,如果 URL 不存在则会显示 404 错误页面。默认的 404 错误页面
比较简单,可以自定义 404 错误页面中的信息。

(1)创建一个在出现 404 错误页面时我们希望展示的 HTML 页面。源代码见本书配套资源中
的 "ch02/2.2/2.2.3/4/templates/404.html"。

```html
<html lang="en">
<head><title>404 找不到文件资源</title></head>
<body><h1>这是一个 404 错误页面, 出现这个页面说明出现 404 错误了</h1>
<h2>你完全可以自己定制</h2>
</body></html>
```

(2)使用装饰器@app.errorhandler(404)实现 404 错误页面。源代码见本书配套资源中的
"ch02/2.2/2.2.3/4/app.py"。

```python
from flask import Flask, render_template,redirect,url_for
app = Flask(_ _name_ _)

@app.errorhandler(404)
def page_404(error):
    print(error)
    return render_template("404.html")
```

(3)访问一个不存在的路由,此时浏览器会显示我们自定义的 HTML 页面,如图 2-3 所示。

图 2-3

控制台中打印的信息如下:

```
404 Not Found: The requested URL was not found on the server. If you entered the URL
manually please check your spelling and try again.
```

### 5. 返回 JSON 数据

在 Flask 中，jsonify()函数用于将 Python 对象转换为 JSON 格式数据，并创建一个 JSON 格式的响应对象。这在构建 API 或返回 JSON 数据时非常有用。

jsonify()函数位于 flask 模块中，以下是使用 jsonify()函数的示例。源代码见本书配套资源中的"ch02/2.2/2.2.3/5/app.py"。

```python
from flask import Flask, jsonify
app = Flask(_ _name_ _)
@app.route('/data')
def get_data():
    data = {
        'name': 'admin',
        'age': 30,
        'sex': '男'  }
    return jsonify(data)   # 将 Python 字典转换为 JSON 格式响应对象
```

在上述代码中，在访问"/data"时，get_data()函数使用 Flask 默认的 jsonify()函数将一个包含用户数据的字典转换为 JSON 格式并返回。

## 2.3　认识视图类

Flask 框架还提供了另外一种处理用户请求的方式——视图类。它可以处理不同的 HTTP 请求。

## 2.3.1　什么是视图类

Flask 中的视图类是一种用于处理 HTTP 请求和返回响应的对象，它可以帮助你更加灵活地组织代码结构，并提高代码的可读性和可维护性。

Flask 中的视图类包括默认的视图类和自定义的视图类。

- 默认的视图类（Flask 内置的视图类）：包括 TemplateView、MethodView、RedirectView 和 View 等。这些视图类已经实现了常见请求的处理逻辑，你只需要根据实际需求来选择并配置相应的属性即可。
- 自定义的视图类：根据实际需要创建的视图类。使用自定义的视图类，你可以更加灵活地控制请求处理流程，并可以根据实际需要实现不同的方法，例如 render_template()方法、get_context_data()方法等。

在 Flask 中，可以通过继承默认的视图类来创建新的视图类。这些视图类都需要实现 dispatch_request()方法来处理 HTTP 请求，并可以根据实际需求实现不同的方法。可以将视图类绑定到 URL 上，并为其指定支持的 HTTP 方法，从而实现对不同请求方法的处理。

## 2.3.2　利用视图类进行功能设计

通过视图类可以简化开发过程。在 Flask 中，如果不想自定义视图类，则可以使用 Flask 默认的视图类来处理请求。以下是一些常见的默认视图类。

- flask.views.View：提供基本的请求处理和响应方法，例如 dispatch_request()方法，以及常用的属性（如 request 和 session 属性）。
- flask.views.MethodView：提供和 HTTP 方法一样的视图方法，例如 GET、POST 等。

### 1. 通用视图类——View

在 Flask 中，View 是默认的视图类，它提供了处理 HTTP 请求和返回响应的方法。可以通过继承该视图类来自定义视图类，并实现对应的请求处理逻辑。

使用 View 类需要完成以下步骤。源代码见本书配套资源中的"ch02/2.3/2.3.3/1/app.py"。

（1）创建一个基于 View 的视图类。

```
from flask.views import View
from flask import render_template, request,Flask

app=Flask(_ _name_ _)
class IndexView(View):
    methods = ['GET']
    def dispatch_request(self):
        if request.method == 'GET':
            data = {'name': '张三', 'age': 30}
            return render_template("index.html",user=data)
```

在上述代码中，首先，创建了一个名为"IndexView"的视图类，它继承自 View，并设置 methods 属性为['GET']；然后，重写了 dispatch_request()方法，在其中根据 HTTP 方法调用相应的处理方法；最后，利用 render_template()方法来渲染 HTML 模板。

（2）在路由映射中将视图类绑定到 URL 上。

```
from flask import Flask
app = Flask(_ _name_ _)
app.add_url_rule('/', view_func=HomeView.as_view('index'))
```

当用户访问网站首页时，Flask 将会自动调用 IndexView 类中的 dispatch_request()方法，并根据请求方法自动调用对应的处理方法。

在这个示例中，由于设置了 methods 属性为['GET']，所以只有当客户端发起 GET 请求时，才会调用 render_template()方法来渲染 index.html 模板。

### 2. 方法视图类——MethodView

在 Flask 中，MethodView 是默认的视图类，它允许将多个 HTTP 方法绑定到同一个视图上。使用 MethodView 可以将 GET、POST、PUT、DELETE 等多个 HTTP 方法绑定到同一个视图函数上，从而简化代码结构。

使用 MethodView 需要完成以下步骤。源代码见本书配套资源中的 "ch02/2.3/2.3.3/2/app.py"。

（1）创建一个基于 Flask.views.MethodView 的视图类。

```python
from flask.views import MethodView
class UserView(MethodView):
    def get(self, user_id):
        # 处理 GET 请求逻辑
        pass
    def post(self):
        # 处理 POST 请求逻辑
        pass
    def put(self, user_id):
        # 处理 PUT 请求逻辑
        pass
    def delete(self, user_id):
        # 处理 DELETE 请求逻辑
        pass
```

在视图类中定义了对应的 HTTP 方法，并实现了相应的请求处理逻辑。

（2）在路由映射中将视图类绑定到 URL 上，并为不同的 HTTP 方法指定对应的视图函数。

```python
from flask import Flask
app=Flask(_ _name_ _)

user_view=UserView.as_view('user')
app.add_url_rule('/users/',view_func=user_view,methods=['POST'])
app.add_url_rule('/users/<int:user_id>',view_func=user_view,methods=['GET','PUT',
'DELETE'])
```

在这个例子中，创建了一个名为 "UserView" 的视图类，它继承自 MethodView，并定义了 4 个 HTTP 方法：GET、POST、PUT、DELETE。然后，将 UserView 视图类绑定到 "/users/" 和 "/users/<int:user_id>" 这两个 URL 上，并为不同的 HTTP 方法指定了对应的视图函数。

当客户端浏览器发送 HTTP 请求时，Flask 会根据请求方法自动调用相应的视图函数来处理请求。例如，客户端发送了一个 GET 请求到 "/users/1" URL 上，则 Flask 会自动调用 UserView 类中的 get() 方法，并将 user_id 参数传给该方法进行处理。

使用 MethodView，可以在一个类中集中实现多个 HTTP 方法的请求逻辑，从而减少重复代码。

# 第 3 章
# 开发页面——基于 Jinja 2 模板

Flask 支持使用模板来实现动态网页的渲染。Flask 模板作为 MTV 模式中的 T（Template），主要用于开发页面。Flask 模板实现了业务逻辑和内容显示的分离。通常一个模板可以供多个视图使用。Flask 模板可以帮助我们快速构建具有良好可维护性和可读性的 Web 应用。

## 3.1 Flask 模板引擎——Jinja 2

Flask 提供了一个灵活的、默认的模板引擎 Jinja 2 来帮助开发者构建 Web 应用。Jinja 2 允许开发者使用 HTML 模板和 Python 代码相结合的方式来生成动态内容。

在安装 Flask 后，会自动安装 Jinja 2 模板引擎。在 Flask 中，可以使用 render_template() 函数来渲染 Jinja 2 模板。该函数接受一个模板文件名和一个传给模板的变量。

模板文件通常存储在应用的 templates 目录下。在模板文件中，可以使用 Jinja 2 提供的语法来编写动态内容。Jinja 2 模板语法包括模板变量、模板标签和模板过滤器等。

### 3.1.1 模板变量

模板变量除可以是字符串外，还可以是列表、字典和类对象。模板变量可以被看作 HTML 文件中的占位符：在执行 Jinja 2 模板引擎时，会用模板变量实际的值替换占位符。

#### 1. 模板变量的表示

（1）模板变量使用"{{ 变量名 }}"来表示。

模板变量的名称可以包含字母、数字和下画线，但不可以包含空格等其他字符。使用{{ }}标记将变量插入模板中，如以下模板变量所示。

```
我的姓名{{ name }}，我的年龄{{ age }}
```

（2）模板变量可以是列表、字典及类对象。

模板中模板变量的使用方法和 Python 中模板变量的使用方法相同。比如，按照索引位置访问列表对象，按照关键字访问字典对象。

### 2. 实例

（1）新建 app.py 文件，文件内容如下。源代码见本书配套资源中的"ch03/3.1/3.1.1/app.py"。

```
import flask
from flask import render_template
app=flask.Flask(__name__)

@app.route("/var",methods=["GET","POST"])
def var():
    #字符串
    username="张三"
    #列表对象
    lists=['Java','Python','C','C#','JavaScript']
    #字典对象
    dicts={'姓名':'张三','年龄':25,'性别':'男'}
    return render_template('var.html',username=username,lists=lists,dicts=dicts)
```

在上面的代码中，定义了一个路由"/var"，当用户访问该路由时，会调用 var()函数并渲染 index.html 模板。在 Flask 中，使用 render_template()函数来渲染模板，并将定义的列表对象 lists 和字典对象 dicts 参数传给模板，以便在模板中使用它们。

（2）打开模板文件（源代码见本书配套资源中的"ch03/3.1/3.1.1/templates/index.html"），代码清单如下所示。

```
{{ username }}你好!
{{ lists }}
<table border=1>
    <tr><td>{{ lists.[0] }}</td>
        <td>{{ lists.[1] }}</td>
        <td>{{ lists.[2] }}</td>
        <td>{{ lists.3 }}</td>
        <td>{{ lists.4 }}</td></tr>
</table><br>
{{ dicts }}
<table border=1><tr><td>{{ dicts.姓名 }}</td>
        <td>{{ dicts.年龄 }}</td>
        <td>{{ dicts.性别 }}</td></tr>
</table>
```

在上面的模板文件中，使用 {{ }}包裹需要动态替换的内容，例如 username。模板变量{{ lists }} 表示返回列表的值，然后使用"{{ lists.0 }}"获取列表中第 1 个元素的值。对于字典类型模板变量 "{{ dicts }}"，可以通过键来访问元素的值。

（3）运行代码后访问"http://127.0.0.1:5000/var"，结果如图 3-1 所示。

图 3-1

## 3.1.2　模板标签

模板标签需要用标签限定符{% %}进行包裹。常见的模板标签有{% if %}和{% endif %}、{% load %}、{% block %}，以及{% endblock %}等。有些标签属于闭合标签，例如，{% if %}标签的闭合标签是{% endif %}。

模板标签的作用：载入代码渲染模板，或对传递过来的参数进行逻辑判断和计算。

Flask 中常见的模板标签见表 3-1。

表 3-1

| 模板标签 | 描　述 | 模板标签 | 描　述 |
| --- | --- | --- | --- |
| {% if %}{% endif %} | 条件判断模板标签 | {% static %} | 静态资源 |
| {% for %}{% endfor %} | 循环模板标签 | {% block %}{% endblock %} | 一组占位符标签，需要重写模板 |
| {% url_for %} | 路由配置的地址标签 | {% csrf_token %} | 用来防护跨站请求伪造攻击 |
| {% extends xx %} | 模板继承标签，从××模板继承 | {% include 页面 %} | 包含一个 HTML 页面 |
| {% load %} | 加载相关内容 | — | — |

接下来介绍常见的模板标签。

**1. 条件判断模板标签**

条件判断模板标签是由{% if %}和{% endif %}标签组成的闭合标签。在该标签中还可以包含{% elif %}和{% else %}标签。

（1）条件判断模板标签的一般用法如下。

```
{% if 条件 1 %}
    {{ 内容 1 }}
{% elif 条件 2 %}
    {{ 内容 2 }}
{% else %}
    {{ 默认内容 }}
{% endif %}
```

如果满足条件 1，则显示"内容 1"；如果满足条件 2，则显示"内容 2"。如果条件都不满足，则显示"默认内容"。

> 📢 提示　条件判断模板标签的条件表达式中的运算符，跟 Python 中的运算符是一样的，==、! =、<、<=、>、>=、in、not in、is、is not 这些都可以使用。

（2）以下示例演示了如何使用条件判断模板标签进行判断。

```
{% if user %}
  <h1>欢迎 {{ user.username }}!</h1>
{% else %}
  <h1>Hello, Guest!</h1>
{% endif %}
```

在上述代码中，如果变量 user 存在，则显示欢迎消息，否则显示默认消息。

除{% if %}标签外，还有一些其他条件判断模板标签，如 {% elif %}和{% else %}标签。以下是一个简单的代码示例，在此示例中，有一个名为"score"的变量表示考试成绩。

```
{% if score >= 90 %}
  <p>优秀</p>
{% elif score >= 80 %}
  <p>良好</p>
{% elif score >= 70 %}
  <p>一般</p>
{% elif score >= 60 %}
  <p>勉强</p>
{% else %}
  <p>无语</p>
{% endif %}
```

代码中使用了{% if %}、{% elif %}和{% else %}标签，以根据不同的分数段来显示相应的成绩。

> 📢 提示　在使用条件判断时，需要确保条件覆盖了所有可能的情况，这样才能保证程序的正确性。另外，在生成 HTML 代码时，需要确保只向用户显示必要的信息，避免展示不必要的信息。

在 Jinja 2 模板中，条件判断非常灵活，可以根据不同的情况动态渲染内容。

**2. 循环模板标签**

循环模板标签{% for %}用来遍历一个序列或者可迭代对象，如列表、字典、字符串等。循环模板标签是由{% for %}和{% end for %}组成的闭合标签。在循环模板标签里可以包含{% if %}和{% end if %}这样的条件判断模板标签。

循环模板标签的用法如下。

```
{% for list in lists %}
  {{ list }}
{% else %} #如果可迭代对象为空
  {{ 可迭代对象为空时，输出的信息 }}
{% endfor %}
```

此外，模板引擎还提供了循环模板标签的变量，见表 3-2。

表 3-2 ·

| 变　　量 | 含　　义 | 变　　量 | 含　　义 |
|---|---|---|---|
| loop.index | 当前循环迭代的次数，从 1 开始计数 | loop.first | 如果是第 1 次循环，则为 True |
| loop.index0 | 当前循环迭代的次数，从 0 开始计数 | loop.last | 如果是最后 1 次循环，则为 True |
| loop.revindex | 到循环结束需要迭代的次数，从 1 开始计数 | loop.length | 序列的长度 |
| loop.revindex0 | 到循环结束需要迭代的次数，从 0 开始计数 | loop.cycle | 在一个序列中循环取值 |

下面通过实例来学习循环模板标签的用法。

（1）增加视图函数 forloop()，如下所示。源代码见本书配套资源中的"ch03/3.1/3.1.2/app.py"。

```python
from flask import Flask,render_template
app=Flask(_ _name_ _)

@app.route("/forloop")
def forloop():
    dict1={'书名':'Flask+Vue.js 开发','价格':80,'作者':'张三'}
    dict2={'书名':'Python+ChatGPT 开发','价格':90,'作者':'李四'}
    dict3={'书名':'Django+Vue.js 开发','价格':100,'作者':'王五'}
    lists=[dict1,dict2,dict3]
    return render_template('index.html',lists=lists)
```

视图函数 forloop()会通过在列表中嵌套字典的方式返回多个字典。

（2）新建模板文件 index.html，在其中添加如下代码。源代码见本书配套资源中的"ch03/3.1/3.1.2/templates/index.html"。

```html
<style type="text/css">
    .odd {
        background-color:#01a0e4;
        color: #fff;    }
    .even {
        background-color:#4709ac;
        color: #fff;    }
</style>
<table border=1>
    {% for list in lists %}
        {% if loop.first %}<!-- 如果是第 1 条记录-->
            <tr><td>第 1 本书: {{ list.书名 }}</td></tr>
        {% endif %}
        <tr class="{{ loop.cycle('odd',"even") }}">
            <td>(第{{ loop.index }}本书，总共{{ loop.length }}本书): {{ list.书名 }}，价格:
{{ list.价格 }}，当前索引{{ loop.index }}</td></tr>
        {% if loop.last %}<!-- 如果是最后一条记录-->
            <tr><td>最后一本书: {{ list.书名 }}</td></tr>
        {% endif %}
    {% endfor  %}
</table>
```

我们希望表格中相邻两行的<tr>标签的 class 属性是不同的，这样可以让页面更加美观。loop.cycle 会周期性地从序列(odd,even)中取值，这样就可以实现表格颜色的交替。如果不使用 loop.cycle，那只能根据 loop.index 的值是否能整除 2 来获取奇偶行，以此设置<tr>标签的 class 属性到底是 odd 还是 even。

（4）运行代码后访问"http://localhost:5000/forloop"，结果如图 3-2 所示。

| 第1本书：Flask+Vue.js开发 |
| --- |
| (第1本书，总共3本书)：Flask+Vue.js开发，价格：80，当前索引1 |
| (第2本书，总共3本书)：Python+ChatGPT开发，价格：90，当前索引2 |
| (第3本书，总共3本书)：Django+Vue.js开发，价格：100，当前索引3 |
| 最后一本书：Django+Vue.js开发 |

图 3-2

## 3.1.3　模板过滤器

模板过滤器用于对模板变量进行操作。

### 1. 模板过滤器的基础知识

模板过滤器的语法格式如下。Flask 常用的模板过滤器见表 3-3。

```
{{ 变量名 | 过滤器 (参数) }}
```

表 3-3

| 模板过滤器 | 格　　式 | 描　　述 |
| --- | --- | --- |
| safe | {{ name\|safe}} | 关闭 HTML 标签和 JavaScript 脚本的语法标签的自动转义功能 |
| length | {{ name\| length }} | 获取模板变量的长度 |
| default | {{ name\| default("默认值")}} | 当变量的值为 False 时，显示默认值，可以将 default 简化为 d |
| upper | {{ name\| upper}} | 将字符串转为大写 |
| lower | {{ name\| lower }} | 将字符串转为小写 |
| capitalize | {{ name\| capitalize }} | 首字母大写 |
| trim | {{ name\| trim }} | 去除空格 |
| reverse | {{ name\| reverse }} | 反转 |
| format | {{ name\| format }} | 格式化输出 |
| striptags | {{ name\| striptags }} | 移除 name 中的所有 HTML 标签 |
| round | {{ name\| round }} | 四舍五入（截取） |
| abs | {{ name\| abs }} | 绝对值 |
| first | {{ name\| first }} | 第一个元素 |
| last | {{ name\| last }} | 最后一个元素 |
| sum | {{ name\| sum }} | 列表求和 |
| sort | {{ name\| sort }} | 列表排序（升序） |
| join | {{ name\| join }} | 合并字符串 |

**2. 实例**

（1）新建视图函数 filter()，如下所示。源代码见本书配套资源中的"ch03/3.1/3.1.3/app.py"。

```
from flask import Flask,render_template
app=Flask(_ _name_ _)

@app.route("/filter")
def filter():
  return render_template('index.html')
```

（2）新建模板文件 index.html，在其中添加如下代码。源代码见本书配套资源中的"ch03/3.1/3.1.3/templates/index.html"。

```
<table border="1">
  <tr><td>{# 当未定义变量时，显示默认字符串，可以缩写为 d #}
        <p>{{ name | default('name 未定义') }}</p>
        <p>{{ name | d('name 未定义') }}</p>
    </td>
    <td>{# 单词首字母大写 #}
        <p>{{ 'flask' | capitalize }}</p></td></tr>
  <tr><td>{# 单词全小写 #}
        <p>{{ 'FLASK' | lower }}</p></td>
    <td>{# 去除字符串前后的空白字符 #}
        <p>{{ 'flask' | trim }}</p></td></tr>
  <tr><td>{# 字符串反转，返回 ksalf #}
        <p>{{ 'flask' | reverse }}</p></td>
    <td>{# 格式化输出，返回数字是 2 #}
        <p>{{ '%s is %d' | format("数字是", 2) }}</p></td></tr>
  <tr><td>{# 关闭 HTML 自动转义 #}
        <p>{{ '<h1>HTML 内容</h1>' | safe }}</p></td>
    <td>{# 四舍五入取整，返回 10.0 #}
        <p>{{ 10.234 | round }}</p></td></tr>
  <tr><td>{# 向下截取到小数点后 2 位，返回 11.47 #}
        <p>{{ 11.47 | round(2, 'floor') }}</p></td>
    <td>{# 绝对值，返回 12 #}
        <p>{{ -12 | abs }}</p></td></tr>
  <tr><td>{# 取第一个元素 #}
        <p>{{ [1,2,3,4,5] | first }}</p></td>
    <td>{# 取最后一个元素 #}
        <p>{{ [1,2,3,4,5] | last }}</p></td></tr>
  <tr><td>{# 返回列表长度 #}
        <p>{{ [1,2,3,4,5] | length }}</p></td>
    <td>{# 列表求和 #}
        <p>{{ [1,2,3,4,5] | sum }}</p></td></tr>
  <tr><td>{# 列表排序，默认为升序 #}
        <p>{{ [3,2,1,5,4] | sort }}</p></td>
    <td>{# 合并为字符串，返回 1 | 2 | 3 | 4 | 5 #}
```

```
        <p>{{ [1,2,3,4,5] | join(' | ') }}</p></td></tr>
</table>
```

（3）运行代码后访问"http://localhost:5000/filter"，结果如图 3-3 所示。

| | |
|---|---|
| name未定义<br><br>name未定义 | Flask |
| flask | flask |
| ksalf | 数字是 2 |
| **HTML内容** | 10.0 |
| 11.47 | 12 |
| 1 | 5 |
| 5 | 15 |
| [1, 2, 3, 4, 5] | 1 \| 2 \| 3 \| 4 \| 5 |

图 3-3

## 3.2  模板的高级用法

模板还有一些高级特性，比如模板转义，自定义过滤器，自定义全局函数、全局模板变量和局部模板变量。

### 3.2.1  模板转义——保证代码的安全

Flask 的模板会对 HTML 标签和 JavaScript 标签进行自动转义，这样做是为了保证代码的安全。比如，用户在 HTML 页面提交内容，内容中可能包含一些攻击性的代码（如 JavaScript 脚本代码），Flask 会将 JavaScript 脚本代码中的一些字符自动转义，如将"<"转换为"&lt"，将"'"转换为"&#39"。

在 Flask 中，可以通过"模板变量|safe"的方式来告诉 Flask 这段代码是安全的，不需要转义（即关闭模板转义功能）。

下面通过实例学习模板转义的用法。

（1）新建视图函数 html_safe()，如下所示。源代码见本书配套资源中的"ch03/3.2/3.2.1/app.py"。

```
from flask import Flask,render_template
app=Flask(__name__)
@app.route("/html_safe")
def html_safe():
    html_addr="<table border=1><tr><td>这是一个表格</td></tr></table>";
    html_script="<script language='javascript'>document.write('非法执行');</script>"
    return render_template('index.html',html_addr=html_addr,html_script=html_script)
```

（2）新建模板文件 index.html，在其中添加如下代码。源代码见本书配套资源中的
"ch03/3.2/3.2.1/templates/index.html"。

```
关闭模板转义-表格: {{ html_addr|safe }}
默认模板转义-表格: {{ html_addr }}<br>
默认模板转义-脚本: {{ html_script }}<br>
关闭模板转义-脚本: {{ html_script|safe }}<br>
```

（3）运行代码后访问"http://localhost:5000/html_safe"，结果如图 3-4 所示。

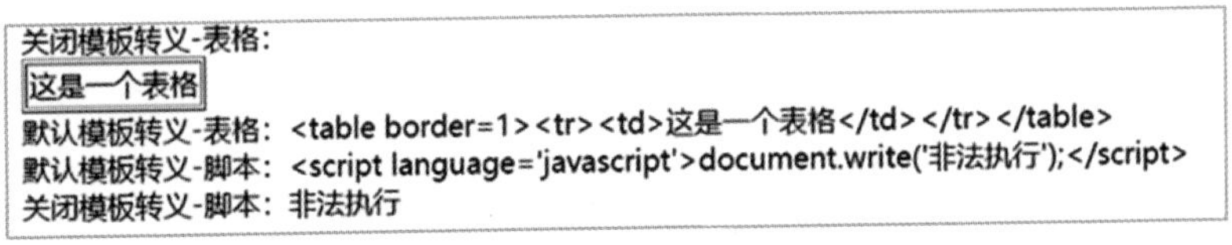

图 3-4

> 💡提示　使用 safe 过滤器可以关闭模板转义功能，从而正常地解析 HTML 代码。

## 3.2.2　【实战】自定义过滤器

Flask 的模板中包含很多内置的过滤器。如果内置的过滤器不能满足功能需求，则可以自定义
过滤器来满足功能需求。

### 1. 自定义过滤器并注册

自定义的过滤器本质上是一个 Python 函数。要成为一个可用的过滤器，需要使用装饰器
@app.template_filter()将其注册。

打开本书配套资源中的"ch03/3.2/3.2.2/app.py"，在其中增加过滤器函数 show_title()，如
以下代码所示。

```
@app.template_filter("show_title")
def show_title(value,n):
    if len(value) > n:
        return f'{value[0:n]}...'
    else:
        return value
```

在上述代码中，@app.template_filter()是一个装饰器，指明 show_title()函数是一个过滤器。
在 show_title()函数中，value 指文章标题，n 指标题的显示长度。判断逻辑为：当标题的长度大于
显示长度 n 时，会自动把多余的标题以省略号的方式显示。

### 2. 加载自定义过滤器并编写模板

（1）增加视图函数 diy_filter()。源代码见本书配套资源中的"ch03/3.2/3.2.2/app.py"。

（2）新建模板文件 index.html，在其中添加如下代码。源代码见本书配套资源中的"ch03/3.2/
3.2.2/templates/index.html"。

```
<table border=1 style="width:300px">
   {% for list in lists %}
      <tr><td>{{ list.标题|show_title(10) }}</td></tr>
   {% endfor %}
</table>
```

在模板中对标题使用了自定义过滤器函数 show_title()，参数 10 代表只显示 10 个字符。

（3）运行代码后访问“http://localhost:5000/diy_filter”，结果如图 3-5 所示。

| |
|---|
| 学习Python的好... |
| 学习Flask的好方... |
| 学习新知识的好方法就... |

图 3-5

### 3.2.3 【实战】自定义全局函数

实现高级模板功能，除可以通过自定义标签的方式来实现外，还可以通过装饰器@app.template_globa()自定义全局函数来实现。

（1）增加自定义全局函数 diy_func()，如以下代码所示。源代码见本书配套资源中的“ch03/3.2/3.2.3/app.py”。

```
@app.template_global("show_title")
def show_title(value,n):
   if len(value) > n:
      return f'{value[0:n]}...'
   else:
      return value
```

其中，@app.template_global()是装饰器，指明 show_title()函数是一个自定义的全局函数。

（2）增加视图函数 diy_func()。源代码见本书配套资源中的“ch03/3.2/3.2.3/app.py”。

```
from flask import Flask,render_template
app=Flask(_ _name_ _)

@app.route("/diy_func")
def diy_func():
  dict1={'标题':'学习 Python 的好方法就是每天不间断地写代码'}
  dict2={'标题':'学习 Flask 的好方法就是上手做一个项目，比如 CMS、OA 等'}
  dict3={'标题':'学习新知识的好方法就是快速构建一棵知识树'}
  lists=[dict1,dict2,dict3]
  return render_template('index.html',lists=lists)
```

（3）新建模板文件 index.html，在其中添加如下代码。源代码见本书配套资源中的“ch03/3.2/3.2.3/templates/index.html”。

```
<table border=1 style="width:300px">
   {% for list in lists %}
      <tr><td>{{ show_title(list.标题,10) }}</td></tr>
```

```
  {% endfor %}
</table>
```

（4）运行代码后访问"http://localhost:5000/diy_func"，结果与图 3-5 一样。

## 3.2.4 全局模板变量和局部模板变量

在 Flask 中，可以通过全局模板变量和局部模板变量来设置模板变量的作用范围。

### 1. 使用装饰器实现全局模板变量

在 Flask 中，使用装饰器@app.context_processor 来创建全局模板变量，全局模板变量将在所有模板中可用。这是在多个模板之间共享相同数据的一种方便的方法。

以下是一个设置全局模板变量的示例。源代码见本书配套资源中的"ch03/3.2/3.2.4/1/app.py"。

```
import flask
from flask import render_template
app=flask.Flask( _name_ )

@app.context_processor
def global_var():
  user={
    "username":"admin",
    "password":"123456"
  } #设置一个全局模板变量
  return dict(user=user)

@app.route("/index",methods=["GET","POST"])
def index():
  return render_template('index.html')
```

在上述示例中，global_var()函数使用装饰器@app.context_processor 创建了一个全局模板变量 user，它在所有模板中可用。在 index()视图中，调用 render_template()函数来渲染模板。

在模板文件（本书配套资源中的"ch03/3.2/3.2.4/1/templates/index.html"）中，可以使用全局模板变量 user，如下所示。

```
你好! {{user.username}} 密码是:{{ user.password }}
```

运行代码后访问"http://localhost:5000/index"，结果如图 3-6 所示。

你好! admin 密码是:123456

图 3-6

### 2. 使用 set 语句实现局部模板变量

在 Jinja 2 模板引擎中，可以使用 set 语句来创建和设置局部模板变量。

以下是一个使用 set 语句在 Jinja 2 模板中设置局部模板变量的示例。源代码见本书配套资源中的"ch03/3.2/3.2.4/2/templates/index.html"。

```
{% set username="admin" %}
{% set age=22 %}
你好! {{username}} 年龄是:{{ age }}
<br>{% set result=age*3 %}
年龄是{{ result }}
```

在上述示例中，使用 set 语句在模板中创建了两个局部模板变量——username 和 age，然后在后续的表达式中可以像使用其他变量一样使用它们。可以在模板中的任何位置使用 set 语句来创建和设置局部模板变量。

然后在 app.py 中渲染模板。源代码见本书配套资源中的"ch03/3.2/3.2.4/2/app.py"。

```
import flask
from flask import render_template
app=flask.Flask(_ _name_ _)

@app.route("/index",methods=["GET","POST"])
def index():
  return render_template('index.html')
```

运行代码后访问"http://localhost:5000/index"，结果如图 3-7 所示。

你好! admin 年龄是:22
年龄是66

图 3-7

提示　用 set 语句创建的变量只在当前模板中有效，其作用范围是局部的。如果在模板的部分区域（如循环或条件块）中使用 set 语句创建变量，则该变量将只在该区域内有效。

## 3.3　模板继承

简单来说，模板继承就是建立一个基础的模板（也称为"母版页"），该母版页包含网站常见的元素，并且定义了一系列可以被内容页覆盖的"块"（block），很多内容页继承自该母版页。

一个网站会有很多页面，如果大部分页面都有相同的部分，则可以将相同的部分抽取出来制作成一个母版页，这样可以实现代码的重用，以提高开发效率。

提示　影楼中的婚纱照模板可以给不同的新人使用，只要把新人的照片贴在婚纱照模板中即可形成一张漂亮的婚纱照片。这样可以大大降低婚纱照片设计的复杂度。
　　母版页就像婚纱照模板，内容页就是新人的照片。"母版页 + 内容页"形成了一个独立的网页。

## 3.3.1 【实战】设计母版页

对于大部分后台管理系统而言，顶部的导航、左边的菜单和底部的版权信息都是保持不变的。下面设计一个后台管理系统的母版页。

新建模板文件 base.html，在其中添加如下代码。源代码见本书配套资源中的"ch03/3.3/3.3.2/templates/base.html"。

```html
<html>
{% block title %}这是母版页{% endblock %}
<body>
<table border="1" style="width: 700px;">
    <tr><td colspan="2" style="height:30px;text-align: center;">
        {% block head %}这是 head 区域，一般用于导航{% endblock %}
    </td></tr>
    <tr style="vertical-align:middle;height:300px;">
    <td style="width:200px;">
        {% block left %}这是左边的菜单{% endblock %}
    </td>
    <td style="width: 500px;">
        {% block content %}这个区域随着内容页的变化而变化{% endblock %}
    </td></tr>
    <tr><td colspan="2" style="height:30px;text-align: center;">
        {% block footer %}这是版权区域{% endblock %}
    </td></tr>
</table></body></html>
```

母版页中的 title 区域、head 区域、left 区域、content 区域和 footer 区域均使用 block 进行占位，这些 block 会被具体的内容页替换。

## 3.3.2 【实战】设计内容页

（1）新建内容页文件 index.html，在其中添加如下代码。源代码见本书配套资源中的"ch03/3.3/3.3.2/templates/index.html"。

```html
{% extends "base.html" %}
{% block title %}
{% endblock %}
{% block head %}
{{ super() }}
{% endblock %}
{% block content %}
    <div style="text-align: center;">欢迎来到我的特色小店</div>
{% endblock %}
{{ self.footer() }}
```

在内容页中，使用{% extends %}标签来继承 base.html 母版页的所有内容。

- 如果想覆盖母版页中某个 block 已经有的内容，则在内容页中对应的 block 中直接输入新的内容即可。

- 如果想继承母版页中某个 block（如 head block）已经有的内容，则在内容页中通过 {{super()}}来获取这部分内容即可。
- 如果想在内容页中调用母版页中的某个 block 的内容，则可以使用{{self.blockname}}的方式来调用，如{{ self.footer() }}。

> 💡 提示　extends 标签必须在内容页的第 1 行代码中。

可能有的读者会有疑问，如果内容页没有实现母版页中的 block，那会发生什么情况呢？在内容页中会默认使用母版页中 block 对应的内容，如 left block 对应的内容。

（2）增加视图函数 index()。源代码见本书配套资源中的"ch03/3.3/3.3.2/app.py"。

```
import flask
from flask import render_template,flash
app=flask.Flask(_ _name_ _)

@app.route("/index",methods=["GET","POST"])
def index():
  return render_template('index.html')
```

（3）运行代码后访问"http://localhost:5000/index"，结果如图 3-8 所示。

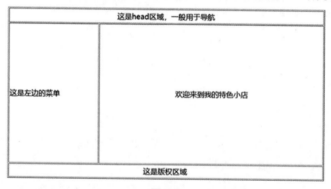

图 3-8

## 3.3.3　【实战】设计组件

母版页一般包含很多的内容，可以将母版页进一步拆分为顶部页面、导航页面、左边菜单页面、底部版权页面、广告页面等，这些页面是一个个独立的 HTML 文件（被称为组件）。

（1）新建文件 base.html，在其中添加如下代码。源代码见本书配套资源中的"ch03/3.3/3.3.3/templates/base.html"。

```
<html>
{% block title %}这是母版页{% endblock %}
<body><table border="1" style="width: 700px;">
```

```
<tr><td colspan="2" style="height:30px;text-align: center;">
    {% include "head.html" %}
    </td></tr>
<tr style="vertical-align:middle;height:300px;">
    <td style="width:200px;">
        {% block left %}这是左边的菜单{% endblock %}
    </td>
    <td style="width: 500px;">
        {% block content %}这个区域随着内容页的变化而变化{% endblock %}
    </td></tr>
<tr><td colspan="2" style="height:30px;text-align: center;">
    {% include "footer.html" %}
    </td></tr>
</table></body></html>
```

在上面的代码中，通过{% include 'head.html' %}标签和{% include 'footer.html' %}标签引用了 head 组件和 footer 组件，从而将复杂的页面进行了简化。

（2）head 组件的网页"head.html"的内容如下。

```
{% block head %}这是 head 区域，一般用于导航{% endblock %}
```

（3）最终效果与图 3-8 一样。请读者动手试试。

### 3.3.4 宏

宏（macro）可以被看作 Jinja 2 的一个函数，其返回一个 HTML 字符串或者一个模板。为了避免反复编写同样的模板代码，可以把同样的模板代码写成函数进行复用。

定义宏有两种方式：①直接在模板中定义宏，②把所有宏写在一个宏模板文件中。

**1. 直接在模板中定义宏**

宏相当于一个函数，可以不带参数，也可以带多个参数，并为参数设置默认值。

下面使用{{% macro %}}{{% endmacro %}}标签来定义宏。源代码见本书配套资源中的"ch03/3.3/3.3.4/templates/index.html"。

```
<form action="">
    {% macro input() %}
        <input type="text" name="username" value="">
    {% endmacro %}
    {% macro input2(name,type='text',value = '') %}
        <div><input type="{{ type }}" name="{{ name }}" value="{{ value }}">
        </div>
    {% endmacro %}
    <!-- 定义用户名 username -->
    {{ input() }}
    <!-- 定义密码 password -->
    {{ input2('password',type = "password") }}
    <!-- 定义年龄 age -->
```

```
   {{ input2('age',type = "number",value=20) }}
</form>
```

在上面的代码中定义了 input()和 input2(name,type='text',value = '') 这两个宏，并使用它们。

**2. 把所有宏写在一个宏模板文件中**

可以将常用的代码片段写成宏，单独放在一个文件中，在需要时再从这个文件中进行导入。

常用的导入语法如下。

```
import "宏文件的路径" as XXX with context
from "宏文件的路径" import 宏的名称 as 别名
```

如果想在导入宏时把当前模板中的一些上下文变量传给宏所在的模板，则需要在导入宏时使用 with context。

（1）新建模板文件 macro.html，在其中添加如下代码。源代码见本书配套资源中的 "ch03/3.3/3.3.4/templates/macro.html"。

```
{% macro input() %}
   <input type="text" name="username" value="Flask">
{% endmacro %}
{% macro input2(name,type='text',value = '') %}
   <div><input type="{{ type }}" name="{{ name }}" value="{{ value }}"></div>
{% endmacro %}
```

这段代码定义了宏 input()和 input1()。

（2）新建模板文件 index1.html, 在其中添加如下代码。源代码见本书配套资源中的 "ch03/3.3/3.3.4/templates/index1.html"。

```
{% from "macro.html" import input,input2 with context %}
<form action="">
   <!-- 定义用户名 username -->
   {{ input() }}
   <!-- 定义密码 password -->
   {{ input2('password',type = "password") }}
   <!-- 定义年龄 age -->
   {{ input2('age',type = "number",value=20) }}
</form>
```

（3）新建 app.py 文件，在其中增加相关的视图函数。源代码见本书配套资源中的 "ch03/3.3/3.3.4/ app.py"。

```
import flask
from flask import render_template,flash
app=flask.Flask(_ _name_ _)
@app.route("/index",methods=["GET","POST"])
def index():
   return render_template('index.html')

@app.route("/index1",methods=["GET","POST"])
```

```
def index1():
  return render_template('index1.html')
```

（4）运行代码后访问"http://localhost:5000/index"和"http://localhost:5000/index1"，结果是一样的，如图 3-9 所示。

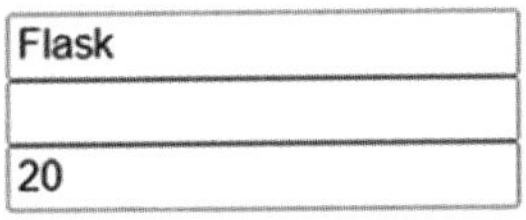

图 3-9

## 3.4　配置模板文件

一个网站包含很多个网页，一个网页由 HTML 代码、CSS 代码和 JavaScript 代码组成。

### 3.4.1　理解 HTML、CSS 和 JavaScript

HTML 是用来描述网页的一种语言，例如使用标签（如<html></html>，<div></div>）来描述网页。

CSS 是层叠样式表，用来定义如何显示 HTML 元素。层叠样式表一般存放在.css 文件里。

JavaScript 是脚本语言，通过操作 HTML 中的标签来动态修改页面。

> **提示**　HTML 是一个毛坯房，虽然能住人，但是很简陋。
>
> CSS 是房子的装修。通过装修，能提升房屋的舒适性和美观性。
>
> JavaScript 是房子中的一些电灯开关、水龙头、百叶窗、换气扇等物件，通过这些物件可以对房屋进行动态调节，比如，打开电灯开关房会亮起来。

对于一个网页，HTML 用来定义网页的结构，CSS 用来描述网页的外观，JavaScript 用来定义网页的行为。通过这三者的有机组合，"房子"才能真正适合居住。

本书之前的模板页面都比较简陋。现在需要给这些 HTML 页面增加 CSS 代码进行美化。

CSS 代码和 JavaScript 代码这些静态文件放到哪里？接下来我们讨论 Flask 中静态文件的配置。

### 3.4.2　配置静态文件

在 Flask 中，默认是不需要设置静态文件路径的，Jinja 2 会在项目根目录的 static 目录下寻找静态文件（主要指 CSS、JavaScript、Images 这样的静态文件），在项目根目录的 templates 目录下寻找模板文件。

（1）新建文件 app.py，在其中添加如下代码。源代码见本书配套资源中的"ch03/3.4/

3.4.2/app.py"。

```
import flask
from flask import render_template
app = flask.Flask(_ _name_ _, template_folder="templates", static_folder="static",
static_url_path="/static")

@app.route("/")
def index():
    return render_template("index.html")
```

第 3 行代码实例化了 Flask 类，其构造方法使用_ _name_ _作为参数。如果要自定义静态资源的路径，则需要在实例化 flask.Flask 类时增加另外 3 个构造参数。

- template_folder：用于放置模板 HTML 文件，默认是 templates。
- static_folder：用于放置 Img/CSS/JavaScript 等静态文件，默认是 static。
- static_url_path：用于访问静态资源的 URL，可以任意修改。

（2）打开本书配套资源中的 "ch03/3.4/3.4.2/templates/index.html"，在其中添加如下代码。

```
<head><link rel="stylesheet"
href="{{ url_for("static",filename='css/bootstrap.min.css') }}"><link
rel="stylesheet" href="{{ url_for("static",filename='css/adminlte.min.css') }}">
</head><body>
<img src="{{ url_for("static",filename='img/default-150x150.png') }}"
class="img-size-50 mr-3 img-circle"><br>
{{ url_for("static",filename="img/book.png") }}<br>
{{ url_for("static",filename="img/book.png",_external=True) }}<br>
<img src="{{ url_for("static",filename="img/book.png") }}" width="100"
height="100"><br>
<button type="button" name="bt1" class="btn btn-info">新增</button>
<button type="button" name="bt1" class="btn btn-link">修改</button>
<button type="button" name="bt1" class="btn btn-dark">保存</button>
<button type="button" name="bt1" class="btn btn-default">删除</button>
<button type="button" name="bt1" class="btn btn-danger">打印</button>
<button type="button" name="bt1" class="btn btn-light">导出</button>
<button type="button" name="bt1" class="btn btn-app">审核</button>
```

当前 Flask 应用中有一个名为 "static" 的文件夹，其中包含名为 "book.png" 的图像文件，可以使用 url_for()函数生成指向该文件的 URL，如以下代码所示。

```
{{ url_for("static",filename="img/book.png") }}
```

请注意，第 1 个参数 "static" 是 Flask 应用中的一个特殊端点，用于处理静态文件。最终 url_for()函数将生成指向 "static/book.png" 的 URL。

url_for()也可以附带一些参数，比如想要完整的 URL，则可以设置_external 为 Ture。

```
<img src="{{ url_for("static",filename="img/book.png",_external=True)}}"
width="100" height="100">
```

这样返回的 URL 是"http://localhost:5000/static/img/book.png"。

访问"http://localhost:5000"，静态页面可以被正常访问，并且按钮等 HTML 元素有了 CSS 的美化，如图 3-10 所示。

图 3-10

## 3.5　闪现消息

Flask 提供了一个非常有用的 flash()函数，它可以用来"闪现"需要提示给用户的消息，比如当用户登录成功后显示"欢迎回来！"。

在视图函数中调用 flash()函数传入消息内容后，flash()函数把消息存储在 session 中。然后在模板中可以使用全局函数 get_flashed_messages()获取消息并将其显示出来。

闪现功能是基于 session 的，所以必须设置密钥 secret_key。

flash()函数的定义如下。

```
flash(message,category)
```

其中，message 参数表示具体的消息内容；category 是可选参数，表示消息类型，如信息、警告和错误等。

以下是在 Flask 应用中使用 flash()函数的示例。

（1）新建文件 app.py，在其中添加如下代码。源代码见本书配套资源中的"ch03/3.5/app.py"。

```
import flask
from flask import render_template,flash,redirect,url_for
app=flask.Flask(_ _name_ _)
app.secret_key="1234"

@app.route("/login",methods=["GET","POST"])
def login():
```

```
    flash("你已经成功登录!","info")
    return redirect(url_for("index"))

@app.route("/index",methods=["GET","POST"])
def index():
    flash("欢迎来到首页","info")
    return render_template('index.html')
```

在上述代码中，当用户访问路由"/login"时，将调用 login()函数。在 login()函数内部使用 flash()
函数来存储一个闪现消息，文本为"你已经成功登录!"，类别为"info"。闪现消息后，用户被重
定向到"/index"路由。

（2）要显示闪现消息，还需要在 HTML 模板中包含相应的代码。

在视图函数中发送消息，需要使用 get_flashed_message()方法从模板文件中取出消息。该方
法的定义如下。

```
get_flashed_messages(with_categories=False, category_filter=())
```

参数解释如下。

- with_categories 参数是可选参数，默认为 False，即直接返回消息内容。如果将其设置为
  True，则以元组方式返回消息类型和内容。
- category_filter 参数也是可选参数，表示过滤条件。如果不设置该参数，则默认显示所有分
  类的值。

新建模板文件 index.html，在其中添加如下代码。源代码见本书配套资源中的"ch03/3.5/
templates/ index.html"。

```html
<style>
    .info {
    position: relative;
    padding: 15px 15px;
    margin-bottom: 10px;
    border: 1px solid transparent;
    color: #004085;
    background-color: #cce5ff;
    border-color: #b8daff; }
</style>
{% with messages = get_flashed_messages() %}
    {% if messages %}
        <ul class="flash-messages">
            {% for message in messages %}
                <div class="info">{{ message }}</div>
            {% endfor %}
        </ul>
    {% endif %}
{% endwith %}
跳转到登录页面
<a href="{{ url_for('login') }}">登录</a>
```

在上述代码中，通过 get_flashed_messages()方法获取所有的消息，然后使用 for 循环显示每条消息。

最终效果如图 3-11 所示。

图 3-11

# 第 4 章
# 使用数据库——基于 Flask 模型

Flask 框架支持 SQLite、MySQL 和 PostgreSQL 等数据库。模型（Model）是 MTV 模式的重要组成部分。Flask 框架通过模型来实现与数据库的交互，如数据的增加、删除、修改、查询，以及多表关联等。

## 4.1 认识 Flask-SQLAlchemy 模块

SQLAlchemy 是一个开源的 Python ORM（对象关系映射）库，它提供了一种将面向对象编程和关系型数据库相结合的方法。ORM 的基本思想是：将数据库中的数据表映射到 Python 类上，从而可以使用 Python 类来操作数据库。

SQLAlchemy 不仅提供了 ORM 功能，还提供了一些底层 API，例如连接池、事务管理、查询构建器等，使得开发者可以更加灵活地控制数据库访问。

Flask-SQLAlchemy 是 SQLAlchemy 在 Flask 中的封装，它简化了使用 SQLAlchemy 进行数据库操作的流程。它集成了 SQLAlchemy 的数据库工具包，使得在 Flask 应用中使用 SQLAlchemy 变得更加容易。

通过 Flask-SQLAlchemy，可以使用 Flask 提供的应用上下文来创建、更新、删除和查询数据库记录，而无须直接与 SQLAlchemy 进行交互。此外，Flask-SQLAlchemy 还提供了许多其他功能，例如自动提交事务、基于模型的表格创建和数据迁移支持等。

使用 pip 命令安装 SQLAlchemy 和 Flask-SQLAlchemy。

```
pip install sqlalchemy==1.4.40
pip install flask-sqlalchemy==2.5.1
```

安装成功后，在使用 Flask-SQLAlchemy 时需要进行参数配置。

## 4.1.1　Flask-SQLAlchemy 模块的参数配置

常见的参数见表 4-1，更多参数可以参考 Flask-SQLAlchemy 的帮助文档。

表 4-1

| 参数名称 | 说　明 |
| --- | --- |
| SQLALCHEMY_DATABASE_URI | 数据库 URI，格式为 dialect+driver://username: password@host:port/database，其中，dialect 为数据库类型，如 MySQL、Sqlite、PostgreSQL 等；driver 为驱动程序，可以省略 |
| SQLALCHEMY_BINDS | 一个映射 binds 到连接 URI 的字典 |
| SQLALCHEMY_ECHO | 设置为 True 时会打印出每次执行的 SQL 语句和执行时间，方便调试，但会降低性能 |
| SQLALCHEMY_RECORD_QUERIES | 用于显式地禁用或启用查询记录。查询记录在调试或测试模式时会自动启用 |
| SQLALCHEMY_NATIVE_UNICODE | 禁止使用 SQLAlchemy 默认的 Unicode 编码 |
| SQLALCHEMY_POOL_SIZE | 数据库连接池的大小。默认是 5 个 |
| SQLALCHEMY_POOL_TIMEOUT | 在连接池中获取连接的超时时间，默认是 10 秒 |
| SQLALCHEMY_POOL_RECYCLE | 指示多少秒后自动回收连接。这对 MySQL 是必要的，它默认移除闲置大于 8 小时的连接。注意，如果使用了 MySQL，则 Flask-SQLAlchemy 自动设定这个值为 2 小时 |
| SQLALCHEMY_TRACK_MODIFICATIONS | 设置为 True 时，会追踪对象的修改并发送信号，但会消耗很多内存空间，因此在生产环境中建议将其关闭 |
| SQLALCHEMY_COMMIT_TEARDOWN | 控制在连接池达到最大值后可以创建的连接数。额外的连接被回收到连接池，之后会被断开或抛弃 |
| SQLALCHEMY_MAX_OVERFLOW | 连接池允许的最大超出连接数量，默认是 10 个 |
| SQLALCHEMY_ENGINE_OPTIONS | 传给底层的 SQLAlchemy 引擎的其他参数，以字典形式提供 |

代码示例如下所示。源代码见本书配套资源中的"ch04/4.1/4.1.1/app.py"。

```python
from flask import Flask
from flask_sqlalchemy import SQLAlchemy
app=Flask(_ _name_ _)

app.config['SQLALCHEMY_DATABASE_URI'] =
'mysql+pymysql://root:password@localhost:3306/mydatabase'
app.config['SQLALCHEMY_TRACK_MODIFICATIONS'] = False
app.config['SQLALCHEMY_ECHO'] = True
app.config['SQLALCHEMY_POOL_SIZE'] = 20
app.config['SQLALCHEMY_MAX_OVERFLOW'] = 30
app.config['SQLALCHEMY_POOL_TIMEOUT'] = 10
app.config['SQLALCHEMY_ENGINE_OPTIONS'] = {
        'pool_pre_ping': True,
        'pool_recycle': 3600,}
db=SQLAlchemy(app)
```

## 4.1.2 链接常见数据库的写法

### 1. 链接 MySQL 数据库

链接 MySQL 数据库，可以使用 Flask-SQLAlchemy 提供的 mysql://URI 语法。以下是一个示例。源代码见本书配套资源中的 "ch04/4.1/4.1.2/app.py"。

```
…
# 配置参数
app.config['SQLALCHEMY_DATABASE_URI'] =
'mysql://user:password@localhost/mydatabase'
app.config['SQLALCHEMY_TRACK_MODIFICATIONS'] = False
…
```

在这个例子中，在应用配置中定义了一个名为 "mydatabase" 的 MySQL 数据库，并将其设置为 SQLALCHEMY_DATABASE_URI 的参数。还设置了 SQLALCHEMY_TRACK_MODIFICATIONS 参数为 False，即关闭 "跟踪对象的修改并发出信号" 功能。

### 2. 链接 SQLite 数据库

链接 SQLite 数据库，可以使用 Flask-SQLAlchemy 提供的 sqlite://URI 语法。以下是一个示例。源代码见本书配套资源中的 "ch04/4.1/4.1.2/app1.py"。

```
import os
…
base_dir=os.path.abspath(os.path.dirname(__file__))
app.config['SQLALCHEMY_DATABASE_URI']='sqlite:///'+os.path.join(base_dir,'data1.sqlite')
app.config['SQLALCHEMY_TRACK_MODIFICATIONS'] = False
…
```

在这个例子中，在应用配置中定义了一个名为 "data1.sqlite" 的 SQLite 数据库文件，并将其设置为 SQLALCHEMY_DATABASE_URI 的参数。还设置了 SQLALCHEMY_TRACK_MODIFICATIONS 参数为 False。

### 3. 链接 PostgreSQL 数据库

链接 PostgreSQL 数据库，可以使用 Flask-SQLAlchemy 提供的 postgresql://URI 语法。以下是一个示例。源代码见本书配套资源中的 "ch04/4.1/4.1.2/app2.py"。

```
…
# 配置参数
app.config['SQLALCHEMY_DATABASE_URI'] =
'postgresql://user:password@localhost/mydatabase'
app.config['SQLALCHEMY_TRACK_MODIFICATIONS'] = False
…
```

在这个例子中，在应用配置中定义了一个名为 "mydatabase" 的 PostgreSQL 数据库，并将其设置为 SQLALCHEMY_DATABASE_URI 的参数。还设置了 SQLALCHEMY_TRACK_MODIFICATIONS 参数为 False。

## 4.2  认识 Flask 模型

在 Flask 中，模型用于表示数据的结构和关系，并封装了一些与数据库交互的功能模块。常见的功能模块有 SQLAlchemy 和 Flask-SQLAlchemy。

使用模型可以将数据库表映射到 Python 类。通过定义模型类，可以在 Flask 应用中创建、更新和删除数据库记录，同时可以方便地执行查询操作。模型还可以提供数据验证和处理逻辑，以确保数据的完整性和正确性。

### 4.2.1  定义模型

在 Flask 中，模型通常被定义为一个类，所有模型都必须继承自 Model 类。Model 类位于 SQLAlchemy 实例对象 db 中。

定义 Flask 模型的通用方式如下。

```
from flask_sqlalchemy import SQLAlchemy
from flask import Flask
app=Flask(_ _name_ _)
db=SQLAlchemy(app)
class 模型名称(db.Model):
    _ _tablename_ _ = "表名"
    字段名=db.Column(字段类型，字段参数)
```

下面通过示例来介绍在 Flask 中定义模型的方法。

新建 app.py 文件，在其中添加如下代码。源代码见本书配套资源中的"ch04/4.2/4.2.1/app.py"。

```
…
from datetime import datetime
class User(db.Model):
    _ _tablename_ _ = 'user'
    id = db.Column(db.Integer, primary_key=True, autoincrement=True)
    username = db.Column(db.String(100), nullable=False)
    password = db.Column(db.String(100), nullable=False)
    status = db.Column(db.Integer, nullable=False)
    createdate=db.Column(db.DateTime,nullable=False,default=datetime.now)
…
```

在上述代码中，定义了一个用户模型，其中包括用户编号、用户名称、密码、状态、创建时间字段。每个字段包括字段类型及其长度，如整数类型、字符类型（长度为 100）和日期类型，以及是否为主键、是否自动增长、是否为空等字段参数。

## 4.2.2 字段的类型

模型中常用的字段类型见表 4-2。

表 4-2

| 字段类型 | 说　　明 |
| --- | --- |
| Integer | 表示整数类型，对应于数据库中的 INT 类型 |
| String | 表示字符串类型，对应于数据库中的 VARCHAR 类型 |
| Float | 表示浮点数类型，对应于数据库中的 FLOAT 或 DOUBLE 类型 |
| Boolean | 表示布尔类型，只能取值 True 或 False，对应于数据库中的 Bool 类型 |
| DECIMAL | 表示定点类型，DECIMAL(20,5)表示：一共 20 位，其中包含 5 位小数，小数位数不够时补 0，对应于数据库中的 DECIAML 类型 |
| Enum | 表示枚举类型，只能选择在枚举中指定的几个值，对应于数据库中的 INT 类型 |
| Date | 表示日期类型，用于存储日期，对应于数据库中的 Date 类型 |
| Time | 表示时间类型，用于存储时间，对应于数据库中的 Time 类型 |
| DateTime | 表示日期时间类型，用于存储日期和时间，对应于数据库中的 DateTime 类型 |
| Text | 表示文本类型，对应于数据库中的 TEXT 类型，适用于存储大量文本数据 |
| JSON | 表示 JSON 类型，对应于数据库中的 JSON 类型，在存储非结构化或半结构化数据时非常有用 |
| Binary | 表示二进制类型，用于存储二进制数据，如图像、声音等，对应于数据库中的 Binary 或者 Image 类型 |

接下来介绍一些常用字段类型的用法。

（1）整数类型 Integer。

该类型字段使用很广泛，比如用户表中的用户 ID、会员有效期和订单状态。

```
uid = db.Column(db.Integer, primary_key=True, autoincrement=True, comment="用户 ID")
vip_time = db.Column(db.Integer, nullable=False, default=0, comment="会员有效期")
status = db.Column(db.Integer, nullable=False, default=0, comment="订单状态 0 待支付 1
已支付 2 已取消")
```

（2）字符串类型 String。

```
username = db.Column(db.String(32), nullable=False, unique=True, default="",
comment="用户名")
```

（3）日期时间类型 DateTime。

```
birthday=db.Column(db.DateTime,default=datetime.now)
reg_time=db.Column(db.DateTime,default=datetime.now,onupdate=datetime.now)
```

（4）布尔类型 Boolean。

```
status=db.Column(db.Boolean, nullable=False, default=True, comment="是否可用")
```

（5）浮点数类型 Float。

```
price = db.Column(db.Float,nullable=False,comment="价格")
```

（6）文本类型 Text。

```
intro = db.Column(db.Text, nullable=False, default="", comment="图书简介")
```

（7）定点类型 DECIMAL。

该类型是专门用于解决浮点数类型精度丢失问题的。在保存和钱相关的字段时建议使用该类型。该类型有两个参数，第 1 个参数表示这个字段总共有多少位数字，第 2 个参数表示小数点后有多少位。

```
price= db.Column(db.DECIMAL(10,2))
```

DECIMAL(10,2)表示：一共 10 位，其中包含 2 位小数，小数位数不够时补 0。

（8）枚举类型 Enum。

该类型指定某个字段只能是枚举中指定的值。

```
type=db.Column(db.Enum('FastApi','Flask','Django'))     #枚举常规写法
```

## 4.2.3　字段的参数

模型中的常用字段参数见表 4-3。

表 4-3

| 字段的参数 | 含　义 |
|---|---|
| autoincrement | 如果设置为 True，则该字段为自动增长类型 |
| comment | 该字段的注释 |
| default | 设置字段的默认值，但是该设置不会映射到表结构中，只会在 ORM 层面实现 |
| index | 如果设置为 True，则为数据库中的字段建立索引，以提高查询效率 |
| name | 指定 ORM 模型中某个属性映射到表中的字段名。如果不指定，则使用这个属性的名字来作为字段名。如果指定了，则使用指定的这个值作为表字段名 |
| nullable | 如果设置为 True，则该字段允许为空值。默认为 False |
| primary_key | 如果设置为 True，则该字段为模型的主键 |
| server_default | 设置该字段的默认值，只支持字符串类型，若要采用其他类型则需要用 db.text()方法指定 |
| unique | 如果设置为 True，则该字段的每个值都是唯一的，即该字段不允许有相同值 |
| onupdate | 在数据更新时会调用这个参数指定的值或者函数。在第 1 次插入这条数据时，不会使用 onupdate 的值，只会使用 default 的值。常用于类似 update_time 这样的字段（即每次更新数据时都要更新该字段的值） |

这里重点对字段参数 default 和 server_default 进行比较。

（1）如果是对数据库表的默认值进行设置，请使用 server_default。

（2）server_default 只支持字符串，不支持整型和布尔类型。对于其他类型，需要用 text()方法进行转换。在使用 text()方法前，请先导入该方法（from sqlalchemy import text）。

（3）default 赋值仅限于使用 ORM 来添加或者修改数据，若使用 SQL 语句来添加或者修改数据，则需要手工指定相关字段的默认值。

（4）可以同时使用 default 和 server_default。

下面通过一个示例来介绍字段参数 default 和 server_default 的区别。

新建 app.py 文件，在其中添加如下代码。源代码见本书配套资源中的"ch04/4.2/4.2.3/app.py"。

```
…
from sqlalchemy import text
base_dir=os.path.abspath(os.path.dirname(__file__))
app=Flask(__name__)
app.config['SQLALCHEMY_DATABASE_URI']='sqlite:///'+os.path.join(base_dir,'data.sqlite')
app.config['SQLALCHEMY_TRACK_MODIFICATIONS']=False
app.config['SQLALCHEMY_COMMIT_TEARDOWN']=True
# 创建数据库对象
db=SQLAlchemy(app)

class User(db.Model):
    __tablename__='tb_user'
    id=db.Column(db.Integer,primary_key=True)
    username=db.Column(db.String(50),unique=True)
    sex1 = db.Column(db.Integer,nullable=False,default=0, comment="性别 0 男  1 女")
    sex2 = db.Column(db.Integer, nullable=False, server_default=text("0"), comment="性别 0 男  1 女")
    status1 = db.Column(db.Boolean, nullable=False, default=True, comment="人员状态  0 False 1 True")
    status2 = db.Column(db.Boolean, nullable=False, server_default=text("False"), comment="人员状态 0 False 1 True")
    createdate1=db.Column(db.DateTime,nullable=False,default=datetime.now)
    createdate2 = db.Column(db.DateTime, nullable=False, server_default=text('CURRENT_TIMESTAMP'))

db.drop_all()
db.create_all()
```

运行代码后重新生成数据库，在 PyCharm 环境中打开数据库的表结构，从中可以看出字段参数 default 和 server_default 的区别，如图 4-1 所示。

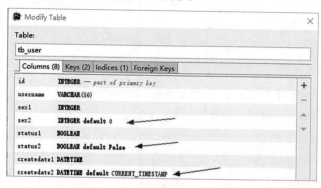

图 4-1

### 4.2.4　\_ \_repr\_ \_()方法

\_ \_repr\_ \_()方法用来设置模型的返回值，其默认返回值为"模型对象"。

通过\_ \_repr\_ \_()方法，可以让模型返回一些有用的信息。比如，下面的代码设置模型的返回信息为"主键 ID,用户名"。

```
def _ _repr_ _(self):
    return f"{self.id},{self.username}"
```

## 4.3　使用 Flask 模型操作数据库

Flask-SQLAlchemy 作为一个功能强大的 ORM（Object-Relationl Mapping，对象关系映射）框架，不但提供了 ORM 的众多接口，还可以使用数据库的原生 SQL 功能。在创建完模型后，Flask 会自动为模型提供一套数据操作接口，通过该接口可以查询、增加、修改和删除数据。

ORM 框架的好处是，让开发人员摆脱了烦琐的 SQL 语句编写和维护，提高了开发效率和代码可读性。此外，ORM 还能够自动处理各种数据类型的转换和校验，避免了程序员手动处理这些问题的麻烦。

### 4.3.1　了解 ORM

ORM 的作用：在关系型数据库和业务实体对象之间进行映射。

在使用 Flask 开发项目时，ORM 实现了底层的封装与隔离，程序员无须关心程序使用的是 MySQL 还是 Oracle 等数据库，在操作具体的数据库时，也无须和复杂的 SQL 语句打交道，只需要使用 ORM 提供的 API 进行操作即可。

每个模型都是一个 Python 类，每个模型都会映射到一个数据库表上，具体如下。

- 类：数据库中的数据表。
- 属性：数据库中的字段。
- 实例：数据库中的数据行。

ORM 将模型类和数据库进行了映射，如图 4-2 所示。

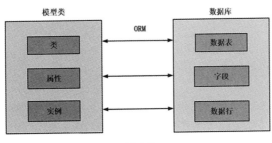

图 4-2

### 4.3.2 创建数据库表

在 Flask 中，可以使用 db.create_all()方法来创建数据库表。创建方式分为在代码环境中创建和在 shell 环境中创建两种。

**1. 在代码环境中创建**

新建 app.py 文件，在其中添加如下代码。源代码见本书配套资源中的"ch04/4.3/4.3.2/app.py"。

```
…
from sqlalchemy import text
base_dir=os.path.abspath(os.path.dirname(__file__))
app=Flask(__name__)
app.config['SQLALCHEMY_DATABASE_URI']='sqlite:///'+os.path.join(base_dir,'data1.sqlite')
app.config['SQLALCHEMY_TRACK_MODIFICATIONS']=True
app.config['SQLALCHEMY_COMMIT_TEARDOWN']=True
db=SQLAlchemy(app)
class User(db.Model):
   id = db.Column(db.Integer, primary_key=True, autoincrement=True)
   username = db.Column(db.String(100), nullable=False)
   password = db.Column(db.String(100), nullable=False)
   sex=db.Column(db.Integer,nullable=False,default=0)
   age = db.Column(db.Integer, nullable=False, default=0)
   status = db.Column(db.Integer, nullable=False,default=0)
   createdate=db.Column(db.DateTime,nullable=False,server_default=text('CURRENT_TIMESTAMP'))
   def __repr__(self):
      return f"{self.id},{self.username}"
db.drop_all()
db.create_all()
```

代码执行后，在"ch04/4.3/4.3.2"目录下会生成 data1.sqlite 数据库文件。使用 PyCharm 打开该数据库文件后，可以看到生成的 user 表，如图 4-3 所示。

**2. 在 shell 环境中创建**

在 PyCharm 的终端控制台中进入"ch04/4.3/4.3.2"目录，之后启动 IPython。IPython 是基于 Python 默认的 CPython 解释器的一个增强型交互式解释器，其 In[X]提示符用于输入语句，Out 提示符用于输出语句。

如果之前没有安装 IPython，则使用如下命令安装 IPython。

```
pip install ipython
```

Database
data 1
data [2] 1
data [3] 1
data [4] 1
data [5] 1
data [6] 1
data1 1
data1 [2] 1
data1 [3] 1
schemas 1
main
sqlite_master
user
id INTEGER
username VARCHAR(100)
password VARCHAR(100)
sex INTEGER
age INTEGER
status INTEGER
createdate DATETIME
key #1 (id)
collations 3
data1 [4] 1

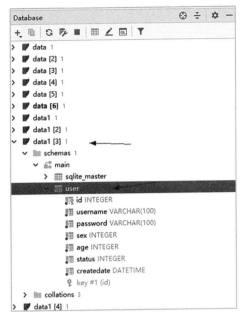

图 4-3

在 In[X]提示符后输入如下命令。

```
In [1]: from app import *
In [2]: db.create_all()
```

执行过程如图 4-4 所示。

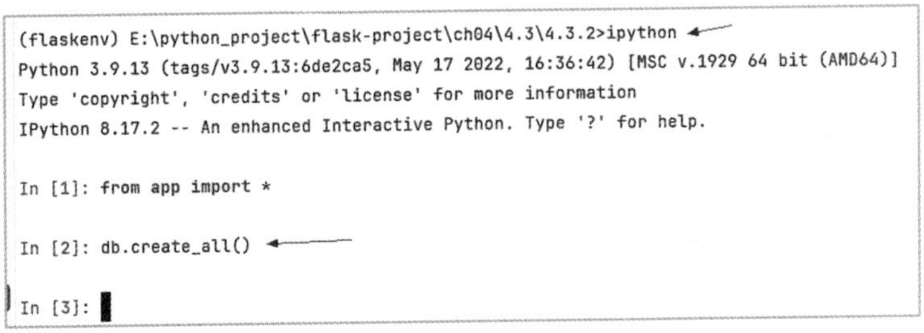

(flaskenv) E:\python_project\flask-project\ch04\4.3\4.3.2>ipython
Python 3.9.13 (tags/v3.9.13:6de2ca5, May 17 2022, 16:36:42) [MSC v.1929 64 bit (AMD64)]
Type 'copyright', 'credits' or 'license' for more information
IPython 8.17.2 -- An enhanced Interactive Python. Type '?' for help.
In [1]: from app import *
In [2]: db.create_all()
In [3]:

图 4-4

执行代码后，在“ch04/4.3/4.3.2”目录下会生成 data1.sqlite 数据库文件。打开该数据库文件后，可以看到生成的 user 表。

> **提示**　如果数据库中已经存在相关的表，则在执行该方法后不会重新创建或更新这个表。可以使用如下代码先删除旧表再创建新表，但这样会删除数据库原有表中的数据。

```
db.drop_all()     # 清除数据库中的所有数据，谨慎使用
db.create_all()   # 创建所有的表
```

### 4.3.3　新增数据

新增数据的过程是，首先创建一个模型类的实例对象，然后使用 db.session.add()方法将实例对象添加到数据库中，最后使用 db.session.commit()方法来提交数据。

将"ch04/4.3/4.3.2"目录复制后改为"ch04/4.3/4.3.3"目录，然后进入 IPython 环境，进行新增操作。

**1. 新增单条数据**

```
(flaskenv) E:\python_project\flask-project\ch04\4.3\4.3.3>ipython
…
In [1]: from app import *
In [2]: user=User(username="张三",password="123456",age=35,status=1)
In [3]: user
Out[4]: None,张三
In [5]: type(user)
Out[5]: app.User
In [6]: db.session.add(user)
In [7]: db.session.commit()
In [8]: user
Out[8]: 1,张三
```

其中，sex 和 createdate 字段中含有 default 或者 server_default 的默认值，新增数据时系统会自动处理。

**2. 新增多条数据**

新增多条数据使用 db.session.add_all()方法来实现，如以下代码所示。

```
In [25]: from app import *
In [25]: user1=User(username="李四",password="123456",age=35,status=1)
In [26]: user2=User(username="王五",password="123456",age=30,status=1)
In [27]: user3=User(username="赵六",password="123456",age=28,status=1)
In [31]: db.session.add_all([user1,user2,user3])
In [32]: db.session.commit()
```

**3. 批量新增**

可以使用循环的方式进行批量新增。继续在 shell 环境下操作，如以下代码所示。

```
In [1]:from app import *
   ...:for i in range(10):
   ...:    user=User(username=str(i),password="123456",age=35,status=1)
   ...:    db.session.add(user)
   ...:db.session.commit()
```

还可以使用 bulk_save_objects()方法来实现批量新增，其参数是一个列表，该列表由列表推导式构成，如以下代码所示。

```
In [22]:from app import *
In [23]: db.session.bulk_save_objects(
```

```
...:[User(username=str(i),password="abc",age=33,status=1) for i in range(10)])
In [24]: db.session.commit()
```

## 4.3.4　查询数据

可以基于模型类中的 query 对象来查询数据库中的数据，这常用于单表查询。此外还可以基于 db.session 进行查询，这常用于多表查询。SQLAlchemy 的常用查询方法见表 4-4。

表 4-4

| 查询方法 | 说　　明 |
| --- | --- |
| all() | 查询所有的数据，返回一个列表 |
| get() | 根据主键查询，如果查到数据则返回对象，如果没有查到则返回 None 类型 |
| get_or_404() | 根据主键查询，如果查到数据则返回对象，如果没有查到则直接返回 404 错误 |
| first() | 返回第一条数据，查不到时返回 None 类型 |
| first_or_404() | 返回第一条数据，查不到时返回 404 错误 |
| count() | 统计数量 |
| paginate() | 返回一个 paginate 对象，它包含指定范围内的结果 |

SQLAlchemy 的常用查询过滤器见表 4-5。

表 4-5

| 查询过滤器 | 说　　明 |
| --- | --- |
| filter() | 根据关键字对查询集进行过滤，返回查询对象 |
| filter_by() | 根据表达式对查询集进行过滤，返回查询对象 |
| group_by() | 查询集分组，返回查询对象 |
| having() | 对查询集分组后进行操作，返回查询对象 |
| limit() | 限制结果集数量，返回查询对象 |
| offset() | 设置偏移量，返回查询对象 |
| order_by() | 对结果集排序，可以指定多个字段，升序为 asc（默认），降序为 desc |

### 1. 使用 all()方法获取全部数据

该方法用于获取模型的全部数据。

在 shell 环境下，使用如下代码获取用户表中的所有数据，相当于 SQL 语句 "select * from user"。

（1）使用模型的 query 对象。

```
In [1]: user=User.query.all() #查询所有数据
In [2]: user
Out[2]: [1 张三, 2 李四, 3,王五]
In [3]: type(user) #查看返回类型
Out[3]: <class 'list'>
In [4]: user[0].username        #打印第 1 条数据中的姓名。列表索引从 0 开始
```

```
Out[4]: '张三'
```

（2）使用 db.session.query()方法。

```
In [27]: user=db.session.query(User).all()
In [28]: user
Out[28]: [1,张三, 2,李四, 3,王五]
```

### 2. 使用 get()方法获取单条数据

该方法用于查询数据表记录，以模型对象的形式返回符合要求的单条数据。

使用以下代码查询用户表中主键 id 等于 1 的人员,相当于 SQL 语句"select * from user where id=1"。

```
In [1]:user=User.query.get(1)
In [2]:user
Out[2]:1 张三
In [3]:type(user)
Out[3]:app.User
```

当查询找不到记录时，该方法返回 NoneType。

### 3. 使用 with_entities()方法返回指定字段

该方法返回一个 Query 对象，该对象包含的数据类型是由指定的字段和值形成的字典。

使用以下代码指定部分列，相当于 SQL 语句 "select id,username,password from user"。

```
In [13]:user = User.query.with_entities(User.username,User.password).all()
In [14]:user
Out[14]: [(1, '张三', '123'), (2, '李四', '123') , (3, '王五', '123')]
```

还可以使用 db.session.query()方法指定部分列，如以下代码所示。

```
In [17]: user=db.session.query(User.id,User.username,User.password).all()
In [18]: user
Out[18]:[(1, '张三', '123'), (2, '李四', '123') , (3, '王五', '123')]
```

### 4. 使用 filter_by()方法实现过滤

使用 filter_by()方法时，只能传递关键字参数，用于指定过滤条件。

该方法的语法格式如下。

```
模型类.query.filter_by(字段=值)
```

filter_by()方法适合于执行简单的等值过滤操作。比如，User.query.filter_by(username="张三").all()。

使用以下代码查询所有姓名为"张三"的用户，相当于 SQL 语句 "select * from user where username="张三""。

```
In [28]:user=User.query.filter_by(username="张三")
In [29]:user #返回 Query 对象
```

```
Out[29]: <flask_sqlalchemy.BaseQuery at 0x655400>
In [30]:user.first() #返回查询结果中的第 1 个对象
Out[30]:1,张三
In [31]: user=db.session.query(User).filter_by(username="张三").first() #可以连在一起写
In [32]: user
Out[32]: 1,张三
```

### 5. 使用 filter()方法实现过滤

在使用 filter()方法时，可以传递一个表达式作为参数，用于指定过滤条件。过滤条件可以使用 SQLAlchemy 的表达式语法，例如 User.age >= 18。

该方法的语法格式如下。

```
模型名.query.filter(模型名.属性.运算符(''))
```

filter()方法可以用于过滤条件复杂的场景，如多个条件的组合、使用逻辑运算符等。比如，User.query.filter(User.age >=18).all()。

使用以下代码排除所有年龄大于 32 岁的用户，相当于 SQL 语句"select * from user where age>32"。

```
In [10]: users=User.query.filter(User.age>32)
   ...: for user in users:
   ...:     print(user.username)
李四
```

filter()方法更灵活，适合执行条件复杂的查询语句，可以使用 SQLAlchemy 的表达式和运算符。

filter_by()方法更简洁，适合用于简单的等值比较过滤语句，直接通过关键字参数指定条件。

### 6. 使用 distinct()方法去重

该方法用于去除重复数据，它返回一个 Query 对象。

使用以下代码对人员姓名去重，相当于 SQL 语句"select distinct username from user"。

```
In [48]: from sqlalchemy import distinct
# 一种写法
In [50]: user=db.session.query(User.username).distinct().all()
In [51]: user
Out[51]: [('张三',), ('李四',)]
# 另外一种写法
In [52]: user=db.session.query(distinct(User.username)).all()
In [53]: user
Out[53]: [('张三',), ('李四',)]
# 模型写法
In [55]: user=User.query.with_entities(distinct(User.username)).all()
In [56]: user
Out[56]: [('张三',), ('李四',)]
```

### 7. 使用 order_by()方法排序

order_by()方法的常见用法如下所示。

```
模型类.query.order_by(参数)
```

数据表中的数据如图 4-5 所示,读者可以打开本书配套资源中"ch04/4.3/4.3.4"目录下的sqlite
数据表进行修改。

| | 🔑 id | 🔲 username | 🔲 password | 🔲 sex | 🔲 age | 🔲 status |
|---|---|---|---|---|---|---|
| 1 | 1 | 张三 | 123 | 1 | 22 | 1 |
| 2 | 2 | 李四 | 123 | 2 | 33 | 1 |
| 3 | 3 | 王五 | 123 | 1 | 25 | 1 |

图 4-5

Query 对象默认是按模型的主键升序排列的。

```
In [61]: user=User.query.order_by().all()
In [62]: user
Out[62]: [1,张三, 2,李四, 3,王五]
```

以 User 模型为例，按 age 字段进行排序。

```
In [69]: user=User.query.order_by(User.age).all()
In [70]: user
Out[70]: [1,张三, 3,王五, 2,李四]
```

若要降序排列数据，只需要在排序字段前面加上"−"即可。

```
In [71]: user=User.query.order_by(-User.age).all()
In [72]: user
Out[72]: [2,李四, 3,王五,1,张三]
```

### 8. 使用 group_by()方法和 having()方法实现分组查询

使用 group_by()方法和 having()方法可以实现分组查询。这两个方法均返回 flask_
sqlalchemy.BaseQuery 对象。

数据表中的数据如图 4-6 所示，见本书配套资源中"ch04/4.3/4.3.4"目录下的 sqlite 数据表
（如果表中的内容被前面的语句修改过，此处请修改成如图 4-6 所示的样子）。

| | 🔑 id | 🔲 username | 🔲 password | 🔲 sex | 🔲 age | 🔲 status |
|---|---|---|---|---|---|---|
| 1 | 1 | 张三 | 123 | 1 | 22 | 1 |
| 2 | 2 | 李四 | 123 | 2 | 33 | 1 |
| 3 | 3 | 王五 | 123 | 1 | 22 | 1 |

图 4-6

使用以下代码演示年龄分组查询，相当于 SQL 语句 "select age from user group by age"。

```
In [80]: user=User.query.group_by(User.age).all()
In [81]: user
```

```
Out[81]: [1,张三, 2,李四]
```

使用以下代码演示在按年龄分组后再查询年龄大于 25 岁的数据,相当于 SQL 语句"select age from user group by age hanving age>25"。

```
In [82]: user=User.query.group_by(User.age).having(User.age>25).all()
In [83]: user
Out[83]: [2,李四]
```

### 9. 聚合查询

在 Flask 中可以使用 SQLAlchemy 进行聚合查询。以下是使用 SQLAlchemy 进行聚合查询的示例。

```
from sqlalchemy import func
# 聚合函数——统计表中的记录数
In [92]: result=db.session.query(func.count(User.id)).scalar()
In [93]: result
Out[93]: 3
# 聚合函数——求年龄的平均值
In [94]: result=db.session.query(func.avg(User.age)).scalar()
In [95]: result
Out[95]: 26.666666666666668
# 聚合函数——求年龄最大值
In [96]: result=db.session.query(func.max(User.age)).scalar()
In [97]: result
Out[97]: 33
# 聚合函数——求年龄最小值
In [98]: result=db.session.query(func.min(User.age)).scalar()
In [99]: result
Out[99]: 22
# 聚合函数——求年龄和
In [100]: result=db.session.query(func.sum(User.age)).scalar()
In [101]: result
Out[101]: 80
```

在上述示例中，db.session.query()方法用于构建查询对象。func.avg(User.age)表示计算 User 模型的 age 属性的平均值。通过 scalar()方法获取聚合查询的结果。

> **提示**　对于 SQLite 和 MySQL 中的函数，都可以用"func.函数名"的方式来调用。

### 10. 使用 limit()和 offset()方法设置查询返回结果的记录数量和偏移量

limit()和 offset()是两个常用的方法。它们通常与 select 语句一起使用。

limit()方法用于设置查询返回结果的记录数量，语法格式如下。

```
select * from table_name limit num_rows
```

例如，"select * from users limit 10;"表示返回 users 表中的前 10 条记录。

offset()方法用于设置查询返回结果的偏移量，即从结果集中的第几行开始返回数据，语法格式如下。

```
SELECT * FROM table_name OFFSET offset_value
```

例如，"select * from users offset 10;"表示从 users 表中的第 11 行开始返回数据。

user 表中的数据如图 4-7 所示。

| | id | username | password | sex | age | status |
|---|---|---|---|---|---|---|
| 1 | 1 | 张三 | 123 | 1 | 22 | 1 |
| 2 | 2 | 李四 | 123 | 2 | 33 | 1 |
| 3 | 3 | 王五 | 123 | 1 | 25 | 1 |

图 4-7

以下代码演示了 limit()和 offset()方法的用法。

```
In [8]: user=User.query.offset(1).first()
In [9]: user
Out[9]: 2,李四

In [10]: user=User.query.limit(2)
In [12]: user.all()
Out[12]: [1,张三, 2,李四]

In [13]: user=User.query.offset(1).limit(2)
In [14]: for u in user:
   ...:     print(u.username)
   ...:
李四
王五
```

通常，limit()和 offset()方法可以一起使用，以实现分页功能——根据页面大小限制返回结果的记录数量，并根据偏移量指定从结果集中的第几行开始返回数据。例如，每页显示 10 条记录，则可以使用以下方式进行分页查询。

第一页：select * from users limit 10 offset 0;

第二页：select * from users limit 10 offset 10;

第三页：select * from users limit 10 offset 20;

更改 offset 的值，可以在结果集中浏览不同的页面。

**11. 逻辑查询**

在 Flask 中，and_、not_和 no_是 SQLAlchemy 库中常用的逻辑操作符，用于构建复杂的查询条件。它们可以与 filter()方法一起使用以实现更精确的数据过滤和逻辑查询。

测试数据如图 4-8 所示。

| | 📇 id ⇕ | 📇 username ⇕ | 📇 password ⇕ | 📇 sex ⇕ | 📇 age ⇕ | 📇 status ⇕ |
|---|---|---|---|---|---|---|
| 1 | 1 | 张三 | 123 | 1 | 22 | 0 |
| 2 | 2 | 李四 | 123 | 0 | 33 | 0 |
| 3 | 3 | 王五 | 123 | 1 | 25 | 0 |

图 4-8

在 "ch04/4.3/4.3.4" 目录下的 IPython 环境中进行如下代码操作。

（1）and_操作符：将多个查询条件进行"逻辑与"操作，只有所有条件都满足才会返回结果。通过以下代码演示 and_操作符。

```
In [1]: from app import *
In [2]: from sqlalchemy import and_
In [3]: user=User.query.filter(and_(User.age<25,User.username.contains("张"))).all()
# 年龄大于 25 岁并且用户名称中包含 "张"
In [4]: user
Out[4]: [1,张三]
```

（2）or_操作符：对查询条件进行"逻辑或"操作，只要满足其中一个条件就会返回结果。通过以下代码演示 or_操作符。

```
In [5]: from app import *
In [6]: from sqlalchemy import or_
In [7]: user=User.query.filter(or_(User.age>22,User.username.contains("王"))).all()
# 年龄大于 22 岁或者用户名称中包含 "王"
In [8]: user
Out[8]: [2,李四, 3,王五]
```

（3）not_操作符：对查询条件进行"逻辑非"操作，表示条件的反义。通过以下代码演示 not_操作符。

```
In [9]: from app import *
In [10]: from sqlalchemy import not_
In [11]: user=User.query.filter(not_(User.age>30)).all() # 年龄小于或等于 30
In [12]: user
Out[12]: [1,张三, 3,王五]
```

这些逻辑操作符可以进行组合和嵌套，以构建更复杂的查询条件。它们也可以与其他操作符（如比较操作符、字符串操作符等）一起使用，以提供灵活的查询语法。

### 12. 联合查询

db.session 除适用于单表查询外，还适用于多表查询。

使用以下代码演示联合查询的用法。源代码见本书配套资源中的 "ch04/4.3/4.3.4/12/app.py"。

```
…
app.config['SQLALCHEMY_DATABASE_URI']='sqlite:///'+os.path.join(base_dir,'data1.sqlite')
app.config['SQLALCHEMY_TRACK_MODIFICATIONS']=True
```

```
app.config['SQLALCHEMY_COMMIT_TEARDOWN']=True
db=SQLAlchemy(app)

class User(db.Model):
    _ _tablename_ _ = 'user'
    id = db.Column(db.Integer, primary_key=True, autoincrement=True)
    username = db.Column(db.String(100), nullable=False)
    password = db.Column(db.String(100), nullable=False)
    sex=db.Column(db.Integer,nullable=False,default=0)
    age = db.Column(db.Integer, nullable=False, default=0)
    status = db.Column(db.Integer, nullable=False,default=0)
    createdate=db.Column(db.DateTime,nullable=False,server_default=
text('CURRENT_TIMESTAMP'))
    def _ _repr_ _(self):
        return f"{self.id},{self.username}"

class Article(db.Model):
    _ _tablename_ _ = 'article'
    id = db.Column(db.Integer, primary_key=True, autoincrement=True)
    title = db.Column(db.String(100), nullable=False)
    user_id=db.Column(db.Integer,nullable=False)
    def _ _repr_ _(self):
        return f"{self.id},{self.title}"
db.drop_all()
db.create_all()
```

在上述代码中，定义了 User 模型和 Article 模型。Article 模型中有一个用户外键。

执行代码后，会生成 user 表和 article 表，然后输入测试数据。user、article 表中的数据分别如图 4-9、图 4-10 所示。数据库表见本书配套资源中的 "ch04/4.3/4.3.4/12/data1.sqlite"。

| | id ≑ | username ≑ | password ≑ | sex ≑ | age ≑ | status ≑ |
|---|---|---|---|---|---|---|
| 1 | 1 | 张三 | 123 | 1 | 22 | 1 |
| 2 | 2 | 李四 | 123 | 2 | 33 | 1 |
| 3 | 3 | 王五 | 123 | 1 | 25 | 1 |

| | id ▲ 1 | title ≑ | user_id ≑ |
|---|---|---|---|
| 1 | 1 | Django学习技巧 | 1 |
| 2 | 2 | Flask学习技巧 | 2 |
| 3 | 3 | Python办公自动 | 3 |

图 4-9                 图 4-10

接下来在 IPython 环境中通过以下代码演示联合查询的用法。

```
# 1.内链接
In [8]: from app import *
In [7]:
db.session.query(User,Article).filter(User.id==Article.user_id,Article.id<3).all()
Out[7]: [(1,张三, 1,Django学习技巧), (2,李四, 2,Flask学习技巧)]
In [10]:
db.session.query(User,Article).filter(User.id==Article.user_id).filter(Article.id<
3).all()
Out[10]: [(1,张三, 1,Django学习技巧), (2,李四, 2,Flask学习技巧)]
In [12]:
db.session.query(User).join(Article,User.id==Article.user_id).filter(Article.id<3)
```

```
.all()
Out[12]: [1,张三, 2,李四]
# 2.外链接
In [20]:
db.session.query(User.id,User.username,Article.id,Article.title).outerjoin(Article
,User.id==Article.user_id).all()
Out[20]: [(1, '张三', 1, 'Django 学习技巧'), (2, '李四', 2, 'Flask 学习技巧'), (3, '王五
', None, None)]
```

在上述代码中，User 表和 Article 表做外链接，由于 User 表中的"张三"没有对应的 Article 表数据，因此在返回结果中存在 None 值。

## 4.3.5　修改数据

修改数据的过程是：先获取需要修改的对象，然后通过"对象.属性"的方式为属性重新赋值，最后使用 commit 提交事务。在"ch04/4.3/4.3.5"目录下的 IPython 环境中执行如下代码。

```
In [15]: user=User.query.get(1)
In [16]: user.username="张一"
In [17]: db.session.commit()
```

还可以批量进行更新，将所有用户的状态从 1 更新为 0，如以下代码所示。

```
# update 更新字段的参数为字典格式
In [21]: User.query.filter(User.status==1).update({User.status:0})
Out[21]: 3                    # 返回更新的数量
In [22]: db.session.commit()  # 提交事务
```

## 4.3.6　删除数据

删除数据的格式如下。

```
db.session.delete(对象)
模型.query.filter(条件).delete()
db.session.commit()
```

在"ch04/4.3/4.3.6"目录下的 IPython 环境中，使用以下代码来删除数据表中 id=3 的记录。

```
In [13]: user=User.query.filter(User.id==3).first()
In [14]: db.session.delete(user)
In [15]: db.session.commit()
```

还可以批量删除数据，有以下两种方式。

（1）当查询返回列表对象时，可以循环删除。

```
In [20]: user=User.query.filter(User.age>20).all()
In [21]: user
Out[21]: [1,张三, 2,李四, 3,王五]
In [23]: for u in user:
    ...:     db.session.delete(u)
In [24]: db.session.commit()
```

（2）使用如下链式代码直接删除。

```
In [25]: user=User.query.filter(User.age>20).delete()
In [26]: db.session.commit()
```

## 4.3.7　执行原生 SQL 语句

在 Flask 中，使用 db.session.connection 封装了数据库的连接对象，可以通过连接对象来获取游标（Cursor）。游标是系统为用户开设的一个数据缓冲区，主要用于处理和接收数据，如对数据进行增加、删除、修改、查询等操作。

使用 db.session.execute(sql)方法返回一个游标对象，该游标对象通过执行原生 SQL 语句来完成数据操作。

### 1. 查询数据

db.session.execute(sql)方法返回一个游标对象。该游标对象提供了 fetchall()方法用于获取全部数据，返回一个嵌套元组的列表。还有 fetchone()方法，用于获取其中一个结果，并返回一个元组。

在 "ch04/4.3/4.3.7" 目录下的 IPython 环境中，通过游标对象来查询数据，如以下代码所示。

```
In [1]: from app import *
In [2]: result=db.session.execute("select * from user").fetchone()
In [3]: result
Out[3]: (1, '张三', '123', 1, 22, 0, '2023-05-27 15:33:36')

In [4]: result=db.session.execute("select * from user").fetchall()
In [5]: result
Out[5]:
[(1, '张三', '123', 1, 22, 0, '2023-05-27 15:33:36'),
 (2, '李四', '123', 0, 33, 0, '2023-05-27 15:33:36'),
 (3, '王五', '123', 1, 25, 0, '2023-05-27 15:33:36')]
```

### 2. 插入数据

建议使用参数绑定来执行 INSERT 操作。将参数作为绑定变量传给 SQL 语句，而不是将其直接拼接到 SQL 字符串上，这样可以有效防止 SQL 注入。

在 "ch04/4.3/4.3.7" 目录下的 IPython 环境中，使用以下代码演示插入数据。

```
In [31]:From app import *
In [32]: sql='insert into user(username,password,sex,age,status)
values(:username,:password,:sex,:age,:status)'
In [39]: data={"username":"111","password":"1234","sex":1,"age":22,"status":1}
In [40]: db.session.execute(sql,data)
In [41]: db.session.commit()
```

在上面的例子中，使用了 execute()方法执行了一个原生的 SQL 插入语句，并使用冒号加上参数名的方式（:username 和:password）指定了参数，然后将参数和对应的值以字典的方式传给 execute()方法的第 2 个参数。SQLAlchemy 会自动将参数进行转义和编码，从而避免 SQL 注入攻击。

**3. 更新数据**

在 "ch04/4.3/4.3.7" 目录下的 IPython 环境中，通过以下代码演示更新数据。

```
In [8]: from app import *
In [9]: updatesql='update user set username="张一" where id=:id'
In [10]: data={"id":1}
In [11]: db.session.execute(updatesql,data)
In [12]: db.session.commit()
```

代码执行结果为 1，即执行语句影响的行数为 1 行。

**4. 删除数据**

在 "ch04/4.3/4.3.7" 目录下的 IPython 环境中，通过以下代码演示删除数据。

```
In [62]: from app import *
In [63]: deletesql="delete from user where username=:username"
In [64]: data={"username":"111"}
In [65]: db.session.execute(deletesql,data)
In [66]: db.session.commit()
```

## 4.3.8 事务处理

在实际项目中，经常会遇到复杂的数据库操作逻辑，比如，对一系列相关的对象进行了增加、修改、删除操作，一旦其中某处出现执行失败或异常，则需要回滚所有已经执行成功的数据库操作。这时，数据库的事务管理就非常重要了。

事务（Transaction）是指具有原子性的一系列数据库操作。即使程序崩溃了，数据库也会确保这些操作 "要么全部执行，要么全部不执行"。

事务拥有 ACID 特性，说明如下。

- 原子性（Atomicity）：事务作为一个整体被执行，包含在其中的数据库操作要么全部执行，要么全部不执行。
- 一致性（Consistency）：事务应确保数据库从一个一致状态转变为另一个一致状态。在这个转变过程中，数据库中的数据应满足完整性约束。
- 隔离性（Isolation）：在多个事务并发执行时，一个事务的执行不应影响其他事务的执行。
- 持久性（Durability）：已提交的事务对数据库的修改应该被永久保存在数据库中。

事务确保了数据的一致性和完整性，并提供了一种可靠的方法来处理并发访问和故障恢复。

新建文件 app.py，在其中添加如下代码。源代码见本书配套资源中的 "ch04/4.3/4.3.8/

app.py"。

```
…
app.config['SQLALCHEMY_DATABASE_URI']='sqlite:///'+os.path.join(base_dir,'data1.sq
lite')
app.config['SQLALCHEMY_TRACK_MODIFICATIONS']=True
app.config['SQLALCHEMY_COMMIT_TEARDOWN']=True
db=SQLAlchemy(app)

class User(db.Model):
    __tablename__ = 'user'
    id = db.Column(db.Integer, primary_key=True, autoincrement=True)
    username = db.Column(db.String(100), nullable=False)
    password = db.Column(db.String(100), nullable=False)
    sex=db.Column(db.Integer,nullable=False,default=0)
    age = db.Column(db.Integer, nullable=False, default=0)
    status = db.Column(db.Integer, nullable=False,default=0)
    createdate=db.Column(db.DateTime,nullable=False,server_default=
text('CURRENT_TIMESTAMP'))
    def __repr__(self):
        return f"{self.id},{self.username}"


@app.route("/test")
def test():
    try:
        # 开始事务
        db.session.begin()
        # 执行一系列数据库操作
        user1 = User(username="test1", password="123456",age=35,status=1)
        db.session.add(user1)
        user2 = User(username="test2", age=35, status=1)
        db.session.add(user2)
        # 提交事务
        db.session.commit()
        return "事务执行成功"
    except Exception as e:
        # 回滚事务
        db.session.rollback()
        print(e)
        return "事务执行失败"
```

在上述代码中，使用 db.session.begin()方法开启了一个新的事务，使用 db.session.commit()方法提交了事务。如果在事务中发生了任何异常，则调用 db.session.rollback()方法回滚事务并抛出异常。

运行以上代码后，访问"http://localhost:5000/test"，即可进行事务测试。

## 4.4　认识和操作 Flask 模型关系

在 Flask 中，模型关系是指在数据库模型中定义的不同表之间的关系，包括"一对一"关系、"一对多"关系和"多对多"关系。

### 4.4.1　"一对多"关系

**1. 详解"一对多"关系**

"一对多"关系表示一个实体与其他多个实体之间的关系。在数据库模型中，使用外键来定义"一对多"关系。用户表和项目表是"一对多"关系。使用 db.ForeignKey()方法可构建"一对多"关系。

用户表、项目表如图 4-11、图 4-12 所示。表信息详见本书配套资源中的"ch04/4.4/4.4.1/data1.sqlite"。

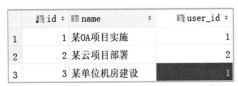

| | id | username | | | id | name | | user_id |
|---|---|---|---|---|---|---|---|---|
| 1 | 1 | 张三 | | 1 | 1 | 某OA项目实施 | | 1 |
| 2 | 2 | 李四 | | 2 | 2 | 某云项目部署 | | 2 |
| 3 | 3 | 王五 | | 3 | 3 | 某单位机房建设 | | 1 |

图 4-11　　　　　　　　　　　图 4-12

新建 app.py，在其中添加如下代码。源代码见本书配套资源中的"ch04/4.4/4.4.1/app.py"。

```
…
# 处于"一"模型
class User(db.Model):
    _ _tablename_ _='tb_user'
    id=db.Column(db.Integer,primary_key=True)
    username=db.Column(db.String(50),unique=True)
    projects=db.relationship("Project",backref="back_user",lazy=True)
    def _ _repr_ _(self):
        return f"{self.id},{self.username}"

# 处于"多"模型
class Project(db.Model):
    _ _tablename_ _='tb_project'
    id=db.Column(db.Integer,primary_key=True)
    name=db.Column(db.String(50),unique=True)
    user_id=db.Column(db.Integer,db.ForeignKey("tb_user.id"))
    def _ _repr_ _(self):
        return f"{self.id},{self.name}"
…
```

在上述代码中，在 User 和 Project 之间建立了"一对多"关系。User 模型通过 Projects 属性与多个 Project 模型关联，并且 Project 模型使用 user_id 作为外键指向 User 模型。

在 Project 模型中，使用 db.ForeignKey()方法来构建模型的"一对多"关系。db.ForeignKey()方法的参数是 User 模型中的主键字段。

relationship()方法的参数见表 4-6。

表 4-6

| 参 数 | 含 义 |
|---|---|
| 第 1 个参数 | 要进行关联的模型名称 |
| backref | 在关联的另一个模型中添加反向引用 |
| primary join | 明确指定两个模型之间使用的关联条件 |
| uselist | 如果为 False，则不使用列表，而使用标量值，常用于"一对一"关系中 |
| order_by | 指定关系中记录的排序方式 |
| secondary | 指定"多对多"关系中记录的排序方式 |
| lazy | 在删除关联表中的数据时使用的配置选项 |

使用 relationship()方法需要注意以下两点。

（1）该方法返回的 projects 字段在数据表中不会被真实创建。

（2）该方法可以定义两个要关联的模型类中的任意一个。

backref 参数用于通过建立的联系来进行反向查询，例如，Project 模型可以通过 User 模型中关联的 backref 参数 back_user 来查询用户信息。

执行"ch04/4.4/4.4.1/app.py"文件，会生成数据表 tb_user 和 tb_project，在 tb_project 表中生成名称为"user_id"的外键。

> 📋 提示　有读者可能会问，db.ForeignKey()方法到底放在哪个模型中呢？可以这样考虑：把 db.ForeignKey()方法放到"多"的数据表对应的模型中。

**2."一对多"关联表的操作**

接下来通过代码实现两个模型之间数据的查询、增加、删除。

（1）通过关联属性查询数据。

在"ch04/4.4/4.4.1"目录下的 IPython 环境中，通过以下代码演示"从一到多"的数据查询。

```
# 从用户表到项目表，从一到多
In [8]: project=User.query.filter_by(id=1).first().projects
In [9]: project
Out[9]: [1,某 OA 项目实施，3,某单位机房建设]
```

通过以下代码演示"从多到一"的数据查询。

```
# 从项目表到用户表，从多到一
In [12]: users=Project.query.filter_by(id=1).first().back_user
```

```
In [13]: users
Out[13]: 1,张三
```

（2）新增数据。

在 Flask 中，执行"一对多"关系模型的数据新增操作，需要创建相关的模型对象并将其关联起来。以下是新增数据的示例。

```
# 新增用户和项目模型对象
In [14]: user=User(username="王玲")
In [15]: project=Project(name="某测试项目")
In [16]: user.projects=[project]
In [17]: db.session.add(user)
In [18]: db.session.commit()
```

（3）删除数据。

在 Flask 中删除"一对多"关系模型的数据时，需要使用 relationship()方法中的删除配置选项。

relationship()方法的删除配置选项见表 4-7。

表 4-7

| 参　　数 | 含　　义 |
| --- | --- |
| projects=db.relationship("Project",backref="back_user", passive_deletes=True) | 删除父级，子级不受影响 |
| projects =db.relationship("Project",backref="back_user ",cascade="all,delete-orphan") | 删除父级，子级将同时被删除 |
| projects =db.relationship("Project",backref="back_user ",cascade="all, delete") | |
| projects =db.relationship("Project",backref="back_user ",lazy=True) | 删除父级，不删除子级，将外键更新为 null |

复制"ch04/4.4/4.4.1/app.py"后修改为"ch04/4.4/4.4.1/2/app.py"文件，代码内容如下。

```
…
# 处于"一"模型
class User(db.Model):
    _ _tablename_ _='tb_user'
    id=db.Column(db.Integer,primary_key=True)
    username=db.Column(db.String(50),unique=True)

projects=db.relationship("Project",backref="back_user",lazy=True,cascade="all,delete-orphan")
    def _ _repr_ _(self):
        return f"{self.id},{self.username}"

# 处于"多"模型
class Project(db.Model):
    _ _tablename_ _='tb_project'
    id=db.Column(db.Integer,primary_key=True)
    name=db.Column(db.String(50),unique=True)
    user_id=db.Column(db.Integer,db.ForeignKey("tb_user.id"))
…
```

在 Flask 中执行"一对多"模型的数据级联删除操作时,需要使用数据库扩展( 如 SQLAlchemy )提供的级联删除功能。这将确保在删除主模型实例时,相关联的子模型实例也会被自动删除。

在 "ch04/4.4/4.4.1/2"目录下的 IPython 环境中,通过以下代码演示"一对多"关系数据的级联删除。

```
In [7]: user=User.query.get(4)
In [8]: user
Out[8]: 4,王玲
In [9]: db.session.delete(user)
In [10]: db.session.commit()
```

在上述代码中,首先获取要删除的用户实例,然后调用 db.session.delete(user)方法将用户实例标记为删除,最后通过 db.session.commit()方法提交更改,从而触发级联删除操作。

User 模型的 projects 属性被添加了 cascade='all, delete-orphan'参数,表示在删除 User 模型实例时会级联删除相关联的 Project 模型实例,所以最终成功删除了指定用户及其相关的项目。

读者可以测试其他两种删除选项。

- 删除父级,子级不受影响,见"ch04/4.4/4.4.1/3/app.py"文件。
- 删除父级,不删除子级,将外键更新为 null,见"ch04/4.4/4.4.1/app.py"文件。

### 4.4.2 "一对一"关系

#### 1. 详解"一对一"关系

"一对一"关系表示一个实体与一个实体之间的关系。在数据库模型中,可以使用外键来定义"一对一"关系。用户表和用户信息表是"一对一"关系。在模型中,使用 db.ForeignKey()方法来构建模型的"一对一"关系。

用户表、用户信息表如图 4-13、图 4-14 所示。表信息详见"ch04/4.4/4.4.2/data1.sqlite"。

图 4-13

图 4-14

新建 app.py,其中的模型代码如下所示。源代码见本书配套资源中的 "ch04/4.4/4.4.2/app.py"。

```
…
# 处于"一"模型
class User(db.Model):
    _ _tablename_ _='tb_user'
    id=db.Column(db.Integer,primary_key=True)
    username=db.Column(db.String(50),unique=True)
```

```
    userinfo = db.relationship("UserInfo", backref="back_user",uselist=False,
cascade="all,delete")

# 处于 "一" 模型
class UserInfo(db.Model):
    __tablename__='tb_userinfo'
    id=db.Column(db.Integer,primary_key=True)
    addr=db.Column(db.String(50),unique=True)
    uid=db.Column(db.Integer,db.ForeignKey("tb_user.id"))
…
```

在模型中，"一对一"关系通过设置 db.ForeignKey()方法的 uselist=False 参数来约束。因为在"一对一"关系中通过查询得到的是一个列表，所以，设置 uselist=False 来禁用列表，使得我们只能通过 User 查找到一个 UserInfo。这就构成了"一对一"关系。

执行"ch04/4.4/4.4.2/app.py"文件，会生成数据表 tb_user 和 tb_userinfo，在 tb_userinfo 表中生成名称为"uid"的外键。

### 2. "一对一"关联表的操作

接下来通过代码来操作"一对一"关联表。

（1）增加数据。

```
In [1]: from app import *
In [2]: user=User(username="张三")
In [3]: userinfo=UserInfo(addr="西北路")
In [4]: user.userinfo=userinfo
In [5]: db.session.add(user)
In [6]: db.session.commit()
```

执行成功后，可以查看数据表中的数据。

（2）查询数据。

以下代码演示了从用户表到用户信息表的查询。

```
In [3]: user=User.query.filter(User.id==1).first().userinfo
In [4]: user
Out[4]: 1 西北路
In [5]: user.addr
Out[5]: '西北路'
```

以下代码演示了从用户信息表到用户表的查询。

```
In [6]: userinfo=UserInfo.query.filter(UserInfo.id==1).first().back_user
In [7]: userinfo
Out[7]: 1 张三
```

（3）删除数据。

以下代码演示了用户模型中编号为 1、用户详细信息模型中编号为 1 的关联数据的级联删除。

```
In [2]: from app import *
In [3]: user=User.query.get(1)
In [4]: user
Out[4]: 1 张三
In [5]: db.session.delete(user)
In [6]: db.session.commit()
```

> **提示** 有读者可能会问，db.ForeignKey()方法到底放在哪个模型中呢？可以这样考虑：哪个数据表需要外键，就把 db.ForeignKey()方法放到该数据表对应的模型中。

### 4.4.3 "多对多"关系

作者表和图书表是"多对多"关系：一个作者可以写多本书，一本书也可以由多个作者一起完成。在模型中，使用 db.ForeignKey()方法来构建模型的"多对多"关系。

#### 1. 详解"多对多"关系

作者表、图书表、作者图书关系表如图 4-15、图 4-16、图 4-17 所示。表信息详见"ch04/4.4/4.4.3/data.sqlite"。

| ⊞a_id | ▢name | ▢age | ▢mobile | ▢address | ▢intro |
|---|---|---|---|---|---|
| 1 | 张三 | 30 | 13999999999 | 西北路 | *<null>* |
| 2 | 李四 | 40 | 13888888888 | 红旗路 | *<null>* |

图 4-15

| ⊞b_id | ▢name | ▢isbn | ▢photo | ▢price |
|---|---|---|---|---|
| 1 | Flask实战派 | 1111 | 封面.jpg | 128.00 |
| 2 | Django实战; | 2222 | 封面.jpg | 128.00 |

图 4-16

| ⊞a_id | ⊞b_id |
|---|---|
| 1 | 3 |

图 4-17

打开本书配套资源中的"ch04/4.4/4.4.3/app.py"，其中的模型代码如下所示。

```
# 中间表
a_b=db.Table(
    "author_book",
    db.Column("a_id",db.Integer,db.ForeignKey("tb_author.a_id"),primary_key=True),
    db.Column("b_id", db.Integer, db.ForeignKey("tb_book.b_id"), primary_key=True),)

# 多对多模型
class Author(db.Model):
    __tablename__ ="tb_author"
    a_id = db.Column(db.Integer,comment='ID', primary_key=True,autoincrement=True)
    name = db.Column(db.String(20),comment='作者姓名')
    age = db.Column(db.Integer,comment='作者年龄', default=1)
    mobile = db.Column(db.String(11),comment='电话')
    address = db.Column(db.String(20),comment='地址')
```

```
    intro = db.Column(db.Text,comment='简介', nullable=True)
    books=db.relationship("Book",secondary="author_book", backref="back_book")

# 多对多模型
class Book(db.Model):
    __tablename__ ="tb_book"
    b_id = db.Column(db.Integer,comment='ID', primary_key=True,autoincrement=True)
    name = db.Column(db.String(50),comment='图书名称')
    isbn = db.Column(db.String(50),comment='ISBN')
    photo = db.Column(db.String(50),comment='图书封面')
    price = db.Column(db.Numeric(5,2),comment='价格')
```

在 Flask 框架中，需要自己建立"多对多"模型的中间表。使用 db.Table 类建立中间表，该类的第 1 个参数为关系表的表名，第 2 个、第 3 个参数分别为关联两个表的"一对多"外键，也同为联合主键。

在"多对多"关系中，可以在任意一方中添加一个 relationship 字段，第 1 个参数为关联的另外一个模型，第 2 个参数 secondary 为中间表的表名，第 3 个参数 backref 是反向查询时的关键字，如以下代码所示。

```
    books=db.relationship("Book",secondary="author_book", backref="back_book")
```

执行 db.create_all()方法后，在数据库中生成了数据表 tb_author 和 tb_book，以及它们的关系表 author_book。在关系表 author_book 中包含两个模型各自的主键，如图 4-18 所示。

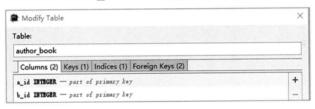

图 4-18

数据表的模型关系如图 4-19 所示。

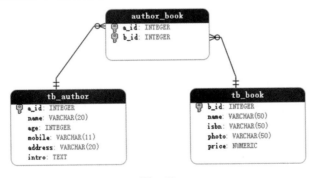

图 4-19

**2. "多对多"关联表的操作**

下面通过代码来操作"多对多"关联表。

（1）增加数据。

```
In [3]: author1=Author(name="张三",age=24,mobile="13999999999",address="西北路")
In [4]: book1=Book(name="Flask 实战派",isbn="1111",photo="封面.jpg",price=128)
In [5]: book2=Book(name="Django 实战派",isbn="2222",photo="封面.jpg",price=128)
In [7]: author1.books.append(book1)
In [8]: author1.books.append(book2)
In [9]: db.session.add(book1)
In [10]: db.session.commit()
```

执行成功后，可以查看数据表中的数据。其中的中间表 auhtor_book 不需要我们维护。

（2）查询数据。

以下代码演示了从作者表到图书表的查询。

```
In [8]: books=Author.query.filter(Author.a_id==1).first().books
In [9]: for b in books:
   ...:     print(b.name)
   ...:
Flask 实战派
Django 实战派
```

以下代码演示了从图书表到作者表的查询。

```
In [3]: author=Book.query.filter(Book.b_id==1).first().back_author
In [4]: for a in author:
   ...:     print(a.name)
   ...:
张三
```

（3）修改关联数据。

修改关联数据采用"先移除，后添加"的方式，如以下代码所示。

```
In [11]: author1=Author.query.filter(Author.a_id==1).first()
In [12]: book1=Book.query.filter(Book.b_id==1).first()
In [13]: author1.books.remove(book1)
In [14]: book3=Book(name="Python 开发",isbn="3333",photo="封面.jpg",price=108)
In [15]: author1.books.append(book3)
In [16]: db.session.add(author1)
In [17]: db.session.commit()
```

执行后，请读者打开中间表验证结果。

（4）通过关联属性删除中间表中的数据。

以下代码演示了作者编号为 1、图书编号为 1 的中间表数据的删除，使用的是 remove()方法。

```
In [11]: author1=Author.query.filter(Author.a_id==1).first()
In [12]: book1=Book.query.filter(Book.b_id==1).first()
```

```
In [13]: author1.books.remove(book1)
In [14]: db.session.commit()
```

执行后，请读者打开中间表验证结果。

## 4.5　数据模型的迁移

"代码优先"（CodeFirst）是一种新的编程方式，即在代码中直接创建类，框架会根据我们创建的类自动生成数据库和表。

- 传统的编程方式：先建立数据库，然后在代码中创建对应的实体类。
- CodeFirst 编程方式：直接在代码中创建模型类，Flask 框架会根据我们创建的模型类调用数据迁移命令生成数据表。

在 Flask 中，使用 Flask-Migrate 实现数据模型的迁移。

使用如下命令安装 Flask-Migrate。

```
(flaskenv) E:\python_project\flask-project\ch04>pip3 install flask-migrate
```

### 4.5.1　实例化 Migrate 类

新建 app.py 文件，文件内容如下。源代码见本书配套资源中的"ch04/4.5/app.py"。

```
…
from sqlalchemy import MetaData
from flask_migrate import Migrate
…
# 创建数据库实例 Sqlalchemy 的工具对象
db=SQLAlchemy(app,metadata=MetaData(naming_convention=naming_convention))
# 第 1 个参数是 Flask 的实例，第 2 个参数是 Sqlalchemy 数据库实例，用于创建数据库迁移工具对象
migrate = Migrate(app, db,render_as_batch=True)
# 处于"一"模型
class Depart(db.Model):
    __tablename__ ='tb_depart'
    id=db.Column(db.Integer,primary_key=True)
    name=db.Column(db.String(50),unique=True)
    users=db.relationship("User",backref="back_depart",lazy=True)
    def __repr__(self):
        return f"{self.id},{self.name}"
# 处于"多"模型
class User(db.Model):
    __tablename__ ='tb_user'
    id=db.Column(db.Integer,primary_key=True)
    username=db.Column(db.String(50),unique=True)
    depart_id=db.Column(db.Integer,db.ForeignKey("tb_depart.id"))
    def __repr__(self):
        return f"{self.id},{self.username}"
…
```

## 4.5.2　初始化

在迁移数据前，首先要进行初始化。在"ch04/4.5"目录下，执行如下命令进行初始化，会生成迁移目录 migrations 和配置文件。

```
E:\python_project\flask-project\ch04\4.5>flask db init
```

执行命令后，正常显示如下。

```
(flaskenv) E:\python_project\flask-project\ch04\4.5>flask db init
Creating directory E:\python_project\flask-project\ch04\4.5\migrations … done
Creating directory E:\python_project\flask-project\ch04\4.5\migrations\versions …
done
Generating E:\python_project\flask-project\ch04\4.5\migrations\alembic.ini … done
Generating E:\python_project\flask-project\ch04\4.5\migrations\env.py … done
Generating E:\python_project\flask-project\ch04\4.5\migrations\README … done
Generating E:\python_project\flask-project\ch04\4.5\migrations\script.py.mako …
done
Please edit configuration/connection/logging settings in
'E:\\python_project\\flask-project\\ch04\\4.5\\migrations\\alembic.ini' before
proceeding.
```

在项目迁移时只能使用一次 init 命令生成 migrations 文件夹。在第二次使用时，会提示"Error: Directory migrations already exists and is not empty"错误，表示"migrations"目录已经存在且不为空。

## 4.5.3　生成迁移脚本

在改变表结构（如增加表、删除表、增加字段、删除字段等）后，执行如下命令生成迁移脚本。

```
flask db migrate -m "描述信息"
```

通过 -m 参数添加迁移信息，这类似于在利用 Git 提交代码时添加提交信息。

在"ch04/4.5"目录下，执行以下命令来生成迁移脚本。

```
E:\python_project\flask-project\ch04\4.5>flask db migrate -m "first"
```

执行命令后，正常显示如下。

```
(flaskenv) E:\python_project\flask-project\ch04\4.5>flask db migrate -m "first"
INFO  [alembic.runtime.migration] Context impl SQLiteImpl.
INFO  [alembic.runtime.migration] Will assume non-transactional DDL.
INFO  [alembic.autogenerate.compare] Detected added table 'tb_depart'
INFO  [alembic.autogenerate.compare] Detected added table 'tb_user'
Generating
E:\python_project\flask-project\ch04\4.5\migrations\versions\f88957aff99e_first.py
… done
```

最终会在"migrations\versions"目录下生成类似于"f88957aff99e_first.py"的迁移文件，读者可以打开查阅。

### 4.5.4 执行迁移

使用 upgrade 命令执行迁移。

```
(flaskenv) E:\python_project\flask-project\ch04\4.5>flask db upgrade
INFO  [alembic.runtime.migration] Context impl SQLiteImpl.
INFO  [alembic.runtime.migration] Will assume non-transactional DDL.
INFO  [alembic.runtime.migration] Running upgrade  -> f88957aff99e, first
```

在执行迁移后查看数据库，可以看到已经生成了相关的数据表。

### 4.5.5 解决执行迁移过程中的报错

在利用 upgrade 命令执行迁移的过程中，往往会提示如下错误。

```
ValueError: Constraint must have a name
```

解决办法：打开"ch04/4.5/app.py"文件，找到 SQLAlchemy 实例化的代码并修改。修改后的代码如下所示。

```
naming_convention = {
    "ix": 'ix_%(column_0_label)s',
    "uq": "uq_%(table_name)s_%(column_0_name)s",
    "ck": "ck_%(table_name)s_%(column_0_name)s",
    "fk": "fk_%(table_name)s_%(column_0_name)s_%(referred_table_name)s",
    "pk": "pk_%(table_name)s" }
db=SQLAlchemy(app,metadata=MetaData(naming_convention=naming_convention))
```

### 4.5.6 回退到某次修改

对 User 模型进行修改——增加了 age 字段，代码如下所示，源代码见本书配套资源中的"ch04/4.5/app.py"文件。

```
class User(db.Model):
    __tablename__='tb_user'
    id=db.Column(db.Integer,primary_key=True)
    username=db.Column(db.String(50),unique=True)
    age=db.Column(db.Integer,default=0)
    depart_id=db.Column(db.Integer,db.ForeignKey("tb_depart.id"))
```

生成迁移文件，命令如下所示。

```
E:\python_project\flask-project\ch04\4.5>flask db migrate -m "add user age 字段"
INFO  [alembic.runtime.migration] Context impl SQLiteImpl.
INFO  [alembic.runtime.migration] Will assume non-transactional DDL.
INFO  [alembic.autogenerate.compare] Detected added column 'tb_user.age'
Generating
E:\python_project\flask-project\ch04\4.5\migrations\versions\db45def5c786_add_user
_age 字段.py … done
```

执行迁移，命令如下所示。

```
(flaskenv) E:\python_project\flask-project\ch04\4.5>flask db upgrade
```

```
INFO  [alembic.runtime.migration] Context impl SQLiteImpl.
INFO  [alembic.runtime.migration] Will assume non-transactional DDL.
INFO  [alembic.runtime.migration] Running upgrade f88957aff99e -> db45def5c786, add
user age 字段
```

读者可以打开 tb_user 表验证结果。

假如此次数据表修改有问题，则可以回退到修改之前。使用如下命令查看迁移历史记录。

```
(flaskenv) E:\python_project\flask-project\ch04\4.5>flask db history
```

执行结果如下。

```
f88957aff99e -> db45def5c786 (head), add user age 字段
<base> -> f88957aff99e, first
```

从执行结果中可以看出，当前表共迁移了两次。可以使用 downgrade 命令进行回退。

在执行 downgrade 命令时，如果不指定版本 id ，则默认回退到上一个版本。也可以指定版本回退。以下代码将回退到 f88957aff99e 版本，即第 1 次迁移的状态。

```
E:\python_project\flask-project\ch04\4.5>flask db downgrade f88957aff99e
INFO  [alembic.runtime.migration] Context impl SQLiteImpl.
INFO  [alembic.runtime.migration] Will assume non-transactional DDL.
INFO  [alembic.runtime.migration] Running downgrade db45def5c786 -> f88957aff99e, add
user age 字段
```

在执行迁移命令后，读者可以在数据表中对比查看。

### 4.5.7 从数据库表到模型

对于已有的数据库，我们希望能够快速从数据表生成模型。此时可以使用 Flask-Sqlacodegen 库来处理。

使用如下命令安装 Flask-Sqlacodegen 库。

```
pip3 install flask-sqlacodegen
```

使用 Flask-Sqlacodegen 库从数据表生成模型的命令如下所示。

```
(flaskenv) E:\python_project\flask-project\ch04\4.5>flask-sqlacodegen
"sqlite:///E:\python_project\flask-project\ch04\4.5\data.sqlite" --outfile
"model.py" --flask
```

执行命令后，在"ch04/4.5"目录下生成 model.py 文件，文件内容如下。

```
# coding: utf-8
from flask_sqlalchemy import SQLAlchemy
db = SQLAlchemy()
class TbDepart(db.Model):
    _ _tablename_ _ = 'tb_depart'
    id = db.Column(db.Integer, primary_key=True)
name = db.Column(db.String(50), unique=True)
class TbUser(db.Model):
    _ _tablename_ _ = 'tb_user'
```

```
id = db.Column(db.Integer, primary_key=True)
username = db.Column(db.String(50), unique=True)
depart_id = db.Column(db.ForeignKey('tb_depart.id'))
depart = db.relationship('TbDepart', primaryjoin='TbUser.depart_id ==
TbDepart.id', backref='tb_users')
```

读者可以打开文件验证结果。

如果在使用 Flask-Sqlacodegen 库从数据表生成模型时，命令中包含单引号，比如：

```
(flaskenv) E:\python_project\flask-project\ch04\4.5>flask-sqlacodegen
'sqlite:///E:\python_project\flask-project\ch04\4.5\data.sqlite' --outfile
'model.py' --flask
```

则会引发如下异常。

```
sqlalchemy.exc.ArgumentError: Could not parse rfc1738 URL from string
```

解决办法：将命令中的单引号改为双引号。

# 第 5 章
## 展现界面——基于 Flask 表单

采用传统的 HTML 表单开发项目，会显著增加 HTML 页面的代码量，比如会增加校验用户输入合法性的代码、校验数据格式是否正确的代码。这增加了开发难度和调试时间。

Flask Form 表单可以自动生成 HTML 组件标签，增加检验功能，极大地提高了编写代码的效率。本章还将介绍在实际项目中使用较多的通过 AJAX 提交表单的方法。

## 5.1 HTML 表单

HTML 表单是一个包含表单元素的区域。表单的主要功能是收集用户信息，以完成人机交互。
表单由一个个 HTML 标签组成。表 5-1 中列出了常见的 HTML 标签。

表 5-1

| 标　签 | 说　明 | 标　签 | 说　明 |
|---|---|---|---|
| \<form> | 表单标签 | \<input type=reset> | 重置按钮标签 |
| \<input type=text> | 文本框标签 | \<input type=file> | 文件上传标签 |
| \<input type=password> | 密码输入框标签 | \<textarea> | 多行文本标签 |
| \<input type=radio> | 单选框标签 | \<label> | 显示文本的标签 |
| \<input type=checkbox> | 复选框标签 | \<select> | 下拉列表框标签 |
| \<input type=button> | 按钮标签 | \<option> | 下拉列表框中的选项 |
| \<input type=submit> | 提交按钮标签 | \<input type=reset> | 重置按钮标签 |

以下代码演示了用\<form>等标签创建一个用户登录的 HTML 表单。该表单可以被视图函数调用，经过浏览器解析，得到一个用户登录界面。

```
<form name="f1" action="" method="get">
用户名: <input type="text" name="username" /><br>
密　码: <input type="password" name="pwd">
<input type="submit" value="submit">
</form>
```

其中，<form>标签的属性如下。

- name：表单的名称。
- method：表单数据的提交方式，分为 GET 和 POST。
- action：表单数据提交的远程服务器地址，一般为 URL。

## 5.1.1　【实战】用户登录

下面通过实战来巩固传统 HTML 表单的知识点。

（1）创建模板文件 login.html，在其中添加以下代码。源代码见本书配套资源中的"ch05/5.1/5.1.1/templates/ login.html"文件。

```
<form method="POST" action="{{ url_for('login') }}" novalidate>
    <label>用户名:</label>
    <input type="text" name="username" required><br>
    <label>密码:</label>
    <input type="password" name="password" required><br>
    <input type="submit" value="Submit">
    {{ message }}
</form>
```

在这个模板中使用了 Flask 模板语言，以渲染模板中的动态内容，语法如下。

- {{ message }}：用来显示来自 Flask 视图函数的消息。
- {{ url_for('login') }}：用于生成指向登录视图函数的 URL。

除此之外，使用 HTML 表单元素来收集用户输入，并将数据通过 POST 请求方式提交给登录视图函数。在登录视图函数中，使用 request 对象进行数据获取。

（2）在"ch05/5.1/5.1.1"目录下新建"app.py"，在其中增加如下代码。

```
from flask import Flask, request, render_template
app=Flask(_ _name_ _)

@app.route("/login",methods=["GET","POST"])
def login():
    if request.method=="POST":
        username=request.form["username"]
        password=request.form["password"]
        if username and password:
            if username=="admin" and password=="123456":
                return render_template("login.html",message="登录成功")
            else:
                return render_template("login.html", message="登录失败")
        else:
            return render_template("login.html", message="请输入用户名或者密码")
    else:
        return render_template("login.html")
```

在这个例子中，定义了一个"/login"路由，这个路由用来处理用户登录。如果用户输入的用户名和密码是预先指定的值，则重定向到"/login"路由，并提示登录成功的信息，否则返回错误信息。

运行代码后，输入用户名 admin 和密码 123456，单击"登录"按钮，会显示"登录成功"，如图 5-1 所示。

图 5-1

## 5.1.2 【实战】使用传统表单上传文件

本节将通过实战——上传文件，来巩固传统 HTML 表单的知识点。

（1）创建模板文件 upload.html，在其中添加以下代码。源代码见本书配套资源中的"ch05/5.1/5.1.2/templates/upload.html"。

```
<form action="{{ url_for('upload_file') }}" method="post"
enctype="multipart/form-data">
    <input type="file" name="myfile">
    <input type="submit" value="upload">
</form>
```

在模板文件中创建了一个 form 表单。在 form 表单中，设置 method 属性的值为"post"，设置 enctype 属性的值为"multipart/form-data"。

（2）新建 app.py，在其中添加以下代码。源代码见本书配套资源中的"ch05/5.1/5.1.2/app.py"。

```
import os
from flask import Flask, request, render_template
from werkzeug.utils import secure_filename
app=Flask(__name__)

@app.route("/upload",methods=["GET","POST"])
def upload_file():
    # 配置上传目录
    path=os.path.join(os.path.dirname(__file__), 'media/uploads/')
    if not os.path.exists(path):
        os.makedirs(path)
    # 在请求方法为 POST 时进行处理，文件上传为 POST 请求
    if request.method=="POST":
        files=request.files
        myfile=files["myfile"]
        if myfile:
            filename=secure_filename(myfile.filename)
```

```
        file_name=os.path.join(path,filename)
        myfile.save(file_name)
return render_template("upload.html")
```

加粗部分代码使用 files=request.files 和 myfile=files["myfile"]的方式来获取上传的文件，myfile 是上表单中文件上传组件的名称。使用 secure_filename()函数获得安全文件名，防止客户端伪造文件。

上传文件时文件名的处理一般有两种方式。

- 使用原文件名：在确保文件的来源安全时，直接使用原文件名，如 filename = myfile.filename。
- 使用过滤后的文件名：攻击者可能会在文件名中加入恶意路径（这有可能导致服务器上的系统文件被覆盖或篡改），还可能执行恶意脚本。Werkzeug 提供的 secure_filename()函数可以过滤掉文件名中的所有非 ASCII 字符，返回安全的文件名。

运行代码后，在浏览器界面中选择一个文件上传。上传成功后，在"ch05/5.1/5.1.2/media/uploads"文件夹下会出现上传的文件，如图 5-2 所示。

图 5-2

## 5.2 Flask 表单

使用传统的 HTML 表单可以完成功能开发，但是开发过程烦琐。Flask 提供了强大的表单功能。Flask 表单和传统的 HTML 表单有以下区别。

- 验证机制：HTML 表单的验证机制是基于 JavaScript 实现的；而 Flask 表单的验证机制是基于 Flask-WTF 模块实现的，验证逻辑可以在服务器端进行，更加安全和可靠。
- 数据处理：HTML 表单需要手动解析和处理数据；而 Flask 表单通过 Flask-WTF 模块提供的表单类自动解析和处理数据，这使得开发人员可以更加专注于业务逻辑的处理，而不必过多关注表单数据的处理细节。
- CSRF 保护：Flask-WTF 模块提供了 CSRF（跨站请求伪造）防御机制，可以在表单中自动生成 CSRF Token，有效地保护应用免受 CSRF 攻击。

- 可维护性：通过 Flask-WTF 提供的模板渲染函数，开发人员可以将表单的 HTML 代码与 Python 代码分离，从而使得代码更具可维护性和可读性，并且可以更灵活地控制表单的样式和外观。
- 文件上传：Flask-WTF 可以方便地实现文件上传功能，而传统的 HTML 表单需要手动编写文件上传代码。

> **📷 提示** 总的来说，相较于 HTML 表单，Flask 表单更安全、易于维护和灵活，可以极大地提高开发效率和开发体验。

使用如下命令安装 Flask 表单。

```
(flaskenv) E:\python_project\flask-project\ch05\5.2\5.2.1>pip install flask-wtf
```

安装后如果提示"Successfully..."信息则代表安装成功。

## 5.2.1 认识 WTForms 和 Flask-WTF

WTForms 是一个支持多个 Web 框架的表单库，主要用于对用户请求数据进行验证。WTForms 的主要功能是验证用户提交数据的合法性、渲染模板。WTForms 还有其他一些功能，如 CSRF 保护、文件上传等。

Flask-WTF 是一个集成了 WTForms，并带有 CSRF 令牌的安全表单和全局 CSRF 保护功能的第三方库。

我们在建立表单时所创建的类都是继承于 Flask_WTF 中的 FlaskForm 类，而 FlaskForm 类是继承于 WTForms 中的 forms 类。

下面通过一个实例来了解学习 Flask-WTF。

新建文件 forms.py，在其中添加如下代码。源代码见本书配套代码中的"ch05/5.2/5.2.1/forms.py"。

```python
from wtforms import StringField, PasswordField, IntegerField, widgets, SelectField,
SubmitField
from flask_wtf import FlaskForm
from wtforms.validators import Length, DataRequired, NumberRange, EqualTo

class UserInfoForm(FlaskForm):
    username = StringField(label='用户名', validators=[DataRequired(message="用户名不
能为空"),Length(6, 30, message="用户名称长度为 6~30 位")],
            render_kw={'class':'form-control','placeholder':"请输入用户名称"})
    password = PasswordField(label='密码', validators=[DataRequired(message="用户密码
不能为空"),Length(6, 30, message="用户密码长度需要为 6~30 位")],
            render_kw={'class':'form-control','placeholder':"请输入用户密码"})
    password_repeat = StringField(label="再次输入密码", validators=[Length(6, 30,
message="6-30 位"),EqualTo("password", message="两次密码输入不一致")],
```

```
            widget=widgets.PasswordInput())
    age = IntegerField(label='年龄', default=1, validators=[NumberRange(1, 120,
message="请输入 1～120 岁")],render_kw={'class': 'form-control'})
    mobile = StringField(label='手机号码', validators=[DataRequired(message="手机不能
为空"), Length(min=11, max=11, message="手机号码为 11 位")],
            render_kw={'class':'form-control','placeholder':"请输入手机号码"})
    status = [("-1", "请选择"), ("0", "正常"), ("1", "无效")]
    user_status = SelectField(label="用户状态", validators=[DataRequired(message="用
户状态不能为空")],choices=status)
    submit = SubmitField(label="提交")
```

在上述代码中，定义了一个人员信息表单，其中包含用户名称、密码、年龄等字段，这些字段是文本、整数等类型。字段包括名称（label）、验证器（validators）、传给前台页面的样式（render_kw）等参数。接下来我们详细介绍。

#### 1. 表单字段

常用的表单字段见表 5-2。

表 5-2

| 字段类型 | 表单字段 | 说　　明 |
|---|---|---|
| 文本或者文本串 | StringField | 文本字段，用于输入字符串 |
| | TextAreaField | 多行文本字段，用于多行文本输入 |
| | PasswordField | 密码文本字段，用于输入密码等敏感信息 |
| | HiddenField | 隐藏文本字段 |
| 数值，包含整数和小数 | IntegerField | 整数类型字段，用于输入整数值 |
| | FloatField | 浮点数类型字段，默认在界面上显示一个数字输入标签 |
| | DecimalField | 数值类型字段，用于输入十进制数的文本框 |
| 日期或者时间 | DateField | 日期字段，可以自动验证日期格式 |
| | DateTimeField | 日期时间字段，用于选择日期和时间 |
| 选择类型 | BooleanField | 布尔类型字段，在界面上表现为一个复选框或者单选框标签，用于表示 True 或者 False |
| | RadioField | 单选框字段，用于从一组选项中选择一个 |
| | SelectField | 下拉选择字段，用于从一组选项中选择一个 |
| | SelectMultipleField | 下拉多选字段，用于从一组选择中选择多个 |
| 文件上传 | FileField | 文件字段，用于单个文件上传 |
| | MultipleFileField | 多文件字段，用于多个文件上传 |
| 其他 | SubmitField | 表单提交字段 |
| | FormField | 将一个表单作为另一个表单的一个字段。这可以用于创建嵌套的表单，其中一个表单作为另一个表单的一部分 |
| | FieldList | 用于将一个表单字段作为列表的一部分，这样可以创建可重复的表单元素，比如一个人的多个电话号码 |

**2. 常用字段参数**

在实例化字段类时可以传入字段参数，可以对字段参数进行设置。常见的字段参数见表 5-3。

表 5-3

| 字段参数 | 说　　明 |
|---|---|
| id | 字段的 HTML 的 ID 属性值 |
| label | 字段的标签名称，用于在表单中显示标签文本 |
| default | 字段的默认值 |
| description | 字段的描述信息 |
| validators | 一个列表，包含字段的验证规则，也称为校验器 |
| widget | 用于覆盖默认的 HTML 标签样式的小部件 |
| render_kw | 一个字典，包含传给模板引擎的 HTML 的属性和值 |
| choices | 一个包含在列表选项中的下拉菜单 |
| filters | 一个包含该字段的过滤器列表 |

下面介绍其中两个常用的字段参数。

（1）render_kw 字段参数。

使用 render_kw 字段参数可以添加额外的属性，比如 username 字段中的 render_kw={'class': 'form-control', 'placeholder': "请输入用户名称"}，最终渲染成的 HTML 表单内容如下。

```
<input class="form-control" id="name" maxlength="30" minlength="6" name="username" placeholder="请输入用户姓名" type="text" value="">
```

这说明，前端的样式可以通过后台的配置写入，这样代码会更加灵活。

（2）choices 字段参数。

使用 choices 字段参数可以绑定数据，比如 user_status 字段的定义如下。

```
status=[("-1","请选择"),("0","正常"),("1","无效")]
user_status=SelectField(label="用户状态",validators=[DataRequired(message="用户状态不能为空")],choices=status)
```

渲染 choices 字段参数所在的页面后，形成的 HTML 标签如图 5-3 所示。

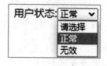

图 5-3

**3. 字段的验证器**

在 WTForms 中，为不同的表单字段提供了不同的验证器 validators，验证器从 wtforms.validators 模块中导入。常用的验证器见表 5-4。

表 5-4

| 验证器 | 说　　明 |
| --- | --- |
| DataRequired | 检查类型转换后的值，不能为空，否则触发 StopValidation 错误 |
| Required | Data_Required 的别名 |
| Email | 验证电子邮件地址 |
| EqualTo | 比较两个字段的值；常用于要求输入两次密码进行确认的情况 |
| IPAddress | 验证 IPv4 网络地址 |
| MacAddress | 验证是否符合 Mac 格式 |
| Length | 验证输入字符串的长度限制，有 mix 和 max 两个值 |
| NumberRange | 验证输入的值在是否在最小值与最大值之间，如果在这两个值之间则满足 |
| Optional | 允许字段为空并停止验证 |
| InputRequired | 检查原始输入的值，不能为空 |
| Regexp | 使用正则表达式验证输入值 |
| URL | 验证 URL |
| UUID | UUID 格式 |
| AnyOf | 确保输入值在可选值列表中 |
| NoneOf | 确保输入值不在可选值列表中 |

下面以"ch05/5.2/5.2.1"目录下的"forms.py"为例介绍验证器，部分代码如下所示。

在 username 字段中，使用 DataReqiured 验证器验证输入的数据是否有效，它的第 1 个参数为错误提示信息，可以使用 message 关键字来定义个性化信息。此外还添加了一个 Length 验证器，以验证输入的用户名长度是否在指定的范围内。

```
username = StringField(label='用户名', validators=[
    DataRequired(message="用户名不能为空"),
    Length(6,30, message="用户名称长度不能小于 6 位，不能大于 30 位")],
        render_kw={'class': 'form-control', 'placeholder': "请输入用户名称"})
```

在 password_repeat 字段中，使用 EqualTo()验证器验证 password_repeat 和 password 的值是否相等。

```
password_repeat = StringField(label="再次输入密码", validators=[Length(6, 30,
message="6-30 位"),EqualTo("password", message="两次密码输入不一致")],
                widget=widgets.PasswordInput())
```

在 age 字段中，使用 NumberRange()验证器验证年龄是否为 1～120 岁。

```
age =IntegerField(label='年龄',default=1,validators=[NumberRange(1, 120, message="
请输入 1~120 岁")],  render_kw={'class': 'form-control'})
```

其他的验证如下，将在后面的章节中陆续使用到。

（1）邮箱验证 Email()。

```
email = StringField(validators=[Email()])
```

（2）正则验证 Regexp()。

```
# 正则表达式：从 1 开始，第 2 位是 3 或 5 或 7 或 8 或 9，后面还有 9 位
phone = StringField(validators=[Regexp(r'1[35789]\d{9}')])
```

（3）URL 验证 URL()。

```
info = StringField(validators=[URL()])
```

### 4. 表单渲染

（1）在模板中渲染字段。

以 username 字段为例，在模板中通过{{ form.username.label }}可以得到 username 字段的 label 名称，通过{{ form.username }}可以得到 username 字段渲染后的 HTML 标签，通过 {{ form.username.error[0] }}可以得到 username 字段未通过验证时的 message 错误。

字段在 Jinja 2 模板中的用法如下。

```
{{ form.username.label }}:{{ form.username }}
{{ form.username.errors[0] }}
```

渲染后的 HTML 标签如图 5-4 所示。

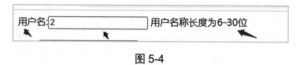

图 5-4

（2）在模板中渲染错误消息。

- 对于验证未通过的字段，WTForms 会把错误消息添加到表单类的 errors 属性中，例如，form.username.errors[0]将返回 username 字段的错误消息。
- 在模板中使用 for 循环迭代错误消息列表。

```
错误信息汇总在一起显示：<br>
{% for k in form.errors %}
    {{ form.errors[k][0] }}<br>
{% endfor %}
```

### 5. 表单的综合实例

下面通过实例来学习 Flask-WTF 表单。

（1）新建表单文件。

新建表单类 UserInfoForm。源代码见本书配套资源中的 "ch05/5.2/5.2.1/forms.py"。

```
from wtforms import StringField, PasswordField, IntegerField, widgets, SelectField,
SubmitField
from flask_wtf import FlaskForm
from wtforms.validators import Length, DataRequired, NumberRange, EqualTo

class UserInfoForm(FlaskForm):
```

```
username = StringField(label='用户名', validators=[DataRequired(message="用户名不
能为空"),Length(6, 30, message="用户名称长度为6~30位")],
        render_kw={'class': 'form-control', 'placeholder': "请输入用户名称"})
password = PasswordField(label='密码', validators=[DataRequired(message="用户密码
不能为空"),Length(6, 30, message="用户密码长度需要为6~30位")],
        render_kw={'class': 'form-control', 'placeholder': "请输入用户密码"})

password_repeat = StringField(label="再次输入密码", validators=[Length(6, 30,
message="6~30位"),EqualTo("password", message="两次密码输入不一致")],
            widget=widgets.PasswordInput())
age = IntegerField(label='年龄', default=1, validators=[NumberRange(1, 120,
message="请输入1~120岁")],render_kw={'class': 'form-control'})
mobile = StringField(label='手机号码', validators=[
    DataRequired(message="手机不能为空"), Length(11, 1, message="手机号码为11位")],
render_kw={'class': 'form-control', 'placeholder': "请输入手机号码"})
status = [("-1", "请选择"), ("0", "正常"), ("1", "无效")]
user_status = SelectField(label="用户状态", validators=[DataRequired(message="用
户状态不能为空")],choices=status)
submit = SubmitField(label="提交")
```

（2）增加视图函数。

增加视图函数 userinfo()。源代码见本书配套资源中的 "ch05/5.2/5.2.1/app.py"。

```
from flask import Flask, request, render_template,redirect,flash
from forms import UserInfoForm
app=Flask(__name__)
app.config['SECRET_KEY'] = "1234567890"

@app.route("/userinfo",methods=["GET","POST"])
def userinfo():
    form=UserInfoForm()
    if request.method=="GET":
        return render_template("userinfo.html",form=form)
    else:
        if form.validate_on_submit():
            username=form.username.data
            password=form.password.data
            return redirect("/")
        else:
            return render_template("userinfo.html", form=form)
```

当用户单击"提交"按钮发起 POST 请求时，会触发表单验证。只需要在 HTML 文件中添加 {{ form.csrf_token }}，Flask-WTF 就会开启 CSRF（Cross-Site Request Forgery，跨站请求伪造）保护。

Flask-WTF 要求应用设置一个名为 SECRET_KEY 的参数以配置一个密钥。SECRET_KEY 的作用是生成加密 Token。当 CSRF 保护激活时，这个密钥会被用来生成加密 Token，确保请求的来源是受信任的。这有助于防止潜在的安全威胁。Flask-WTF 为所有表单生成安全 Token，这

些 Token 会存储在用户的会话中。

（3）新建模板文件。

新建模板文件 userinfo.html，在其中添加如下代码。源代码见本书配套资源中的 "ch05/5.2/5.2.1/templates/userinfo.html"。

```html
<html><body>
<form action="" method="POST" novalidate>
{{ form.csrf_token }}
   <p>{{ form.username.label }}:{{ form.username }}
      {{ form.username.errors[0] }}  </p>
   <p>{{ form.password.label }}:{{ form.password }}
      {{ form.password.errors[0] }}  </p>
   <p>{{ form.password_repeat.label }}:{{ form.password_repeat }}
      {{ form.password_repeat.errors[0] }}  </p>
   <p>{{ form.age.label }}:{{ form.age }}
      {{ form.age.errors[0] }}  </p>
   <p>{{ form.mobile.label }}:{{ form.mobile }}
      {{ form.mobile.errors[0] }}  </p>
   <p>{{ form.user_status.label }}:{{ form.user_status }}
      {{ form.user_status.errors[0] }}  </p>
{{ form.submit() }}<br>
错误信息汇总在一起显示：<br>
{% for k in form.errors %}
   {{ form.errors[k][0] }}<br>
{% endfor %}
</form></body></html>
```

上述代码演示了模板中渲染字段及错误信息的用法。

💡 提示　csrf_token 模板标签用于防止 CSRF 攻击，一般被放在<form>标签中。

（4）运行代码，结果如图 5-5 所示。

图 5-5

## 5.2.2　表单验证

Flask-WTF 表单提供了强大的表单验证功能，用于校验和获取表单数据。

表单验证的属性和方法见表 5-5。

表 5-5

| 表单验证的属性和方法 | 说　　明 |
| --- | --- |
| is_submitted | 检查是否有一个活跃的 request 请求 |
| validate | 字段级别的验证，每个字段都有一个 validate()方法，FlaskForm 调用 validate()方法对所有的字段进行验证，如果所有的验证都通过则返回 Ture，否则抛出异常 |
| validate_on_submit | 调用 is_submitted()和 validate()方法，返回一个布尔值，用来判断表单是否被提交 |
| hidden_tag | 获取表单的隐藏字段 |
| form.data | 由字段名字和值组成的字典 |
| form.errors | 验证失败的信息字典，在调用 validate_on_submit()方法后才有效 |
| form.name.data | 字段 name 的值 |
| form.name.type | 字段 name 的类型 |

### 1. 校验和获取数据

（1）增加表单类 UserInfoForm(FlaskForm)。源代码见本书配套资源中的"ch05/5.2/5.2.2/forms.py"。

```
from wtforms import StringField, PasswordField, IntegerField, widgets, SelectField,
SubmitField
from flask_wtf import FlaskForm
from wtforms.validators import Length, DataRequired, NumberRange, EqualTo, Email

class UserInfoForm(FlaskForm):
    username = StringField(label='用户名',validators=[DataRequired(message="用户名不能
为空"), Length(6, 30, message="用户名称长度为 6~30 位")],render_kw={'class':
'form-control', 'placeholder': "请输入用户名称"})
…
    email = StringField(label='邮箱', validators=[DataRequired(message="邮箱不能为空"),
Email(message="邮箱不合法")],render_kw={'class': 'form-control', 'placeholder': "请输
入邮箱"})
    mobile = StringField(label='手机号码', validators=[DataRequired(message="手机不能
为空"), Length(11, 11, message="手机号码为 11 位")],render_kw={'class': 'form-control',
'placeholder': "请输入手机号码"})
    status = [("-1", "请选择"), ("0", "正常"), ("1", "无效")]
    user_status = SelectField(label="用户状态", validators=[DataRequired(message="用
户状态不能为空")], choices=status)
    submit = SubmitField(label="提交")
```

在上述表单类中为每个字段都增加了 validators 验证器，以针对不同的字段提供不同的验证器。

以 email 字段为例：

```
    email = StringField(label='邮箱', validators=[DataRequired(message="邮箱不能为空"),
Email(message="邮箱不合法")],render_kw={'class': 'form-control', 'placeholder': "请输
入邮箱"})
```

在 email 字段中，使用 Email 验证器快速完成了 Email 的验证。

（2）增加视图函数 userinfo()。源代码见本书配套资源中的"ch05/5.2/5.2.2/app.py"。

```
from flask import Flask, request, render_template,redirect,flash
from forms import UserInfoForm
app=Flask(__name__)
app.config['SECRET_KEY'] = "1234567890"

@app.route("/userinfo",methods=["GET","POST"])
def userinfo():
    form=UserInfoForm()
    if request.method=="GET":
        return render_template("userinfo.html",form=form)
    else:
        if form.validate_on_submit():
            print(form.data)
            print(form.username.data)
            print(form.password.type)
            return "OK"
        else:
            print(form.errors)
            return render_template("userinfo.html", form=form)
```

当用户单击"提交"按钮发起 POST 请求时，使用 forms. validate_on_submit()方法验证表单中的数据是否合法；如果合法，则通过 form.data 属性或者"form.字段.data 属性"返回接收到的数据；如果不合法，则通过 form.errors 属性获取表单的验证错误信息。

（3）增加模板文件。

增加模板文件 userinfo.html，在其中添加如下代码。源代码见本书配套资源中的"ch05/5.2/5.2.2/templates/userinfo.html"。

```
<form action="" method="POST" novalidate>
{{ form.csrf_token }}
    <p>{{ form.username.label }}:{{ form.username }}
        {{ form.username.errors[0] }}  </p>
…
    <p>{{ form.user_status.label }}:{{ form.user_status }}
        {{ form.user_status.errors[0] }}  </p>
<br></br><br>
    {{ form.submit() }}<br>
    错误信息汇总在一起显示：<br>
    {% for k in form.errors %}
        {{ form.errors[k][0] }}<br>
    {% endfor %}
</html>
```

上述代码说明如下。

- 在<form>标签中增加了属性 novalidate，这样在提交表单时不会对其进行验证。如果<form>标签没有该属性，则运行后的界面如图 5-6 所示，每个输入组件都会弹出默认的验证框，这将导致自定义错误信息（errors）无法显示。
- 将表单的各个字段通过模板变量来显示。其中，{{ form.username.label }}指表单中 username 字段的显示名称，如图 5-7 中的 "1" 处所示。{{ form.username }}指表单中的 username 组件，如图 5-7 中的 "2" 处所示。{{ form.username.errors.[0] }}指错误信息中关于 username 字段的提示，如图 5-7 中的 "3" 处所示。

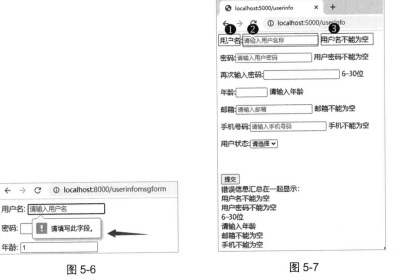

图 5-6　　　　　　　　　　　　　　图 5-7

（4）运行。

如果在表单的输入框中没有任何内容时单击"提交"按钮，则在所有标签后面显示设定的错误信息，如图 5-7 中的上半部分所示。此外，错误信息还可以汇总在一起显示，如图 5-7 中的下半部分所示。

运行代码，当验证全部通过后，控制台中会打印出相关信息，如下所示。

```
{'username': '张三', 'password': '123456', 'password_repeat': '123456', 'age': 33,
'email': '1111@163.com', 'mobile': '13999888888', 'user_status': '0', 'submit': True,
'csrf_token':
'IjA1NzI5NWVkNzhlMTdhYzhkMGMzNGU1MDg4NWJlODE1NmM4ZmUyMWUi.ZKEa9g.vRhWXmlPfkdCHAjYN
P1-gVOpRZI'}
张三
PasswordField
```

在获取表单数据后，即可对这些数据进行 ORM 入库操作了。

**2. 自定义验证规则**

除 Flask-WTF 表单自带的验证规则外，还可以自定义验证规则。在表单类 UserInfoForm 中，手机号码使用了自定义的验证规则。

打开本书配套资源中的 "ch05/5.2/5.2.2/forms.py"，自定义手机号码验证规则的函数为 validate_mobile()，如以下代码所示。

```python
from wtforms import StringField, PasswordField, IntegerField, widgets, SelectField,
SubmitField,ValidationError
from flask_wtf import FlaskForm
from wtforms.validators import Length, DataRequired, NumberRange, EqualTo, Email
import re
class UserInfoForm(FlaskForm):
    …
    mobile = StringField(label='手机号码', validators=[DataRequired(message="手机不能
为空"), Length(11, 11, message="手机号码为 11 位")],
            render_kw={'class': 'form-control', 'placeholder': "请输入手机号码"})
    …
    def validate_mobile(self, value):
        mobile_re = re.compile(
            r'^(13[0-9]|15[012356789]|17[678]|18[0-9]|14[57])[0-9]{8}$')
        if not mobile_re.match(value.data):
            raise ValidationError('手机号码格式错误')
```

Form 对象在调用 validate()方法时，会自动寻找形如 "validate_字段名" 的方法并将其添加到验证序列中，并在原先字段的验证序列验证完毕后执行。在自定义的验证方法中，抛出异常使用 ValidationError()方法，validate()方法会自动捕捉异常。读者可以自己测试一下。

## 5.2.3 【实战】使用 Form-WTF 表单上传文件

使用 Form-WTF 表单可以大大简化文件上传的代码。

（1）新建模板文件 upload.html，在其中添加如下代码。源代码见本书配套资源中的 "ch05/5.2/5.2.3/templates/upload.html"。

```html
<form action="{{ url_for('upload')}}" method="POST" enctype="multipart/form-data"
novalidate>
    {{ form.csrf_token }}
    <p>{{ form.username.label }}:{{ form.username }}
        {{ form.username.errors[0] }}    </p>
    <p>{{ form.file.label }}{{ form.file }}
        {{ form.file.errors[0] }}    </p>
    {{ form.submit() }}
</form><img
src="{{ url_for('static',filename='uploads/') }}{{ form.file.data.filename }}"
width="150",height="200">
```

<img>标签用来浏览上传的图片，请注意 src 属性的设置。

（2）创建表单类。

创建表单类 UploadForm。源代码见本书配套资源中的"ch05/5.2/5.2.3/forms.py"。

```
from wtforms import StringField, SubmitField
from flask_wtf import FlaskForm
from flask_wtf.file import FileField,FileAllowed,FileRequired
from wtforms.validators import Length, DataRequired
class UploadForm(FlaskForm):
    username = StringField(label='用户名',validators=[DataRequired(message="用户名不能
为空"),Length(2, 30, message="用户名称长度为2~30位")],
            render_kw={'class':'form-control','placeholder':"请输入用户名称"})
    file = FileField(label='用户头像',validators=[FileRequired(message="请上传用户头像
"), FileAllowed(['jpg','png'])], render_kw={'class': 'form-control'})
    submit = SubmitField(label="提交")
```

（3）创建视图函数。

创建视图函数 upload()。源代码见本书配套资源中的"ch05/5.2/5.2.3/app.py"。

```
from flask import Flask, render_template
from forms import UploadForm
......
@app.route("/upload", methods=["GET", "POST"])
def upload():
    myform = UploadForm()
    if myform.validate_on_submit():
        print(f"用户名: {myform.username.data}")
        # myform.file.data 是一个 FileStorage 对象
        f=myform.file.data
        print(f"myform.file.data 对象类型: {f}")
        filename=f.filename
        print(f"文件名: {filename}")
        filepath=os.path.abspath(os.path.dirname(_ _file_ _))
        # 默认保存到 "static/upload" 目录下
        savepath=os.path.join(filepath,"static")
        savepath = os.path.join(savepath, "uploads")
        if not os.path.exists(savepath):
            os.makedirs(savepath)
        f.save(os.path.join(savepath,filename))
        return render_template("upload.html",form=myform)
    return render_template("upload.html", form=myform)
```

运行代码后,在浏览器界面中上传文件,界面效果如图5-8所示,同时在项目的"static/uploads"目录下出现上传的文件。

控制台中会输出相应的信息, 如下所示。

```
用户名: admin
myform.file.data 对象类型: <FileStorage: '图书.png' ('image/png')>
文件名: 图书.png
```

图 5-8

## 5.2.4 【实战】使用 Flask-Uploads 库上传文件

Flask-Uploads 是一个用于处理文件上传的 Flask 库，它简化了在 Flask 应用中处理文件上传的过程。

以下是 Flask-Uploads 库的一些主要功能和用法。

- 文件上传：Flask-Uploads 允许用户通过在表单中添加文件上传字段，以将文件上传到服务器。用户可以通过上传文件来提供各种类型的数据，例如图片、文档等。
- 文件验证：验证上传文件的类型和大小。你可以设置允许上传文件的扩展名，并限制文件大小的上限。
- 保存位置：上传文件的保存位置。
- 简化的 API：Flask-Uploads 为文件的上传和处理提供了简单而一致的 API，使得在 Flask 应用中管理文件上传变得更加容易。
- 集成于 Flask：Flask-Uploads 被紧密集成到 Flask 应用中，可以轻松地与 Flask 的表单和视图函数进行结合，从而实现全面的文件上传和处理流程。

**1. 安装 Flask-Uploads**

使用如下命令安装 Flask-Uploads。

```
pip install flask-uploads
```

安装后如果提示 "Successfully..." 信息则代表安装成功。

**2. 示例**

下面的示例展示了如何在 Flask 应用中使用 Flask-Uploads。源代码见本书配套资源中的 "ch05/5.2/5.2.4/app.py"。

（1）导入相关的包。

```
import uuid
from flask import Flask, render_template
from flask_uploads import UploadSet, configure_uploads, IMAGES, patch_request_class
import os
from wtforms import StringField, SubmitField
from flask_wtf import FlaskForm
from flask_wtf.file import FileField,FileAllowed,FileRequired
from wtforms.validators import Length, DataRequired
```

（2）配置 Flask-Uploads。

```
imgs = UploadSet('photos', IMAGES)
app = Flask(_ _name_ _)
app.config['SECRET_KEY'] = "1234567890"
filepath = os.path.abspath(os.path.dirname(_ _file_ _))
# 默认保存到 "static/upload" 目录下
savepath = os.path.join(filepath, "static")
savepath = os.path.join(savepath, "uploads")
# 设置保存路径
app.config['UPLOADED_PHOTOS_DEST']=savepath
app.config['UPLOADED_PHOTOS_ALLOW'] = set(['png', 'jpg', 'jpeg'])
configure_uploads(app,imgs)
patch_request_class(app)# 设置最大文件，默认 16MB
```

下面对上述代码进行解释。

- imgs = UploadSet('photos', IMAGES)：创建了一个名为 "photos" 的上传集合 UploadSet，其中，photos 参数是集合的名称，IMAGES 参数是定义的文件类型。 UploadSet 是 Flask-Uploads 库中的一个类，用于定义和管理不同类型的文件上传集合。
- app.config['SECRET_KEY'] = "1234567890"：为 Flask 应用设置了一个密钥。密钥用于保证会话的安全性。
- filepath = os.path.abspath(os.path.dirname(_ _file_ _))：获取当前脚本所在目录的绝对路径。
- savepath = os.path.join(filepath, "static")：将 static 目录附加到先前获取的脚本目录下，创建一个保存上传文件的路径。
- savepath = os.path.join(savepath, "uploads")：将 uploads 目录附加到先前步骤中获得的路径，创建一个目录用于保存上传的文件。
- app.config['UPLOADED_PHOTOS_DEST'] = savepath：设置上传的照片文件将被保存的目录。
- app.config['UPLOADED_PHOTOS_ALLOW'] = set(['png', 'jpg', 'jpeg'])：设置上传的照片文件允许的扩展名为 png、jpg 和 jpeg。
- configure_uploads(app, imgs)：使 Flask-Uploads 能够与 Flask 应用一起工作。之前创建的上传集合与应用相关联，用于处理照片上传。
- patch_request_class(app)：设置应用可以上传的最大文件大小。默认为 16MB。

（3）创建表单类。

创建表单类 UploadForm。源代码见本书配套资源中的"ch05/5.2/5.2.4/app.py"。

```
class UploadForm(FlaskForm):
    username = StringField(label='用户名',validators=[DataRequired(message="用户名不能
为空"),Length(2, 30, message="用户名称长度为2~30位")],render_kw={'class':
'form-control', 'placeholder': "请输入用户名称"})
    photos = FileField(label='用户头像',validators=[FileRequired(message="请上传用户头
像"), FileAllowed(imgs,message="只能上传图片格式")],render_kw={'class':
'form-control'})
    submit = SubmitField(label="提交")
```

下面对上述代码进行解释。

- username 字段：文本输入字段，用于接收用户名称。它设置验证器，以确保用户输入不为空，同时限制用户名的长度为 2~30 位。在 HTML 中，它将被渲染为一个具有"form-control"CSS 类和 placeholder 属性的输入框，用于在输入为空时显示提示文本。
- photos 字段：文件上传字段，用于接收用户上传的用户头像照片。它设置验证器，以确保用户必须上传一个文件，而且只允许在上传配置选项中指定的图片格式。在 HTML 中，它将被渲染为一个具有"form-control"CSS 类的文件上传框。
- submit 字段："提交"按钮字段，用于提交表单数据。在 HTML 中，它将被渲染为一个带有"提交"标签的按钮，用户可以单击它来提交表单。

（4）创建视图函数。

创建视图函数 upload()，在其中添加如下代码。源代码见本书配套资源中的"ch05/5.2/5.2.4/app.py"。

```
@app.route("/upload", methods=["GET", "POST"])
def upload():
    myform = UploadForm()
    if myform.validate_on_submit():
        shuffix = os.path.splitext(myform.photos.data.filename)[-1]
        name=str(uuid.uuid4())+shuffix
        print(name)
        filename=imgs.save(myform.photos.data,name=name)
        print(filename)
        img_url=imgs.url(filename)
        print(img_url)
        return render_template("upload.html",form=myform,img_url=img_url)
    return render_template("upload.html", form=myform,img_url=None)
```

（5）新建模板文件 upload.html，在其中添加如下代码。源代码见本书配套资源中的"ch05/5.2/5.2.4/templates/upload.html"。

```
<html><body>
<form action="{{ url_for('upload')}}" method="POST" enctype="multipart/form-data"
novalidate>
```

```
    {{ form.csrf_token() }}
    <p>{{ form.username.label }}:{{ form.username }}
        {{ form.username.errors[0] }}    </p>
    <p>{{ form.photos.label }}{{ form.photos }}
        {{ form.photos.errors[0] }}    </p>
    {{ form.submit() }}
</form>
<img src="{{ img_url }}" width="150",height="200"></body></html>
```

<img>标签用来浏览上传的图片，请注意 src 属性的设置。

（6）运行代码后可以上传文件，界面效果如图 5-9 所示，同时在项目的"static/uploads"目录下出现上传的文件。

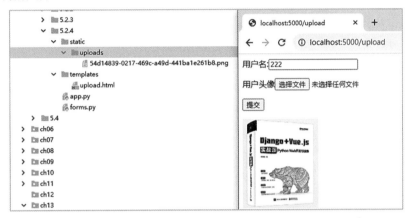

图 5-9

控制台中也会输出相应的信息，其中的 filename 和 img_url 分别如下。

```
54d14839-0217-469c-a49d-441ba1e261b8.png
http://localhost:5000/_uploads/photos/54d14839-0217-469c-a49d-441ba1e261b8.png
```

（7）报错处理。

在 Flask 开发过程中，在导入 Flask_uploads 模块时，若提示"ImportError: cannot import name 'secure_filename' from 'werkzeug'"错误，则解决办法如下。

找到虚拟环境中的"\Lib\site-packages\flask_uploads.py"文件。

将代码

```
from werkzeug import secure_filename,FileStorage
```

修改如下。

```
from werkzeug.utils import secure_filename
from werkzeug.datastructures import FileStorage
```

## 5.3 使用 AJAX 提交表单

AJAX 即 Asynchronous JavaScript And XML（异步 JavaScript 和 XML）。AJAX 是一个在 2005 年出现的使用现有技术集合的新技术，包括：HTML 或 XHTML、CSS、JavaScript、DOM、XML、XSLT，以及最重要的 XMLHttpRequest。

简单来说，AJAX 就是在不重载整个网页的情况下，通过后台加载数据，在网页上进行局部刷新和显示。

### 5.3.1 基于 jQuery 技术实现 AJAX

使用 jQuery 技术来实现 AJAX 比较简单。jQuery 提供多个与 AJAX 相关的方法。

通过 jQuery 的 ajax()方法，能够使用 HTTP GET 方式和 HTTP POST 方式从远程服务器请求文本、HTML、XML 或 JSON 数据，并把这些外部数据直接加载到网页的相应元素中。

AJAX 请求的一般写法如下所示。

```
<script src="plugins/jquery/jquery.min.js"></script> # 引用 jQuery 文件
<button id="submit">提交</button>
$("#submit").click(function () {
    $.ajax({
        url:"/ajax_login/",     //提交的 URL
        async:true,             //是否异步，默认为 true
        type:"post",            //提交方式
        data:{ # 以字典方式传递参数
             "username":"admin",
             "password":123       },
        success:function (data) {   //如果请求成功，则返回相关数据
            console.log(data)       },
        error:function () {         //如果请求失败，则返回错误信息
            alert("出错了。");       },
    })
}
```

### 5.3.2 在 AJAX 请求中设置令牌（csrf_token）

在 AJAX 请求中需要传递 csrf_token，否则系统会提示 403-CSRF 验证失败。解决办法如下。

#### 1. 在前台模板中增加 csrf_token

具体做法是，在前台模板中增加 csrf_token，然后在 JavaScript 脚本中获取 csrf_token 参数的值。

（1）获取名称为"csrf_token"的 HTML 元素的值，并赋值给 csrf_token 参数。

```
<input type="hidden" name="csrf_token" value="{{ csrf_token() }}"/>
…
 data:{
    username:$('#username').val(),
    pwd:$('#password').val(),
    csrf_token:$('csrf_token').val(),
},
```

（2）直接将模板变量{{ csrf_token }}的值赋给 csrf_token 参数。

```
<input type="hidden" name="csrf_token" value="{{ csrf_token() }}"/>
…
data:{
    username:$('#username').val(),
    pwd:$('#password').val(),
    csrf_token:{{ csrf_token }},  # 模板渲染的方式
},
```

### 2. 在视图函数中启用 CSRFProtect

在视图函数中启用 CSRFProtect 的方法如下。

```
from flask_wtf.csrf import CSRFProtect
csrf=CSRFProtect(app)
```

还可以在每个视图函数前增加@csrf_exempt 装饰器来取消 CSRF 校验，如以下代码所示。但是，为了保证网站的安全不建议这样做。

```
from flask_wtf.csrf import CSRFProtect
csrf=CSRFProtect(app)

@csrf.exempt
@app.route("/ajax_login", methods=["GET", "POST"])
def ajax_login():
    return render_template("login.html")
```

## 5.3.3 【实战】使用 AJAX 实现用户登录

（1）增加视图函数 ajax_login()和 ajax_login_data()。源代码见本书配套资源中的"ch05/5.3/app.py"。

```
from flask import Flask, render_template,request,jsonify
app = Flask(_ _name_ _)
app.config['SECRET_KEY'] = "1234567890"
from flask_wtf.csrf import CSRFProtect
csrf=CSRFProtect(app)

@app.route("/ajax_login", methods=["GET", "POST"])
def ajax_login():
    return render_template("login.html")
```

```python
@app.route("/ajax_login_data", methods=["GET", "POST"])
def ajax_login_data():
    username=request.form.get("username")
    password=request.form.get("password")
    if username=="admin" and password=="123456":
        return jsonify({"code":200,"msg":"登录成功"})
    else:
        return jsonify({"code": 400, "msg": "登录失败"})
```

（2）新建模板文件 login.html，在其中添加如下代码。源代码见本书配套资源中的"ch05/5.3/templates/login.html"。

```html
<form method="POST">
    <label>用户名:</label>
    <input type="text" id="username" required><br>
    <label>密码:</label>
    <input type="password" id="password" required><br>
    <input type="button" id="btLogin" value="登录">
    <input type="hidden" name="csrf_token" value="{{ csrf_token() }}"/>
</form>
<script src="{{ url_for('static',filename='plugins/jquery/jquery.min.js') }}">
</script>
<script>
    $("#btLogin").click(function () {
        $.ajax({
            url: "{{ url_for('ajax_login_data') }}", //后端请求地址
            type: "POST", //请求方式
            data: {//请求参数
                username: $("#username").val(),
                password: $("#password").val(),
                {#"csrf_token": $("[name = 'csrf_token']").val()#}
                "csrf_token": "{{ csrf_token() }}"
            },
            //请求成功后操作
            success: function (data) {
                console.log(data)
            },
            //请求失败后操作
            error: function (jqXHR, textStatus, err) {
                console.log(arguments);
            },
        })    })
</script>
```

（3）运行代码后输入用户名和密码，结果如图 5-10 所示。

在浏览器中按 F12 键，然后输入正确的用户名和密码并单击"提交"按钮，界面显示登录成功。在浏览器中可以看到请求的 ajax_login_data 的 URL，以及该 URL 返回的登录成功的信息。

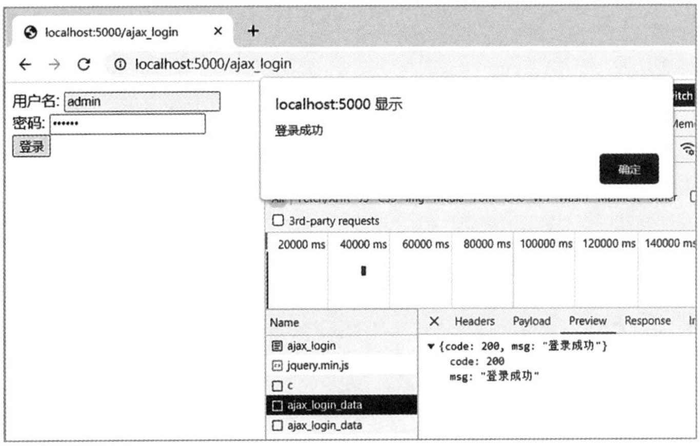
localhost:5000/ajax_login
localhost:5000/ajax_login
用户名: admin
密码:
登录
localhost:5000 显示
登录成功
确定
3rd-party requests
20000 ms
40000 ms
60000 ms
80000 ms
100000 ms
120000 ms
Name
Headers
Payload
Preview
Response
ajax_login
jquery.min.js
c
ajax_login_data
ajax_login_data
{code: 200, msg: "登录成功"}
code: 200
msg: "登录成功"

图 5-10

# 第 6 章
# 用户认证和权限管理——基于 Flask-Login 库

用户认证是确认用户身份的过程。常见的用户认证方法包括使用用户名和密码、OAuth 认证、单点登录（SSO）等。

权限管理是确定用户是否有权访问特定资源或执行特定操作的过程。

## 6.1 初识 Flask-Login 库

Flask-Login 是非常流行的 Flask 库，用于管理用户登录状态。它提供了"记住我"功能，即在关闭浏览器后用户也可保持登录状态。

Flask-Login 库不会被绑定任何特定的数据库系统或权限模型，但是它要求用户对象实现一些方法，并且能够通过回调函数获取用户信息。

### 6.1.1 安装 Flask-Login 库

使用如下命令安装 Flask-Login 库。

```
Pip install flask-login
```

安装后如果提示"Successfully..."信息则代表安装成功。

### 6.1.2 Flask-Login 库的使用流程

Flask-Login 库通过用户会话（user session）实现用户管理的常见任务，比如登录（logging in）、退出（logging out）、获取当前用户（current user）。

Flask-Login 库的常见方法和属性如下。

- login user()方法：实现用户的登录。

- logout_user()方法：实现用户的退出。
- current_user 属性：获取当前用户。

下面介绍 Flask-Login 库的使用流程。

### 1. 定义用户模型

Flask-Login 库中的用户（User）模型需要用户自己创建。Flask-Login 库规定 User 模型需要实现 is_authenticated 属性、is_active 属性、is_anonymous 属性和 get_id()方法。

Flask-Login 库提供了一个名为"UserMixin"的 mixin 类。UserMixin 类提供了下列属性和方法。

- is_authenticated：在用户通过验证后返回 True。即只有通过验证的用户才会满足 login_required 的条件。
- is_active：如果用户通过验证，并且其状态为激活，则返回 True。
- is_anonymous：如果用户是匿名用户，则返回 True。
- get_id()：返回一个能被唯一识别的用户，并从 user_loader 回调中加载用户的 ID。

以下是一个用户模型的定义—— 从 UserMixin 类继承。源代码见本书配套资源中的"ch06/6.1/app.py"。

```
from flask_login import LoginManager, UserMixin
# 定义用户模型
class User(UserMixin):
    def __init__(self, id,username,password):
        self.id = id
        self.username=username
        self.password=password
```

### 2. 创建 LoginManager 实例

LoginManager 实例用于存储与用户登录相关的配置。下面在应用代码的主体中创建一个 LoginManager 实例，然后将其绑定到应用对象（app 对象）上。

（1）创建一个 LoginManager 实例：

```
login_manager = LoginManager()
```

（2）使用 init__app()方法初始化 LoginManager 实例并将其绑定到应用对象上：

```
login_manager.init_app(app)
```

LoginManager 类的属性如下。

- login-view 属性：在验证失败后跳转到的页面的 URL。
- login-message 属性：在将用户重定向到登录页面时闪出的消息。
- refresh-view 属性：在用户需要重新进行身份验证时，重定向的视图的名称。
- needs-refresh-message 属性：在将用户重定向到刷新页面时闪出的消息。

- session-protection 属性：设置会话保护等级，值可以是 basic（默认）、strong（强壮）或 None（禁用）。

以下是 LoginManager 的示例。源代码见本书配套资源中的 "ch06/6.1/app.py"。

```python
from flask import Flask, render_template, request, redirect, url_for
from flask_login import LoginManager, UserMixin, login_user, logout_user,
login_required
app = Flask(__name__)
app.secret_key = '11223344'
# 实例化登录管理器对象
login_manager = LoginManager(app)
login_manager.login_view = 'login'
login_manager.session_protection="strong"
login_manager.login_message="欢迎回来"
```

### 3. 设置回调函数 user_loader()

回调函数 user_loader()从会话中根据 user_id 重新加载用户信息。如果用户不存在，则返回 "None"。

以下是回调函数的示例，源代码见本书配套资源中的 "ch06/6.1/app.py"。在实际开发中可以从数据库中返回用户信息。

```python
from flask_login import LoginManager, UserMixin, login_user, logout_user,
login_required
app = Flask(__name__)
app.secret_key = '11223344'
# 实例化登录管理器对象
login_manager = LoginManager(app)
# 设置用户认证的回调函数
@login_manager.user_loader
def load_user(user_id):
    curr_user=User()
    curr_user.id=user_id
    curr_user.username="admin"
    curr_user.password="123456"
    return curr_user
```

有了用户类，并且实现了 get()方法，就可以实现 login_manager 的回调函数 user_loader()。user_loader()函数的作用是根据会话信息加载登录用户，即根据用户 ID 加载一个用户实例。

## 6.2 【实战】利用用户模型实现用户身份认证及状态保持

下面通过实例来说明在 Flask 框架中如何利用用户模型来实现用户身份认证，以及用户登录状态在整个网站中是如何保持的。该实例使用的是默认的 SQLite 数据库。

## 6.2.1　实例化 LoginManager 对象

LoginManager 是 Flask-Login 库中的一个类，用于管理用户会话和处理与用户认证相关的操作。实例化 LoginManager 对象的源代码见本书配套资源中的"ch06/6.2/app.py"。

```
import os
from flask import Flask, render_template, request, redirect, url_for
from flask_login import LoginManager, UserMixin, login_user, logout_user,
login_required
from flask_sqlalchemy import SQLAlchemy
from sqlalchemy import and_
base_dir=os.path.abspath(os.path.dirname(_file_))
app=Flask(_name_)
app.config['SQLALCHEMY_DATABASE_URI']='sqlite:///'+os.path.join(base_dir,'data.sql
ite')
app.config['SQLALCHEMY_TRACK_MODIFICATIONS']=False
app.config['SQLALCHEMY_COMMIT_TEARDOWN']=True
app.secret_key = '11223344'
db=SQLAlchemy(app)
# 实例化登录管理器对象
login_manager = LoginManager(app)
login_manager.login_view = 'login'
login_manager.session_protection='strong'
login_manager.login_message='欢迎回来'
```

下面对上述代码中的加粗部分进行解释。

- login_manager = LoginManager(app)：创建登录管理器对象，并将其与应用实例关联。
- login_manager.login_view = 'login'：设置登录页面的视图函数为 login。用户在访问某些需要授权验证的页面时，会被重定向到登录页面。
- login_manager.session_protection = 'strong'：设置会话保护等级为 strong，以加强会话的安全性。
- login_manager.login_message = '欢迎回来'：设置登录提示信息，会显示在登录页面中。

## 6.2.2　定义用户模型

源代码见本书配套资源中的"ch06/6.2/app.py"。

```
# 定义用户模型
class User(UserMixin,db.Model):
    __tablename__="tb_user"
    id = db.Column(db.Integer,comment='ID', primary_key=True,autoincrement=True)
    username = db.Column(db.String(30),unique=True,comment='用户名')
    password = db.Column(db.String(200),comment='密码')

# 设置用户认证的回调函数
@login_manager.user_loader
def load_user(user_id):
```

```
return User.query.get(int(user_id))
```

这段代码定义了用户模型类 User，以及与 Flask-Login 库关联的用户认证的回调函数。

- @login_manager.user_loader：该装饰器将下面的函数注册为用户加载函数，以通过用户 ID 加载用户对象。
- def load_user(user_id)：该函数接受一个用户 ID，并返回对应的用户对象。

### 6.2.3 注册用户

添加视图函数 reg() 以完成注册用户功能。

（1）增加视图函数 reg()。源代码见本书配套资源中的"ch06/6.2/app.py"。

```
# 显示注册表单
@app.route('/reg', methods=['GET', 'POST'])
def reg():
    if request.method == 'POST':
        username = request.form['username']
        password = request.form["password"]
        db.session.add(User(username=username,password=password))
        db.session.commit()
        return redirect(url_for('login'))
    return render_template('login.html')
```

请注意，以上代码只是为了演示用户注册过程，缺少一些判断过程。

（2）创建模板页面 reg.html。源代码见本书配套资源中的"ch06/6.2/templates/reg.html"。

```
<body><form name="myform" method="post">
 <label>用户名：</label>
 <input type="text" name="username"/>
 <br><label>密码：</label>
 <input type="text" name="password"/>
 <button type="submit"  >提交</button>
</form></body>
```

### 6.2.4 登录用户

添加视图函数 login() 以完成登录用户功能。源代码见本书配套资源中的"ch06/6.2/app.py"。

```
@app.route('/login', methods=['GET', 'POST'])
def login():
    if request.method == 'POST':
        username = request.form['username']
        password = request.form["password"]
        user=User.query.filter(and_(User.username==username,
User.password==password)).first()
        if user:
            login_user(user)
            return redirect(url_for('index'))
        return "用户登录失败"
```

```
return render_template('login.html')
```

在上述代码中，通过 login_user()方法完成用户登录认证。如果登录成功，则会跳转到用户首页。其中的模板文件 login.html 和 reg.html 类似。

## 6.2.5　退出用户

添加视图函数 logout()以完成退出用户功能。源代码见本书配套资源中的"ch06/6.2/app.py"。

```
@app.route('/logout')
@login_required
def logout():
    logout_user()
    return redirect(url_for('login'))
```

当已登录用户访问"/logout"路径时，将退出用户并重定向到登录页面。使用@login_required 装饰器，可以确保只有已登录用户才能退出。

## 6.2.6　显示用户首页

（1）增加视图函数 user_index()。源代码见本书配套资源中的"ch06/6.2/app.py"。

```
# 显示用户首页
@app.route('/index')
@login_required
def index():
    users=User.query.all()
    return render_template('index.html',users=users)
```

在上述代码中，将用户模型的数据传递到 index.html 中进行显示。因为首页需要登录后才能访问，所以在视图函数 index()前加上@login_required 装饰器进行声明。

@login_required 装饰器将确保在调用实际视图前用户已登录并且被验证。

对于未登录用户的访问，@login_required 装饰器的默认处理是将用户重定向到 LoginManager.login_view 所指定的视图。

（2）新建模板文件 index.html，在其中添加以下代码。源代码见本书配套资源中的"ch06/6.2/templates/index.html"。

```
欢迎{{ current_user.username }}来到这里！
<a href="{{ url_for('logout') }}">用户退出</a><br>用户信息列表
<table border=1>
    <tr><td>账号</td>
        <td>email</td>
        <td>性别</td>
        <td>操作</td></tr>
    {% for user in users%}
    <tr><td>{{ user.username }}</td>
        <td>{{ user.email }}</td>
```

```
        <td>{{ user.sex }}</td>
        <td><a href="{{ url_for('edit') }}">修改</a></td>
        <td>删除</td></tr>
    {% endfor %}
</table>
```

在上述代码中，current_user 是当前登录用户，是用户模型的实例，是 Flask-Login 库提供的全局变量。

（3）运行代码，结果如图 6-1 所示。

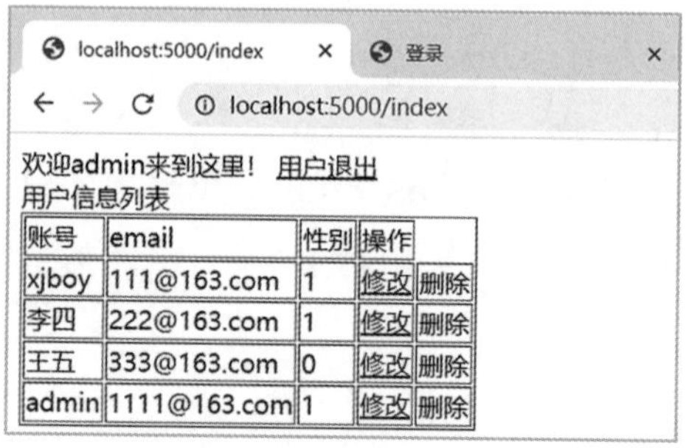

图 6-1

## 6.3 【实战】开发一个 Flask 用户权限管理模块

在 Flask 中，可以使用以下方法来实现权限管理。

- 基于角色的权限管理：在应用中定义不同的角色，然后将特定的权限分配给这些角色。每个角色可以具有不同级别的权限。一般来说，角色通常包括管理员、普通用户、编辑等。
- 装饰器或中间件：可以自定义装饰器或中间件来验证用户是否有权访问特定的视图或资源。例如，可以自定义一个装饰器来检查当前用户是否拥有某个特定权限或角色。
- Flask-Principal：用于管理用户权限和角色。
- Flask-Security：提供了一系列用于用户认证和角色管理的功能，包括用户注册、密码重置、用户角色管理等。

Flask-Security 依赖 Flask-Principal，而 Flask-Principal 已经停止更新，且 Flask-Security 在 Flask 的高版本上存在问题，因此需要开发一个 Flask 用户权限管理模块。

### 6.3.1 建立角色模型、用户模型和权限模型

创建 Role（角色）模型、User（用户）模型和 Permission（权限）模型。源代码见本书配套资源中的 "ch06/6.3/app.py"。

```
class Role(db.Model):
    __tablename__ ="t_role"
```

```
id = db.Column(db.Integer(), primary_key=True)
name = db.Column(db.String(80), unique=True)
description = db.Column(db.String(255))
permissions=db.Column(db.String(500)) # 权限列表
create_time = db.Column(db.DateTime, default=datetime.now)
users=db.relationship("User",backref="back_role")
class User(db.Model):
    __tablename__="t_user"
    id = db.Column(db.Integer, primary_key=True)
    username = db.Column(db.String(50), unique=True)
    email = db.Column(db.String(255), unique=True)
    password = db.Column(db.String(255))
    create_time = db.Column(db.DateTime,default=datetime.now)
    role_id = db.Column(db.Integer,db.ForeignKey("t_role.id"))
class Permission(db.Model):
    __tablename__="t_permission"
    id = db.Column(db.Integer(), primary_key=True)
    name = db.Column(db.String(80), unique=True)
    url = db.Column(db.String(255),unique=True)
    create_time = db.Column(db.DateTime, default=datetime.now)
```

- Role（角色）模型：每个角色都有一个唯一的名称字段，角色对应的权限 permissions 字段还可以包含描述信息 description 字段。permissions 字段用于存储角色所拥有的权限列表，可以将权限以某种方式序列化为字符串进行存储。
- User（用户）模型：每个用户都拥有用户名字段、电子邮件地址字段、密码字段和创建时间字段。User 模型中的 role_id 字段是关联外键，用来表示用户所属的角色。
- Permission（权限）模型：每个权限都拥有名称字段和 URL 字段，用于定义不同操作的权限。

在创建完模型后，继续创建数据库和表。本实例以 SQLite 数据库为例，其中的用户表数据如图 6-2 所示。

| | id | username | email | password | create_time | role_id |
|---|---|---|---|---|---|---|
| 1 | 1 | admin | 111@163.com | 123456 | *<null>* | 1 |
| 2 | 2 | xjboy | 112@163.com | 123456 | *<null>* | 2 |

图 6-2

角色表数据如图 6-3 所示。

| | id | name | description | permissions | create_time |
|---|---|---|---|---|---|
| 1 | 1 | 系统管理员 | 任意权限 | 1, 2, 3, 4 | *<null>* |
| 2 | 2 | 员工123 | 浏览权限 | 1, 2, 3 | *<null>* |

图 6-3

权限表数据如图 6-4 所示。

| | 🔑 id | ⊞ name | ⊞ url | ⊞ create_time |
|---|---|---|---|---|
| 1 | 1 | 用户列表 | /user_list | *<null>* |
| 2 | 2 | 用户新增 | /user_add | *<null>* |
| 3 | 3 | 用户修改 | /user_edit/<id> | *<null>* |
| 4 | 4 | 用户删除 | /user_del | *<null>* |

图 6-4

## 6.3.2 建立表单

创建 3 个 Flask-WTF 表单类：PermissionForm 类、UserForm 类、RoleForm 类，用于在表单中收集用户输入信息，如以下代码所示。源代码见本书配套资源中的"ch06/6.3/app.py"。

```python
from wtforms import StringField, IntegerField,SelectMultipleField
from wtforms.validators import NumberRange,Email
from flask_wtf import FlaskForm
from wtforms.validators import Length, DataRequired
from apps.models import Publish, Author

class PermissionForm(FlaskForm):
    name = StringField(label="权限名称", validators=[
        DataRequired(message="权限名称不能为空"),
        Length(6, 30, message="权限名称长度不能小于6位，不能大于30位")],
        render_kw={"class": "form-control","placeholder":"请输入权限名称"})
    url = StringField(label="权限URL", validators=[
        DataRequired(message="权限URL不能为空"),
        Length(6, 64, message="权限URL长度不能小于6位，不能大于64位")],
        render_kw={"class": "form-control", "placeholder": "请输入权限URL"})

class UserForm(FlaskForm):
    username = StringField(label="用户姓名", validators=[
        DataRequired(message="用户姓名不能为空"),
        Length(2, 32, message="用户姓名长度不能小于2位，不能大于32位")],
        render_kw={'class': 'form-control', 'placeholder': "请输入用户姓名"})
    password = IntegerField(label="年龄", validators=[
        DataRequired(message="年龄不能为空"),
        NumberRange(1, 120, message="年龄必须为1~120岁")],
        render_kw={'type': 'number', 'class': 'form-control', 'placeholder': "请输入
年龄"})
    email = StringField(label="邮箱", validators=[
        DataRequired(message="邮箱不能为空"),
        Email(message="邮箱不符合要求")],
        render_kw={'class': 'form-control', 'placeholder': "请输入邮箱"})

class RoleForm(FlaskForm):
    name = StringField(label="角色名称", validators=[DataRequired(message="角色名称不能
为空"), Length(4, 32, message="角色名称长度不能小于4位,不能大于32位")],render_kw={'class':
```

```
'form-control', 'placeholder': "请输入角色名称"})
    description = StringField(label="角色描述",validators=[DataRequired(message="角色
描述不能为空")], Length(1, 50, message="角色描述长度不能小于1位，不能大于50位")],render_kw=
{'class': 'form-control', 'placeholder': "请输入角色描述"})
    permissions = SelectMultipleField(label="权限",
coerce=int,validators=[DataRequired(message="权限不能为空")],choices=[(v.id, v.name)
for v in Permission.query.all()],render_kw={'class': 'form-control  custom-select',
'placeholder': "请选择权限"})
```

需要注意的是，在 RoleForm 中，choices 参数来自 Permission.query.all()方法的结果。

### 6.3.3　显示角色

在角色列表页面中，显示序号、角色名称、关联用户、描述，以及功能操作，包括"修改"和"删除"按钮，如图 6-5 所示。

图 6-5

显示角色功能分为两步来实现。

（1）创建视图函数。

创建视图函数 role_list()。源代码见本书配套资源中的"ch06/6.3/app.py"。

```
# 角色相关
@app.route("/role_list/", methods=["GET", "POST"])
def role_list():
    if request.method == "GET":
        roles = Role.query.all()
        return render_template("role/index.html", roles=roles)
```

（2）创建模板。

创建模板文件 index.html。源代码见本书配套资源中的"ch06/6.3/templates/role/index.html"。

```
<table class="table table-bordered table-condensed table-striped table-hover">
    <thead><tr><th>序号</th>
```

```
        <th>角色名称</th>
        <th>关联用户</th>
        <th>描述</th>
        <th>功能操作</th>
    </tr></thead><tbody>
    {% for per in roles %}
        <tr><td>{{ per.id }}</td>
            <td>{{ per.name }}</td>
            <td>{% for i in per.users %}
                {{ i.username }},
            {% endfor %}
            </td>
            <td>{{ per.description }}</td>
            <td width="20%">
                <a class="btn btn-primary single" href="{{ url_for('role_edit',
id=per.id) }}"><i class="fa fa-edit"></i> 修改 </a>
                <a class="btn btn-danger" href="javascript:void(0)"
onclick="showDeleteModal(this)">删除</a>
                <input type="hidden" id="id_hidden" value={{ per.id }}>
            </td></tr>
    {% else %}
        <tr><td colspan="7">无相关记录! </td></tr>
    {% endfor %}
    </tbody></table>
```

请注意加粗部分代码：使用关联字段 users 对角色的关联用户进行循环查询，以获取用户名。

## 6.3.4 修改角色

（1）创建视图函数 role_edit()。源代码见本书配套资源中的 "ch06/6.3/app.py"。

```
@app.route("/role_edit/<int:id>", methods=["GET", "POST"])
def role_edit(id):
    if request.method == "GET":
        role_obj = Role.query.filter_by(id=id).first()
        f = RoleForm()
        f.name.data = role_obj.name
        f.description.data = role_obj.description
        f.permissions.data=[int(x) for x in role_obj.permissions.split(',')]
        return render_template("role/edit.html", form=f,role=role_obj)
    elif request.method == "POST":
        f = RoleForm(request.form)
        role_obj = Role.query.get(id)
        if f.validate_on_submit():
            role_obj.name = f.name.data
            role_obj.description = f.description.data
            # 获取前台多选框内的权限信息
            select_peprmissions =request.form.getlist("permissions")
            role_obj.permissions=','.join([str(i) for i in select_peprmissions])
            db.session.commit()
```

```
            return redirect(url_for("role_list"))
        else:
            return render_template("role/edit.html", form=f, role=role_obj)
```

路由函数@app.route("/role_edit/<int:id>", methods=["GET", "POST"])用于处理角色编辑页面的逻辑：

- 在通过 GET 请求访问角色编辑页面时，会从数据库中查询角色信息，并将角色的名称、描述及权限信息填入表单。
- 在通过 POST 请求提交表单时，会根据表单数据更新角色信息，并根据表单验证结果来决定是重定向到角色列表页面还是重新渲染编辑页面。

这个逻辑用于实现角色的编辑和更新操作。

（2）创建模板。

创建模板文件 index.html 。源代码见本书配套资源中的 " ch06/6.3/templates/role/index.html" 。

```html
<form class="form-horizontal" method="post" novalidate>
    {{ form.csrf_token }}
    <div class="card-body">
        <div class="form-group row">
            <label for="inputtext" class="col-sm-2 col-form-label">角色名称</label>
            <div class="col-sm-10">
                {{ form.name }}
                <span style="color:red">{{ form.name.errors[0] }}</span>
            </div>
        </div><div class="form-group row">
            <label for="inputtext" class="col-sm-2 col-form-label">描述</label>
            <div class="col-sm-10">
                {{ form.description }}
                <span style="color:red">{{ form.description.errors[0] }}</span>
            </div>
        </div><div class="form-group row">
            <label for="inputtext" class="col-sm-2 col-form-label">权限列表</label>
            <div class="col-sm-10">
                {{ form.permissions }}
                <span style="color:red">{{ form.permissions.errors[0] }}</span>
            </div>
        </div>
    </div>
    <script type="text/javascript" src="{{ url_for('static',
filename='plugins/jquery/jquery.js') }}"></script>
    <script src="{{ url_for('static',
filename='plugins/select2/js/select2.js') }}"></script>
    <script type="text/javascript">
        $('select').select2({});
    </script>
    <div class="card-footer">
```

```
        <button type="submit" class="btn btn-info">保存</button>
        <button type="button" class="btn btn-default"
onclick="javascript:window.location='{{ url_for("role_list") }}'">返回
        </button><span style="color:red">{{ info }}</span>
    </div></form>
```

在上述代码中，<script>部分引入了 jQuery 和 Select2 插件，并使用$('select').select2({});
语句对下拉列表进行美化。

{{ form.permissions }}会被渲染成如下下拉列表。

```
<select class="form-control custom-select" id="permissions" multiple
name="permissions" placeholder="请选择权限" required>
<option selected value="1">用户列表</option>
<option selected value="2">用户新增</option>
<option selected value="3">用户修改</option>
<option selected value="4">用户删除</option>
</select>。
```

总之，这个表单页面使用 Bootstrap 的样式和 Select2 插件来提升用户体验，并使用在
Flask-WTF 表单中定义的字段来收集用户输入。

（3）访问"http://localhost:5000/role_edit/1"，结果如图 6-6 所示。

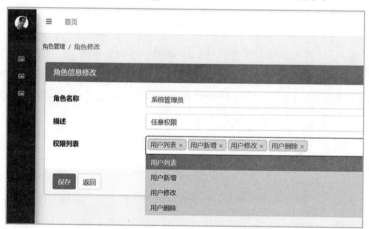

图 6-6

### 6.3.5 登录装饰器

用户模型和权限模型的增加、删除、修改和查询操作比较简单，这里不再赘述，请读者直接查
阅本书配套资源中的源代码。

接下来实现 Flask-Login 库中的 login_required 装饰器。源代码见本书配套资源中的"ch06/
6.3/app.py"。

```
# 定义登录装饰器
from functools import wraps
def login_required(func):
    @wraps(func)
    def wrapper(*args,**kwargs):
        if session.get("user_id"):
            return func(*args,**kwargs)
        else:
            return redirect(url_for("login"))
    return wrapper
```

下面对上面的代码进行解释。

- from functools import wraps：从 functools 模块中导入 wraps 装饰器，该装饰器用于将被装饰函数的元数据（如函数名、文档字符串等）传给包装后的函数，从而保留原始函数的信息。
- def login_required(func)：定义一个名为 login_required 的装饰器，并接受一个参数 func，表示要包装的视图函数。
- @wraps(func)：使用@wraps()装饰器确保被装饰的函数继承被装饰函数的元数据。
- def wrapper(*args, **kwargs)：定义内部函数 wrapper()，它将取代原始的视图函数。*args 和**kwargs 是用于传递任意数量和任意类型的参数。
- if session.get("user_id")：通过检查 session 中的 user_id，判断用户是否已登录。
- return func(*args, **kwargs)：如果用户已登录，则执行原始的视图函数，并返回结果。
- return redirect(url_for("login"))：如果用户未登录，则使用 redirect()函数重定向到登录页面。

login_required 装饰器可以应用于任何需要登录才能访问的视图函数，从而在用户未登录时将其重定向到登录页面。

## 6.3.6　权限装饰器

下面根据上面提供的模型实现一个权限装饰器，以检查用户是否具有执行特定操作的权限。源代码见本书配套资源中的"ch06/6.3/app.py"。

```
def permission_auth(func):
    @wraps(func)
    def wrapper(*args, **kwargs):
        user_id = session.get("user_id") # 从 session 中获取 user_id
        if user_id:
            user = User.query.get(user_id) # 根据 user_id 获取 role_id
            if user:
                role_id = user.role_id
                role = Role.query.get(role_id) # 根据 role_id 获取权限列表
                if role:
                    permissions_ids = role.permissions.split(',')
                    print(permissions_ids)
                    permissions = Permission.query.filter(Permission.id.in_
```

```
(permissions_ids)).all() # 根据权限列表 id 获取权限列表名称
            permission_urls = [permission.url for permission in permissions]
            url=str(request.url_rule) # 判断是否具有权限
            print("当前获取的"+url)
            if url in permission_urls:
                return func(*args, **kwargs)
        return "你没有权限访问" # 如果没有权限，则重定向到无权限页面或其他逻辑
    return wrapper
```

在这个装饰器中，首先从 session 中获取 user_id；然后根据 user_id 获取用户的 role_id；接着检查在的权限列表中是否包含特定的权限 URL。如果用户具有该权限，则执行原始的视图函数；如果用户没有该权限，则根据实际需求进行相应的处理，比如重定向到无权限页面或者提示一段信息。

要使用这个装饰器，需要在权限验证的视图函数前加上@permission_auth 装饰器，例如：

```
@app.route("/role_edit/<int:id>", methods=["GET", "POST"])
@permission_auth
def role_edit(id):
…
```

接下来进行验证。对 admin 用户赋予"角色修改"的权限，执行代码后，访问"http://localhost:5000/role_edit/1"，打印出的 admin 用户的权限列表信息如下。

```
permissions_ids : ['1', '2', '3', '4', '7']
permission_urls: ['/user_list', '/user_add', '/user_edit/<int:id>',
'/user_del/<int:id>', '/role_edit/<int:id>']
当前获取的 url:/role_edit/<int:id>
```

由于当前获取的 URL 在 admin 用户所在的角色权限列表 permission_urls 中，因此可以正常浏览，否则会返回"你没有权限访问"的信息。

# 第 7 章
# Flask 后台管理——基于
# Flask-Admin 库

利用 Flask-Admin 库可以轻松地为 Flask Web 应用生成数据库模型的管理界面，让开发者和管理员轻松管理应用的数据。

## 7.1 使用 Flask-Admin 库实现后台管理系统

Flask-Admin 库尤其适用于需要快速搭建管理界面的情况，可以让开发者将更多精力放在应用的核心功能上。

Flask-Admin 库的主要特点如下。

- 自动生成管理界面：Flask-Admin 库可以自动检测在应用中定义的数据库模型，并生成相应的管理界面，无须开发者手动编写界面代码，常见的管理操作都会被自动处理。
- 支持 CRUD 操作：Flask-Admin 库支持 CRUD 操作，开发者可以轻松地添加、编辑、查看和删除数据库中的数据。
- 可以自定义视图：尽管 Flask-Admin 库自动生成了很多功能，但用户也可以根据自己的需要定制管理界面的各个部分，包括表格、过滤器、表单等。
- 支持常见的数据类型：支持字符串、整数、日期时间等数据类型，并会根据数据类型显示适当的输入界面。
- 提供了过滤和搜索功能：方便用户在大量数据中查找特定的数据。
- 可以导出数据：可以将管理界面中的数据导出为各种格式，如 CSV、Excel 等格式。
- 扩展性强：可以编写自定义的视图、字段类型、表单等，以适应特定的需求。
- 支持图形界面操作：界面友好，操作简单，不需要编写额外的 HTML 代码。

使用 pip 命令安装 Flask-Admin 库。

```
pip install flask-admin
```

安装后如果提示"Successfully..."信息则代表安装成功。

## 7.1.1 进入后台管理系统

新建 app.py 文件，在其中添加如下代码。源代码见本书配套资源中的"ch07/7.1/7.1.1/app.py"。

```
from flask import Flask
from flask_admin import Admin
app = Flask(__name__)
admin = Admin(app[,name='后台管理系统'])
app.run()
```

运行代码后会看到如图 7-1 所示的页面，目前只有一个 Home 页。

图 7-1

## 7.1.2 在后台管理系统中设置导航链接并美化页面

图 7-1 中的页面只有一个"Home"页，接下来设置导航链接并美化页面。

**1. 设置导航链接**

（1）新建 app.py 文件。

文件内容如下。源代码见本书配套资源中的"ch07/7.1/7.1.2/app.py"。

```
from flask import Flask
from flask_admin import Admin,BaseView,expose
app=Flask(__name__)
admin=Admin(app,name="我的后台")
class NavView(BaseView):
    @expose("/")
    def index(self):
        return self.render("index.html")
admin.add_view(NavView(name="自定义导航"))
```

在自定义视图类中必须有一个根路由，否则会提示以下信息。

```
Attempted to instantiate admin view MyView without default view
```

（2）设置模板文件。

新建 index.html 文件，文件内容如下。源代码见本书配套资源中的"ch07/7.1/7.1.2/1/templates/index.html"。

```
<html lang="en"><head><title>网站</title></head>
<body>欢迎来到我的 Flask 小站
</body></html>
```

执行代码后浏览网站，效果如图 7-2 所示。单击"自定义导航"链接，会出现如图 7-3 所示的新页面。

图 7-2　　　　　　　　　　　　　　　　图 7-3

### 2. 使用母版页美化页面

一般在后台管理系统中，所有的页面都有统一的 header 和 footer。在图 7-3 中，我们发现新建的页面没有头部的导航链接样式，接下来进行美化。

（1）新建模板文件。

新建 index.html 文件，文件内容如下。源代码见本书配套资源中的"ch07/7.1/7.1.2/2/templates/index.html"。

```
{% extends "admin/master.html" %}
{% block body %}
欢迎来到我的 Flask 小站
{% endblock %}
```

（2）新建 app.py 文件，文件内容如下。源代码见本书配套资源中的"ch07/7.1/7.1.2/2/app.py"。

```
from flask import Flask
from flask_admin import Admin,BaseView,expose
app=Flask(_ _name_ _)
admin=Admin(app,name="我的后台")

class NavView(BaseView):
    @expose("/")
    def index(self):
        return self.render("index.html")

    @expose("/my")
    def index2(self):
        return self.render("index.html")
admin.add_view(NavView(name="自定义导航"))
```

这段代码创建了一个基于 Flask 和 Flask-Admin 库的后台管理系统。首先，使用 Admin 类创建了一个名为"我的后台"的 Flask-Admin 实例。然后，定义了一个名为"NavView"的自定义视图，它继承自 BaseView。在自定义视图中，通过@expose()装饰器定义了"/my"路由。最后，将自定义的视图添加到 Flask-Admin 实例中，名称为"自定义导航"。

运行这个应用后，访问"/admin"路由，即可进入自定义的后台管理系统。访问"admin/nav/my"，结果如图 7-4 所示，可以看到该页面有了统一的布局和样式。

图 7-4

## 7.2 Flask-Admin 库的进阶用法

Flask-Admin 库支持许多高级功能，如自定义视图、过滤器、文件上传、权限管理等。

### 7.2.1 在 Admin 后台显示自定义的模型

要在 Admin 后台显示自定义的模型，需要注册该模型并将其添加到视图中。在注册模型后，Admin 后台管理系统自动拥有了添加、删除、修改和查询该模型数据表的功能。

注册模型及将其添加到视图中的过程如下。

（1）自定义一个继承自 ModelView 的类。该模型类用来在 Admin 后台管理系统中显示模型。

（2）使用 add_view()方法将模型类加入视图中。

源代码见本书配套资源中的"ch07/7.2/7.2.1/app.py"。

```
import os
from flask import Flask
from flask_admin import Admin
from flask_sqlalchemy import SQLAlchemy
from flask_admin.contrib.sqla import ModelView
…
app.secret_key="112233@#$"
admin=Admin(app,name="我的后台")

class Book(db.Model):
    __tablename__="tb_book"
    b_id = db.Column(db.Integer,comment='ID', primary_key=True,autoincrement=True)
    name = db.Column(db.String(50),comment='图书名称')
    isbn = db.Column(db.String(50),comment='ISBN')
    photo = db.Column(db.String(50),comment='图书照片')
    price = db.Column(db.Numeric(5,2),comment='价格')
```

```
class BookView(ModelView):
    form_columns = ["name","isbn","photo","price"]
    column_searchable_list = ["name","isbn"]
    column_filters = ["name"]
admin.add_view(BookView(Book,db.session,name="图书信息"))
```

　　执行代码后结果如图 7-5 所示。可以单击"Create"以添加数据。此外还可以修改和删除数据，请读者自行测试。

图 7-5

## 7.2.2　汉化页面

　　下面使用 Flask-Babelex 汉化 Flask 后台管理系统页面。

　　使用如下命令安装 Flask-Babelex。

```
pip install flask-babelex
```

　　使用如下代码汉化页面。源代码见本书配套资源中的"ch07/7.2/7.2.2/app.py"。

```
…
from flask_babelex import Babel
app=Flask(_ _name_ _)
babel=Babel(app)
app.config["BABEL_DEFAULT_LOCALE"]="zh_CN"
…
```

　　运行代码后，结果如图 7-6 所示。

图 7-6

## 7.2.3 显示中文字段

通过设置 ModelView 中的 column_labels 属性，可以显示中文字段。源代码见本书配套资源中的 "ch07/7.2/7.2.3/app.py"。

```
…
from flask_babelex import Babel
app=Flask(__name__)
babel=Babel(app)
app.config["BABEL_DEFAULT_LOCALE"]="zh_CN"

class BookView(ModelView):
    column_list = ["b_id", "name", "isbn", "photo", "price"]# 列表显示的字段
    column_labels = {'b_id': 'ID','name': '图书名称', 'isbn': 'ISBN', 'photo': '图书照片', 'price': '价格'}
admin.add_view(BookView(Book,db.session,name="图书信息"))
…
```

运行代码，结果如图 7-7 所示。

图 7-7

## 7.2.4 定制页面功能

定制页面功能包括显示字段、搜索、过滤、设置日期选择器、设置排序等。源代码见本书配套资源中的 "ch07/7.2/7.2.4/app.py"。

```
…
class BookView(ModelView):
    can_create = True
    can_edit = True
    can_delete = True
    can_view_details = True  # 是否查看明细
    details_modal = True     # 将明细以模态窗口打开
    column_list = ["b_id", "name", "isbn", "photo", "price"] # 列表显示的字段
    column_labels = {'b_id': 'ID','name': '图书名称', 'isbn': 'ISBN', 'photo': '图书照片', 'price': '价格'}              # 显示中文字段
    column_details_list = ('b_id', 'name', 'isbn', 'photo', 'price')  # 明细显示的字段
    column_sortable_list = ["price"]          # 排序字段
    column_searchable_list = ["name","isbn"]  # 搜索字段
    column_filters = ["name","price"]         # 过滤字段
```

```
admin.add_view(BookView(Book,db.session,name="图书信息"))
...
```

运行代码后，结果如图 7-8 所示。

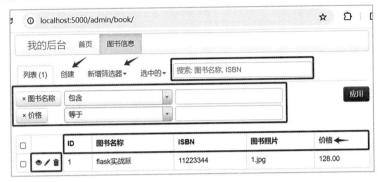

图 7-8

更多的属性见表 7-1。

表 7-1

| 属　　性 | 说　　明 |
| --- | --- |
| can_create = True | 是否可以创建 |
| can_edit = True | 是否可以编辑 |
| can_delete = True | 是否可以删除 |
| list_template= 'admin/model/list.html ' | 修改显示该模型的 HTML 模板 |
| edit_template= 'admin/model/edit.html ' | 修改编辑该模型的 HTML 模板 |
| column_list | 填入要显示的字段，如果不填则自动从模型中获取 |
| column_exclude_list | 填入不想显示的字段 |
| column_labels | 一个字典，值是字段名，键是显示的名称，为字段提供显示别名 |
| column_descriptions | 一个字典，显示字段描述 |
| column_formatters | 一个字典，定义字段的显示方式 |
| column_type_formatters | 一个字典，定义字段类型的显示方式，默认显示，None 是空字符，bool 是 True，list 是 "，" |
| column_searchable_list | 选择可以被搜索的字段 |
| column_choices | 字段的可选值 |
| column_filters | 选择可以被过滤的字段 |
| form_extra_fields | 表单中额外的字段 |
| can_export=False | 判断是否可以被导出 |
| can_set_page_size=False | 判断是否可以设置分页的数量 |
| can_view_details=False | 判断是否可以查看详细的字段 |
| column_details_list=None | 详细字段的显示结果 |
| column_display_actions=None | 控制字段每个值的操作，编辑、删除、查看详细字段等 |

续表

| 属　　性 | 说　　明 |
|---|---|
| column_editable_list=None | 可以被编辑的字段 |
| column_export_list=None | 可以被导出的字段 |
| column_extra_row_actions=None | 定制额外的字段操作 |
| get_column_name(field) | 返回一个类可以读的字段名 |
| get_export_name(export_type='csv') | 获取可以导出的文件名称 |
| is_action_allowed(name) | 判断操作是否允许 |
| is_editable(name) | 判断是否可以编辑 |
| is_sortable(name) | 判断是否可以排序 |
| validate_form(form) | 验证提交的表单 |

## 7.2.5　上传图片

使用以下代码增加图片上传功能。源代码见本书配套资源中的 "ch07/7.2/7.2.5/app.py"。

```
from flask_admin.contrib.fileadmin import form
class BookView(ModelView):
…
    file_path = os.path.join(base_dir, 'static')
    form_extra_fields = {
        'photo': form.ImageUploadField(label="图书照片",base_path =
file_path,thumbnail_size=(60, 60, True))}
```

加粗部分代码中使用 form_extra_fields 属性创建了一个扩展字段，即将 photo 字段从默认的文本类型变成 ImageUploadField 字段类型。代码执行结果如图 7-9 所示。

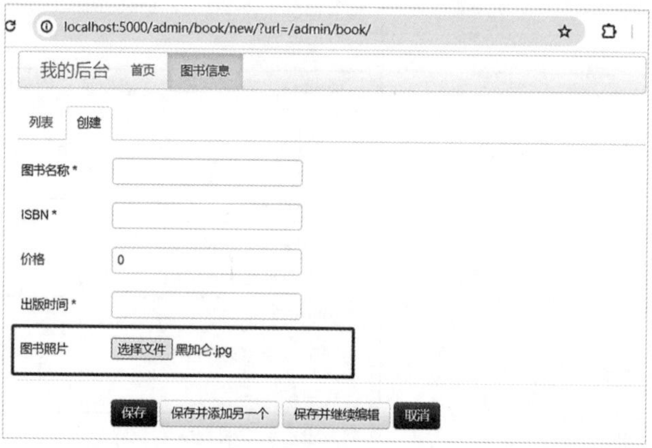

图 7-9

## 7.2.6　在列表页面中显示图像

使用 column_formatters 属性可以自定义字段的显示方式。以下代码使用 column_formatters

属性，将 photo 字段格式能化为一个 HTML 图像标签，以便在 Admin 页面中显示图像。源代码见本书配套资源中的"ch07/7.2/7.2.6/app.py"。

```
…
from markupsafe import Markup
class BookView(ModelView):
    column_list = ["b_id", "name", "isbn", "photo", "price"] # 列表显示的字段
    column_labels = {'b_id': 'ID','name': '图书名称', 'isbn': 'ISBN', 'photo': '图书照
片', 'price': '价格','publishdate':'出版时间'} # 字段的中文显示
    column_details_list = ('b_id','name','isbn','photo','price')# 明细显示的字段
    # 设置列表中缩略图的显示方式
    def list_thumb(view, context, model, name):
        if not model.photo:
            return ''
        return Markup(f'<img
src="{url_for("static",filename=form.thumbgen_filename(model.photo))}">')
    # 列表字段的格式化显示，即 photo 字段以缩略图的方式显示
    column_formatters = {'photo': list_thumb }
admin.add_view(BookView(Book,db.session,name="图书信息"))
```

💡提示　在涉及处理 HTML 内容时，确保安全性是至关重要的。为了有效地防止跨站脚本攻击，可以使用 Markup()方法，它可以将 HTML 标记转换为字符串类型。

Jinja 2 已经将 Markup()方法移动到 MarkUpSafe 模块中，因此需要从 MarkUpSafe 中导入 Markup()方法。

执行代码后，结果如图 7-10 所示。

图 7-10

## 7.2.7　自定义超链接

下面给图书名称增加一个超链接，单击该超链接后打开图书的明细页面，增加一个"操作区"列，用来查看数据和修改数据。源代码见本书配套资源中的"ch07/7.2/7.2.7/app.py"。

```
...
admin=Admin(app,name="我的后台")
class Book(db.Model):
    __tablename__="tb_book"
    b_id = db.Column(db.Integer,comment='ID', primary_key=True,autoincrement=True)
    name = db.Column(db.String(50),nullable=False,comment='图书名称')
    isbn = db.Column(db.String(50),nullable=False,comment='ISBN')
    photo = db.Column(db.String(50),nullable=False,comment='图书照片')
    price = db.Column(db.Numeric(5,2),nullable=False,default=0,comment='价格')
    publishdate=db.Column(db.DateTime,nullable=False)

class BookView(ModelView):
    can_view_details = True   # 是否查看明细
    column_list = ["b_id", "name", "isbn", "photo", "price",'operation']  # 列表显示的
字段
    column_labels = {'b_id': 'ID','name': '图书名称', 'isbn': 'ISBN', 'photo': '图书照
片', 'price': '价格','publishdate':'出版时间','operation':'操作区'} # 字段的中文显示
    file_path = os.path.join(base_dir, 'static')
    form_extra_fields = {
        'photo': form.ImageUploadField(label="图书照片",base_path =
file_path,thumbnail_size=(60, 60, True))}

    # 设置列表中缩略图的显示方式
    def list_thumb(view, context, model, name):
        if not model.photo:
            return ''
        return Markup(f'<img
src="{url_for("static",filename=form.thumbgen_filename(model.photo))}">')

    def operation_name(view, context, model, name):
        return Markup(f'<a href="details/?id={model.b_id}&url=/admin/book/">查看</a> |
' f'<a href="edit/?id={model.b_id}&url=/admin/book/">修改</a>')
        # 图书名称的超链接
    def link_name(view, context, model, name):
        return Markup(f'<a
href="details/?id={model.b_id}&url=/admin/book/">{model.name}</a> ')
    # 列表字段的格式化显示，即 photo 字段以缩略图的方式显示
    column_formatters = {
        'photo': list_thumb,
        'operation':operation_name,
        'name':link_name    }
admin.add_view(BookView(Book,db.session,name="图书信息"))
```

执行代码后，结果如图 7-11 所示。

图 7-11

## 7.2.8　批量处理

在 Flask-Admin 中，可以使用批量处理（Batch Actions）功能来对多个数据项执行相同的操作。

下面展示如何在 Flask-Admin 中使用批量处理功能——为 Book 模型中选定的产品批量设置统一的价格。源代码见本书配套资源中的"ch07/7.2/7.2.8/app.py"。

```
from flask_admin.contrib.sqla import ModelView
from flask_admin.actions import action
…
class BookView(ModelView):
    column_list = ('name', 'price')
    @action('set_price', '设置统一价格', '确定要将选中的图书价格设置为统一价格吗？')
    def action_set_price(self, ids):
        books = Book.query.filter(Book.b_id.in_(ids))
        for book in books:
            book.price = 128.00
        db.session.commit()
admin.add_view(BookView(Book,db.session,name="图书信息"))
```

在上面的代码中，使用@action()装饰器定义了一个名为"action_set_price"的批量操作。该批量操作将选中的图书价格设置为 128.00 元。

执行代码后，结果如图 7-12 所示。

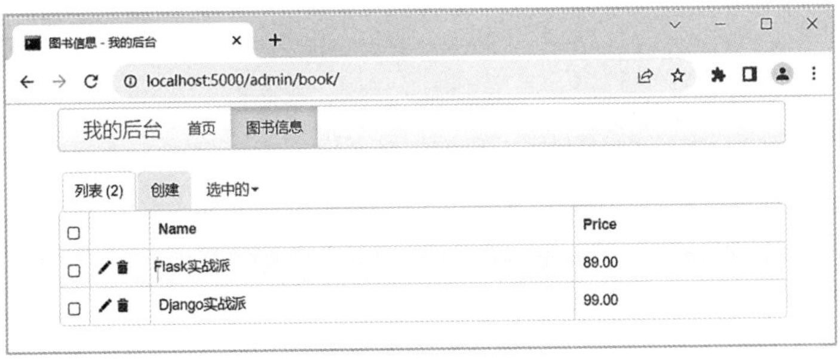

图 7-12

在图书列表视图中选中一些图书后，将看到一个批量操作的下拉菜单，其中包含"设置统一价格"选项。选择该选项后，系统将提示是否确认执行该操作，如图 7-13 所示。一旦确认，则选中的图书的价格将会被设置为 128.00 元。

图 7-13

## 7.2.9 显示"一对多"关系字段

可以在 Flask-Admin 中显示"一对多"关系字段。以用户和项目模型为例，一个用户可以有多个项目，而一个项目只能属于一个用户。源代码见本书配套资源中的"ch07/7.2/7.2.9/app.py"。

```python
from flask_admin.contrib.sqla import ModelView
…
class Project(db.Model):
    _ _tablename_ _='tb_project'
    id=db.Column(db.Integer,primary_key=True)
    name=db.Column(db.String(50),unique=True)
    user_id=db.Column(db.Integer,db.ForeignKey("tb_user.id"))
    def _ _repr_ _(self):
        return f"{self.id},{self.name}"
class ProjectView(ModelView):
    column_list = ["id","name","back_user"]
admin.add_view(ProjectView(Project,db.session,name="项目信息"))

class User(db.Model):
    _ _tablename_ _='tb_user'
    id=db.Column(db.Integer,primary_key=True)
    username=db.Column(db.String(50),unique=True)
    projects=db.relationship("Project",backref="back_user",lazy=True)
    def _ _repr_ _(self):
        return f"{self.id},{self.username}"
class UserView(ModelView):
    column_list = ["id","username","projects"]
admin.add_view(UserView(User,db.session,name="用户信息"))
```

在上面的代码中，使用 ModelView 类创建视图，并通过设置 column_list 属性指定要在列表视图中显示的字段。UserView 类用于显示用户的名字和相关的项目列表。ProjectView 类用于显示项目的标题和关联的用户。

在访问 Flask-Admin 后台时，能够在 User 视图和 Project 视图中看到相应的用户信息和项目信息。这样可以在 Flask-Admin 中更方便地管理"一对多"关系。

项目信息如图 7-14 所示。

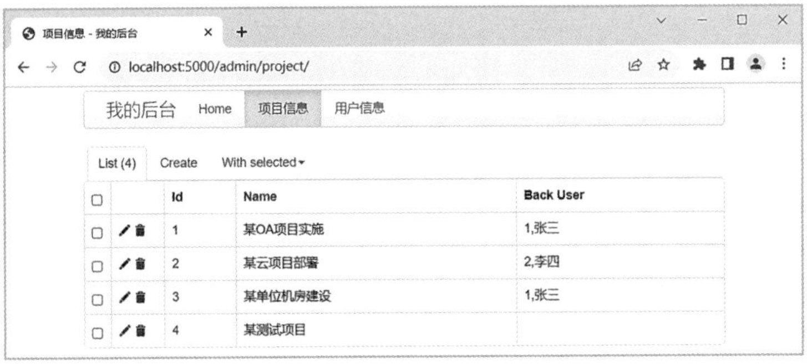

图 7-14

用户信息如图 7-15 所示。

图 7-15

## 7.2.10　与 Flask-Login 库结合使用，实现用户认证

Flask-Login 库提供了便捷的用户认证和会话管理功能，Flask-Admin 库提供了易于使用的管理页面。结合使用这两个库可以实现用户登录、认证和权限管理，确保只有授权用户能够访问管理页面。

接下来实现用户认证功能。

（1）新建 app.py 文件。源代码见本书配套资源中的"ch07/7.2/7.2.10/app.py"。

```
…
from flask_admin import Admin, AdminIndexView, expose
from flask_admin.contrib.sqla import ModelView
from flask_login import LoginManager, UserMixin, login_required, current_user,
login_user, logout_user
…
login_manager = LoginManager(app)
```

```python
login_manager.login_view = 'admin.login_view'
# 创建用户模型
class User(UserMixin, db.Model):
    id = db.Column(db.Integer, primary_key=True)
    username = db.Column(db.String(50), unique=True)
    password = db.Column(db.String(100))

# 加载回调函数
@login_manager.user_loader
def load_user(user_id):
    return User.query.get(int(user_id))

# 创建首页视图
class MyAdminIndexView(AdminIndexView):
    @expose('/')
    @login_required
    def index(self):
        if not current_user.is_authenticated:
            return redirect(url_for('admin.login_view'))
        return super(MyAdminIndexView, self).index()

    @expose("/login",methods=["GET","POST"])
    def login_view(self):
        if request.method == 'POST':
            username = request.form['username']
            password = request.form['password']
            user = User.query.filter_by(username=username).first()
            if user and user.password == password:
                login_user(user)
                return redirect(request.args.get("next") or url_for('admin.index'))
        if request.method=="GET":
            return self.render("login.html")
        return super(MyAdminIndexView, self).index()

    @expose("/logout")
    def logout(self):
        logout_user()
        return redirect(url_for('admin.login_view'))

# 创建管理员视图
class AdminView(ModelView):
    @expose('/')
    @login_required
    def index(self):
        if not current_user.is_authenticated:
            return redirect(url_for('admin.login_view'))
        return super(AdminView, self).index_view()
admin = Admin(app,name="我的后台",index_view=MyAdminIndexView())
admin.add_view(AdminView(User, db.session))
```

下面简要介绍上述代码。

首先，创建首页视图，并通过继承 AdminIndexView 类创建一个名为 "MyAdminIndexView" 的类，用于管理登录和认证。在这个类中，使用@expose()装饰器创建了 3 个视图函数：index()、login_view()和 logout()，分别用于显示首页、处理登录及处理注销。

然后，通过继承 ModelView 类创建一个名为"AdminView"的类，用于管理数据模型（在这里是 User 模型）。在这个类中，同样使用了@expose 和@login_required 装饰器，确保只有登录用户才能访问相应的视图。

最后，创建 Admin 实例，并指定了应用名称、自定义的索引视图（MyAdminIndexView），之后通过 add_view()方法将 AdminView 类添加到管理员页面中。

（2）创建模板文件。

新建模板文件 login.html，在其中添加如下代码。源代码见本书配套资源中的 "ch07/7.2/7.2.10/templates/login.html"。

```
{% extends "admin/master.html" %}
{% block body %}
<form name="myform" method="post" >
 <label>用户名: </label>
 <input type="text" name="username"/>
 <br><label>密码: </label>
 <input type="text" name="password"/>
 <button type="submit"  >提交</button>
</form>{% endblock %}
```

为了能使登录页面使用 Flask-Admin 的统一页面风格，这里使用{% extends "admin/master.html" %}来继承母版页。

（3）运行效果。

如果用户已经登录，则可以正常浏览。接下来我们执行注销用户操作，浏览 "http://localhost:5000/admin/logout"，则跳转到登录页面，如图 7-16 所示。

输入用户名和密码，提交验证成功后，会跳转到指定的用户模型页面，如图 7-17 所示。

图 7-16                                     图 7-17

# 第 2 篇
## 项目入门实战

# 第 8 章

## 【实战】使用 Flask + Bootstrap 框架开发图书管理系统后台

Bootstrap 是很受欢迎的 HTML、CSS 和 JavaScript 框架,利用它能够快速设计并开发网站。

AdminLTE 是基于 Bootstrap 框架开发的一套受欢迎的开源的后台管理模板。本实例使用 AdminLTE 3.1.0 版本作为图书管理系统后台的模板框架。

## 8.1 设计分析

图书管理系统后台的设计分析,主要包含需求分析和架构设计。

### 8.1.1 需求分析

图书管理系统后台的功能如图 8-1 所示。

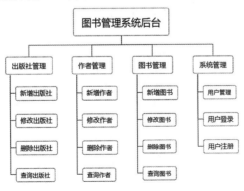

图 8-1

## 8.1.2 架构设计

为实现图书管理系统后台，采用 Flask 框架作为服务器端的基础框架，采用"HTML+CSS+JavaScript"搭建前端，采用 SQLite 数据库，如图 8-2 所示。

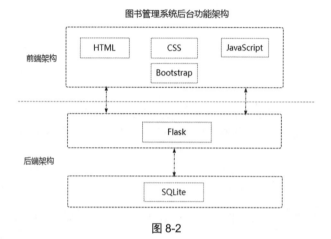

图 8-2

## 8.1.3 最终效果

最终的图书管理系统如图 8-3 所示。

图 8-3

## 8.2 　开发图书管理系统后台

本章的图书管理系统后台基于 Flask+Bootstrap 框架实现了这些功能：出版社管理、作者管理、图书管理、系统管理。

### 8.2.1 　规划工程目录

本书前 7 章中介绍的程序都采用单个文件的方式编写。随着项目规模逐渐变大，单个文件的可读性和维护性会变得很差，因此我们需要更好的一种方式来组织管理代码。

Flask 对项目的组织管理方式并无统一的模板，这会导致不同人开发的 Flask 程序具有不同的风格。为了尽可能提高代码的可读性、便于维护，我们建议使用包的方式来组织管理代码。

在"ch08"目录下创建项目文件夹"mybook"，在"mybook"下创建 apps 包，其他文件见表 8-1。

表 8-1

| 文件或者目录 | 说　　明 | 文件或者目录 | 说　　明 |
|---|---|---|---|
| mybook/apps/ | 应用目录 | mybook/apps/views.py | 应用目录下的视图文件 |
| mybook/apps/statis/ | 应用目录下的静态目录 | mybook/config.py | 配置文件 |
| mybook/apps/templates/ | 应用目录下的模板目录 | mybook/manage.py | 入口文件 |
| mybook/apps/＿＿init＿＿.py | 包的初始化文件 | mybook/requirements.txt | 包依赖文件 |
| mybook/apps/forms.py | 应用目录下的表单文件 | mybook/data1.sqlite | 数据库文件 |
| mybook/apps/models.py | 应用目录下的模型文件 | – | – |

最终的项目结构如图 8-4 所示。

图 8-4

## 8.2.2 搭建母版页

新建文件 base.html，然后对其进行母版化处理，如以下代码所示。限于篇幅，中间省略了部分代码。源代码见本书配套资源中的 "ch08/mybook/apps/templates/base.html"。

```
…
<link rel="stylesheet"
href="{{ url_for('static',filename='plugins/fontawesome-free/css/all.min.css') }}">
<link rel="stylesheet"
href="{{ url_for('static',filename='css/adminlte.min.css') }}">
<link rel="stylesheet" href="{{ url_for('static',filename='css/common.css') }}">
<script
src="{{ url_for('static',filename='plugins/jquery/jquery.min.js') }}"></script>
…
<body class="hold-transition sidebar-mini layout-fixed">
<div class="wrapper">
    …
    <aside class="main-sidebar sidebar-dark-primary elevation-4">
        <a href="{{ url_for("index") }}" class="brand-link">
            <img src="{{ url_for('static',filename='img/AdminLTELogo.png' ) }}"
class="brand-image img-circle elevation-3" style="opacity: .8">
            <span class="brand-text font-weight-light">图书管理系统</span></a>
        <div class="sidebar"><div class="user-panel mt-3 pb-3 mb-3 d-flex">
            <div class="image"><img
src="{{url_for('static',filename='img/user2-160x160.jpg')}}" class="img-circle
elevation-2" alt="User Image"></div>
        </div><nav class="mt-2">
            <ul class="nav nav-pills nav-sidebar flex-column" data-widget="treeview"
role="menu" data-accordion="false">
                <li class="nav-header">图书管理</li>
                <li class="nav-item">
                    <a href="{{ url_for('pub_list') }}" class="nav-link">
                        <i class="nav-icon far fa-image"></i>
                        <p> 出版社管理 </p></a>
                </li></ul></nav></div></aside>
    {% block content %}  {% endblock %}
<script src="{{ url_for('static',filename='plugins/chart.js/
Chart.min.js' ) }}"></script><script
src="{{ url_for('static',filename='js/adminlte.js' )}}"></script>
</div>
```

## 8.2.3 开发 "出版社管理" 模块

"出版社管理" 模块包括出版社信息的查询、显示、修改和删除等功能。对于 "出版社管理" 模块，使用如下的技术点来开发。

- 使用模板技术实现出版社信息的列表显示。
- 使用 Flask ORM 技术实现数据的显示和查询。
- 使用视图函数来处理业务逻辑。

1. 实现效果

访问"http://localhost:5000/pub_list"，效果如图 8-5 所示。

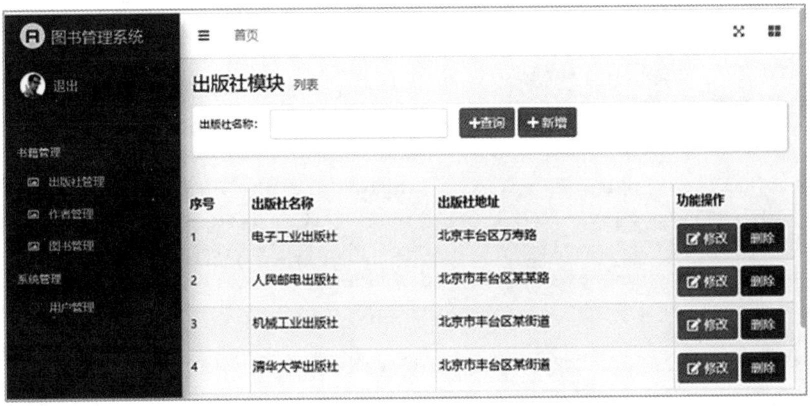

图 8-5

图 8-5 中的功能分为 4 部分：查询出版社、新增出版社、修改出版社、删除出版社。

2. 查询出版社

在出版社列表页面中，通过出版社名称来查询出版社信息。查询出版社信息分为 3 步来实现。

（1）新建模型类。

新建模型类 Publish，如以下代码所示。源代码见本书配套资源中的"ch08/mybook/apps/models.py"。

```
from apps import db
class Publish(db.Model):
    _ _tablename_ _ = "tb_publish"
    p_id = db.Column(db.Integer,comment='ID', primary_key=True,autoincrement=True)#
主键
    name = db.Column(db.String(32),comment='出版社名称')
    address = db.Column(db.String(64),comment='出版社地址')
    intro = db.Column(db.String(500),comment='出版社简介', nullable=True)
    books = db.relationship("Book", backref="back_publish", lazy=True,
passive_deletes=True)
```

其中的模型 Publish 和模型 Book 是"一对多"关系。模型 Book 将在 8.2.5 节介绍。

（2）创建模板文件。

新增模板文件。源代码见本书配套资源中的"ch08/mybook/apps/templates/publish/index.html"。

```
…
<table class="table table-bordered table-condens table-striped table-hover">
  <thead><tr><th>序号</th>
```

```
        <th>出版社名称</th>
        <th>出版社地址</th>
        <th>功能操作</th></tr>
    </thead><tbody>
    {% for per in pubs %}
        <tr><td>{{ per.p_id }}</td>
            <td>{{ per.name }}</td>
            <td>{{ per.address }}</td>
            <td width="20%">
                <a class="btn btn-primary single" href="{{ url_for('pub_edit',
p_id=per.p_id) }}"><i class="fa fa-edit"></i> 修改 </a><a class="btn btn-danger"
href="javascript:void(0)" onclick="showDeleteModal(this)">删除</a>
                <input type="hidden" id="id_hidden" value={{ per.p_id }}>
            </td></tr>
    {% else %}
        <tr><td colspan="7">无相关记录! </td></tr>
    {% endfor %}
    </tbody></table>
```

在上述代码中，加粗部分使用模板标签{% for %}{% endfor %}来完成表格的循环输出。

（3）创建视图函数。

创建视图函数 pub_list()和路由@app.route("/pub_list",methods=["GET","POST"])。源代码见本书配套资源中的"ch08/mybook/apps/views.py"。

```
from apps import app
from flask import request,render_template
from apps.models import Publish

@app.route("/pub_list",methods=["GET","POST"])
def pub_list():
    if request.method == "GET":
        pubs = Publish.query.all()
        return render_template("publish/index.html", pubs=pubs)
    if request.method == "POST":
        name = request.form.get("name")
        if name:
            pubs = Publish.query.filter(Publish.name.ilike(f'%{name}%'))
        else:
            pubs = Publish.query.all()
        return render_template("publish/index.html", pubs=pubs)
```

首先导入 app 实例和 Publish 模型，然后定义视图函数和路由，接着对 request 的请求方式进行判断：如果是 GET 请求（即普通的页面浏览），则直接将模型 Publish 查询的结果返回模板；如果是 POST 请求（即根据出版社名称进行查询），则使用 ilike 进行模糊匹配。最后将查询的结果返回模板。

3. 新增出版社

（1）实现效果。

新增出版社，当名称重复时的提示如图 8-6 所示。

图 8-6

（2）创建表单。

源代码见本书配套资源中的 "ch08/mybook/apps/forms.py"。

```python
from wtforms import StringField,TextAreaField
from flask_wtf import FlaskForm
from wtforms.validators import Length,DataRequired

class PublishForm(FlaskForm):
    name = StringField(label="出版社名称", validators=[
        DataRequired(message="出版社名称不能为空"),
        Length(min=6,max=30,message="出版社名称长度不能小于6位，不能大于30位")],
        render_kw={"class":"form-control","placeholder":"请输入出版社名称"})
    address =StringField(label="出版社地址",validators=[
        DataRequired(message="出版社名称不能为空"),
        Length(min=6,max=64,message="出版社地址长度不能小于6位,不能大于64位")],
        render_kw={"class":"form-control","placeholder":"请输入出版社地址"})
    intro = TextAreaField(label="出版社简介", validators=[
        Length(max=500, message="出版社简介不能大于500位")],
        render_kw={"class":"form-control","placeholder":"请输入出版社简介",
"rows":5,"cols":50})
```

注意：对于 TextAreaField 字段类型，使用 render_kw 参数指定文本区域的行和列。

（3）创建视图函数。

创建视图函数 pub_add() 和路由 @app.route("/pub_add",methods=["GET","POST"])。源代

码见本书配套资源中的 "ch08/mybook/apps/views.py"。

```
from apps import app,db
from flask import request,render_template,redirect,url_for,flash
from apps.models import Publish
from apps.forms import PublishForm
@app.route("/pub_add",methods=["GET","POST"])
def pub_add():
    f = PublishForm()
    if f.validate_on_submit():
        vname = Publish.query.filter_by(name=f.name.data).first()
        if vname:
            flash("出版社名称已经存在，请查询")
            return render_template("publish/add.html", form=f)
        else:
            pub = Publish(name=f.name.data, address=f.address.data,
intro=f.intro.data)
            db.session.add(pub)
            db.session.commit()
            return redirect(url_for("pub_list"))
    return render_template("publish/add.html", form=f)
```

首先导入 app 实例和 Publish 模型，然后定义视图函数和路由，接着对当前表单的
validate_on_submit()方法进行判断，即在表单通过验证且提交成功时，如果出版社名称重复则利
用 flash 消息提示，如果新增数据成功则重定向到出版社列表页面。

（4）创建模板文件。

新增模板文件。源代码见本书配套资源中的 "ch08/mybook/apps/templates/publish/
add.html"。

```
…
<div class="card card-info"><div class="card-header">
    <h3 class="card-title">出版社信息增加</h3></div>
  <form class="form-horizontal" method="post" novalidate>
    {{ form.csrf_token }}
    <div class="card-body"><div class="form-group row">
        <label for="{{ form.name.id_for_label }}"
         class="col-sm-2 col-form-label">{{ form.name.label }}</label>
        <div class="col-sm-10">{{ form.name }}
          <span style="color:red">{{ form.name.errors[0] }}</span>
        </div></div>
      <div class="form-group row"><label for="inputtext" class="col-sm-2
col-form-label">出版社地址</label><div class="col-sm-10">{{ form.address }}
          <span style="color:red">{{ form.address.errors[0] }}</span>
        </div></div>
      <div class="form-group row"><label for="inputtext" class="col-sm-2
col-form-label">出版社简介</label>
        <div class="col-sm-10">{{ form.intro }}</div></div></div>
    <div class="card-footer">
```

```
            <button type="submit" class="btn btn-info">保存</button>
            <button type="button" class="btn btn-default"
                    onclick="javascript:window.location='{{ url_for("pub_list") }}'">
返回</button></div></form></div>
…
```

在上述代码中，使用"form.字段名.errors[0]"显示不同字段报错时的错误信息。

#### 4. 修改出版社

创建视图函数 pub_edit(p_id)和路由@app.route("/pub_edit<int:p_id>",methods=["GET", "POST"])。源代码见本书配套资源中的"ch08/mybook/apps/views.py"。

```python
from apps import app
from flask import request,render_template
from apps.models import Publish


@app.route("/pub_edit/<int:p_id>",methods=["GET","POST"])
def pub_edit(p_id):
    if request.method == "GET":
        pub_obj = Publish.query.filter_by(p_id=p_id).first()
        f = PublishForm()
        f.name.data=pub_obj.name
        f.address.data=pub_obj.address
        f.intro.data=pub_obj.intro
        return render_template("publish/edit.html", form=f)
    elif request.method == "POST":
        f = PublishForm(request.form)
        if f.validate():
            pub = Publish.query.filter_by(p_id=p_id).first()
            pub.name = f.name.data
            pub.address = f.address.data
            pub.intro = f.intro.data
            db.session.commit()
            return redirect(url_for("pub_list"))
        else:
            return render_template("publish/edit.html", form=f)
```

首先导入 app 实例和 Publish 模型，然后定义视图函数和路由，接着对 request 的请求方式进行判断：如果是 GET 请求（即普通的页面浏览），则直接将 Publish 模型根据传参 p_id 查询后的结果返回模板；如果是 POST 请求，则将表单字段的数据赋值给实例变量进行保存。最后重定向到出版社列表页面。

#### 5. 删除出版社

在删除出版社信息时，需要弹出一个提示框。当用户单击"确定"按钮后，用户信息才会被删除。在这里，使用 Bootstrap 框架的模态对话框来实现。

（1）实现效果。

在出版社列表界面上，单击某个用户信息的"删除"按钮，弹出一个模态对话框，如图 8-7 所示。

图 8-7

（2）设置模板文件。

"删除"按钮的代码设置如下。源代码见本书配套资源中的"ch08/mybook/apps/templates/publish/index.html"。

```
<a class="btn btn-danger" href="javascript:void(0)" onclick="showDeleteModal(this)">
删除</a>
```

模态对话框的代码如下。

```
<!-- 信息删除确认 -->
<div class="modal fade" id="delModal" tabindex="-1" aria-hidden="true">
   <div class="modal-dialog">
      <div class="modal-content"><div class="modal-header">
         <h4 class="modal-title" style="float:left">提示信息</h4>
         <button type="button" class="close" data-dismiss="modal"
             aria-label="Close"><span aria-hidden="true">×</span>
         </button></div><div class="modal-body">
         <p id="info">您确认要删除当前数据吗? </p>
         <input type="hidden" id="del_id">
      </div><div class="modal-footer">
         <button type="button" class="btn btn-default" data-dismiss="modal">取
消</button><a id="delButton" class="btn btn-success" data-dismiss="modal">确定
</a></div></div></div></div>
```

上方是 Bootstrap 框架提供的模态对话框的通用代码。其中，<input type="hidden" id="del_id">是一个 HTML 隐藏域标签，用来保存将要被删除的主键 ID。

（3）实现删除功能。

下面使用 JavaScript 脚本配合视图函数实现删除功能。源代码见本书配套资源中的"ch08/

mybook/apps/templates/publish/index.html"。

```html
<script>
    // 打开模态框并设置需要删除的 ID
    function showDeleteModal(obj) {
        var $tds = $(obj).parent().children();// 获取要删除元素的所在列
        var delete_id = $($tds[2]).val();      // 获取隐藏控件的 ID
        console.log(delete_id)
        $("#del_id").val(delete_id);            // 给模态框中需要删除的 ID 赋值
        $("#delModal").modal({
            backdrop: 'static',
            keyboard: false
        });    };
    $(function () {
        // 模态框的"确定"按钮的单击事件
        $("#delButton").click(function () {
            var id = $("#del_id").val();
            console.log("del" + id)
            // AJAX 异步删除
            $.ajax({
                url: "/pub_del",
                type: "POST",
                data: {p_id: id},
                success: function (result) {
                    if (result.code == "200") {
                        $("#delModal").modal("hide");
                        alert(result.message);
                        window.location.href = "{{ url_for('pub_list') }}";
                    } else {
                        alert(result.message);
                    } }
            }) }); });
</script>
```

在 AJAX 异步删除时，对参数 p_id 进行了 POST 提交。

（4）实现视图函数。

创建视图函数 pub_del()和路由@app.route("/pub_del",methods=["GET","POST"])。源代码见本书配套资源中的 "ch08/mybook/apps/views.py"。

```python
...
@app.route("/pub_del",methods=["GET","POST"])
def pub_del():
    try:
        p_id=request.values.get("p_id")
        pub_obj=Publish.query.filter(p_id == p_id).first()
        db.session.delete(pub_obj)
        db.session.commit()
        return jsonify({"code": 200, "message": "删除成功"})
    except SQLAlchemyError as e:
```

```
db.session.rollback()
return jsonify({"code":400,"message":"删除失败"})
```

数据删除使用 try 语句进行错误捕获，删除成功后使用 jsonify()方法返回 JSON 对象。

## 8.2.4  开发"作者管理"模块

对于"作者管理"模块，使用如下技术来开发。

- 使用 Flask-SQLALchemy 内置的分页功能实现作者列表。
- 对表单中的 mobile 字段进行验证。
- 使用视图函数来处理业务逻辑。

### 1. 实现效果

访问"http://localhost:5000/author_list"，效果如图 8-8 所示。

图 8-8

作者的新增、修改和删除功能与出版社类似，这里不再赘述。接下来主要讲解多条件的分页查询，即在输入姓名或者联系方式并单击"查询"按钮后，对结果集进行分页处理。

### 2. 使用 Flask-SQLALchemy 内置的分页功能实现列表

当数据量较大时，需要使用分页功能，这样让每页只显示少量的数据，从而更快地完成数据显示。接下来介绍 Flask 框架内置的分页功能。

在 Flask 中，可以使用 Flask-SQLALchemy 中的 Pagination 对象进行分页。对于一个 query 查询对象，通过链式调用 paginate()方法就可以得到 Pagination 对象，如以下代码所示。

```
page=request.args.get("page",1,type=int) # 获取页数
pagination = Author.query.filter(Author.age>32).paginate(page, per_page=2,
error_out=False)
```

其中，paginate(page, per_page=2, error_out=False)方法的参数说明如下。

- page：当前页。
- per_page：每页显示多少条数据。
- error_out：如果设定为 True，则在没有内容时会显示 404 错误。如果设定为 False，则在没有内容时会返回一个空的列表。

执行上述代码后得到一个 Pagination 对象。Pagination 对象的属性和方法见表 8-2。

表 8-2

| 属性和方法 | 含　义 | 属性和方法 | 含　义 |
| --- | --- | --- | --- |
| has_next() | 是否有下一页，如果有则返回 True | Pages | 总页数 |
| has_prev() | 是否有上一页，如果有则返回 True | Per_page | 每页的数量 |
| Items() | 返回当前页的所有数据 | Prev_num | 上一页的页码数 |
| Next() | 返回下一页的 Pagination 对象 | Next_num | 下一页的页码数 |
| Prev() | 返回上一页的 Pagination 对象 | Query() | 返回创建这个 Pagination 对象的查询对象 |
| Page | 当前页码 | Total | 查询返回的记录总数 |

接下来给作者列表增加分页功能。

（1）新建模型类。

新建模型类 Author，如以下代码所示。源代码见本书配套资源中的"ch08/mybook/apps/models.py"。

```
class Author(db.Model):
    __tablename__ ="tb_author"
    a_id = db.Column(db.Integer,comment='ID', primary_key=True,autoincrement=True)
    name = db.Column(db.String(20),comment='作者姓名')
    age = db.Column(db.Integer,comment='作者年龄', default=1)
    mobile = db.Column(db.String(11),comment='电话')
    address = db.Column(db.String(20),comment='地址')
    intro = db.Column(db.Text,comment='简介', nullable=True)
    books=db.relationship("Book",secondary="author_book", backref="back_author")
```

其中模型 Author 和 Book 是"多对多"关系。

（2）创建表单。

创建表单类 AuthorForm。源代码见本书配套资源中的"ch08/mybook/apps/forms.py"。

```
...
class AuthorForm(FlaskForm):
    name = StringField(label="作者姓名",validators=[
        DataRequired(message="作者姓名不能为空"),
        Length(max=32,min=2,message="作者姓名长度不能小于 2 位，不能大于 32 位")],
        render_kw={'class': 'form-control', 'placeholder': "请输入作者姓名"})
    age = IntegerField(label="年龄", validators=[
        DataRequired(message="年龄不能为空"),
```

```
        NumberRange(min=1,max=120,message="年龄必须为 1~120 岁")],
        render_kw={'type': 'number', 'class': 'form-control','placeholder': "请输入年
龄"})
    mobile = StringField(label="手机号码", validators=[
        DataRequired(message="手机号码不能为空"),
        Length(min=11,max=11,message="手机号码必须是 11 位")],
        render_kw={'class': 'form-control', 'placeholder': "请输入手机号码"})
    address = StringField(label="地址",validators=[
        DataRequired(message="地址不能为空"),
        Length(min=1,max=50,message="地址长度为 1~50 位")],
        render_kw={'class': 'form-control', 'placeholder': "请输入地址"})
    intro = TextAreaField(label="简介",
            render_kw={'class': 'form-control', 'placeholder': "请输入简介",
"rows":5,"cols":50})
    def validate_mobile(self,value):
        mobile_re = re.compile(
            r'^(13[0-9]|15[012356789]|17[678]|18[0-9]|14[57])[0-9]{8}$')
        if not mobile_re.match(value.data):
            raise ValidationError('手机号码格式错误')
```

其中采用 def validate_mobile(self,value)视图函数对 mobile 字段进行了验证。该视图函数的
通用方式定义如下：

```
def validate_字段名(self,value):
    print(value.data)
    # 判断逻辑
    raise ValidationError('格式错误')
```

（3）新增视图函数。

新增视图函数 author_list()。源代码见本书配套资源中的 "ch08/mybook/apps/views.py"。

```
@app.route("/author_list", methods=["GET", "POST"])
def author_list():
    if request.method == "GET":
        name = request.args.get("name","")
        mobile = request.args.get("mobile","")
        search=dict()
        if name:
            search["name"]=name
        if mobile:
            search["mobile"] = mobile
        page=request.args.get("page",1,type=int)
        pagination = Author.query.filter_by(**search).paginate(page, per_page=2,
error_out=False)
        authors=pagination.items # 当前页的所有数据
        return render_template("author/index.html",
authors=authors,pagination=pagination,name=name,mobile=mobile)
```

在上述代码中，先将多个查询条件组装为字典，然后使用 filter_by()方法进行查询，然后对查

询结果进行 paginate()方法处理。

（4）创建模板文件。

源代码见本书配套资源中的 "ch08/mybook/apps/templates/author/index.html"。

```
…
<nav aria-label="Contacts Page Navigation">
    <ul class="pagination justify-content-center m-2">
        {% if pagination.has_prev %}
            <li class="page-item"><a class="page-link"
                href="{{ url_for('author_list') }}?page=
{{ pagination.prev_num }}&name={{ name }}&mobile={{ mobile }}">
                    <span aria-hidden="true">&laquo;</span></a></li>
        {% endif %}
        {% for pg in pagination.iter_pages() %}
            {% if  pg == pagination.page %}
                <li class="page-item active">
                    <a class="page-link" href="">{{ pg }}</a></li>
            {% else %}
                <li class="page-item"><a class="page-link"
                    href="{{ url_for('author_list') }}?page={{ pg }}&name=
{{ name }}&mobile={{ mobile }}">{{ pg }}</a></li>
            {% endif %}
        {% endfor %} {% if pagination.has_next %}
            <li class="page-item"><a class="page-link" href="{{ url_for
('author_list') }}?page= {{ pagination.next_num }}&name={{ name }}&mobile
={{ mobile }}"><span aria-hidden="true">&raquo;</span></a></li>
        {% endif %} </ul></nav>
…
```

上述加粗部分代码将每个分页的链接增加了 ?page={{ pagination.next_num }}&name={{ name }}&mobile={{ mobile }}参数。这样做是为了对查询后的数据进行分页。

## 8.2.5 开发"图书管理"模块

对于"图书管理"模块，使用如下技术来开发。

- 使用 Form 表单方式进行数据验证。
- 使用"一对多""多对多"技术来处理关联表。

**1. 实现新增图书功能**

（1）实现效果。

访问"http://localhost:5000/book_add"，效果如图 8-9 所示。

在图 8-9 中，可以选择图书封面和出版社，还能选择多个作者。

图 8-9

（2）定义 Book 模型。

Book 模型略显复杂，如以下代码所示。源代码见本书配套资源中的"ch08/mybook/apps/model.py"。Publish 模型与 Book 模型是"一对多"关系，而 Book 模型与 Author 模型是"多对多"关系。

```
from apps import db
class Publish(db.Model):
    …
    books = db.relationship("Book", backref="back_publish", lazy=True,
passive_deletes=True)

# 中间表
a_b=db.Table(
    "author_book",
    db.Column("a_id",db.Integer,db.ForeignKey("tb_author.a_id"),
primary_key=True),
    db.Column("b_id", db.Integer, db.ForeignKey("tb_book.b_id"), primary_key=True),)

class Author(db.Model):
    …
    books=db.relationship("Book",secondary="author_book", backref="back_author")
    def __repr__(self):
        return f"{self.a_id}"

class Book(db.Model):
    __tablename__="tb_book"
    b_id = db.Column(db.Integer,comment='ID', primary_key=True,autoincrement=True)
```

```
name = db.Column(db.String(50),comment='图书名称')
isbn = db.Column(db.String(50),comment='ISBN')
photo = db.Column(db.String(50),comment='图书封面')
price = db.Column(db.Numeric(5,2),comment='价格')
pub_id=db.Column(db.Integer,db.ForeignKey("tb_publish.p_id"))
```

在定义模型后，执行 db.create_all()方法创建数据库及其表。读者可以打开表查看表结构。

（3）定义表单类。

源代码见本书配套资源中的"ch08/mybook/apps/forms.py"。

```
class BookForm(FlaskForm):
    name = StringField(label="图书名称", validators=[DataRequired(message="图书名称不能
为空"), Length(4, 32, message="长度最少为 4 位")],
            render_kw={'class':'form-control','placeholder': "请输入图书名称"})
    isbn = StringField(label="ISBN",validators=[DataRequired(message="ISBN 不能为空"),
Length(1, 20, message="ISBN 为 1~20 位")],
            render_kw={'class': 'form-control', 'placeholder': "请输入 ISBN"})
    photo = StringField(label="图书封面", widget=widgets.FileInput(),
            render_kw={'class': 'custom-file-input'})
    price = DecimalField(label="价格", places=2, validators=[DataRequired(message="
价格不能为空")],
            render_kw={'class': 'form-control', 'placeholder': "请输入价格"})
    publish = SelectField(label="出版社",
coerce=int,validators=[DataRequired(message="出版社不能为空")],
            choices=[('0', '请选择出版社...')] + [(v.p_id, v.name) for v in
Publish.query.all()],
            render_kw={'class': 'form-control  custom-select', 'placeholder': "请选
择出版社"})
    author = SelectMultipleField(label="作者",
coerce=int,validators=[DataRequired(message="作者不能为空")],
            choices=[(v.a_id, v.name) for v in Author.query.all()],
            render_kw={'class': 'form-control  custom-select', 'placeholder': "请选
择作者"})
```

其中 publish 字段是一个 SelectField 类型，这里使用 choices 属性进行了数据初始化。给 SelectField 和 SelectMultipleField 添加了 coerce=int 项，当执行 validate_on_submit 进行验证时，会进行强制转型再验证，否则会提示错误"Not a vaild choice"。这是因为 HTML 里所有的表单数据都是字符串类型，当选项中的 1 提交之后变成了'1'，而'1'并不在 choices 之中，导致出错。

（4）定义模板。

其中关键代码如下所示。源代码见本书配套资源中的"ch08/mybook/apps/ template/book/ add.html"。

```html
<form class="form-horizontal" method="post" novalidate>
    {{ form.csrf_token }}
    <div class="card-body"><div class="form-group row"><label for="inputtext"
class="col-sm-2 col-form-label">图书名称</label>
        <div class="col-sm-10">{{ form.name }}
            <span style="color:red">{{ form.name.errors[0] }}</span></div>
    </div><div class="form-group row">
        <label for="inputtext" class="col-sm-2 col-form-label">ISBN</label>
        <div class="col-sm-10">{{ form.isbn }}
            <span style="color:red">{{ form.isbn.errors[0] }}</span>
        </div></div>
        <div class="form-group row"><label for="inputtext" class="col-sm-2
col-form-label">图书封面</label>
        <div class="col-sm-10"><div class="input-group">
            <div class="custom-file">{{ form.photo }}
                <label class="custom-file-label">选择图书封面</label>
            </div></div>
            <img id="preview-image"
src="{{ url_for('static',filename='img/default-150x150.png') }}"
                style="width: 192px; height: 192px;"/>
            <span style="color:red">{{ form.photo.errors[0] }}</span>
        </div></div><div class="form-group row">
        <label for="inputtext" class="col-sm-2 col-form-label">价格</label>
        <div class="col-sm-10">{{ form.price }}
            <span style="color:red">{{ form.price.errors[0] }}</span>
        </div></div><div class="form-group row">
        <label for="inputtext" class="col-sm-2 col-form-label">出版社</label>
        <div class="col-sm-10">{{ form.publish }}
            <span style="color:red">{{ form.publish.errors[0] }}</span>
        </div></div><div class="form-group row">
        <label for="inputtext" class="col-sm-2 col-form-label">作者</label>
        <div class="col-sm-10">{{ form.author }}
            <span style="color:red">{{ form.author.errors[0] }}</span>
        </div></div></div><div class="card-footer">
    <button type="submit" class="btn btn-info">保存</button>
    <button type="button" class="btn btn-default"
        onclick="javascript:window.location='{{ url_for("book_list") }}'">返回
</button></div></form>
```

我们定义了表单类，因此在模板中直接使用{{ form.publish }}和{{ form.author }}来生成下拉框和多选下拉框。

（5）定义视图函数及其路由。

定义视图函数 book_add()。源代码见本书配套资源中的"ch08/mybook/apps/views.py"。

```python
@app.route("/book_add", methods=["GET", "POST"])
def book_add():
    if request.method == "GET":
        f = BookForm()
        return render_template("book/add.html", form=f)
```

```
elif request.method == "POST":
    f = BookForm(request.form)
    if f.validate_on_submit(): # 验证且提交成功
        book = Book()
        book.name = f.name.data
        book.isbn = f.isbn.data
        book.photo = f.photo.data
        book.price = f.price.data
        book.pub_id = f.publish.data
        db.session.add(book)
        db.session.flush() # 保证可以返回 b_id
        b_id=book.b_id # 返回自增 b_id
        book_obj=Book.query.filter(b_id==b_id).first()
        # 获取前台多选框内的作者信息
        select_authors=request.form.getlist("author")
        for i in select_authors:
            author=Author.query.get(i)
            book_obj.back_author.append(author)
        db.session.commit()
        return redirect(url_for("book_list"))
    else:
        return render_template("book/add.html", form=f)
```

在执行 POST 请求（即用户单击"保存"按钮），并且 validate_on_submit()方法执行成功后，使用 book=Book()实例化 Book 对象，并对 Book 对象赋值，之后使用 db.session.flush()方法得到 Book 对象添加数据后的自增 b_id。然后，获取前台多选框内的作者信息，使用 backref 属性 back_author 处理"多对多"数据，最终数据被保存到中间表 author_book 中。在两张表操作成功后，执行 db.session.commit()方法实现事务提交。为了确保代码更加严谨，读者可以增加 try 语句进行异常捕获，从而进行事务回滚。

> 📢 提示　在指定完 db.session.add()方法后，实际上并没有对数据库执行插入操作。如果需要在 session 过程中获取插入的 b_id，则需要手动执行一次 db.session.flush()。

### 2. 实现图书列表功能

在图书列表页面中，可以通过多个条件来查询图书信息。这里使用出版社、图书名称这两个字段进行查询。此外对查询的结果进行分页。

（1）实现效果

访问"http://localhost:5000/book_list"，效果如图 8-10 所示。

在图 8-10 中，选择出版社或者输入图书名称，单击"查询"按钮，就可以搜索到指定的图书。另外，在图书列表中增加了"出版社"列，体现了"一对多"关系，增加了"作者"列，体现了"多对多"关系。

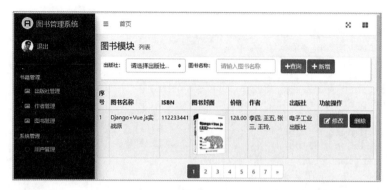

图 8-10

（2）设置模板文件。

关键代码如下所示。源代码见本书配套资源中的 "ch08/mybook/apps/templates/book/index.html"。

```html
<table class="table table-bordered table-condens table-striped table-hover">
    <thead><tr><th>序号</th>
        <th>图书名称</th>
        <th>ISBN</th>
        <th>图书封面</th>
        <th>价格</th>
        <th>作者</th>
        <th>出版社</th>
        <th>功能操作</th></tr>
    </thead><tbody>
    {% for per in books %}
        <tr><td>{{ per.b_id }}</td>
        <td>{{ per.name }}</td>
        <td>{{ per.isbn }}</td>
        {% if per.photo %}
            <td><img src="{{ url_for('static',filename='media/') }}{{ per.photo }}"
width="100px" ,height="100px"/></td>
        {% else %}
            <td><img
src="{{ url_for('static',filename='/img/default-150x150.png') }}"
width="100px" ,height="100px"/></td>
        {% endif %}
        <td>{{ per.price }}</td>
        <td>{% for i in per.back_author %}
            {{ i.name }},
        {% endfor %}</td>
        <td>{{ per.back_publish.name }}</td>
        <td width="20%"><a class="btn btn-primary single" href="{{ url_for('book_
edit',bid=per.b_id) }}"><i class="fa fa-edit"></i>修改</a><a class="btn btn-danger"
href="javascript:void(0)" onclick="showDeleteModal(this)">删除</a>
```

```
            <input type="hidden" id="id_hidden" value={{ per.b_id }}>
         </td></tr>
    {% else %}
      <tr><td colspan="7">无相关记录! </td></tr>
    {% endfor %}
    </tbody></table>
```

其中，图书封面使用<img src="{{ url_for('static',filename='media/') }}{{ per.photo }}" width="100px", height="100px"/>标签进行显示，默认的图书封面文件被上传到 "statis\media" 目录下，因此，这里使用 url_for()方式可以快速浏览图片。

图书和对应的作者信息是"多对多"关系，使用{% for i in per.back_author %}语句，可以通过图书定义的 back_author 属性反向获取作者信息。

图书和对应的出版社是"一对一"关系，使用{{ per.back_publish.name }}语句，可以通过图书定义的 back_publish 属性反向获取出版社。

（3）定义视图函数。

定义视图函数 book_list()，如下所示。源代码见本书配套资源中的 "ch08/mybook/apps/views.py"。

```
@app.route("/book_list", methods=["GET", "POST"])
def book_list():
    if request.method == "GET":
        f = BookForm()
        p_id = request.args.get("publish","0")
        name = request.args.get("name","")
        search=dict()
        if name:
            search["name"] = name
        if int(p_id):
            search["pub_id"] = p_id
        page=request.args.get("page",1,type=int)
        pagination = Book.query.filter_by(**search).paginate(page, per_page=1,
error_out=False)
        books=pagination.items
        return render_template("book/index.html",form=f,
books=books,pagination=pagination,name=name,publish=p_id)
```

为了构造多条件查询，这里把所有的查询条件组装为一个字典（search_dict），并使用 Book.query.filter_by(**search)进行字典传值查询。

**3. 实现修改图书功能**

（1）实现效果。

访问 "http://localhost:5000/book_edit/1"，效果如图 8-11 所示。

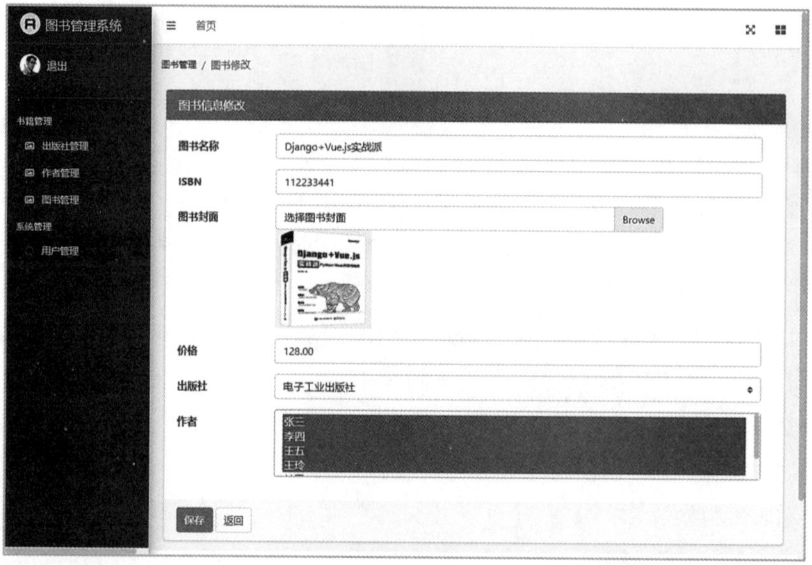

图 8-11

（2）定义视图函数。

源代码见本书配套资源中的"ch08/mybook/apps/views.py"。

当我们单击"编辑"按钮进入图书编辑页面时，会发起 GET 请求，在数据库中根据 bid 找到值，然后给表单赋值。对于 publish 字段，使用反向查询找到出版社信息。对于 author 字段，通过反向查询找到作者，因为作者有多个，所以需要构造一个列表。

```
@app.route("/book_edit/<int:bid>", methods=["GET", "POST"])
def book_edit(bid):
  if request.method == "GET":
    book_obj = Book.query.get(bid) # 根据 bid 找到具体的图书
    authors=book_obj.back_author # 反向查询找到作者
    author_ids=[i.a_id for i in authors] # 构造列表
    f=BookForm(request.form)
    f.name.data=book_obj.name
    f.isbn.data=book_obj.isbn
    f.photo.data=book_obj.photo
    publish_obj = book_obj.back_publish # 反向查询找到出版社
    f.publish.data=publish_obj.p_id
    f.author.data=author_ids
    return render_template("book/edit.html", form= f, book=book_obj)
```

当我们单击"保存"按钮，此时发起 POST 请求，做的是以下几步：

（1）从数据库中根据 bid 找到值，然后给表单赋值。

（2）由于表单中既有普通数据，也有文件之类的数据，因此使用 f =

BookForm(CombinedMultiDict([request.form, request.files]))对表单进行实例化。

（3）f.photo.data 是一个 FileStore 对象，通过该对象获取上传文件名，然后进行 save()保存。

（4）在获取前台多选框内的作者信息后，先将已经存在的"多对多"关系删除，然后再插入作者和图书的对应关系。

关键代码如下所示。源代码见本书配套资源中的"ch08/mybook/apps/views.py"。

```
…
elif request.method == "POST":
    f = BookForm(CombinedMultiDict([request.form, request.files]))
    book_obj = Book.query.get(bid)
    if f.validate_on_submit():
        book_obj.name = f.name.data
        book_obj.isbn = f.isbn.data
        file = f.photo.data  # 原文件名
        if file:
            file.save(url_for('static',filename=os.path.join("media",file.filename)))
            book_obj.photo = file.filename
        book_obj.price = f.price.data
        book_obj.pub_id = f.publish.data
        # 获取前台多选框内的作者信息
        select_authors = request.form.getlist("author")
        # 将已经存在的关系删除
        for obj in book_obj.back_author:
            author = Author.query.get(obj.a_id)
            book_obj.back_author.remove(author)
        # 再次插入
        for i in select_authors:
            author=Author.query.get(i)
            book_obj.back_author.append(author)
        db.session.commit()
        return redirect(url_for("book_list"))
    else:
        return render_template("book/edit.html", form=f,book= book_obj)
```

## 8.2.6　开发首页

### 1. 实现效果

访问"http://localhost:5000/index"，效果如图 8-12 所示。

在首页中，显示了图书相关信息（如图书数量、作者数量和出版社数量），并以饼状图和柱状图的方式展示了出版社的销量情况。

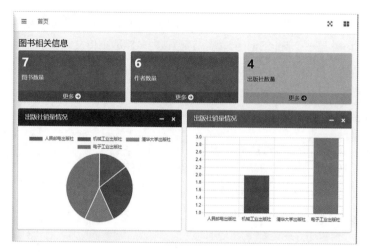

图 8-12

**2. 图书、作者、出版社数量的统计**

定义视图函数 index()。源代码见本书配套资源中的"ch08/mybook/apps/views.py"。

```
from sqlalchemy import func
@app.route("/index", methods=["GET"])
def index():
    # 获取统计信息
    pub_count =db.session.query(func.count(Publish.p_id)).scalar()
    author_count = db.session.query(func.count(Author.a_id)).scalar()
    book_count = db.session.query(func.count(Book.b_id)).scalar()
```

在前台模板中只需要放入{{pub_count}}、{{author_count}}、{{book_count}}标签即可。

**3. 图表的展示**

（1）定义视图函数。源代码见本书配套资源中的"ch08/mybook/apps/views.py"。

```
from sqlalchemy import func
@app.route("/index", methods=["GET"])
def index():
    …
    # 组装图表的 label 和 data
    nfos=Book.query.join(Publish,Book.pub_id==Publish.p_id).with_
entities(Publish.name,func.Count(Publish.name)).group_by(Publish.name).all()
    print(infos)
    labels = [info["name"] for info in infos]
    datas = [info[1] for info in infos]
    return render_template('index.html',pub_count=pub_count,
author_count=author_count, book_count=book_count,labels=labels,datas=datas)
```

图表显示的是出版社的图书销量情况，即将出版社和图书两个模型关联，再进行分组求和。转换为 SQL 语句是：SELECT b.name,count(b.name) FROM book a,publish b WHERE

a.pub_id=b.p_id GROUP BY b.name。采用 join() 方法将两个模型关联起来：infos=Book.query.
join(Publish,Book.pub_id==Publish.p_id).with_entities(Publish.name,func.Count(Publish.
name)).group_by(Publish.name).all()。

打印出来的对应 SQL 语句如下。

```
SELECT tb_publish.name AS tb_publish_name, count(tb_publish.name) AS count_1
FROM tb_book JOIN tb_publish ON tb_book.pub_id = tb_publish.p_id GROUP BY
tb_publish.name
```

（2）定义模板。

部分关键代码如下所示。源代码见本书配套资源中的"ch08/mybook/apps/templates/
index.html"。

```
<script>
    $(function () {
        var chartData = {
            labels: {{ labels|safe }},
            datasets: [
                { label: '出版图书数量',
                    backgroundColor:['#f56954', '#00a65a', '#f39c12', '#00c0ef'],
                    data: {{ datas }},
                },   ]
        }
```

注意加粗部分代码的使用。

# 第3篇
## 项目进阶实战

# 第 9 章
# Flask 进阶

Flask 的进阶知识包括请求上下文、应用上下文、钩子函数、蓝图、日志管理、信号、测试、缓存、分布式任务队列、邮件发送和工厂函数等。这些知识使你能够构建功能更强大的 Web 应用。

## 9.1 请求上下文和应用上下文

在 Flask 中，请求上下文和应用上下文是两个很重要的概念，理解它们对于理解 Flask 的工作原理非常重要。

### 9.1.1 请求上下文（request context）

请求上下文是 Flask 中的一个对象，它代表了当前请求的上下文环境，包括请求相关的信息，以及在请求处理过程中需要用到的一些全局变量。

在 Flask 中，每个请求都会创建一个请求上下文对象，这个对象会在整个请求处理过程中一直存在，直到请求处理完毕。

在 Flask 中，在不同的函数之间可以共享数据（如用户的登录信息，请求参数等），这些数据可以通过请求上下文对象进行传递。

常见的请求上下文对象有 request 和 session。

- request 代表当前请求对象，包含请求的所有信息，如请求方法、请求参数、请求头等。
- session 用来记录请求会话中的信息，如登录信息、购物车信息等。

下面通过示例学习请求上下文。源代码见本书配套资源中的"ch09/9.1/9.1.1/app.py"。

```
from flask import Flask,session
from flask import request
app = Flask(__name__)
app.secret_key="11223344"
# 报错，不存在于请求范围之内，即 request 只在视图函数中才有效
```

```
print(request.method)
# 报错,不存在于请求范围之内,即 session 只在视图函数中才有效
print(session.get("u_id",""))

@app.route('/test1')
def test1():
    print(request.method)  # 打印出客户端的请求方式
    print(request.headers) # 打印 header 信息
    session["username"]="admin"
    return 'test1'

@app.route('/test2')
def test2():
    print(session.get("username"))
    return 'test2'

if _ _name_ _ == '_ _main_ _':
    app.run(debug = True)
```

在上面的例子中，定义了两个路由函数——test1()和 test2()，分别处理了"/test1"和"/test2"路由。在 test1()函数中，将用户名"admin"存储在用户会话对象 session 中。在 test2()函数中，通过 session.get("username")方法获取用户会话对象中的变量。

执行代码后会报错，提示"RuntimeError: Working outside of request context"，即"运行时错误：在请求上下文之外工作"。注释掉错误代码后即可正常执行。

## 9.1.2 应用上下文（application context）

Flask 应用在启动时，会自动创建一个应用上下文对象。这个应用上下文对象表示整个应用的运行环境，用于存储应用全局的变量和配置，比如应用配置信息、数据库链接信息等。应用上下文对象会在应用启动时被创建，并在应用退出时被销毁。

应用上下文对象有 current_app 和 g，使用它们可以很方便地访问应用相关的信息和全局变量。

**1. current_app 对象**

current_app 对象代表当前应用对象，通过它可以方便地访问当前应用的配置信息、路由信息等。

下面是使用 current_app 对象的示例。源代码见本书配套资源中的"ch09/9.1/9.1.2/run.py"。

```
from flask import Flask,current_app,request,g
app = Flask(_ _name_ _)

@app.route('/index/', methods=['GET', 'POST'])
def index():
    # 获取当前应用对象
    app=current_app._get_current_object()
    print(app.name)
```

```
app.username="admin" # 保存一些配置信息
print(app.username)
print(f"当前应用名称 {current_app.name}")
return "OK"
```

执行代码后，控制台输出如下。

```
run
admin
当前应用名称 run
```

可以通过 current_app._get_current_object()方法获取当前应用对象；也可以通过 current_app.name 打印当前 app 实例的名称 run；也可以在 current_app 对象中存储一些变量，如 username。

此外，current_app 对象只在当前请求范围内存在，其生命周期在应用上下文里。离开了应用上下文，current_app 对象就无法使用了。

以下示例将判断 current_app 对象是否在当前请求范围中。源代码见本书配套资源中的"ch09/9.1/9.1.2/app.py"。

```
from flask import Flask,current_app,request,g
app = Flask(__name__)
print(current_app.name)
with app.app_context():
    print("手工构造请求上下文 " + current_app.name)

if __name__ == '__main__':
    app.run(debug = True)
```

执行代码后，第 3 行代码会报错，提示"RuntimeError: working outside of application context"，即"运行时错误：在请求上下文之外工作"。

第 3 行注释掉，然后手动构造应用上下文环境。使用 app_context()方法可以创建一个 AppContext 类型对象，即应用上下文对象，此后我们就可以在应用上下文中访问 current_app 对象了。读者可以自行测试。

**2. g 对象**

g 对象的全称为 global 对象。g 对象是一个全局对象，在一次请求过程中一直有效。

下面是使用 g 对象的示例。源代码见本书配套资源中的"ch09/9.1/9.1.2/run.py"。

```
from flask import Flask,current_app,request,g
app = Flask(__name__)

@app.route('/set_user')
def set_user():
    # 存储全局变量
    g.u_id="1"
    g.username = "admin"
```

```
    showinfo()  # 调用函数，可以在函数体内使用 g 对象
    return "OK"

def showinfo():
    print(f"{g.u_id}-{g.username}")

@app.route('/get_user')
def get_user():
    # 获取全局变量
    name = g.username
    return f"{name}"
```

执行代码后，在访问请求 "http://localhost:5000/set_user" 后，控制台正常输出 1-admin。我们再次请求 "http://localhost:5000/get_user"，发现无法获取对 g 对象，输出 None。

## 9.2 钩子函数

为了避免对多个视图函数编写重复功能的代码，Flask 提供了请求钩子的机制。使用钩子函数，可以大大减少重复代码的编写，便于维护。

钩子函数是指存在这样一个函数：在一个事件被触发时，捕获其数据并进行处理，再将处理后的数据返回。

请求钩子通过装饰器实现。Flask 有 5 种常见的请求钩子，见表 9-1。

表 9-1

| 请求钩子 | 说　明 |
| --- | --- |
| before_first_request | 在处理第 1 个请求前执行。在 Flask 2.3 新版本中被移除了 |
| before_request | 在每次请求前运行，如果在其装饰的视图函数中返回一个响应，则该视图函数将不再被调用 |
| after_request | 如果没有抛出错误，则在每次请求后执行。接受一个参数：视图函数的响应。在此函数中可以对响应值在返回之前做最后一步修改处理。需要将参数中的响应在此参数中进行返回 |
| teardown_request | 在每次请求后执行，接受一个参数：错误信息，如果有相关错误则抛出错误信息 |
| teardown_appcontext | 不管是否有异常，注册的函数都会在每次请求之后执行 |

在开发过程中，如下场景一般可以使用钩子函数解决。

（1）在每个请求中都要验证用户信息，比如是否已经登录，是否有权限访问。

（2）控制访问 IP 的白名单。

下面是使用钩子函数的示例。源代码见本书配套资源中的 "ch09/9.2/app.py"。

```
from flask import Flask

app = Flask(__name__)
app.secret_key="11223344"
app.config["APP_ALREADY"]=False # 标志
```

```python
@app.before_request
def before_first_request():
    if not app.config["APP_ALREADY"]:
        app.config["APP_ALREADY"]=True
        print("在第一次请求之前调用的钩子函数")

# 如果请求校验不成功，则可以直接在此方法中进行 return 操作，return 之后的语句就不会执行
# 不需要参数
@app.before_request
def before_request():
    print("在每次请求执行之前先执行")
    # return "某些验证未通过，返回"

# 在执行完视图函数之后会调用，并且会把视图函数所生成的响应对象传入
# 可以在此方法中对响应对象做统一的处理，之后再返回
@app.after_request
def after_request(response):
    print("在每次请求之后执行。接受一个 response 参数，在返回它之前修改它")
    # 修改返回结果的头部信息
    response.headers["Content-Type"] = "application/json"
    return response

# 在每次请求之后都会调用，会接受一个参数，参数是服务器出现的错误信息
# 无返回值
@app.teardown_request
def teardown_request(e):
    print("在每次请求之后调用，接受一个服务器错误信息为参数")

@app.teardown_appcontext
def teardown_appcontext(e):
    print("不管是否有异常，注册的函数都会在每次请求之后执行")

@app.route('/')
def index():
    return 'index'

if __name__ == '__main__':
    app.run(debug=True)
```

在运行代码后，请求 "http://localhost:5000/"，控制台输出如下。

```
在第一次请求之前调用的钩子函数
在每次请求执行之前先执行
在每次请求之后执行。接受一个 response 参数，在返回它之前修改它
在每次请求之后调用，接受一个服务器错误信息为参数
不管是否有异常，注册的函数都会在每次请求之后执行
```

其中 "在第一次请求之前调用的钩子函数" 只在第一次请求 "http://localhost:5000/" 时出现。

## 9.3 认识蓝图

在 Flask 中，蓝图（Blueprint）是一种用于组织应用路由和视图的技术。通过使用蓝图，可以将应用划分为多个模块，并在每个模块中定义自己的路由和视图函数，从而实现更加清晰和可维护的代码结构。这有助于管理大型应用。

使用蓝图需要完成以下步骤。

（1）创建一个蓝图对象 book_bp。源代码见本书配套资源中的"ch09/9.3/book.py"。

```python
from flask import Blueprint,url_for
book_bp=Blueprint("book",__name__,url_prefix="/book")
```

其中，Blueprint 必须指定几个参数：book 表示蓝图的名称；__name__表示蓝图所在的模块；url_prefix 可选，表示 URL 前缀。

（2）在蓝图对象上绑定路由和视图函数。源代码见本书配套资源中的"ch09/9.3/book.py"。

```python
@book_bp.route("/add")
def add():
    return url_for("book.add")


@book_bp.route("/edit/<int:id>")
def edit(id):
    return url_for("book.edit",id=id)
```

（3）在应用中注册蓝图对象。源代码见本书配套资源中的"ch09/9.3/app.py"。

```python
from flask import Flask,url_for
from book import book_bp
app=Flask(__name__)
app.register_blueprint(book_bp)


@app.route("/index/")
def index():
    print(app.url_map)
    return url_for("index")
```

在这个例子中，首先，创建了一个名为"book_bp"的蓝图对象，并在其上定义路由和视图函数；然后，将 book_bp 蓝图对象注册到应用 app 上，并指定 URL 前缀 url_prefix 为"/book"。这样，当客户端请求"/book/add""/book/edit/1"这些 URL 时，Flask 将会自动调用对应的视图函数来处理请求。

除此之外，url_for()函数中需要使用"蓝图名.视图函数名"，否则会提示找不到这个 endpoint。

执行代码后，控制台输出如下路由。

```
Map([<Rule '/static/<filename>' (OPTIONS, HEAD, GET) -> static>,
 <Rule '/book/add' (OPTIONS, HEAD, GET) -> book.add>,
 <Rule '/book/edit/<id>' (OPTIONS, HEAD, GET) -> book.edit>,
```

```
<Rule '/author/add' (OPTIONS, HEAD, GET) -> author.add>,
<Rule '/author/edit/<id>' (OPTIONS, HEAD, GET) -> author.edit>,
<Rule '/index/' (OPTIONS, HEAD, GET) -> index>])
```

使用蓝图可以更好地组织应用路由和视图，并将功能划分为多个模块进行开发。蓝图还支持 URL 前缀、子域名、静态文件夹等高级特性，可以让你更加灵活地控制路由和视图的映射关系。在开发大型 Flask 应用时，蓝图可以帮助你实现清晰、可维护和可扩展的代码结构。

## 9.4　日志管理

在你运行一个 Python 程序时，你可能想知道程序的哪个部分在运行、变量的当前值是多少等。在程序规模较小的情况下，使用 print()函数打印出相关信息一般就能满足需要。但是当程序规模较大时，通过 print()函数进行打印输出就不合适了，此时需要通过专业的日志模块进行日志的输出。

几乎所有开发语言都会内置日志相关功能，或者由比较优秀的第三方库来提供日志相关功能，比如 log4j、log4net 等。第三方库功能强大、使用简单。Python 自身提供了一个用于记录日志的标准库内置模块 logging。

在 Flask 项目中，可以使用 Flask 基于 logging 模块封装的 app.logger 来记录日志，也可以使用 Python 的 logging 模块来记录日志。

下面的示例演示了 Flask 基于 logging 模块封装的 app.logger 来记录日志。源代码见本书配套资源中的"ch09/9.4/app.py"。

```
from flask import Flask
import logging
from time import strftime,localtime
import os
base_dir=os.path.abspath(os.path.dirname(_ _file_ _))
app = Flask(_ _name_ _)

log_dir_path = os.path.join(base_dir,'logs')
log_file_name = 'logger-' + strftime('%Y-%m-%d',localtime()) + '.log'
log_file_fullname =os.path.join(log_dir_path,log_file_name)
if not os.path.exists(log_dir_path):
    os.makedirs(log_dir_path)
# 设置日志字符集和存储路径
file_log_handler = logging.FileHandler(log_file_fullname,encoding='UTF-8')
# 设置日志格式
logging_format = logging.Formatter('%(asctime)s - %(levelname)s - %(filename)s -
%(funcName)s - %(lineno)s - %(message)s')
file_log_handler.setFormatter(logging_format)
app.logger.addHandler(file_log_handler)
# 将 log 级别设置为 INFO
app.logger.setLevel(logging.INFO)
app.logger.info(log_dir_path)
```

```
@app.route("/")
def index():
    app.logger.info('正常信息')
    app.logger.warning('警告信息')
    return 'logging'
```

运行代码后，在 "9.4" 目录下生成 "logs" 目录及 logger-2023-01-01.log 文件。打开文件，内容如下。

```
2023-01-01 21:47:14,132 - INFO - app.py - <module> - 22 -
E:\python_project\flask-project\ch09\9.4\logs
2023-01-01 21:48:51,346 - INFO - app.py - index - 25 - 正常信息
2023-01-01 21:48:51,346 - WARNING - app.py - index - 26 - 警告信息
```

logging 模块的 level 参数有以下约定。

（1）级别从低到高排序：DEBUG < INFO < WARNING < ERROR < CRITICAL。

（2）日志记录的是大于或等于当前设定级别的记录，如果设置的级别为 info，则低于 info 的级别都不会被记录。

还是上面的例子，改变 level 参数为 WARNING 级别，看看会输出什么，

```
# 将 log 级别设置为 WARNING
app.logger.setLevel(logging.WARNING)
```

输出如下，只看到了 WARNING 信息。

```
2023-01-01 22:01:54,471 - WARNING - app.py - index - 27 - 警告信息
```

## 9.5 信号

在 Flask 中，信号是一种用于处理应用中特定事件的机制。它允许你在特定事件发生时触发和处理自定义的函数。

Flask 的信号机制是基于 Werkzeug 库中的信号系统构建的，它提供了一种松耦合的方式来实现应用的不同部分之间的通信。

Flask 使用第三方库 Blinker 来实现信号功能。以下是 Flask 中信号的详细介绍。源代码见本书配套资源中的 "ch09/9.5/app.py"。

（1）安装 Blinker 库。

需要确保已经安装了 Blinker 库。如果没有安装，则可以使用 pip 进行安装：

```
pip install blinker
```

注意：安装 Flask 2.3.2 版本后，Blinker 库会自动安装。

（2）导入必要的模块。

在 Flask 应用中，导入必要的模块来使用 Blinker 库。

```
from blinker import Namespace
```

（3）创建命名空间。

在 Flask 中，通常使用 Namespace 来创建一个命名空间（如以下代码所示），用于管理信号。命名空间允许将信号分组，以便更好地组织和管理它们。

```
ns = Namespace()
```

（4）定义信号。

使用命名空间来创建信号。信号是具体事件或状态的表示，通常具有名称，以便唯一标识该事件。比如创建一个名为"user_login"的信号。

```
user_login = ns.signal('user_login')
```

现在，user_login 就是一个信号，可以用于通知某些事件。

（5）订阅信号。

订阅信号意味着注册一个或多个函数，以便在信号触发时执行。通常使用 connect 装饰器来定义信号的处理函数。

在以下示例中，log_user_login()函数是在 user_login 信号触发时执行的处理函数。

```
# 用户登录日志记录处理器，订阅信号
@user_login.connect
def log_user_login(user):
    # 记录用户登录事件
    log_entry = f"User '{user.username}' logged in at {datetime.now()}"
    # 配置日志记录器
    logging.basicConfig(filename='login.log', level=logging.INFO)
    # 写入日志
    logging.info(log_entry)
```

（6）发送信号。

发送信号表示某个特定事件已经发生。通常在应用的某个地方发送信号，以通知其他组件该事件的发生。使用 send()方法来发送信号，如以下代码所示。

```
# 模拟用户登录
class User:
    def __init__(self, username):
        self.username = username
# 模拟用户登录事件
user = User('admin')
#发送信号
user_login.send(user)
```

这将触发 user_login 信号，同时将用户实例作为参数传给订阅的处理函数。

执行上述代码后，会生成"ch09/9.5/login.log"文件，内容如下。

```
INFO:root:User 'admin' logged in at 2023-05-02 23:18:50.791374
```

信号的应用场景非常广泛，例如：在通知注册成功后发送欢迎邮件，通知用户新评论或留言的到来，在用户登录时记录日志，在数据模型的状态变化时触发信号（比如在数据库中保存数据之后）。

> 📢 提示　Flask 中的信号是一种强大的机制，它允许应用的不同部分在事件发生时相互通信，而无须直接耦合它们。这提高了应用的灵活性、可扩展性和可维护性，使开发变得更加模块化。通过 Blinker 库，Flask 提供了一种方便的方式来实现信号机制。

## 9.6　测试

自动化测试已经成为软件项目中不可或缺的测试方法。自动化测试可以降低人力、时间的投入，提高测试效率。自动化测试，是把"以人为驱动的测试行为"转化为"机器执行代码"的一种过程。

> 📢 提示　一般来说，在设计并确定测试用例之后，由测试人员根据测试用例一步步地执行测试，进行实际结果与期望结果的比对。

传统的自动化测试，关注的是用户界面层的测试。而现代主流的自动化测试，关注的是分层的自动化测试。

分层的自动化测试，倡导在产品的不同阶段（层次）都需要进行自动化测试，比如单元自动化测试、接口自动化测试和用户界面自动化测试。

在分层的自动化测试中，各层工作有明确的测试重心，测试工作逐层螺旋上升。这样，一方面促使开发和测试一体化，提高测试效率；另一方面也可以尽早发现程序缺陷，降低缺陷修复成本。

图 9-1 为分层自动化测试的金字塔模型图。三种测试的比例要根据实际的项目需求来划分。

> 📢 提示　在《Google 测试之道》一书中说过，对于 Google 产品，70%的投入为单元自动化测试，20%为接口自动化测试，10%为用户界面自动化测试。

三层中每层对应着不同的测试收益。从图 9-1 可以看出：单元自动化测试的收益是最大的，然后是接口自动化测试，最后是用户界面自动化测试。

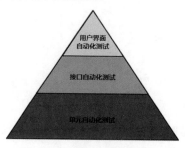

图 9-1

- 单元自动化测试：颗粒度最小，主要以类和方法为主，测试用例比较容易编写，在出现问题后容易快速定位问题。
- 接口自动化测试：颗粒度粗一些，以模块之间的数据交互为主，定位问题相对复杂。
- 用户界面自动化测试：主要在用户界面中进行，由于用户界面经常发生变化，导致测试脚本频繁改动，维护成本较高。

## 9.6.1　单元自动化测试

单元自动化测试是指，对软件中的最小可测试单元进行检查和验证。

最小可测试单元要根据实际情况来判断。在 Python 中，它指一个函数或者方法。可以使用 Python 中的 unittest 框架进行单元自动化测试。

## 9.6.2　接口自动化测试

在接口编写完成之后交付使用之前，必须经过一系列的测试。

接口测试的工作原理：利用接口测试工具模拟客户端向服务器发送报文请求；服务器接收请求并做出响应，然后向客户端返回应答信息；利用接口测试工具对响应消息进行解析。

> 💡 提示　相比用户界面自动化测试，接口自动化测试容易实现，维护成本低，有着更高的投入产出比。再加上现在开发常采用前后端分离模式，所以，接口自动化测试更是很多公司开展自动化测试的首选。

接口自动化测试有以下两种方式：

- 利用 Postman 工具模拟客户端发起 HTTP 请求。
- 使用 Python 脚本直接编写程序模拟客户端发起 HTTP 请求。

## 9.6.3　用户界面自动化测试

用户界面是用户使用产品的入口，所有功能都是通过用户界面提供给用户的。因此，用户界面的测试在整个测试中占据着重要的地位。

进行用户界面测试的一个简单方法：让一个测试人员在待测试应用上执行一系列用户操作，以验证结果是否正确。这种人工测试是耗时、烦琐的，且容易出错。

更有效的方法：编写用户界面测试用例，以自动化的方式执行用户操作。

> 💡 提示　自动化的方法可以使用重复、快速、可靠地运行测试用例。目前主流的测试工具有 Selenium 框架、Robot FrameWork 框架等。

### 9.6.4 了解单元测试框架 unittest

unittest 是 Python 自带的一个单元测试框架，无须安装，使用简单方便。它支持自动化测试、测试用例之间共享 SetUp（测试前的初始化工作）和 TearDown（测试后的清理工作）的代码部分、将测试用例合并为套件执行，以及将测试结果展示在报告中。

unittest 框架中包含 4 个重要的概念。

（1）测试用例（Test Case）。

测试用例是 unittest 中执行测试的最小单元。unittest 提供了一个名为 "TestCase" 的基础类，可以通过继承该类来创建测试用例。TestCase 类中的常用方法见表 9-2。

表 9-2

| 方　　法 | 含　　义 |
|---------|---------|
| SetUp() | 在测试方法运行前执行，进行测试前的初始化工作 |
| TearDown() | 在测试方法运行结束后执行，进行测试后的清理工作 |
| setUpClass() | 必须使用@classmethod 装饰器，在所有用例运行之前只运行一次 |
| tearDownClass() | 必须使用@classmethod 装饰器，在所有用例运行完之后只运行一次 |

（2）测试套件（Test Suite）。

测试套件就是一组测试用例，它将测试用例集合在一起。执行一个测试套件相当于执行当前组内所有的测试用例。

（3）测试运行（Test Runner）。

测试运行就是执行测试用例，并将测试结果保存。结果中包括运行了多少测试用例、成功了多少、失败了多少等信息。

（4）测试固件（Test Fixture）。

测试固件可以被简单理解为，在测试之前或者测试之后固定要做的一些动作。比如，在测试前的连接数据库、打开浏览器等操作；在测试结束后的关闭数据库、清理文件等操作。

### 9.6.5 【实战】使用 unittest 进行单元测试

下面开发一个最简单的测试用例来进行单元测试。

（1）创建测试类。

新建文件 calc.py，在其中添加如下代码。源代码见本书配套资源中的 "ch09/9.6/9.6.5/calc.py"。

```
class Calc:
    def _ _init_ _(self, a,b):
        self.a=a
        self.b=b
```

```
    def add(self):
        return self.a+self.b
    def sub(self):
        return self.a-self.b
```

（2）创建测试类。

在编写单元测试用例时，需要从 unittest.TestCase 类继承。unittest.TestCase 类提供了很多断言（Assert）方法，通过这些断言方法，可以验证一组特定的操作的响应结果。最常用的断言是 assertEqual()方法。

新建文件 calc_test.py，在其中添加如下代码。源代码见本书配套资源中的"ch09/9.6/9.6.5/calc_test.py"。

```
import unittest
from calc import Calc
class TestCalcMethod(unittest.TestCase):
    def setUp(self):
        self.filename="TestCase.log"
        self.file=open(self.filename,mode='a',encoding='utf-8')
        self.file.writelines("在每个测试用例执行之前都会调用"+'\n')
    # 测试函数必须以 test 开头
    def test_add(self):
        result=Calc(2,3).add()
        try:
            self.assertEqual(result,4)
        except AssertionError as e:
            self.file.writelines(f'测试异常为{e}'+'\n')
            raise e
        else:
            self.file.writelines(f'测试通过'+'\n')
    # 测试函数必须以 test 开头
    def test_sub(self):
        result=Calc(2,3).sub()
        try:
            self.assertEqual(result,-1)
        except AssertionError as e:
            self.file.writelines(f'测试异常为{e}'+'\n')
            raise e
        else:
            self.file.writelines(f'测试通过'+'\n')
    def tearDown(self):
        self.file.writelines("测试用例执行结束"+'\n')
        self.file.close()
if __name__=='__main__':
    unittest.main()
```

在上述代码中，加粗部分使用了断言方法 assertEqual()来判断测试结果是否达到预期。

执行代码后，输出 TestCase.log 文件，内容如下。

```
在每个测试用例执行之前都会调用
测试异常为 5 != 4
测试用例执行结束
在每个测试用例执行之前都会调用
测试通过
测试用例执行结束
```

（3）unittest 断言。

在 unittest 框架中提供了很多断言方法，目的是检查测试的结果是否达到预期，并能在断言失败后抛出失败的原因。

常用的断言方法见表 9-3。

表 9-3

| 断言方法 | 断言描述 |
| --- | --- |
| assertEqual(a,b) | a == b 为 True。断言 a 和 b 是否相等，如果相等则测试用例通过 |
| assertNotEqual(a,b) | a != b 为 True。断言 a 和 b 是否相等，如果不相等则测试用例通过 |
| assertTrue(x) | bool(x) is True。断言 x 是否为 True，如果为 True 则测试用例通过 |
| assertFalse(x) | bool(x) is False。断言 x 是否为 False，如果为 False 则测试用例通过 |
| assertIs(a, b) | a is b 为 True。断言 a 是否是 b，如果是则测试用例通过 |
| assertIsNot(a, b) | a is not b 为 True。断言 a 是否是 b，如果不是则测试用例通过 |

## 9.6.6 【实战】使用 Flask + unittest 进行接口自动化测试

假设你有一个简单的 Flask 应用，其中包含一个处理请求的视图函数。下面编写一个测试用例来测试这个视图函数。

（1）创建视图函数。源代码见本书配套资源中的"ch09/9.6/9.6.6/app.py"。

```
from flask import Flask
app = Flask(_ _name_ _)

@app.route('/')
def hello_world():
    return 'Hello, World!'
```

运行上述代码，保证我们的测试用例能够访问"http://localhost:5000/"。

（2）编写测试用例。

现在编写一个测试用例来测试 hello_world()视图函数。创建一个名为"test_app.py"的文件，然后编写以下内容。源代码见本书配套资源中的"ch09/9.6/9.6.6/test_app.py"。

```
import unittest
from app import app
import HTMLTestRunnerNew

class FlaskTestCase(unittest.TestCase):
```

```
    def setUp(self):
        self.app = app.test_client()
        self.app.testing = True
    def test_hello_world_html(self):
        response = self.app.get('/')
        self.assertEqual(response.status_code, 200)
        self.assertIn(b'Hello, World!', response.data)
if __name__ == '__main__':
    with open('report.html', 'wb')as fb:
        runner = HTMLTestRunnerNew.HTMLTestRunner(stream=fb, verbosity=2, title='测试
报告', description='...', tester='yang')
        unittest.main(testRunner=runner)
```

在这个示例中，首先，导入 unittest 和我们的 Flask 应用；然后，创建一个测试用例类 FlaskTestCase，其中包含了两个方法。

- setUp()：在每个测试方法之前运行，用于设置测试环境。在这里创建了一个测试客户端，并将其设置为测试模式。
- test_hello_world_html()：测试 hello_world()视图函数。它发送一个 GET 请求到根目录 "/"，并断言响应的状态码和数据是否与预期相符。

最后，使用 HTMLTestRunnerNew.py 这个文件美化测试页面，使用 unittest.main()方法来运行测试用例。

运行代码后发现不能生成 HTML 测试报告，原因是 PyCharm 在运行测试用例时，默认是以 unittest 框架来运行的，所以不能生成测试报告。

要运行测试用例，需要单独配置一个 Python 运行环境，比如环境名称为 HtmlTest，如图 9-2 所示。

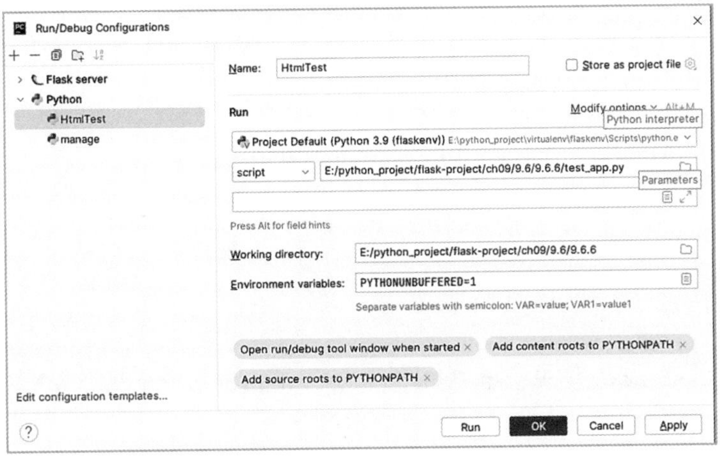

图 9-2

然后使用 HtmlTest 环境配置，并运行测试用例，会生成美观的测试报告，如图 9-3 所示。

图 9-3

## 9.6.7 【实战】使用 Pytest 进行单元测试

Pytest 是一个成熟的、全功能的 Python 测试框架，主要特点如下：

- 简单灵活，文档丰富。
- 支持参数化。
- 支持简单的单元测试和复杂的功能测试，例如接口自动化测试、用户界面自动化测试。
- 支持众多第三方插件，如 pytest-html（支持生成 HTML 格式的测试报告）等，还可以自定义功能扩展。
- 可以与持续集成工具 Jenkins 完美结合。

**1. 测试用例编写规则**

需要遵循以下几个规则：

- 测试文件以"test"开头或者以"test"结尾。
- 测试类以"Test"开头，且不能带有 init()方法。
- 测试类中可以包含一个或者多个以"test"开头的方法。
- 断言使用基本的 assert()方法即可。

**2. 安装**

安装以下两个包。

```
pip install pytest
pip install pytest-html          # 将测试结果生成 HTML 文件
```

**3. 编写类文件**

新建文件 calc.py，在其中添加如下代码。源代码见本书配套资源中的"ch09/9.6/9.6.7/calc.py"。

```
class Calc:
    def add(self,a,b):
        c=a+b
        return c
    def sub(self,a,b):
        c=a-b
        return c
```

### 4. 编写测试类

新建文件 calc_test.py，在其中添加如下代码。源代码见本书配套资源中的 "ch09/9.6/9.6.7/calc_test.py"。

```
import pytest
from calc import Calc
class TestCalc():                         # 类名需要以 "test" 开头，否则找不到
    def setup_class(self):
        print("在每个类之前执行一次"+'\n')
    def teardown_class(self):
        print("在每个类之后执行一次"+'\n')
    def setup_method(self):
        print("在每个方法之前执行")
    def teardown_method(self):
        print("在每个方法之后执行")
    # 测试函数必须以 "test" 开头
    def test_add(self):
        c=Calc()
        result=c.add(2,3)
        assert result==5
    # 测试函数必须以 "test" 开头
    def test_sub(self):
        c=Calc()
        result=c.sub(2,3)
        assert result==-2
if __name__=='__main__':
    pytest.main(["-s","-v","--html=report.html","calc_test.py"])
```

在上述代码中，setup_class()方法、teardown_class()方法分别在类开始、结束时执行。setup_method()方法、teardown_method()方法分别在类中的方法开始和结束时执行。若测试用例没有执行或失败，则不会执行 teardown()方法。

其中，参数-s 用于显示打印信息，参数-v 用于输出详细信息。

### 5. 执行结果

代码执行结果如图 9-4 所示。可以看出当前有两个测试用例：一个测试用例断言成功；另一个测试用例断言失败，并在断言失败后抛出了失败信息。

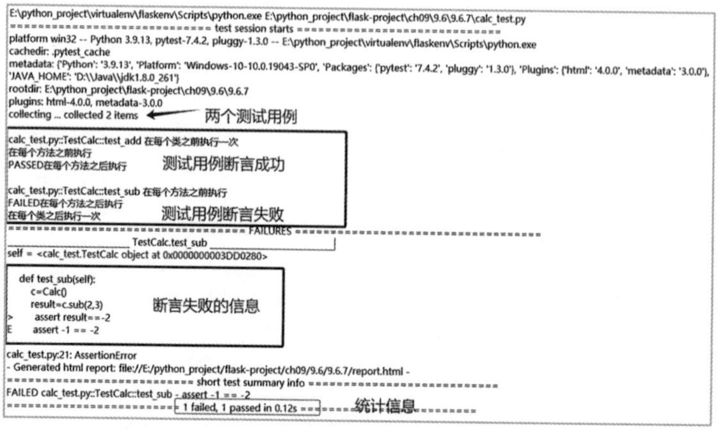

图 9-4

之后生成了 HTML 格式的测试报告，如图 9-5 所示，美观大方。

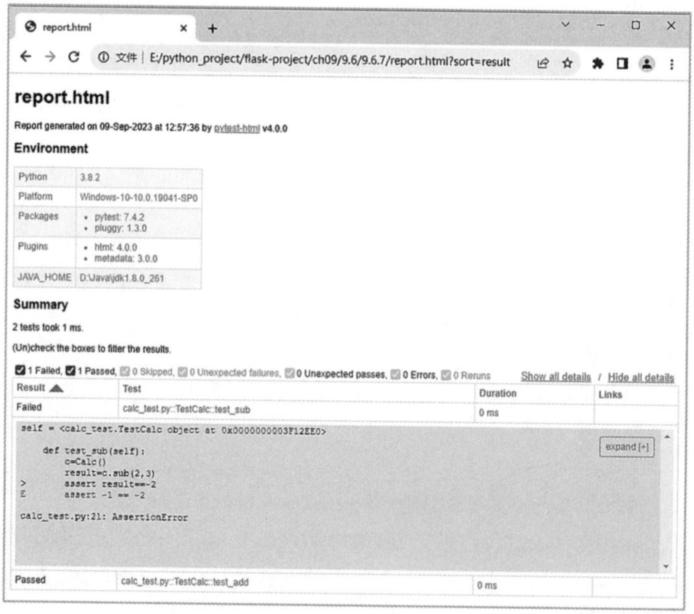

图 9-5

## 9.6.8 【实战】使用 Flask + Pytest 进行接口自动化测试

假设你有一个简单的 Flask 应用，其中包含一个处理请求的视图函数。下面使用 Pytest 编写一个测试用例来测试这个视图函数。

（1）创建一个 Flask 应用并定义视图函数。

源代码见本书配套资源中的"ch09/9.6/9.6.8/app.py"。

```
from flask import Flask
app = Flask(_ _name_ _)

@app.route('/hello')
def hello():
return 'Hello Flask'
```

运行上述代码，确保"http://localhost:5000/hello"能够被访问。

（2）创建一个名为"test_app.py"的 pytest 测试文件，编写测试代码如下。源代码见本书配套资源中的"ch09/9.6/9.6.8/test_app.py"。

```
import pytest
from app import app
@pytest.fixture
def client():
    app.config['TESTING'] = True
    client = app.test_client()
    yield client

def test_hello_world(client):
    response = client.get('/hello')
    assert response.status_code == 200
    assert b'Hello Flask' in response.data
```

在这里，使用 Pytest 的装饰器@pytest.fixture 创建一个测试客户端 client，这个客户端用于模拟请求。@pytest.fixture 类似于 pytest 框架中的 setup()/teardown()方法。该装饰器有一个参数 scope，在默认情况下 scope 是 function，即每个单独的测试都会调用这个用@pytest.fixture 修饰的函数。将 app.config['TESTING']设置为 True 表示在测试模式下运行 Flask。

然后，编写一个名为"test_hello_world"的测试函数，它测试了 hello_world()视图函数的行为。我们使用 client.get('/hello')来发送 GET 请求，然后使用 assert 语句来断言状态码和响应内容是否符合预期。其中，response.status_code 测试断言测试了我们请求获取的状态码是否是 200，response.data 测试断言测试了响应数据是否与给定的字符串相同。

（3）在命令行运行 Pytest 来执行测试。

```
pytest test_app.py
```

输出结果如下。

```
(flaskenv) E:\python_project\flask-project\ch09\9.6\9.6.8>pytest test_app.py
==============test session starts ======================================
platform win32 -- Python 3.9.13, pytest-7.4.2, pluggy-1.3.0
rootdir: E:\python_project\flask-project\ch09\9.6\9.6.8
plugins: html-4.0.0, metadata-3.0.0
collected 1 item

test_app.py .                                                          [100%]
============== 1 passed in 1.08s =======================================
```

## 9.7 使用 Flask-Cache 库实现缓存

Flask-Cache 是一个 Flask 库，用于在 Flask 应用中添加缓存。它支持多种缓存，如内存、文件、Redis 等，可以提高应用的性能和响应速度。

### 9.7.1 安装 Flask-Cache 库

使用如下命令安装 Flask-Cache。

```
Pip install flask-cache
```

安装后如果提示"Successfully..."信息则代表安装成功。

### 9.7.2 了解不同的缓存

Flask-Cache 默认支持以下多种缓存，可以通过配置来选择不同的缓存。

**1. 内存缓存**

simple 是 Flask-Cache 的默认缓存类型，它将缓存内容存储在内存中。

```
app.config['CACHE_TYPE'] = 'simple'
```

**2. 文件缓存**

filesystem 缓存类型将缓存内容存储在文件系统中。需要指定缓存文件的路径。

```
app.config['CACHE_TYPE'] = 'filesystem'
app.config['CACHE_DIR'] = 'c:/cache'
```

**3. Redis 缓存**

Redis 缓存类型将缓存内容存储在 Redis 数据库中。需要指定 Redis 服务器的位置。

```
app.config['CACHE_TYPE'] = 'redis'
app.config['CACHE_REDIS_URL'] = 'redis://user:password@localhost:6379/1'
```

### 9.7.3 Flask-Cache 库的常见用法

Flask-Cache 的常见用法包括缓存视图函数、清除缓存、手动设置缓存键等，下面具体介绍。

**1. 基本用法**

增加视图函数 test()，如以下代码所示。源代码见本书配套资源中的"ch09/9.7/9.7.3/1/app.py"。

```
from flask import Flask
from flask_cache import Cache
config={
    "CACHE_TYPE":"simple",
```

```
    "CACHE_DEFAULT_TIMEOUT":30}

app=Flask(__name__)
app.config.from_mapping(config)
# 创建 Cache 对象
cache=Cache(app)

@app.route("/test")
@cache.cached()
def test():()
    print("执行了 test 函数")
    return "Hello World"
```

在上述示例中，首先配置了缓存，指定了缓存类型为默认的内存缓存，并设置了默认缓存过期时间为 30 秒；之后，使用@cache.cached()装饰器将 test()视图函数标记为需要缓存的函数。

配置路由并访"http://localhost:5000/test"，通过控制台窗口输出语句可以看出，第 1 次访问会输出"执行了 test()函数"，在之后 30 秒内页面访问直接从缓存中提取数据，不会再次输出该提示。

执行上述代码会遇到各种问题，接下来我们一一排查。

（1）问题 1：ImportError: cannot import name 'import_string' from 'werkzeug'

解决方法：编辑 "\lib\site-packages\flask_cache\__init__.py" 文件。

将

```
from werkzeug import import_string
```

修改为：

```
from werkzeug.utils import import_string
```

（2）问题 2：ModuleNotFoundError: No module named 'flask.ext'

解决办法：编辑 "\lib\site-packages\flask_cache\jinja2ext.py"。

将

```
from flask.ext.cache import make_template_fragment_key
```

修改为：

```
from flask_cache import make_template_fragment_key
```

Flask2.3.2 中抛弃了 flask.ext 这种引入扩展的方法，采用"flask_扩展名"这种方法。

（3）问题 3：ModuleNotFoundError: No module named 'werkzeug.contrib'

解决办法：编辑 "\Lib\site-packages\flask_cache\backends.py"。

将

```
from werkzeug.contrib.cache import (BaseCache, NullCache, SimpleCache,
MemcachedCache,GAEMemcachedCache, FileSystemCache)
```

修改为：

```
from cachelib import (BaseCache, NullCache, SimpleCache, MemcachedCache,
                      FileSystemCache)
```

注意：werkzeug.contrib 已经被移除了，改成了一个单独的项目——cachelib。

使用如下命令安装 cachelib。

```
pip install cachelib
```

另外，cachelib 包中没有 GAEMemcachedCache，它是 MemcachedCache 的一个别名，在 cachelib 中已经把它舍弃了。

### 2. 缓存视图函数

Flask-Cache 提供了@cache.cached()装饰器，用于在视图函数中应用缓存。这个装饰器将视图函数的输出缓存起来，以便在下一次请求相同的 URL 时直接返回缓存的响应中的内容，而不必重新执行视图函数。

装饰器说明如下。

```
@cache.cached(timeout=None, key_prefix=None)
```

其中参数如下。

- Timeout：缓存的过期时间（秒）。如果不指定，则使用默认过期时间。
- key_prefix：缓存键的前缀。如果不指定，则使用默认前缀。

示例代码如下。源代码见本书配套资源中的"ch09/9.7/9.7.3/2/app.py"。

```
@app.route('/cached')
@cache.cached(timeout=30)   # 缓存响应，过期时间为 30 秒
def cached_route():
    return '已经被缓存，30 秒后过期'
```

在默认情况下，cache.cached()使用请求的 URL 作为缓存键。可以通过传递一个自定义的 key_prefix 参数来自定义缓存键，以便更精确地控制缓存。示例如下。源代码见本书配套资源中的"ch09/9.7/9.7.3/2/app.py"。

```
@cache.cached(timeout=60, key_prefix='mycode')
@app.route('/')
def hello_world():
    return 'Hello, World!'
```

### 3. 清除缓存

Flask-Cache 提供了简单的方法来清除缓存中的数据：使用 cache.cache.clear()方法来清除所有缓存数据，使用 cache.delete(key)方法来清除特定的缓存数据。

以下是一个清除缓存的示例。源代码见本书配套资源中的"ch09/9.7/9.7.3/3/app.py"。

```
from flask import Flask
from flask_cache import Cache
```

```
config={
    "CACHE_TYPE":"simple",
    "CACHE_DEFAULT_TIMEOUT":30,}

app=Flask(__name__)
app.config.from_mapping(config)
# 创建 Cache 对象
cache=Cache(app)

@app.route("/test")
@cache.cached()
def test():
    cache.cache.set("mycode", "hello flask", timeout=30)
    return "hello flask"

@app.route('/clear_cache')
def clear_cache():
    cache.cache.clear()  # 清除所有缓存数据
    return 'Cache cleared'

@app.route('/delete_cache/<string:key>')
def delete_cache(key):
    cache.cache.delete(key)  # 根据 key 删除缓存数据
    return 'Cache delete'
```

#### 4. 手动设置缓存键

可以在视图函数中手动设置缓存键。使用 cache.cache.set()方法来设置缓存键，使用 cache.cache.get()方法来获取缓存数据。

cache.cache.set()是 Flask-Cache 库提供的方法，用于手动将数据存储到缓存中。该方法允许你将任何可序列化的数据存储在你配置的缓存后端中。

cache.cache.set()方法的语法如下。

```
cache.cache.set(key, value, timeout=None)
```

- key：存储数据的键，通常是一个字符串。这个键用于标识存储在缓存中的数据，以便以后检索。
- value：要存储在缓存中的数据，可以是任何可序列化的 Python 数据类型，如字符串、字典、列表等。
- timeout：可选参数，指定数据在缓存中的过期时间（以秒为单位）。

以下是一个手动设置缓存键的示例。源代码见本书配套资源中的"ch09/9.7/9.7.3/4/app.py"。

```
from flask import Flask
from flask_cache import Cache
app = Flask(__name__)
config={
    "CACHE_TYPE":"simple",
```

```
    "CACHE_DEFAULT_TIMEOUT":30,}
app.config.from_mapping(config)
cache = Cache(app)

@app.route("/cms_cache/<string:param>")
def cms_cache(param):
    cache_key = f'cms_cache_key_{param}'
    cached_data = cache.cache.get(cache_key)
    if cached_data is not None:
        # 如果缓存中有数据，则直接返回
        print("从缓存中返回数据")
        return cached_data
    # 否则执行视图函数
    result = f'需要缓存的数据：{param}'
    # 将结果存入缓存
    cache.cache.set(cache_key, result, timeout=30)
    return result
```

在这个示例中，首先尝试从缓存中获取数据，如果缓存中有数据则直接返回，否则执行视图函数，将结果存入缓存。

> 📎提示　cache.cache.set()方法用于存储数据，cache.cache.get()方法用于检索数据。你可以根据需要组合使用这些方法，以自定义缓存逻辑。

### 9.7.4　用 Redis 作为缓存的后端存储

在实际项目中，常使用 Redis 实现缓存来提升系统性能、缓解数据库的压力。

Redis 是一个完全开源免费的、遵守 BSD 协议的、基于内存的、高性能的 key-value 存储系统。它支持的存储类型很多，包括 string（字符串）、list（列表）、set（集合）、zset（有序集合）和 hash（哈希类型），并提供各种方法对这些类型进行操作。

Redis 支持数据的持久化，可以把内存中的数据保存到磁盘中，重启后可以再次加载使用这些数据。Redis 的所有操作都是原子性的，即操作"要么全部执行成功，要么全部执行失败"。可以充分利用这个特性来实现商品"秒杀"等功能。

**1. 搭建 Redis 环境**

我们在 CentOS 7.9 测试环境中安装 Redis，如果对环境有问题，则可以先查阅 14.1 节。

本书提供了配套资源文件"redis-6.2.5.tar.gz"，将该文件上传到 192.168.77.103 主机的"/opt/tools"目录下。如果"tools"目录不存在，则请进行创建。接下来通过以下命令进行安装。

（1）安装依赖。

```
yum install -y cpp binutils glibc glibc-kernheaders glibc-common glibc-devel gcc make tcl
```

（2）安装 Redis。

进入 "/opt/tools" 目录，执行如下命令。

```
tar -zxvf redis-6.2.5.tar.gz
```

解压缩后，进入 "redis-6.2.5" 目录执行如下命令进行编译和安装。

```
make && make install
```

编译安装后的文件在 "/usr/local/bin" 目录下。

创建 "/etc/redis" 目录，从 "/opt/tools/redis-6.2.5" 目录下复制一份 redis.conf 配置文件到 "/etc/redis" 目录下。

```
[root@hdp-03 redis-6.2.5]# mkdir /etc/redis
[root@hdp-03 redis-6.2.5]# cp redis.conf /etc/redis/
```

使用 vim 命令编辑 "/etc/redis" 目录下的 redis.conf 文件，修改如下。

```
bind 0.0.0.0              # 绑定 IP 地址
port 6379                 # 端口号
daemonize yes             # 是否以守护进程运行
requirepass 123456        # 设置密码
logfile "/var/log/redis/redis.log"       # 日志文件
```

注意，请手工创建 "/var/log/redis" 目录，否则会报错。

（3）启动服务器端。

进入 "/usr/local/bin" 目录，执行如下命令。

```
[root@hdp-03 bin]# ./redis-server /etc/redis/redis.conf
```

执行成功后，屏幕无任何输出，可以通过客户端命令进行测试。

（4）测试。

redis-cli 是 Redis 的客户端工具，在其中输入以下命令进行测试。

```
[root@hdp-03 bin]# ./redis-cli -h 127.0.0.1 -p 6379 -a "123456" 2>/dev/null
```

其中，–h 指服务器 IP 地址，–p 指端口号，–a 指连接密码，"2>/dev/null" 指将 shell 命令的标准错误（Warning: Using a password with '-a' option on the command line interface may not be safe.）丢弃。

使用 set、get 命令简单进行测试，如图 9-6 所示。

```
127.0.0.1:6379> set a "hello redis"
OK
127.0.0.1:6379> get a
"hello redis"
127.0.0.1:6379>
```

图 9-6

## 2. 用 Flask-Cache 操作 Redis

通过 Flask-Cache 可以在 Flask 中使用 Redis，Flask-Cache 的相关配置见表 9-4。

表 9-4

| 配　　置 | 说　　明 |
| --- | --- |
| CACHE_DEFAULT_TIMEOUT | 默认过期时间，单位为秒 |
| CACHE_KEY_PREFIX | 设置 cache_key 的前缀 |
| CACHE_REDIS_HOST | Redis 的服务器地址 |
| CACHE_REDIS_PORT | Redis 的端口号 |
| CACHE_REDIS_PASSWORD | Redis 的密码 |
| CACHE_REDIS_DB | 使用 Redis 的哪个库 |
| CACHE_REDIS_URL | 连接到 Redis 服务器的 URL。示例 redis://user:password@localhost:6379/1 |
| CACHE_ARGS | 在缓存类实例化期间解压缩和传递的可选列表 |
| CACHE_OPTIONS | 在缓存类实例化期间传递的可选字典 |

通过下面的示例演示如何使用 Flask-Cache 操作 Redis。源代码见本书配套资源中的
"ch09/9.7/9.7.4/app.py"。

```
from flask import Flask
from flask_cache import Cache
app = Flask(_ _name_ _)
cache = Cache(app, config={
    "CACHE_TYPE": "redis",
    "CACHE_REDIS_HOST": "192.168.77.103",
    "CACHE_REDIS_PORT": 6379,
    "CACHE_REDIS_PASSWORD": "123456",
    "CACHE_REDIS_DB": 5})


@app.route("/get_info")
@cache.cached(timeout=30)
def get_info():
    print("no cache")
    return "Hello World"
```

运行上述代码并请求"http://localhost:5000/get_info"地址后，通过 Redis 客户端工具 RDM
进行观察，比如查看 db5 数据库，可以看到图 9-7 中的"Hello World"。

图 9-7

运行"ch09/9.7/9.7.4/app.py"会有如下报错。

```
ImportError: redis is not a valid FlaskCache backend
```

按照以下方式排除故障。

打开 "site-packages/flask_cache/backends.py"，把第 55 行 from werkzeug.contrib. cache import RedisCache 改为 from cachelib import RedisCache 即可。

> 💡 提示　werkzeug.contrib 在 werkzeug 新版本中已经被移除了，被改成了一个单独的项目——cachelib。

合理使用缓存，可以改善 Flask 应用的用户体验，降低服务器负载，提高响应速度。

## 9.8　分布式任务队列 Celery

Celery 是一个专注于实时处理和任务调度的分布式任务队列。通过它，可以轻松实现任务的异步处理。使用 Celery 的常见场景如下。

- 异步任务：若用户触发一个操作需要较长时间才能执行完成（比如发送邮件、生成静态页面、消息推送等），则可以把这个任务交给 Celery 异步执行，在这期间用户不需要等待。
- 定时任务：Celery 可以设定不同的定时任务，比如每天定时执行爬虫爬取指定内容。

### 9.8.1　Celery 的组件及其工作原理

Celery 共有 5 大核心组件。

- Producer：任务生产者，通过调用 Celery 的相关函数或者装饰器产生任务（Task），然后将其发送给 Broker。
- Broker：消息中间件/消息代理/任务队列，接受生产者发来的任务，再分配给多个任务消费者进行处理。
- Worker：任务消费者，负责执行任务。可以多个任务消费者同时执行一个任务，以提升效率。
- Backend：任务处理完成后保存的状态信息和结果，支持 Redis、数据库等。
- Beat：任务调度器，负责周期性地将需要执行的任务发送给 Broker。

Celery 的工作原理如图 9-8 所示：任务生产者（Producer）生产一个任务（Task），任务调度器（Beat）产生定时任务，然后将这些任务交给 Broker，由 Broker 来分配给多个任务消费者（Worker）执行，执行后的任务结果统一保存到 Backend（使用 Redis）中。

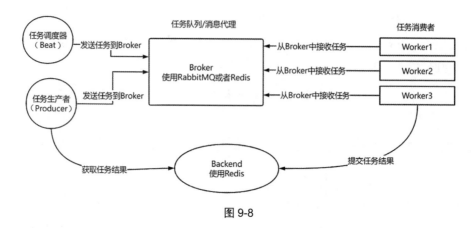

图 9-8

## 9.8.2 安装 Celery

使用 pip 命令安装 Celery。

```
pip install celery
```

此外，还需要安装 Eventlet。

```
pip install eventlet
```

安装后如果提示"Successfully…"信息则代表安装成功。

## 9.8.3 【实战】第一个 Celery 程序

第一个 Celery 程序分为 5 步。源代码见本书配套资源中的"ch09/9.8/app.py"。

### 1. 实例化 Celery

使用 Redis 作为 Broker 和 Backend 的地址，然后实例化 Celery。

```
from flask import Flask
from celery import  Celery
app=Flask(_ _name_ _)
app.config["CELERY_BROKER_URL"]="redis://default:123456@192.168.77.103:6379/1"
app.config["CELERY_RESULT_BACKEND"]="redis://default:123456@192.168.77.103:6379/2"
celery_app=Celery(_ _name_
_,broker=app.config["CELERY-BROKER_URL"],backend=app.config["CELERY_RESULT_BACKEND
"])
```

### 2. 定义任务

用@celery_app.task()装饰器定义一个 Celery 任务，其作用是把普通的视图函数包装成
Celery 提供给队列异步执行。

```
@celery_app.task()
def add(x,y):
    return x+y
```

### 3. 执行 Celery 异步任务

调用 delay()方法来执行 Celery 异步任务，如果不加 delay()方法则调用普通的视图函数。

```
@app.route("/")
def index():
    results=add.delay(3,5)
    return str(results.wait())
```

### 4. 执行 Celery

```
(flaskenv) E:\python_project\flask-project\ch09\9.8>Celery -A app.celery_app worker
--loglevel=info -P eventlet
```

其中，celery　-A 是固定写法，app 代表 app.py 模块，celery_app 代表 app.py 中的 Celery 对象，--loglevel 代表日志级别（默认为 warning）。

任务的并发默认采用多进程方式，Celery 支持 gevent 或者 eventlet 协程并发，可以使用-P 参数来执行。

控制台输出如下。

```
[tasks]
  . app.add
[2023-01-15 17:13:29,334: INFO/MainProcess] Connected to
redis://default:**@192.168.77.103:6379/1
[2023-01-15 17:13:30,379: INFO/MainProcess] celery@Y-20220521SNJEX ready.
```

### 5. 查看执行结果

运行 app.py，执行 "http://localhost:5000/"，界面中会显示 add()方法的执行结果 "8"，控制台输出如下。

```
[2023-01-15 17:27:36,983: INFO/MainProcess] Task
app.add[e30b7665-d214-42c3-abc7-acec0792734e] received
[2023-01-15 17:27:37,022: INFO/MainProcess] Task
app.add[e30b7665-d214-42c3-abc7-acec0792734e] succeeded in 0.046999999998661224s: 8
```

## 9.9　使用 Flask-Mail 库实现邮件发送

在 Web 程序开发中，经常需要发送电子邮件，借助 Flask-Mail 库只需要几行代码就可以实现。Flask-Mail 封装了 Python 标准库中的 smtplib 包，简化了在 Flask 程序中发送电子邮件的过程。

### 9.9.1　安装 Flask-Mail 库

使用如下命令安装 Flask-Mail。

```
pip install flask-mail
```

## 9.9.2 配置变量

Flask-Mail 通过 SMTP（简单邮件传输协议）服务器来发送邮件。因此，我们需要配置一个 SMTP 服务器。以常用的 QQ 邮箱为例，具体配置见表 9-5。

表 9-5

| 参　数 | 说　明 | 默认值（以 QQ 邮箱为例） |
|---|---|---|
| MAIL_SERVER | 用于发送邮件的 SMTP 服务器 | smtp.qq.com |
| MAIL_PORT | 发信端口 | 465 |
| MAIL_USERNAME | 发信服务器的用户名 | 57xx5rty@qq.com |
| MAIL_PASSWORD | 发信服务器的授权码 | Ljfitqzfphli2bjyy3 |
| MAIL_USE_TLS | 是否使用 STARTTLS | False |
| MAIL_USE_SSL | 是否使用 SSL/TLS | True |
| MAIL_DEFAULT_SENDER | 默认发信人 | ('发送者的名字', '发送者的邮箱') |

默认发信人 MAIL_DEFAULT_SENDER 由元组构成，即(姓名,邮箱地址)，在设置默认发信人后，在发信时就可以不用指定发信人了。

对发送的邮件使用 SSL（Security Socket Layer，安全套接字层）和 TLS（Transport Layer Sceurity，传输层安全）进行加密，可以避免邮件在发送过程中被第三方截获和篡改。

## 9.9.3 获取授权码

对 QQ 邮箱来说，MAIL_PASSWORD 指授权码。下面来看看如何获取授权码。

以 QQ 邮箱为例，打开邮箱首页，单击“设置”链接，再单击“账户”选项，如图 9-9 所示。

邮箱首页 | 设置 - 换肤
邮箱设置
常规
账户
换肤
收信规则
反垃圾
文件夹和标签
其他邮箱
信纸
默认账户信息

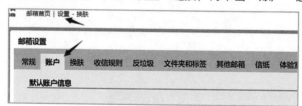

图 9-9

在账户页面中，向下滚动，直接看到如图 9-10 所示的选项，单击“POP3/SMTP 服务”右侧的“开启”选项。

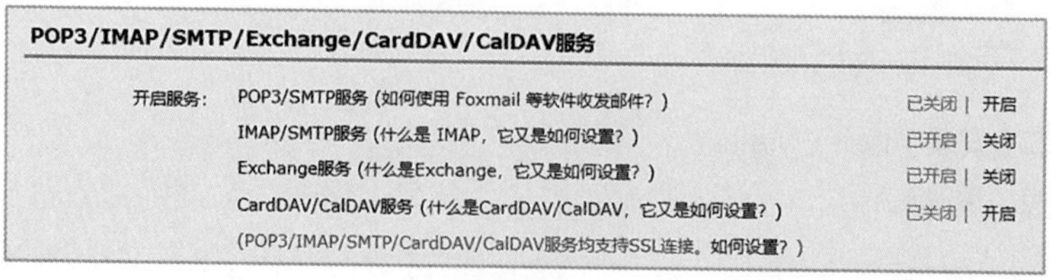

POP3/IMAP/SMTP/Exchange/CardDAV/CalDAV服务
开启服务:
POP3/SMTP服务 (如何使用 Foxmail 等软件收发邮件？)
已关闭 | 开启
IMAP/SMTP服务 (什么是 IMAP，它又是如何设置？)
已开启 | 关闭
Exchange服务 (什么是Exchange，它又是如何设置？)
已开启 | 关闭
CardDAV/CalDAV服务 (什么是CardDAV/CalDAV，它又是如何设置？)
已关闭 | 开启
(POP3/IMAP/SMTP/CardDAV/CalDAV服务均支持SSL连接。如何设置？)

图 9-10

出现一个验证过程，按照页面说明操作，通过手机短信向指定号码发送相关内容，发送完毕后单击页面上的"我已发送"按钮，会弹出一个对话框，其中包含 SMTP 授权码，如图 9-11 所示，将其复制下来方便后面使用。

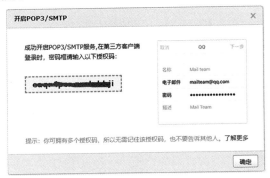

图 9-11

## 9.9.4　邮件发送的示例

以下代码演示使用 Flask-Mail 发送邮件。源代码见本书配套资源中的"ch09/9.9/app.py"。

```python
from flask import Flask
from flask_mail import Mail,Message
app=Flask(_name_)
app.config['MAIL_SERVER']='smtp.qq.com'
app.config['MAIL_PORT'] = 465
app.config['MAIL_USERNAME'] = '572225@qq.com'
app.config['MAIL_PASSWORD'] = 'xiurc222eerwixfbd'
app.config['MAIL_USE_TLS'] = False
app.config['MAIL_USE_SSL'] = True
app.config['MAIL_DEFAULT_SENDER'] =('admin','5792225@qq.com')
mail=Mail(app)

@app.route("/index")
def index():
    # 设置邮件信息
    msg = Message('你好', recipients=['572225@qq.com'])
    # 设置邮件内容
    msg.body = "欢迎来到Flask世界"
    # 发送邮件
    mail.send(msg)
    return "发送成功"
```

在运行代码后，如果没有问题，则邮箱会收到一封邮件，如图 9-12 所示。

图 9-12

# 9.10 认识工厂函数

在 Flask 中，工厂函数是一种用于创建 Flask 应用实例的模式，它将应用的配置和组件的初始化分离开，从而使应用的创建和配置更加灵活和可扩展。使用工厂函数的主要好处：可以根据需要创建多个应用实例，每个实例可以具有不同的配置。

## 9.10.1 为什么要使用工厂函数

工厂函数的优点如下。

- 可配置性：可以为不同的环境（例如开发、测试、生产）创建不同的配置文件，并可以根据需要将配置名称传递给工厂函数以加载相应的配置，从而使得开发人员可以轻松地开发和测试应用。
- 可测试性：由于应用的初始化和配置与工厂函数的具体实现是分离开来的，所以开发人员可以更容易地编写单元测试，测试不同配置下的应用行为。
- 可扩展性：使用工厂函数模式，可以轻松创建多个应用实例，每个应用实例可以具有不同的配置和功能，而不必修改应用的全局配置。
- 可维护性：使用工程函数可以将应用分为不同的模块，从而使得代码更加易于维护和扩展。
- 安全性：使用工厂函数可以将敏感信息（如密钥）存储在配置文件中，并且只有在需要时才会加载。

## 9.10.2 创建一个工厂函数

在创建一个 Flask 应用时，通常会使用工厂函数的方式，以便更灵活地配置和组织应用。

以下是一个简单的示例，演示如何创建一个 Flask 应用的工厂函数。项目的目录结构如图 9-13 所示，源代码目录见本书配套资源中的 "ch09/9.10/myapp"。

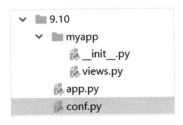

图 9-13

首先，创建一个 conf.py 文件用来存储应用的配置参数。源代码见本书配套资源中的
"ch09/9.10/conf.py"。

```
class Config:
    DEBUG = False
    SECRET_KEY = '1234567890'

class DevelopmentConfig(Config):
    DEBUG = True
    SECRET_KEY = 'abcdefg'

class ProductionConfig(Config):
    DEBUG = False
```

然后，在"ch09/9.10/myapp/_ _init_ _.py"文件中创建 Flask 应用的工厂函数。

```
from flask import Flask
from conf import DevelopmentConfig

def create_app(config_name='development'):
    app = Flask(_ _name_ _)
    # 根据配置名称加载配置
    if config_name == 'production':
        app.config.from_object('conf.ProductionConfig')
    else:
        app.config.from_object('conf.DevelopmentConfig')
    # 初始化扩展或注册蓝图
    from .views import main_bp
    app.register_blueprint(main_bp)
    print(app.config)
    print(app.url_map)
    return app
```

在上述工厂函数中，定义了 create_app()函数，它接受一个 config_name 参数，默认值为
development。工厂函数会根据 config_name 参数的值加载不同的配置。

接下来，从配置文件中导入 DevelopmentConfig 或者 ProductionConfig，并根据配置名称选
择合适的配置。然后，注册了一个名为"main_bp"的蓝图。

之后，在 views.py 文件中，可以创建视图函数并将它们注册到蓝图中。源代码见本书配套资源
中的"ch09/9.10/myapp/views.py"。

```
from flask import Blueprint
main_bp = Blueprint('main', _ _name_ _)

@main_bp.route('/')
def index():
    return 'Hello, World!'
```

最后，在 app.py 文件中调用工厂函数来创建应用并运行它。源代码见本书配套资源中的"ch09/9.10/myapp/app.py"。

```
from myapp import create_app
app = create_app()

if _ _name_ _ == '_ _main_ _':
    app.run()
```

这个示例演示了一个简单的 Flask 应用工厂函数，其允许开发人员根据不同的配置和需求来创建和运行不同的应用实例。工厂函数模式使应用的配置和初始化更加模块化和可扩展，有助于组织和维护大型 Flask 项目。

# 第 10 章

# 【实战】使用 Flask + Bootstrap 框架开发商城系统后台

Bootstrap 是很受欢迎的 HTML、CSS 和 JavaScript 框架。它支持响应式栅格系统，自带了大量的组件和众多强大的 JavaScript 插件。基于 Bootstrap 框架我们能够快速设计并开发网站。

AdminLTE 是基于 Bootstrap 框架开发的一套受欢迎的、开源的后台管理模板。本案例使用 AdminLTE 3.1.0 版本作为商城管理系统后台的模板框架。

## 10.1 设计分析

商城系统后台的设计分析主要包含需求分析、架构设计等。

### 10.1.1 需求分析

商城系统后台的功能如图 10-1 所示。

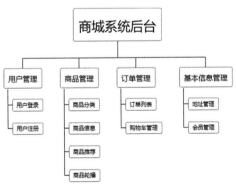

图 10-1

## 10.1.2 架构设计

为实现商城系统后台，这里采用 Flask 框架作为服务器端的基础框架，采用"HTML+CSS+JavaScript"搭建前端，采用 MySQL 数据库，如图 10-2 所示。

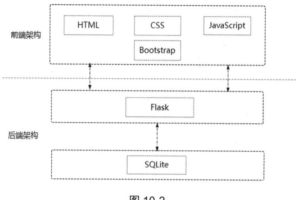

图 10-2

## 10.1.3 最终效果

最终的商城管理系统后台如图 10-3 所示。

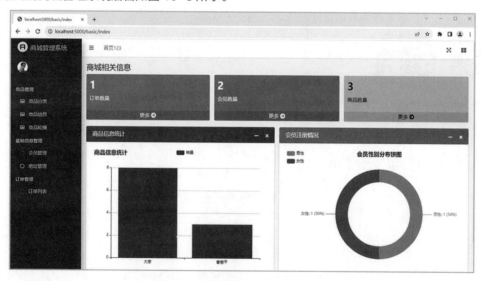

图 10-3

## 10.2 开发商城系统后台

本商城系统后台实现了这些功能：用户管理、商品管理、订单管理和基本信息管理。

## 10.2.1　规划工程目录

Flask 对于项目的组织管理方式并无统一的模板，这就导致不同的人开发 Flask 程序有不同的风格。为了尽可能提高可读性，便于维护，建议使用"工厂函数 + 包"的方式来组织管理代码。

（1）目录规划及其说明。

在"ch10"目录下创建项目文件夹 myshop-admin。在"myshop-admin"文件夹下创建 apps 包，其他文件和目录说明见表 10-1。

表 10-1

| 文件或者目录 | 说　明 |
| --- | --- |
| myshop-admin/apps/ | 应用目录 |
| myshop-admin/apps/statis/ | 应用目录下的静态目录 |
| myshop-admin/apps/templates/ | 应用目录下的模板目录 |
| myshop-admin/apps/__init__.py | 包的初始化文件 |
| myshop-admin/apps/basic/ | 应用目录下的基础功能目录，包含模型、表单和视图 |
| myshop-admin/apps/cates/ | 应用目录下的商品分类目录，包含模型、表单和视图 |
| myshop-admin/apps/common/ | 应用目录下的公共模块 |
| myshop-admin/apps/goods/ | 应用目录下的商品目录，包含模型、表单和视图 |
| myshop-admin/apps/members/ | 应用目录下的会员目录，包含模型、表单和视图 |
| myshop-admin/apps/orders/ | 应用目录下的订单目录，包含模型、表单和视图 |
| myshop-admin/apps/users/ | 应用目录下的用户目录，包含模型、表单和视图 |
| myshop-admin/deploy/ | 部署时需要的配置文件，如 Nginx、Docker 的配置文件 |
| myshop-admin/media/ | 文件上传的目录 |
| myshop-admin/config.py | 配置文件 |
| myshop-admin/exts.py | 扩展文件 |
| myshop-admin/manage.py | 入口文件 |
| myshop-admin/requirements.txt | 包依赖文件 |

最终的目录如图 10-4 所示。

图 10-4

（2）创建 app 工厂函数。

源代码见本书配套资源中的 "ch10/myshop-admin/apps/_ _init_ _.py"。

```python
from flask import Flask
from flask_login import LoginManager
from flask_sqlalchemy import SQLAlchemy
from sqlalchemy import MetaData
from config import DevelopmentConfig
from flask_ckeditor import CKEditor
from flask_wtf import CSRFProtect
from exts import mail
naming_convention = {
    "ix": 'ix_%(column_0_label)s',
    "uq": "uq_%(table_name)s_%(column_0_name)s",
    "ck": "ck_%(table_name)s_%(column_0_name)s",
    "fk": "fk_%(table_name)s_%(column_0_name)s_%(referred_table_name)s",
    "pk": "pk_%(table_name)s"
}
# 实例化登录管理器对象
login_manager = LoginManager()
login_manager.login_view = 'users.login'
login_manager.session_protection = "strong"
login_manager.login_message = "欢迎回来"


from apps.basic import  basic_bp
from apps.cates import  cates_bp
from apps.goods import  goods_bp
from apps.users import  users_bp
from apps.members import  members_bp
from apps.orders import  orders_bp
ckeditor= CKEditor()
csrf = CSRFProtect()


def create_app():
    app=Flask(_ _name_ _)
    # 加载配置文件
    app.config.from_object(DevelopmentConfig)
    # 登录管理器初始化
    login_manager.init_app(app)
    # 加载蓝图
    app.register_blueprint(basic_bp, url_prefix="/basic")
    app.register_blueprint(cates_bp, url_prefix="/cates")
    app.register_blueprint(goods_bp, url_prefix="/goods")
    app.register_blueprint(users_bp, url_prefix="/users")
    app.register_blueprint(members_bp, url_prefix="/members")
    app.register_blueprint(orders_bp, url_prefix="/orders")
    # 初始化数据库
    db = SQLAlchemy(app, metadata=MetaData(naming_convention=naming_convention))
    db.init_app(app)
```

```
# 数据库编辑器
ckeditor.init_app(app)
# CSRF初始化
csrf.init_app(app)
# 初始化邮件
mail.init_app(app)
return app
```

在上述代码中，create_app()函数是一个工厂函数，用于创建并配置 Flask 应用实例。在该函数内部执行了以下操作。

①创建一个 Flask 应用实例 app。通过 app.config.from_object(DevelopmentConfig)导入了一个名为"DevelopmentConfig"的配置文件，并加载应用配置。

②初始化登录管理器 login_manager，并设置相关登录配置。

③注册了各个蓝图，将它们添加到应用中，并指定了每个蓝图的 URL 前缀。

④初始化了 SQLAlchemy 数据库扩展，并将其与应用关联。

⑤初始化 CKEditor 扩展，以支持富文本编辑。

⑥初始化 CSRF 保护，提供安全性保护。

⑦初始化邮件扩展 mail。

最后，create_app()函数返回配置好的 Flask 应用实例，可以在项目中使用它。这种方式可以使你更灵活地组织和配置自己的 Flask 应用实例——将不同功能模块分成蓝图并按需加载。这也是一个常见的 Flask 应用工程化的结构。

（3）在入口文件中使用工厂函数。源代码见本书配套资源中的"ch10/myshop-admin/manage.py"。

```
from exts import  db
import apps
app=apps.create_app()
# 导入 Manager 类
from flask_script import Manager,Server
# 导入数据库迁移类和数据库迁移指令类
from flask_migrate import Migrate

# 构建指令，设置当前 Flask 的 app 实例受指令控制（即将指令绑定给指定 app 实例）
manage = Manager(app)
manage.add_command("runserver", Server(use_debugger=True))
# 第 1 个参数是 Flask 的实例，第 2 个参数是 Sqlalchemy 数据库实例，创建数据库迁移工具对象
migrate = Migrate(app,db,render_as_batch=True)

if __name__=="__main__":
    manage.run()
```

在这段代码中，通过 import apps 语句引入了一个名为"apps"的模块。该模块包含一个

create_app()函数，该函数的作用是创建一个 Flask 应用实例。

其他代码的作用是创建一个管理脚本，使你能够通过命令行管理自己的 Flask 应用，包括启动开发服务器、执行数据库迁移等。通过执行 python manage.py runserver 或其他命令，你可以方便地与自己的 Flask 应用进行交互。

## 10.2.2　开发商品分类模块

对于商品分类模块，使用如下技术来开发。

- 商品分类模型继承自公共类。
- 使用 Form 表单方式进行数据验证。
- 使用视图类处理业务逻辑。

### 1. 商品分类列表

商品分类列表实现效果如图 10-5 所示。

图 10-5

（1）创建抽象类。

在每个模型中都存在创建时间和更新时间的字段，可以把这部分抽取出来单独形成一个抽象类。

新建 base_model.py 文件，在其中添加如下代码。源代码见本书配套资源中的"ch10/myshop-admin/apps/common/base_model.py"。

```
from exts import db
from datetime import datetime
class BaseModel(db.Model):
    '''抽象基类'''
    __abstract__=True
    create_time=db.Column(db.DateTime,nullable=False,default=
datetime.now,comment="创建时间")
```

```
update_time=db.Column(db.DateTime,nullable=False,default=
datetime.now,onupdate=datetime.now,comment="更新时间")
```

在上述代码中，将 BaseModel 类定义为抽象类，设置 _ _abstract_ _=True。一旦变成抽象类，则该类就不能被直接实例化了。其中，db 从自定义的 exts 包中导入，避免循环引用。

db 的定义如下。源代码见本书配套资源中的 "ch10/myshop-admin/exts.py"。

```
from flask_sqlalchemy import SQLAlchemy
db=SQLAlchemy()
```

（2）创建商品分类模型。

新建 models.py 文件，在其中增加 GoodsCategory 模型，如以下代码所示。源代码见本书配套资源中的 "ch10/myshop-admin/apps/cates/models.py"。

```
from exts import db
from apps.common.base_model import BaseModel

class GoodsCategory(BaseModel):
    _ _tablename_ _='t_goods_category'
    cat_id = db.Column(db.Integer,primary_key=True,autoincrement=True)
    name=db.Column(db.String(50),comment='分类名称')
    parent_id=db.Column(db.Integer,nullable=False,comment="父类ID")
    logo=db.Column(db.String(50),comment="分类logo图片")
    is_nav=db.Column(db.Boolean,default=False, comment='是否显示在导航栏中')
    sort=db.Column(db.Integer,comment='排序')
    goods = db.relationship("Goods", backref="back_cate", lazy=True)
    def _ _repr_ _(self):
        return self.name
```

在上述加粗部分代码中，GoodsCategory 模型类是从抽象类 BaseModel 继承的，所以可以删除利用 GoodsCategory 模型定义的 create_time 和 update_time 字段，这样代码变得更简洁。

模型 GoodsCategory 和 Goods 是"一对多"关系。

（3）定义蓝图。

定义商品分类的蓝图信息。源代码见本书配套资源中的 "ch10/myshop-admin/apps/ cates/_ _init_ _.py"。

```
from flask import Blueprint
cates_bp=Blueprint("cates",_ _name_ _,url_prefix="/cates")
from apps.cates import views
```

在商品分类的蓝图信息定义完成后，可以在工厂函数 create_app() 中使用它，如以下代码所示。源代码见本书配套资源中的 "ch10/myshop-admin/apps/_ _init_ _.py"。

```
from apps.cates import cates_bp
app.register_blueprint(cates_bp, url_prefix="/cates")
```

（4）定义视图类。

定义视图类 GoodsCategoryView，这是一个基于类的视图，继承自 views.MethodView。它定义了一个 GET 请求处理方法 get()，用于处理访问商品分类页面的请求。源代码见本书配套资源中的 "ch10/myshop-admin/apps/cates/views.py"。

```python
from flask import render_template,views,request
from sqlalchemy.exc import SQLAlchemyError
from apps.cates.models import GoodsCategory
from apps.cates.forms import GoodsCategoryForm
from apps.cates import cates_bp
from exts import db


class GoodsCategoryView(views.MethodView):
    def get(self):
        cates=GoodsCategory.query.all()
        return render_template("shop/cates/index.html",cates=cates)
cates_bp.add_url_rule("/index",view_func=GoodsCategoryView.as_view("index"))
```

在上述代码中，cates_bp.add_url_rule 指将视图类 GoodsCategoryView 注册到蓝图 cates_bp 中，并为视图指定一个 URL 规则。具体来说，它将 "/index" 路由与 GoodsCategoryView 视图关联，这意味着，在访问 "/cates/index" 路由时，将调用 GoodsCategoryView 类的 get() 方法来处理请求。

（5）定义模板文件。

部分模板代码如下。源代码见本书配套资源中的 "ch10/myshop-admin/apps/templates/shop/cates/index.html"。

```html
…
<table class="table table-bordered table-condensed table-striped table-hover">
   <thead>
   <tr><th>分类名称</th>
       <th>父级分类</th>
       <th>Logo</th>
       <th>排序</th>
       <th>创建时间</th>
       <th>修改时间</th>
       <th>功能操作</th></tr>
   </thead><tbody>
   {% for per in cates %}
   <tr><td>{{ per.name }}</td>
       <td>{{ per.parent_id }}</td>
       <td width="5%"><img src="{{ url_for('cates.show',filename=per.logo) }}"
width="100px" height="100px"/></td>
       <td>{{ per.sort }}</td>
       <td>{{ per.create_time }}</td>
       <td>{{ per.update_time }}</td>
       <td width="20%"><a class="btn btn-primary single disabled"
onclick="$.operate.edit()"><i class="fa fa-edit"></i> 修改 </a><a class="btn
```

```
btn-danger multiple disabled" onclick="$.operate.removeAll()"><i class="fa
fa-times"></i> 删除 </a></td></tr>
    {% else %}
        <tr><td colspan="7">无相关记录! </td></tr>
    {% endfor %}
    </tbody>
</table>
...
```

在上述代码中，url_for('cates.show', filename=per.logo)使用 Flask 的 url_for()函数来生成图片的 URL。url_for()函数指定了一个名为"cates.show"的视图函数，并传递了一个参数 filename=per.logo。这表示要调用名为"cates.show"的视图函数，并将参数 filename 设置为变量 per.logo 的值。这个 URL 生成器将根据参数生成一个图片的 URL。接下来我们了解视图函数 cates.show()是如何编写的。

（6）使用视图函数 cates.show()显示图片。

首先我们定义视图类。源代码见本书配套资源中的"ch10/myshop-admin/apps/cates/views.py"。

```
class ImgView(views.MethodView):
    def get(self):
        base_dir = os.path.abspath(os.path.dirname("media"))
        filepath=os.path.join(base_dir,"media")
        filename=request.args.get("filename")
        return send_from_directory(filepath,filename)

cates_bp.add_url_rule("/show",view_func=ImgView.as_view("show"))
```

其中，send_from_directory()是 Flask 框架中的一个函数，用于从指定目录下发送文件。该函数的语法如下。

```
send_from_directory(directory,filename,**options)
```

参数如下。

- directory：要发送文件的目录路径。
- filename：要发送的文件名。
- options：可选参数，用于指定一些选项，如缓存控制、MIME 类型等。

然后，在模板文件中采用如下方式调用图片，源代码见本书配套资源中的"ch10/myshop-admin/apps/templates/shop/cates/index.html"。

```
<td width="5%"><img src="{{ url_for('cates.show',filename=per.logo) }}" width="100px"
height="100px"/></td>
```

最后，通过如下链接方式可以访问图片.

```
http://localhost:5000/cates/show?filename=哈密大枣.jpg
```

**2. 添加商品分类**

"添加商品分类"功能使用如下技术来开发。

- 使用 Form 表单方法进行数据验证。
- 使用递归来展现商品分类的层次。
- 使用视图类来处理业务逻辑。

访问"http://localhost:5000/cates/add"，添加商品分类的效果如图 10-6 所示。

图 10-6

（1）定义表单类。

新建文件 forms.py，在其中添加如下代码。源代码见本书配套资源中的"ch10/myshop-admin/apps/cates/forms.py"。

```python
from wtforms import StringField, widgets,BooleanField
from flask_wtf import FlaskForm
from wtforms.validators import Length, DataRequired
from flask_wtf.file import FileField

class GoodsCategoryForm(FlaskForm):
    name = StringField(label="分类名称", validators=[DataRequired(message="分类名称不能
为空"),Length(2, 30, message="长度为 2~30 位")],render_kw={'class':'form-control',
'placeholder':"请输入分类名称"})

    parent_id = StringField(label="选择父类",validators=[DataRequired(message="请选择
父类")],render_kw={'class': 'form-control  custom-select', 'placeholder': "请选择父类
"})

    sort = StringField(label="排序", validators=[DataRequired(message="排序值不能为空
")],render_kw={'class': 'form-control', 'placeholder': "请输入数字"})
```

```
logo = FileField(label="分类图片", widget=widgets.FileInput(),
        render_kw={'class': 'custom-file-input'})

is_nav = BooleanField(label="导航显示",
        render_kw={'class': 'form-control', 'placeholder': "请选择"})
```

在上述代码中，parent_id 字段是一个字符串字段，用于选择分类的父类，使用 render_kw 属性将其外观渲染为选择下拉字段；logo 字段是一个文件字段（FileField），用于上传分类图片。

（2）使用视图类处理请求。

打开 views.py，增加视图类 GoodsCategoryAddView，如以下代码所示。源代码见本书配套资源中的 "ch10/myshop-admin/apps/cates/views.py"。

```python
class GoodsCategoryAddView(views.MethodView):
    def __init__(self):
        self.alist={}

    def binddata(self,id,n):
        datas=GoodsCategory.query.filter_by(parent_id = id)
        for data in datas:
            self.alist[data.cat_id]=self.spacelength(n)+data.name
            self.binddata(data.cat_id,n+2)
        return self.alist

    def spacelength(self,i):
        space=''
        for j in range(1,i):
            space+="  "
        return space+"|--"

    def get(self):
        form_obj=GoodsCategoryForm()
        cates=self.binddata(0,1)
        form_obj.parent_id.choices=cates
        return render_template("shop/cates/add.html",cates=cates,form_obj=form_obj)

    def post(self):
        cates=self.binddata(0,1)
        f = GoodsCategoryForm(CombinedMultiDict([request.form, request.files]))
        if f.validate_on_submit():
            name=request.form.get("name",'')
            cate_obj=GoodsCategory.query.filter_by(name=name).first()
            if cate_obj:
                info='分类已经存在'
                return render_template('shop/cates/add.html', form_obj=f, info=info,
cates=cates)
            else:
                # 接收页面传递过来的参数，进行新增
                try:
```

```
        cate=GoodsCategory()
        cate.name=f.name.data
        cate.parent_id=f.parent_id.data
        file = f.logo.data  # 文件对象
        if file:
            base_dir = os.path.abspath(os.path.dirname("media"))
            filepath = os.path.join(base_dir, "media")
            file.save(os.path.join(filepath, file.filename))
            cate.logo = file.filename
        cate.sort=f.sort.data
        db.session.add(cate)
        db.session.commit()
    except SQLAlchemyError as e:
        print("err")
        return render_template('shop/cates/add.html', form_obj=f,
info="err", cates=cates)
        # 成功后重定向到商品分类列表页面
        return render_template('shop/cates/index.html',form_obj=f,cates=cates)
    else:
        errors = f.errors
        return render_template("shop/cates/add.html", form_obj=f,
info=errors,cates=cates)
cates_bp.add_url_rule("/add",view_func=GoodsCategoryAddView.as_view("add"))
```

在上述代码中，由于商品分类用一个字段来表示多级分类，所以在录入数据时，需要将多级分类按照层次显示，方便用户选择。基于此，这里使用 form_obj.parent_id.choices=cates 代码对 parent_id 字段进行自定义处理。

请注意上述代码中视图类的 binddata(self,id,n)方法，其中，参数 id 指当前的分类 id，参数 n 指缩进的数量。

（3）建立模板页面并运行。

新建模板页面 add.html，源代码见本书配套资源中的"ch10/myshop-admin/apps/templates/shop/cates/add.html"，这里不再赘述。

### 3. 删除商品分类

"删除商品分类"功能使用如下技术开发。

- 使用 Layer 组件进行删除框提示。
- 使用 AJAX 技术处理业务逻辑。

删除商品分类的实现效果如图 10-7 所示。

图 10-7

具体开发过程如下。

（1）使用 Layer 组件确认删除。

部分重要代码如下所示。源代码见本书配套资源中的 "ch10/myshop-admin/apps/templates/shop/cates/index.html"。

```html
<a class="btn btn-danger multiple" onclick="del(this,'{{ per.cat_id }}')">
    <i class="fa fa-times"></i> 删除
…
<script language="JavaScript">
    function del(obj, id) {
        layer.confirm("确定要删除这条数据吗?", function (index) {
            $.ajax({
                type: "POST",
                url: "{{ url_for('cates.del') }}",
                data: {
                    cat_id: id,
                    csrf_token: '{{ csrf_token() }}',    },
                success: function (data) {
                    layer.msg("删除成功", {icon: 1, time: 500});
                    window.location.href = '{{ url_for("cates.index") }}';
                },
                err: function (data) {
                    layer.msg("删除失败, 原因为" + data, {icon: 1, time: 500});
                },
            });
        });
    }
</script>
```

这段代码涉及前端页面中的 JavaScript 和 HTML 元素，主要用于实现删除操作的确认和异步请求。以下是对代码的详细解释。

- onclick="del(this,'{{ per.cat_id }}')"：按钮单击事件的处理程序。当按钮被单击时，会调用名为 "del" 的 JavaScript 函数，并传递两个参数：①this 表示当前单击的按钮元素本身，②{{ per.cat_id }}表示商品分类的 ID。
- layer.confirm("确定要删除这条数据吗?", function (index) { ... })：使用该函数弹出一个确认对话框，询问用户是否要删除数据。如果用户单击 "确认" 按钮，则执行对话框内部的回调函数。
- $.ajax({ ... })：jQuery 的异步 JAX 请求，用于向服务器发送删除请求。具体内容如下。
  - type:"POST"：指定请求的 HTTP 方法为 POST。
  - url:"{{ url_for('cates.del') }}"：用 url_for()函数生成一个指向 cates.del 视图的 URL，表示将请求发送到这个 URL。
  - data:{ cat_id: id, csrf_token:'{{ csrf_token() }}' }：发送的数据包括商品分类的 ID(cat_id)和 CSRF 令牌(csrf_token)，用于防止跨站请求伪造。

（2）使用视图类处理请求。

新建视图类 CategoryDelView。源代码见本书配套资源中的 "ch10/myshop-admin/apps/cates/views.py"。

```python
class CategoryDelView(views.MethodView):
    def post(self):
        cat_id=request.values.get("cat_id")
        db.session.query(GoodsCategory).filter_by(cat_id=cat_id).delete()
        db.session.commit()
        data={
            "msg":"数据删除成功",
            "code":"200"
        }
        return jsonify(data)
cates_bp.add_url_rule("/del",view_func=CategoryDelView.as_view("del"))
```

这段代码定义了一个 Flask 视图类 CategoryDelView，用于处理删除商品分类的请求。代码中构建了一个字典 data，其中包含删除操作的结果信息，包括消息 "数据删除成功" 和状态码 "200"。return jsonify(data)将结果信息以 JSON 格式返给客户端。这里使用 jsonify()函数将字典转换为 JSON 格式的响应。前端可以使用 AJAX 技术与后台返回的 JSON 格式进行交互。

### 10.2.3 开发商品信息模块

对于商品信息模块，使用如下技术来开发。

- 使用 Bootstrap-table 插件提高用户体验。
- 使用富文本编辑器美化商品描述。

#### 1. 使用 Bootstrap-tabe 插件的表格实现商品信息模块

在业务系统开发中，对表格记录的查询、分页和排序等处理非常常见。在 Web 开发中，可以采用很多功能强大的插件来满足这些要求。

> 提示　Bootstrap-table 是一款非常有名的开源表格插件，在很多项目中被广泛应用。该插件提供了非常丰富的属性设置，可以实现查询、分页、排序、复选框、设置显示列、主从表显示、合并列等功能。该插件还提供了一些不错的扩展功能，如移动行、移动列位置等。

商品信息模块的实现效果如图 10-8 所示。

图 10-8

具体开发过程如下。

（1）创建模板文件。

新建模板文件 index.html，在其中添加如下代码。源代码见本书配套资源中的"ch10/myshop-admin/apps/templates/shop/goods/index.html"。

```
<table id="bootstrap-table"></table>
…
<script src="{{ url_for("static",filename='plugins/bootstrap-table/
bootstrap-table.min.js') }}"></script>
<script src="{{ url_for("static",filename='plugins/bootstrap-table/
bootstrap-table-zh-CN.min.js') }}"></script>
<script src="{{ url_for("static",filename='plugins/bootstrap-table/
bootstrap-table.min.css') }}"></script>
<script>
  InitMainTable();
  function InitMainTable() {
    $('#bootstrap-table').bootstrapTable({
      url: '/goods/ajax_goods',       //请求后台的 URL（*）
      method: 'get',                  //请求方式（*）
      toolbar: '#toolbar',            //工具按钮
      striped: true,                  //是否显示行间隔色
      cache: false,                   //是否使用缓存，默认为 true
      pagination: true,               //是否显示分页（*）
      sortable: false,                //是否启用排序
```

```
            sortOrder: "asc",                        //排序方式
            queryParams: function (params) {
                var temp = {
                    page: (params.offset / params.limit) + 1,//当前页数
                    cate_id: $("#cate_id").val(),
                    goodname: $("#goodname").val(),
                    status: $("#status").val() };
                return temp;
            },//传递参数 (*)
            sidePagination: "server", //分页方式: client-客户端分页, server-服务器端分页 (*)
            pageNumber: 1,                          //初始化默认第一页
            pageSize: 10,                           //每页的记录行数 (*)
            pageList: [10, 25, 50, 100],            //可供选择的每页的行数 (*)
            showColumns: true,                      //是否显示所有的列
            showRefresh: true,                      //是否显示"刷新"按钮
            uniqueId: "id",                         //每行的唯一标识, 一般为主键列
            columns: [{checkbox: true},
                {field: 'name', title: '商品名称'},
                {field: 'market_price', title: '市场价'},
                {field: 'price', title: '销售价'},
                {field: 'category_name', title: '商品分类'},
                {field: 'click_num', title: '点击量'},
                {field: 'amount', title: '销售量'},
                {title: '操作', field: 'id', formatter: operation}
            ]
        }); };
    //删除、编辑操作
    function operation(value, row, index) {
        var id = index
        var link = '{{ url_for('goods.edit') }}?id=' + value
        var htm="<a class='btn btn-xs btn-primary single' href='"+link+"'"+" <i
class=\"fa fa-edit\"></i> 修改\n" + " </a> <button class='btn btn-danger btn-del'>
删除</button>"
        return htm; }
    // "查询"按钮的事件
    $('#btn_search').click(function () {
        $('#bootstrap-table').bootstrapTable('refresh', {
            url: '/goods/ajax_goods'
        }); })
</script>
```

上述代码解释了 Bootstrap-table 插件中各个参数的含义和使用，其中最主要的是 url 和 queryParams 参数。

---

📱 提示　在增加、删除、修改操作后，可以使用如下代码重新加载表格：

$("#bootstrap-table").bootstrapTable('refresh', {url : url});

（2）创建视图函数。

新建 views.py，在其中增加视图函数 ajax_goods()，如以下代码所示。源代码见本书配套资源中的 "ch10/myshop-admin/apps/goods/views.py"。

```python
@goods_bp.route("/ajax_goods")
def ajax_goods():
    cate_id = request.args.get("cate_id", '')
    goodname = request.args.get("goodname", '')
    status = request.args.get("status")
    search_dict = dict()
    if cate_id:
        search_dict["category_id"] = cate_id
    if goodname:
        search_dict["name"] = goodname
    if status:
        search_dict["status"] = status
    page_size = 2
    page = int(request.args.get("page"))
    # 获取总数 count
    total = Goods.query.filter_by(**search_dict).count()
    # 通过切片获取当前页和下一页的数据
    goods = Goods.query.filter_by(**search_dict).order_by(-Goods.id)[(page - 1) * page_size: page * page_size]
    rows = []
    datas = {"total": total, "rows": rows}
    for good in goods:
        rows.append({
            "id": good.id,
            "name": good.name,
            "market_price": good.market_price,
            "price": good.price,
            "category_name": good.back_cate.name,
            "click_num": good.click_num,
            "amount": good.amount,
        })
    return jsonify(datas)
```

在返回的 JSON 格式结果中必须包含 total、rows 这两个参数，否则会导致表格无法正常显示。关于 Bootstrap 及 table 插件的用法，读者可以参考相关资料，这里不再赘述。

**2. 使用富文本编辑器美化商品描述信息**

商品描述信息一般都会图文混排，所以需要一个富文本编辑器来加强商品描述信息的显示效果。Flask 没有提供富文本编辑器，接下来介绍 Flask-CKEditor 这个功能强大的富文本编辑器。

商品描述信息的实现效果如图 10-9 所示。

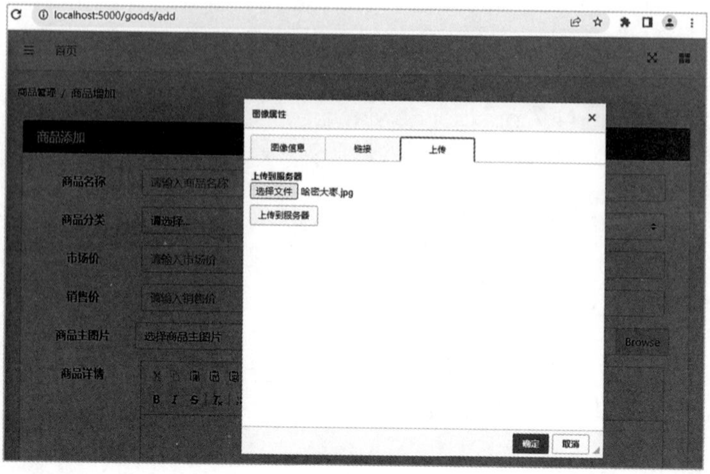

图 10-9

具体开发过程如下。

（1）安装富文本编辑器。

使用如下命令安装 Flask-CKEditor。

```
pip install flask-ckeditor
```

安装后提示信息如下。

```
Successfully installed flask-ckeditor-0.4.6
```

（2）新建商品的表单类。

新建商品新增的表单类 GoodsAddForm。源代码见本书配套资源中的 "ch10/myshop-admin/apps/goods/models.py"。

```
...
from flask_ckeditor import CKEditorField
class GoodsAddForm(FlaskForm):
    name = StringField(label="商品名称", validators=[
        DataRequired(message="商品名称不能为空"),
        Length(1,30,message="长度为 1~30 位")],
        render_kw={'class': 'form-control', 'placeholder': "请输入商品名称"})
...
    goods_desc=CKEditorField(label="商品详情",validators=[
        DataRequired()],
        render_kw={'class': 'form-control'})
...
```

（3）配置编辑器选项。

打开 config.py 文件，配置代码如下所示。源代码见本书配套资源中的 "ch10/myshop-admin/config.py"。

```
import os
base_dir=os.path.abspath(os.path.dirname(_ _file_ _))
# 编辑器配置
CKEDITOR_SERVE_LOCAL=True
CKEDITOR_HEIGHT=400
CKEDITOR_FILE_UPLOADER="goods.uploads"
UPLOADED_PATH=os.path.join(base_dir,r"media\uploads")
CKEDITOR_WIDTH=500
```

这段代码配置了 Flask-CKEditor 富文本编辑器的一些参数，用于在 Flask 应用中进行编辑器的配置。以下是这些配置的详细解释。

- CKEDITOR_SERVE_LOCAL=True：Flask-CKEditor 是否从本地服务器提供服务。当设置为 True 时，Flask-CKEditor 从本地服务器加载资源；当设置为 False 时，Flask-CKEditor 从远程服务器加载资源。为了性能和安全考虑，通常将其设置为 True。
- CKEDITOR_FILE_UPLOADER="goods.uploads"：定义文件上传处理的视图函数。当用户在编辑器中上传文件时，Flask-CKEditor 将使用这个视图函数来处理文件上传。在这里指定了名为 "goods.uploads" 的视图函数来处理上传。
- UPLOADED_PATH=os.path.join(base_dir,r"media\uploads")：定义文件上传的存储路径。它使用 os.path.join() 函数将 "base_dir"（应用根目录）和 "media\uploads" 目录合并成一个完整的路径。上传的文件将保存在这个目录下。

> 📎 提示  通常在 Flask 的配置文件中设置编辑器，以便在应用中全局生效。

（4）创建视图函数。源代码见本书配套资源中的 "ch10/myshop-admin/apps/goods/views.py"。

新建视图函数 upload()。以下代码定义了一个用于处理文件上传的视图函数，它被装饰为 @goods_bp.route("/uploads", methods=["GET", "POST"])，并使用 @csrf.exempt 装饰器来免除 CSRF 保护。

```
@goods_bp.route("/uploads", methods=["GET", "POST"])
@csrf.exempt
def upload():
    f = request.files.get("upload")
    ext = f.filename.split('.')[1].lower()
    if ext not in ["jpg", "png"]:
        return "上传的图片格式不符合要求"
    app=current_app._get_current_object()
    path = os.path.join(app.config["UPLOADED_PATH"], f.filename)
    f.save(path)
    url = url_for("goods.uploaded_files", filename=f.filename)
    return upload_success(url)
```

在上述代码中，path = os.path.join(app.config["UPLOADED_PATH"], f.filename)构建了文件的保存路径。它用 os.path.join()函数将应用配置中定义的 UPLOADED_PATH 和上传文件

的原始文件名 f.filename 组合成完整的文件路径。要注意 app=current_app._get_current_object()的获取方式。

url = url_for("goods.uploaded_files", filename=f.filename)这行代码生成了访问文件的 URL。它使用 Flask 的 url_for()函数生成一个指向 goods.uploaded_files()视图函数的 URL，其中包括文件的名称 filename。

新建视图函数 uploaded_files()：

```
@goods_bp.route("/files/<filename>", methods=["GET", "POST"])
@csrf.exempt
def uploaded_files(filename):
    app = current_app._get_current_object()
    path = app.config["UPLOADED_PATH"]
    return send_from_directory(path, filename)
```

最终上传的图片信息为<img alt="" src="/goods/files/%E5%B7%B4%E6%97%A6%E6%9C%A81.jpg" />。读者可以在编辑器中测试。

（5）创建商品新增模板文件。

商品新增模板文件的关键代码如下所示。源代码见本书配套资源中的"ch10/myshop-admin/apps/templates/shop/goods/add.html"。

```
<label for="id_good_desc"
    class="col-sm-2 col-form-label text-center">商品详情</label>
<div class="col-sm-10">  {{ form_obj.goods_desc }}   {{ ckeditor.load() }}
  <span style="color:red">{{ form_obj.goods_desc.errors[0] }}</span>
</div>
```

执行上述代码后，生成的 HTML 代码如下。

```
<textarea class="ckeditor form-control" id="goods_desc" name="goods_desc"
required></textarea>
  <script src="/ckeditor/static/standard/ckeditor.js"></script>
```

图片上传的效果如图 10-10 所示。

图 10-10

## 10.2.4　使用信号和 Flask-Mail 发送注册成功邮件

在用户注册账号成功后，系统会发送一封欢迎邮件。具体开发过程如下。

（1）配置邮件变量。

源代码见本书配套资源中的"ch10/myshop-admin/config.py"。

```
import os
base_dir=os.path.abspath(os.path.dirname(_ _file_ _))
SECRET_KEY="12345678!@#$%^&*"
import datetime
import os

class BaseConfig(object):
    SECRET_KEY="12345678!@#$%^&*"

class DevelopmentConfig(BaseConfig):
…
    #邮件配置
    MAIL_SERVER = 'smtp.qq.com'
    MAIL_PORT = 465
    MAIL_USERNAME = '5425@qq.com'
    MAIL_PASSWORD = 'xiur4eix4bgbdf'
    MAIL_USE_TLS = False
    MAIL_USE_SSL = True
        MAIL_DEFAULT_SENDER = ('admin', '57425@qq.com')
```

（2）邮件对象实例化。

在 exts.py 文件中增加如下代码。源代码见本书配套资源中的"ch10/myshop-admin/exts.py"。

```
…
from flask_mail import Mail
mail=Mail()
```

在工厂函数中绑定 mail 对象和 app。源代码见本书配套资源中的"ch10/myshop-admin/apps/_ _init_ _.py"。

```
from exts import mail
…
    #邮件初始化
    mail.init_app(app)
```

（3）创建视图函数。

新建视图函数 reg()，代码如下所示。源代码见本书配套资源中的"ch10/myshop-admin/apps/users/views.py"。

```
@users_bp.route("/reg",methods=["GET","POST"])
def reg():
    if request.method=="GET":
```

```
        form_obj=UserRegForm()
        return render_template('shop/reg.html',form_obj=form_obj)
    if request.method=="POST":
        f=UserRegForm(request.form)
        if f.validate_on_submit():
            uname=f.username.data
            users=User.query.filter_by(username=uname).count()
            if users:
                info='用户已经存在'
            else:
                try:
                    user=User()
                    user.username=f.username.data
                    user.password=f.password.data
                    user.mobile=f.mobile.data
                    user.sex=1
                    user.email=f.email.data
                    user.birthday="2023-01-01"
                    user.level=1
                    user.status=1
                    db.session.add(user)
                    db.session.commit()
                    info='注册成功，请登录'
                    # 发送一封注册成功的邮件
                    msg=Message("你好，感谢你的注册，我们将会为你提供更好的服务",
sender="579725@qq.com",recipients=['5794125@qq.com'])
                    msg.body="这是一封注册成功后欢迎的邮件"
                    mail.send(msg)
                    return redirect(url_for('users.login'))
                except SQLAlchemyError as e:
                    print(e)
                    return render_template("shop/reg.html", form_obj=f, info=e)
            return render_template("shop/reg.html", form_obj=f,info=info)
        else:
            errors = f.errors
            return render_template("shop/reg.html", form_obj=f,info=errors)
```

在上述代码中，用户注册和调用邮件发送代码严重耦合。我们对其进行改进，将用户注册和邮件发送这两个动作使用信号进行解绑。

我们针对视图函数 reg()做一些改进。

```
from blinker import Namespace
…
# 自定义信息
ns=Namespace()
s=ns.signal("reg")

@users_bp.route("/reg",methods=["GET","POST"])
def reg():
…
```

```
# 发送信号
s.send("576125@qq.com")
…
# 订阅信号
@s.connect
def send_email(recipient):
    print("来信号了")
    msg = Message("你好，感谢你的注册，我们将会为你提供更好的服务", recipients=[recipient])
    msg.body = "这是一封注册成功后欢迎的邮件"
    mail.send(msg)
```

在这段代码中，使用 Blinker 库来实现信号的发送和订阅。以下是代码的详细解释。

- 导入 Blinker 库的 Namespace 类，这是一个用于管理信号的命名空间。
- 使用 Namespace 创建了一个命名空间 "ns"，然后使用 ns.signal("reg")创建了一个名为 "reg"的信号。这个信号将用于注册功能。
- 在用户注册成功后，使用 s.send("576125@qq.com")发送了一个信号。这个信号的名字是 "reg"，表示用户注册成功的事件。
- 使用@s.connect 装饰器定义了一个名为 "send_email"的函数，该函数用于处理 "reg"信号。这表示当 "reg"信号被触发时，会执行 send_email()函数。
- send_email()函数是"reg"信号的处理程序。当"reg"信号被触发时，会执行 send_email()函数。在这个函数中，会创建一封欢迎邮件并发送给指定的收件人。

这段代码使用 Blinker 库实现了一个信号机制，用于在用户注册成功后发送一封欢迎邮件。当用户注册成功时，会触发 "reg"信号，然后 send_email()函数会被调用来发送欢迎邮件给用户。这种信号机制可以用于解耦不同部分的应用，使其更加灵活和可扩展。

> 📑 提示　在安装 Flask 2.3.2 版本后，Blinker 库会自动安装。

## 10.2.5 使用 Flask-Cache 缓存商品数据

可以使用 Flask-Cache 来缓存商品列表页的数据。

（1）实例化 Cache。

源代码见本书配套资源中的 "ch10/myshop-admin/exts.py"。

```
from flask_cache import Cache
cache=Cache()
```

（2）设置 Cache 配置项。

我们使用 Redis 作为 Cache 存储项。源代码见本书配套资源中的 "ch10/myshop-admin/config.py"。

```
….
# 缓存配置
```

```
CACHE_TYPE="redis"
CACHE_REDIS_HOST="192.168.77.103"
CACHE_REDIS_PORT=6379
CACHE_REDIS_PASSWORD="123456"
CACHE_REDIS_DB= 5
```

（3）在工厂函数中进行初始化。

源代码见本书配套资源中的"ch10/myshop-admin/apps/__init__.py"。

```
from flask import Flask
from  config import DevelopmentConfig
from exts import mail,ckeditor,csrf,cache
…
def create_app():
    app=Flask(__name__)
    # 加载配置文件
    app.config.from_object(DevelopmentConfig)
    print(app.config)
…
    # 初始化缓存
    cache.init_app(app)
    return app
```

（4）在视图函数中设置 Cache。

源代码见本书配套资源中的"ch10/myshop-admin/apps/goods/views.py"。

```
from exts import db,cache
…
@goods_bp.route("/ajax_goods")
@cache.cached(timeout=30)
def ajax_goods():
    …
    print("no cache")
    return jsonify(datas)
```

读者可以进行测试，这里不再赘述。缓存信息如图 10-11 所示。

图 10-11

## 10.2.6　开发首页

### 1.实现效果

访问"http://localhost:5000/basic/index"，首页效果如图 10–12 所示。

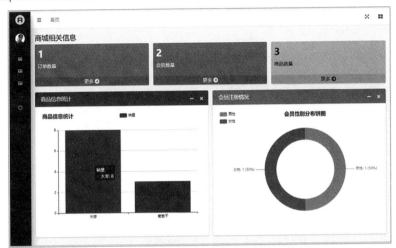

图 10-12

在首页中，显示了商城相关信息，如订单数量、会员数量和商品数量。另外，这里以柱状图的方式展示了商品信息统计，以饼状图的方式展示了会员性别分布情况。

### 2. 订单、会员、商品数量的统计

定义视图函数 index()。源代码见本书配套资源中的"ch10/myshop-admin/apps/basic/views.py"。

```python
from apps.cates.models import GoodsCategory
from apps.members.models import Member
from apps.orders.models import Order


@basic_bp.route("/index")
def index():
    # 获取统计信息
    order_count = db.session.query(func.count(Order.id)).scalar()
    member_count = db.session.query(func.count(Member.id)).scalar()
    goods_count = db.session.query(func.count(Goods.id)).scalar()
    return render_template('shop/index.html', order_count=order_count,
member_count=member_count, goods_count=goods_count,labels=labels,
datas=datas,maleCount=maleCount,femaleCount=femaleCount)
```

在前台模板中只需要放入{{order_count}}、{{member_count}}、{{goods_count}}标签就可以显示订单、会员、商品数量的统计。

**3. 图表的展示**

（1）修改视图函数 index()。源代码见本书配套资源中的"ch10/myshop-admin/apps/basic/views.py"。

```python
from flask import Blueprint, current_app, render_template
from . import basic_bp
from sqlalchemy import func
from exts import db
from apps.goods.models import Goods
from apps.cates.models import GoodsCategory
from apps.members.models import Member
from apps.orders.models import Order


@basic_bp.route("/index")
def index():
    …
    # 组装图表的 label 和 data
    infos = GoodsCategory.query.join(Goods, GoodsCategory.cat_id ==
Goods.category_id).with_entities(GoodsCategory.name,func.Sum(Goods.amount)).group_
by(GoodsCategory.name).all()
    goods_labels = [info[0] for info in infos]
    goods_datas = [int(info[1]) for info in infos]
    maleCount=Member.query.filter(Member.sex==1).count()# 男性占比
    femaleCount=Member.query.filter(Member.sex==0).count()# 女性占比
    return render_template('shop/index.html', order_count=order_count,
member_count=member_count, goods_count=goods_count,goods_labels=goods_labels,
goods_datas=goods_datas,maleCount=maleCount,femaleCount=femaleCount)
```

图表显示的是商品信息的统计结果，即将商品分类和商品两个模型关联后分组求和的结果。我们采用模型的 join()方法将两张模型关联起来：infos = GoodsCategory.query.join(Goods, GoodsCategory.cat_id == Goods.category_id).with_entities(GoodsCategory.name,func.Sum(Goods.amount)).group_by(GoodsCategory.name).all()。

打印出来的对应 SQL 语句如下所示。

```sql
SELECT t_goods_category.name AS t_goods_category_name, sum(t_goods.amount) AS sum_1
FROM t_goods_category INNER JOIN t_goods ON t_goods_category.cat_id =
t_goods.category_id GROUP BY t_goods_category.name
```

（2）定义模板。

我们使用 ECharts 组件来展示图表。

💡 提示　ECharts 是一个使用 JavaScript 实现的开源可视化库，可以流畅地运行在个人电脑和移动设备上，兼容当前绝大部分浏览器（IE 8/9/10/11、Chrome、Firefox、Safari 等），提供效果直观、交互丰富、可高度个性化定制的数据可视化图表。

商品信息统计的关键代码如下所示。源代码见本书配套资源中的"ch10/myshop-admin/apps/templates/shop/index.html"。

```html
<script src="{{ url_for('static',filename='js/echarts.min.js' ) }}"></script>
    <script type="text/javascript">
        //初始化 Echarts 实例
        var myChart = echarts.init(document.getElementById('Chart1'));
        //指定图表的配置项和数据
        var option = {
            title: { text: '商品信息统计' },
            tooltip: {},
            legend: { data: ['销量'] },
            xAxis: { data: {{ goods_labels|safe }} },
            yAxis: {},
            series: [{
                name: '销量',
                type: 'bar',
                data: {{ goods_datas }}, }]
        };
        // 使用指定的配置项和数据显示图表
        myChart.setOption(option);
    </script>
```

注意上述加粗部分代码的使用。

会员性别分布饼图前端部分代码如下。源代码见本书配套资源中的"ch10/myshop-admin/apps/templates/shop/index.html"。

```html
<script type="text/javascript">
        // 初始化 Echarts 实例
        var myChart = echarts.init(document.getElementById('Chart2'));
        // 指定图表的配置项和数据
        var option = {
            ...
            series: [{
                name: '性别',
                type: 'pie',
                radius: ['50%', '70%'],
                avoidLabelOverlap: false,
                },
                data: [
                    {value:{{ maleCount }}, name: "男性"},
                    {value:{{ femaleCount }}, name: "女性"} ],
            }],
            legend: {
                orient: 'vertical',
                left: 'left',
                data: ["男性", "女性"] }
        };
        // 使用指定的配置项和数据显示图表。
        myChart.setOption(option);
    </script>
```

注意加粗部分代码的使用，更多的用法请参考 ECharts 的资料。

## 10.2.7　使用 Celery 定时将首页生成静态页

在工厂模式下，需要先将 Celery 集成到工厂函数中。

（1）创建工厂函数。源代码见本书配套资源中的"ch10/myshop-admin/apps/__init__.py"。

```
def create_app(**kwargs):
    app=Flask(__name__)
    # 加载配置文件
    app.config.from_object(DevelopmentConfig)
    init_celery(celery=kwargs.get("celery"),app=app)
    …
    return app
```

使用 init_celery()函数对 celery 进行初始化。

```
def init_celery(celery,app):
    class ContextTask(celery.Task):
        abstract=True
        def __call__(self, *args, **kwargs):
            with app.app_context():
                return self.run(*args,**kwargs)
    celery.Task=ContextTask
```

在上述代码中，定义了函数 init_celery()，用于初始化 Celery 实例以与 Flask 应用进行集成。具体来说，它定义了一个名为"ContextTask"的 Celery 任务基类，该基类的作用是确保每个任务在 Flask 应用上下文中执行。以下是对这段代码的详细解释。

- def init_celery(celery,app)：初始化 Celery 实例的函数，接受两个参数，①celery 表示 Celery 实例，②app 表示 Flask 应用实例。
- class ContextTask(celery.Task)：定义的一个名为"ContextTask"的 Celery 任务基类，继承自 celery.Task。这个基类的目的是确保每个任务在 Flask 应用的上下文中执行。
- abstract=True：定义 ContextTask 为抽象基类，意味着它不能直接被实例化，只能被子类继承和实现。
- def __call__(self, *args, **kwargs)：任务基类的 __call__ 方法，它将被每个具体任务子类的实例调用。
- with app.app_context()：创建了 Flask 应用上下文。在这个上下文中，可以访问 Flask 应用的配置、数据库连接和其他应用上下文相关的资源。
- return self.run(*args, **kwargs)：调用任务子类的 run()方法，实际执行任务的逻辑，并将任务的参数 args 和 kwargs 传给 run()方法。这可以确保任务在 Flask 应用上下文中执行，以便可以访问应用的各种资源。
- celery.Task=ContextTask：将定义的 ContextTask 任务基类赋值给 Celery 的任务类，以确保所有 Celery 任务都能够在 Flask 应用上下文中正确执行。

（2）改造入口文件 manage.py。

入口文件需要修改：创建 make_celery() 函数用于创建和配置 Celery 实例，然后将该 Celery 实例传递到 create_app() 函数中进行处理。源代码见本书配套资源中的"ch10/myshop-admin/manage.py"。

```python
from exts import  db
import apps
# 导入 Manager 用来设置应用可通过指令操作
from flask_script import Manager,Server
from celery import Celery
# 导入数据库迁移类和数据库迁移指令类
from flask_migrate import Migrate
import datetime

def make_celery(app_name):
    CELERY_BROKER_URL = "redis://default:123456@192.168.77.103:6379/10"
    CELERY_RESULT_BACKEND="redis://default:123456@192.168.77.103:6379/11"
    CELERYBEAT_SCHEDULE = {
        'run_build_index': {
            'task': 'apps.basic.views.build_index',
            'schedule':datetime.timedelta(seconds=30)# 定时任务间隔，设置为 30 秒
        }, }
    celery_app = Celery(app_name, broker=CELERY_BROKER_URL,
backend=CELERY_RESULT_BACKEND,include=["apps.basic.views"] )
    celery_app.conf.beat_schedule = CELERYBEAT_SCHEDULE
    celery_app.conf.timezone = "UTC"
    return celery_app

my_celery=make_celery(_ _name_ _)
app=apps.create_app(celery=my_celery)
…
```

上述代码的主要目的是配置并初始化 Celery 实例，然后将其与 Flask 应用集成。以下是代码的详细解释。

- make_celery(app_name) 函数：一个自定义的函数，用于创建和配置 Celery 实例。它接受一个参数 app_name，表示 Flask 应用的名称。
- CELERY_BROKER_URL 和 CELERY_RESULT_BACKEND：分别定义了 Celery 的消息代理（broker）和结果后端（result backend）的地址。消息代理用于在应用中的任务之间传递消息，结果后端用于存储任务的执行结果。在这里，它们被配置为连接到同一个 Redis 服务器。
- CELERYBEAT_SCHEDULE：一个字典，定义了 Celery Beat 定时任务的配置。在这个例子中，它定义了一个名为"run_build_index"的定时任务，指定了要执行的任务视图函数为 apps.basic.views.build_index() 和执行的时间间隔（30 秒）。
- celery_app：创建了一个 Celery 实例，使用了上述 CELERYBEAT_SCHEDULE 的配置

参数。它配置了消息代理、结果后端、定时任务等信息。

- celery_app.conf.beat_schedule：将定义的定时任务配置 CELERYBEAT_SCHEDULE 赋值给 Celery 实例的配置，以便 Celery Beat 管理定时任务的调度。
- celery_app.conf.timezone="UTC"：设置 Celery 实例的时区为 UTC。
- my_celery=make_celery(_ _name_ _)：通过调用 make_celery()函数创建一个名为 "my_celery" 的 Celery 实例。
- app=apps.create_app(celery=my_celery)：使用 apps.create_app ()函数创建 Flask 应用，并将 my_celery 实例传给应用，以实现 app 和 Celery 的集成。

（3）创建 Task 任务。

新建 Task 任务 build_index。源代码见本书配套资源中的 "ch10/myshop-admin/apps/basic/views.py"。

```
from exts import celery_app
…
@celery_app.task
def build_index():
    content=index()
    current_dir=os.path.dirname(_ _file_ _)
    parent_dir = os.path.dirname(current_dir)
    with open(f'{parent_dir}/templates/static/index.html',mode='w',encoding='utf-8')
as file:
        file.write(content)
    return "首页静态化处理完成"
```

使用@celery_app.task()装饰器定义一个 Celery 任务，该任务的作用是把普通的视图函数包装成 Celery 给队列异步执行。

index()视图函数主要用于生成首页的统计信息和图表信息。具体代码见 10.2.6 节。

此外在 exts.py 中初始化了 Celery。

```
from celery import Celery
celery_app=Celery()
```

（4）启动测试。

在 PyCharm 终端控制台中输入如下命令启动 worker 进程。

```
(flaskenv) E:\python_project\flask-project\ch10\myshop-admin>celery -A
manage.my_celery worker --loglevel=info -P eventlet
```

其中，manage.my_celery 指 celery 应用的位置。

执行后输出如下信息。

```
[2023-05-14 19:34:46,041: INFO/MainProcess] pidbox: Connected to
redis://default:**@192.168.77.103:6379/10.
```

接下来启动定时任务，每隔 1 分钟生成一次首页。

```
(flaskenv) E:\python_project\flask-project\ch10\myshop-admin>celery -A
manage.my_celery beat --loglevel=info
```

输出如下信息。

```
(flaskenv) E:\python_project\flask-project\ch10\myshop-admin>celery -A
manage.my_celery beat --loglevel=info
celery beat v5.3.1 (emerald-rush) is starting.
__  -  ... __ -  _
LocalTime -> 2023-05-14 19:37:05
Configuration ->
    . broker -> redis://default:**@192.168.77.103:6379/10
    . loader -> celery.loaders.app.AppLoader
    . scheduler -> celery.beat.PersistentScheduler
    . db -> celerybeat-schedule
    . logfile -> [stderr]@%INFO
    . maxinterval -> 5.00 minutes (300s)
[2023-05-14 19:37:05,602: INFO/MainProcess] beat: Starting...
[2023-05-14 19:37:05,646: INFO/MainProcess] Scheduler: Sending due task
run_build_index (apps.basic.views.build_index)
```

此时可以看到 Task 任务每隔 1 分钟发送一次。

在 worker 进程控制台中会看到如下提示：接受（received）并且执行成功（succeeded），同时打印出来一些调试信息，如以下代码所示。

```
[2023-05-14 19:37:05,656: INFO/MainProcess] Task
apps.basic.views.build_index[2ac7eed9-2dee-4a7c-829a-3d972397aa44] received
[2023-05-14 19:37:05,662: WARNING/MainProcess] 1
[2023-05-14 19:37:05,665: WARNING/MainProcess] SELECT t_goods_category.name AS
t_goods_category_name, sum(t_goods.amount) AS sum_1
FROM t_goods_category INNER JOIN t_goods ON t_goods_category.cat_id =
t_goods.category_id GROUP BY t_goods_category.name
[2023-05-14 19:37:05,665: WARNING/MainProcess] [8, 3]
[2023-05-14 19:37:05,685: INFO/MainProcess] Task
apps.basic.views.build_index[2ac7eed9-2dee-4a7c-829a-3d972397aa44] succeeded in
0.031999999890103936s: '首页静态化处理完成'
```

（5）监控任务。

Flower 是基于 Web 监控和管理 Celery 的工具。使用如下命令安装 Flower。

```
pip install flower
```

安装后输入如下命令进行启动，默认采用 5555 端口。

```
(flaskenv) E:\python_project\flask-project\ch10\myshop-admin>celery -A
manage.my_celery flower
[I 230514 13:48:35 command:168] Visit me at http://0.0.0.0:5555
[I 230914 13:48:35 command:176] Broker: redis://default:**@192.168.77.103:6379/10
[I 230514 13:48:35 command:177] Registered tasks:
    ['apps.basic.views.build_index',
     'celery.accumulate',
     'celery.backend_cleanup',
```

```
    'celery.chain',
    'celery.chord',
    'celery.chord_unlock',
    'celery.chunks',
    'celery.group',
    'celery.map',
    'celery.starmap']
[I 230514 13:48:35 mixins:228] Connected to redis://default:**@192.168.77.103:6379/10
```

访问"http://localhost:5555"，结果如图 10-13 所示。

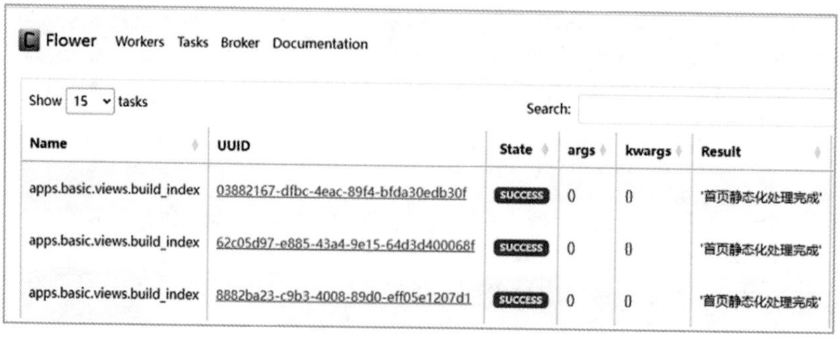

图 10-13

（6）使用钩子函数。

当我们访问"http://localhost:5000/basic/index"时，首先判断是否有首页静态页面：如果有，则直接访问静态页面；如果没有，则从视图函数中渲染。

```
@basic_bp.before_request
def before_request():
    current_dir=os.path.dirname(__file__)
    parent_dir = os.path.dirname(current_dir)
    filename=f'{parent_dir}/templates/static/index.html'
    if os.path.isfile(filename):
        return render_template("static/index.html")
```

这样就设置好了一个使用 Celery 的 Flask 应用，它可以定期执行生成静态页面的任务。你可以根据需要创建自己的任务，这样就可以在页面上访问生成的静态内容了。

# 第4篇
## 前后端分离项目实战

# 第 11 章
## 接口的设计与实现

随着移动互联网的发展和智能手机的普及，互联网应用从个人电脑端逐步转移至移动端。前后端分离已成为互联网应用开发的主流方式。

前端页面在展示、交互体验方面越来越灵活，对响应速度的要求也越来越高。后端服务对高并发、高可用、高性能、高扩展的要求也愈加苛刻。因此，作为前后端开发的纽带——接口，就显得尤为重要了。

本章介绍后端接口的设计与实现，并使用 Flask RESTful 框架来高效实现接口。

## 11.1 前后端分离

前后端分离，促使前后端技术各自迅猛发展。

### 11.1.1 了解前后端分离

#### 1. 前后端不分离

在第 10 章中，我们开发了商城系统的后台功能。但存在问题：前端 HTML 代码中混合着后端的模板语法，由后端来控制前端页面的渲染和显示，前后端的耦合度很高。这种开发方式被称为"前后端不分离"，如图 11-1 所示。

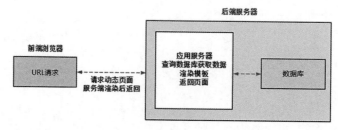

图 11-1

前后端不分离方式适合仅在个人电脑端显示的、功能相对简单的系统，比如传统的网站管理系统等。

### 2. 前后端分离

随着移动互联网的发展，商城系统需要兼顾移动端用户群体。为此，需要重新开发一套新的接口。后端程序只负责提供接口数据，不再渲染 HTML 页面。至于前端用户看到什么效果、数据如何请求加载，全部由前端自己决定。

前后端通过接口实现完全解耦，各干各的事情。它们的唯一联系纽带就是事先规划好的接口。前后端分离方式如图 11-2 所示。

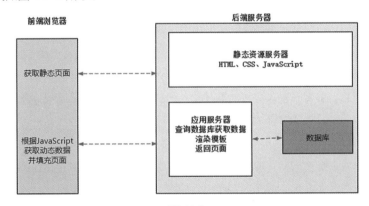

图 11-2

## 11.1.2　为什么要前后端分离

### 1. 前后端不分离的痛点

前后端不分离的痛点如下。

（1）前后端开发人员职责不清晰。

如果模板由前端开发人员来完成，那么前端开发人员除需要使用 HTML、CSS 和一些简单的 JavaScript 脚本完成网页外，还需要将后端模板语言嵌套进来，以完成页面的动态显示。

如果模板由后端开发人员来完成，那么后端开发人员除需要熟悉服务器端代码外，还需要熟悉 HTML、CSS 和 JavaScript 脚本。最终会导致以下结果：出现问题后互相推诿；后端开发人员往往变成了全栈开发工程师，能胜任前后端工作。

（2）开发效率低下。

后端开发人员需要等前端开发人员做好页面后，才能开始嵌套模板。如果这些页面上的某些样式需要调整，那只能等待前端开发人员重新处理。如果页面样式调整频繁，那后端开发人员需要进行多次修改。最终会导致以下结果：前端开发人员变成了纯粹的静态页面设计人员，天天和页面打交道，技术能力提升不大；后端开发人员的精力放在"不停地将静态页面转为动态页面"，枯燥无味，技术能力严重下降。

（3）模板和语言高度耦合。

一旦后端开发人员离职，或更换了开发语言，就需要重新开发静态模板文件，牵一发而动全身。因此，需要使用前后端分离技术来解决上述痛点。

### 2. 前后端分离带来的问题

前后端分离又可能带来一些新的问题。

（1）技术门槛提高，学习成本增加。

在前后端分离后，各自都在迅猛发展：前端已经演化为 Angular、React、Vue.js 三足鼎立之势，各种新工具层出不穷；后端朝着容器化开发部署方向发展。

（2）约定文档必须详细。

在前后端分离后，前端开发人员和后端开发人员独立开发，双方依靠开会来确定详细的接口文档。接口文档是否详细、更新是否及时，都会影响项目的进度。

（3）增加项目成本。

前端开发完全是一个全新的、独立的工作，和后端开发同等重要。在进行项目预算时，必须将前端开发人员的成本考虑进来。

## 11.1.3 如何实施前后端分离

下面从职责分离和开发流程两个方面，来阐述如何实施前后端分离。

### 1. 职责分离

（1）开发人员解耦。前端开发由前端开发人员负责，负责接收数据，返回数据，处理渲染逻辑。后端开发由后端开发人员负责，负责提供数据，处理业务逻辑。

（2）前后端变得相对独立并松耦合。前后端都有各自的开发流程、构建工具等。前后端仅通过接口来建立联系。

### 2. 开发流程

（1）前后端开发人员一起约定接口文档。

（2）后端开发人员根据接口文档进行接口开发，负责编写和维护接口文档，在接口变化时更新接口文档。

（3）前端开发人员根据接口文档进行开发，或者采用 Mock 平台进行数据模拟。

（4）前后端开发人员在开发完成后，一起联调和测试。

### 11.1.4　前后端分离的技术栈

在前后端分离后，各自的技术栈都在蓬勃发展，如图 11-3 所示。

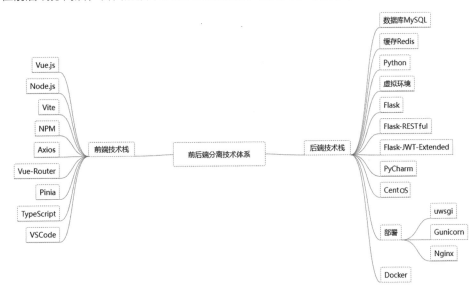

图 11-3

从图 11-3 中可以看到，前后端分离对从业人员的技能要求更高了。

## 11.2　设计符合标准的 RESTful 接口

在前后端分离后，前端主要通过调用后端的接口来完成不同的功能，因此后端的接口需要满足某些规范。大家都遵循一定的规范标准，会减少很多不必要的问题。因此引入了 RESTful 接口规范。

对于后端的接口设计，遵循 RESTful 接口规范可以从以下几个方面展开讨论。

（1）域名。

API 的域名应该具有一定的辨识度，示例如下。

```
https://api.test.com        # 以 api 开头
https://www.test.com/api     # 以 api 结束
```

（2）协议。

应采用 HTTPS 确保数据安全。这只是建议，实际上很多时候都在使用 HTTP。

（3）版本。

建议把版本号放入 API 路径中，一目了然，示例如下。

```
https://api.test.com/v1
https://api.test.com/v2
```

（4）路径。

API 请求路径中只能含有名词，不能含有动词。而且所用的名词一般与数据库的表名一样，支持复数，示例如下。

```
https://api.test.com/v1/goods        # 代表全部的商品，推荐使用
https://api.test.com/v1/getAllBooks  # 不能使用动词，这是错误的形式
```

（5）HTTP 请求动词。

由于 API 中不含有动词，所以可以根据请求方式划分业务处理逻辑。

- GET（SELECT）：从服务器中获取资源。
- POST（CREATE）：在服务器上新建一个资源。
- PUT（UPDATE）：在服务器上更新全部资源。
- PATCH（UPDATE）：在服务器上更新部分资源。
- DELETE（DELETE）：从服务器中删除资源。

表 11-1 中列出一些 RESTful 接口的例子。

表 11-1

| API 地址 | 含　义 |
| --- | --- |
| GET http://www.test.com/api/v1/goods | 列出所有的商品 |
| POST http://www.test.com/api/v1/goods | 新增一个商品 |
| GET http://www.test.com/api/v1/goods/id | 获取指定 ID 的商品信息 |
| PUT http://www.test.com/api/v1/goods/id | 更新某个 ID 的商品信息，提供该商品的全部信息 |
| PATCH http://www.test.com/api/v1/goods/id | 更新某个 ID 的商品信息，提供该商品的部分信息 |
| DELETE http://www.test.com/api/v1/goods/id | 删除某个 ID 的商品信息 |
| GET http://www.test.com/api/v1/cates/id/goods/id | 获取某个分类下的某个商品 |

（6）过滤分页参数。

如果记录数量很多，则服务器不可能都将它们都返给用户。API 应该提供查询过滤参数和分页参数，并返回结果。

下面是一些常见的参数。

- ?limit=10：指定返回记录的数量。
- ?offset=10：指定返回记录的开始位置。
- ?page=2&per_page=100：指定第几页，以及每页的记录数。
- ?sortby=name&order=asc：指定返回结果按照哪个属性排序，以及排序顺序。
- ?type_id=1：指定筛选条件。

（7）状态码。

服务器向用户返回的常见状态码和提示信息见表 11-2。方括号中是该状态码对应的 HTTP 请求动词。

表 11-2

| 状态码 | 提示信息 |
| --- | --- |
| 200 OK – [GET] | 服务器成功返回用户请求的数据，该操作是幂等的 |
| 201 CREATED – [POST/PUT/PATCH] | 用户新建或修改数据成功 |
| 204 NO CONTENT – [DELETE] | 用户删除数据成功 |
| 400 INVALID REQUEST – POST/PUT/PATCH] | 用户发出的请求有错误——服务器没有新建或修改数据的操作，该操作是幂等的 |
| 401 Unauthorized – [*] | 表示用户没有权限（令牌、用户名、密码错误） |
| 403 Forbidden – [*] | 表示用户得到授权（与 401 错误相对），但是访问是被禁止的 |
| 404 NOT FOUND – [*] | 用户发出的请求针对的是不存在的记录，所以服务器没有进行操作，该操作是幂等的 |
| 500 INTERNAL SERVER ERROR – [*] | 服务器发生错误，用户将无法判断发出的请求是否成功 |

（8）返回消息格式。

API 的返回消息格式大概如下所示。

```
{
    "code":"200",
    "msg":"显示的消息",
    "data":{
        "id":1,
        "name":"test",
        "desc":"内容"
    }
}
```

## 11.3 接口开发——基于 Flask-RESTful 库

利用 Flask-RESTful 库能够快速构建 RESTful API。

### 11.3.1 安装 Flask-RESTful 库

本书中使用的是 0.3.10 版本的 Flask-RESTful 库，使用如下命令进行安装。

```
pip install flask-restful
```

安装后如果提示"Successfully..."信息则代表安装成功。

### 11.3.2 快速编写一个 Flask API

在 Flask-RESTful 库中，资源是核心组件，代表要提供的数据或功能。每个资源都是一个 Python 类，继承自 Flask-RESTful 库的 Resource 基类。

在资源类中，可以定义各种 HTTP 方法（如 GET、POST、PUT、DELETE 等），并在每个方法中编写相应的逻辑来处理对应的请求。

以下示例演示了一个简单的 Flask API。源代码见本书配套资源中的"ch11/11.3/11.3.2/app.py"。

```
from flask import Flask
from flask_restful import Api,Resource

app = Flask(__name__)
# 导入 Flask 实例 app 以构造一个 api 实例
api = Api(app)

class IndexView(Resource):
    def get(self):
        return {"info":"Hello Flask"}
api.add_resource(IndexView,'/index',endpoint=hello)

@app.route("/test")
def test():
    return url_for("hello")
```

在上述代码中，首先导入 Flask 实例 app 以构造一个 api 实例，然后定义了一个资源类 IndexView，并在这个类中实现了一个 get()方法，最后使用 api.add_resource()方法将 IndexView 类绑定到路由"/index"上。

在 add_resource()方法中，第 1 个参数表示视图类名，第 2 个参数表示路由。endpoint 参数是 url_for()函数在获取 URL 时指定的视图函数名。如果不写 endpoint，则会使用视图类的名字的小写来作为 endpoint。

执行代码后，结果如图 11-4 所示。

图 11-4

访问"http://localhost:5000/test"会返回"/index"。如果将 api.add_resource(IndexView,'/index',endpoint=hello)中的 endpoint 去掉，则代码变为：

```
api.add_resource(IndexView,'/index')

@app.route("/test")
def test():
    return url_for("indexview")
```

注意，此时 url_for()方法中的参数被修改为视图类名称的小写。再次访问"http://localhost:

5000/test"，返回信息仍为 "/index"。

## 11.3.3　认识请求

使用 Flask-RESTful 处理请求和响应非常简单。可以使用 Flask-RESTful 库的 reqparse 模块来解析请求参数，使用 Flask-RESTful 库的 flask_restful.inputs 模块来加强校验。

以下是 reqparse 模块的基本用法。

```
from flask_restful import Api,Resource,reqparse
parser = reqparse.RequestParser()
parser.add_argument('username',type=str,help='请输入用户名')
args = parser.parse_args()
```

使用 reqparse 模块校验数据的流程如下。

首先，使用 reqparse 模块中的 RequestParse 类建立解析器。

然后，通过 RequestParse 解析器中的 add_argument()方法来定义字段和解析规则。

最后，调用 RequestParse 解析器中的 parse_args()方法来解析参数。

add_argument()方法可以指定字段的名字、数据类型等。表 11-3 中列出了这个方法的一些参数。

表 11-3

| 参　　数 | 说　　明 |
| --- | --- |
| default | 默认值 |
| required | 是否必需。默认为 False。 |
| type | 参数的数据类型。如果指定，则使用指定的数据类型来强制转换提交上来的值 |
| choices | 指选项列表。提交上来的数据必须在其指定的列表中，验证才能通过，否则验证不通过 |
| help | 错误信息。如果验证失败，则使用这个参数指定的值作为错误信息 |
| trim | 是否要去掉前后的空格 |
| nullable | 如果设置为 False，则不允许为 None |
| location | 指定解析器在请求中查找参数的位置。它允许你从请求的不同部分提取参数，例如查询字符串参数（args）、请求体的 JSON 数据（json）、表单数据（form）、HTTP 头部（headers）等 |

### 1. 使用 reqparse 模块校验数据

下面通过示例来演示数据校验。源代码见本书配套资源中的 "ch11/11.3/11.3.3/app.py"。

```
from flask import Flask,jsonify
from flask_restful import Api,Resource,reqparse


app = Flask(__name__)
# 导入 Flask 实例 app 以构造一个 api 实例
api = Api(app)

class Login(Resource):
```

```
def post(self):
    parser=reqparse.RequestParser()
    parser.add_argument("username",required=True,type=str,nullable=False,help="
用户名必须输入")
    parser.add_argument("password",required=True,type=str,nullable=False, help="
密码必须输入")
    args=parser.parse_args()
    print(args)
    return jsonify({
        "code":200,
        "message":"登录成功"    })
api.add_resource(Login,'/login')
```

在这个例子中，创建了一个 reqparse.RequestParser 对象，并添加了参数的定义和校验。

- username 参数规定为字符串类型，且必须提供。如果没有提供该参数，或者该参数的值为 None，则会返回帮助信息"用户名必须输入"。这是通过 required=True 和 help 参数来实现的。

- password 参数同样规定为字符串类型，且必须提供。如果没有提供该参数，或者该参数的值为 None，则会返回帮助信息"密码必须输入"。这同样是通过 required=True 和 help 参数来实现的。

- nullable 参数是可选的，默认情况下为 True。它决定了参数的值是否可以为 None。在这个例子中，将 nullable 设置为 False，即不允许参数的值为 None，这意味着在请求中必须提供有效的值。

下面使用 Postman 工具来测试这个 API，输入"http://localhost:5000/login"后，依次选中 Body 单选按钮、raw 单选按钮，输入 JSON 格式的字符串，当请求符合规则时，解析器会返回一个包含参数的字典，然后单击 Send 按钮，得到登录成功的提示信息，如图 11-5 所示。

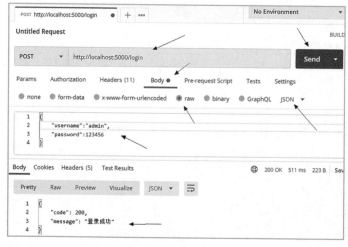

图 11-5

当请求不符合规则时，解析器会返回帮助信息，告诉用户缺少哪些必需的参数，如图 11-6 所示。

图 11-6

## 2. 使用 flask_restful.inputs 模块的输入解析器来加强校验

add_argument()方法中的 type 参数允许使用 Python 内建的数据类型（如 int 等）来进行参数的类型转换。此外，还可以使用 flask_restful.inputs 模块提供的输入解析器，来实现更精细的参数类型验证和转换。

> 📎 提示  flask_restful.inputs 是 Flask-RESTful 库的一个模块，用于处理和验证请求参数的输入。它包含一些自定义的输入解析器，可以让你更方便地验证和转换请求中的参数。在 flask_restful.inputs 模块中，常用的输入解析器见表 11-4。

表 11-4

| 输入解析器 | 说　明 |
| --- | --- |
| url | 用于验证 URL 字符串是否合法 |
| regex | 正则表达式 |
| date | 将字符串转换为 datetime.date 数据类型。如果转换不成功，则抛出异常 |
| boolean | 用于解析布尔值字符串 |
| int_range | 用于解析整数，并限定其范围在指定的最小值和最大值之间 |

这些输入解析器可以在 reqparse.RequestParser 中通过指定 type 参数来使用。源代码见本书配套资源中的 "ch11/11.3/11.3.3/2/app.py"。

```python
from flask import Flask,jsonify
from flask_restful import Api,Resource,reqparse,inputs
app = Flask(__name__)
# 导入 app 以构造一个 api 实例
```

```python
api = Api(app)

class Test(Resource):
    def post(self):
        parser=reqparse.RequestParser()
        parser.add_argument('date_param', type=inputs.date,required=True,help="日期必
须输入")
        parser.add_argument('boolean_param',
type=inputs.boolean,required=True,help="布尔类型不合规")
        parser.add_argument('int_param', type=int,required=True,help="必须输入数字")
        parser.add_argument('ranged_int_param', type=inputs.int_range(1, 10), help='
必须是 1~10 的整数')
        parser.add_argument('url_param', type=inputs.url,required=True,help="URL 格式
不符合")
        parser.add_argument('mobile_param',
type=inputs.regex("^1\d{10}$"),required=True,help="手机格式不符合")
        args=parser.parse_args()
        return jsonify({
            "code":200,
            "message":"测试成功"    })
api.add_resource(Test,'/test')
```

在上述示例中，使用 inputs.date 将 date_param 参数解析为 datetime.date 对象，使用 inputs.boolean 将 boolean_param 参数解析为布尔值，使用 inputs.int_range(1, 10) 将 ranged_int_param 参数解析为 1~10 的整数。

这样，当 API 接收到请求时，reqparse.RequestParser 类会自动应用这些输入解析器验证和转换参数，从而提高 API 的安全性和健壮性。如果请求中的参数不符合规则，则输入解析器会返回相应的错误信息。

使用 Postman 工具来测试这个 API，输入"http://localhost:5000/test"后，依次选中 Body 单选按钮、raw 单选按钮，输入 JSON 格式的字符串，当请求符合规则时，解析器会返回一个包含参数的字典，然后单击 Send 按钮，可以得到测试成功的提示信息，如图 11-7 所示。

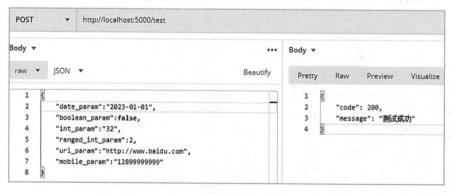

图 11-7

### 11.3.4　认识响应

在 Flask-RESTful 库中，响应是服务器对客户端请求的响应。Flask-RESTful 库提供了多种方式来构建和发送响应，以满足不同的需求。在发送响应过程中，会对消息响应或者字段做一些处理，接下来一一介绍。

#### 1. 字段输出

在 Flask-RESTful 库中，字段输出是指，在返回 API 响应时，定制化输出数据模型中的字段。这样可以控制响应中包含哪些字段，以及字段的格式和内容。

字段输出通常使用 fields 模块来实现，该模块提供了多种字段类型和字段选项，用于定义 API 响应中的字段。以下是一些常用的字段类型和字段选项。

字段类型见表 11-5。

表 11-5

| 字段类型 | 说　明 | 字段类型 | 说　明 |
| --- | --- | --- | --- |
| fields.String | 字符串类型字段 | fields.DateTime | 日期时间类型字段 |
| fields.Integer | 整数类型字段 | fields.List | 列表类型字段 |
| fields.Float | 浮点数类型字段 | fields.Nested | 嵌套类型字段，用于嵌套其他字段 |
| fields.Boolean | 布尔类型字段 | – | – |

字段选项见表 11-6。

表 11-6

| 字段选项 | 说　明 |
| --- | --- |
| attribute | 指定模型中的属性名，用于获取字段的值。例如：fields.String(attribute='name') |
| default | 指定字段的默认值 |
| required | 指定字段是否必须有。默认为 False |
| readonly | 指定字段是否只读。默认为 False。如果为 True，则字段在 POST 和 PUT 请求中不会被接受 |
| format | 指定字段的格式化方式 |
| validate | 指定字段的验证器，用于验证字段的值是否合法 |
| allow_null | 指定字段是否允许为 None。默认为 False |

以下示例演示了使用装饰器@marshal_with()和 marshal()方法对字段进行输出。源代码见本书配套资源中的"ch11/11.3/11.3.4/1/app.py"。

```
from flask import Flask
from flask_restful import Api, Resource, fields, marshal_with, marshal

app = Flask(_ _name_ _)
# 导入 app 以构造一个 api 实例
api = Api(app)

user = {"1": {"username": "admin", "password": "123456", "sex": 0},
```

```
        "2": {"username": "xjboy", "password": "123456", "sex": 0},
        "3": {"username": "test", "password": "123456", "sex": 1}    }
resource_fields = {
    "username": fields.String,
    "password": fields.String,
    "sex": fields.Integer,}

class UserResource1(Resource):
    @marshal_with(resource_fields, envelope="info")
    def get(self, id):
        return user[id]

class UserResource2(Resource):
    def get(self, id):
        return marshal(user[id], resource_fields, envelope="info")
api.add_resource(UserResource1, '/show1/<string:id>')
api.add_resource(UserResource2, '/show2/<string:id>')
```

在上述代码中，首先，定义了一个字典对象，用来定义用户数据，包含 id、username、password
和 sex 字段；然后，使用 fields 模块定义了一个名为"resource_fields"的字段输出格式。

在 UserResource 类的 get()方法中，使用@marshal_with(resource_fields)装饰器来指定
返回值的字段输出格式，这样在发送 GET 请求后，返回的用户信息会按照指定的字段输出格式进行
格式化。envelope 参数指数据输出后的统一名称。

此外，@marshal_with(resource_fields)装饰器也可以使用 marshal()方法完成同样的功能，
如 UserResource2 类中的 get()方法中 marshal()方法。

在运行代码后，访问"http://localhost:5000/show1/1"及"http://localhost:5000/show2/1"，
输出内容是一样的，如图 11-8 所示。

```
{
    "info": {
        "username": "admin",
        "password": "123456",
        "sex": 1
    }
}
```

图 11-8

通过 Flask-RESTful 库的字段输出功能，可以灵活地控制 API 响应中字段的输出以定制响应
数据格式。

### 2. 重命名属性

在 Flask-RESTful 库中，as 选项用于在 API 响应中将数据模型中的属性重命名为不同的名称，
以更好地满足 API 返回数据的需求。

通常，在 API 中可能需要令"数据模型中的属性名"与"API 返回的字段名"保持一致，或者

将属性名转换为更加符合语义的字段名。

下面演示如何在 Flask-RESTful 中重命名属性。源代码见本书配套资源中的"ch11/11.3/11.3.4/2/app.py"。

```
from flask import Flask
from flask_restful import Api, Resource, fields, marshal_with, marshal

app = Flask(_ _name_ _)
# 导入 app 以构造一个 api 实例
api = Api(app)

user = {"1": {"username": "admin", "password": "123456", "sex": 0},
        "2": {"username": "xjboy", "password": "123456", "sex": 0},
        "3": {"username": "test", "password": "123456", "sex": 1}   }

resource_fields = {
    "name": fields.String(attribute="username"),
    "pwd": fields.String(attribute="password"),
    "xb": fields.Integer(attribute="sex")}

class UserResource(Resource):
    @marshal_with(resource_fields, envelope="info")
    def get(self, id):
        return user[id]

api.add_resource(UserResource, '/show/<string:id>')
```

在上述代码中，首先，定义了一个字典对象，用来定义用户数据，包含 id、username、password和 sex 字段；然后，使用 fields 模块定义了一个名为"resource_fields"的字段输出格式；最后，通过 attribute 选项将字典对象中的属性 username、password 和 sex 分别重命名为 name、pwd和 xb。

运行代码后，访问"http://localhost:5000/show/1"，结果如图 11-9 所示。

```
{
    "info": {
        "name": "admin",
        "pwd": "123456",
        "xb": 0
    }
}
```

图 11-9

3. 列表字段

在 Flask-RESTful 中，列表字段是一种用于表示数据模型中包含多个元素属性的字段类型。列表字段允许在 API 响应中返回多个值，并可以灵活地控制列表中元素的格式和内容。

列表字段通常使用 fields.List 来定义。fields.List 接受一个字段类型作为其参数，以指定列表中元素的类型。

下面演示如何在 Flask-RESTful 库中使用列表字段。源代码见本书配套资源中的"ch11/11.3/11.3.4/3/app.py"。

```python
from flask import Flask
from flask_restful import Api, Resource, fields, marshal_with, marshal
app = Flask(__name__)
# 导入 app 以构造一个 api 实例
api = Api(app)

user = {"1": {"username": "admin", "password": "123456", "sex": 0,"skill":["游泳","射击","武术"]},
        "2": {"username": "xjboy", "password": "123456", "sex": 0,"skill":["英语","美术","探险"]},
        "3": {"username": "test", "password": "123456", "sex": 1,"skill":["奥数","舞蹈","美食"]}    }

resource_fields = {
    "username": fields.String(),
    "password": fields.String(),
    "sex": fields.Integer(),
    "skill":fields.List(fields.String)}

class UserResource(Resource):
    @marshal_with(resource_fields, envelope="info")
    def get(self, id):
        return user[id]
api.add_resource(UserResource, '/show/<string:id>')
```

在上述例子中，定义了一个名为"resource_fields"的字段输出格式，其中，skill 字段被定义为一个列表字段，并且列表中每个元素的类型均为 fields.String，表示它是一个字符串类型的列表。

将 resource_fields 与@marshal_with()装饰器一起使用，这样在收到 GET 请求时，返回的用户信息会按照指定的字段输出格式被格式化。其中，skill 字段会被格式化为一个包含多个字符串元素的列表。

运行代码后，访问"http://localhost:5000/show/1"，结果如图 11-10 所示。

```
{
    "info": {
        "username": "admin",
        "password": "123456",
        "sex": 0,
        "skill": [
            "\u6e38\u6cf3",
            "\u5c04\u51fb",
            "\u6b66\u672f"
        ]
    }
}
```

图 11-10

#### 4. 嵌套结构

在 Flask–RESTful 中，列表字段可以与嵌套字段一起使用。通过使用 fields.Nested 字段类型，可以在列表中包含更复杂的数据结构，例如嵌套的对象或字典。

下面是一个使用嵌套字段的示例。源代码见本书配套资源中的 "ch11/11.3/11.3.4/4/app.py"。

```python
from flask import Flask
from flask_restful import Api, Resource, fields, marshal_with, marshal
app = Flask(__name__)
# 导入 app 以构造一个 api 实例
api = Api(app)

class User:
    def __init__(self,id,username,sex,books):
        self.id=id
        self.username=username
        self.sex=sex
        self.books=books

class Book:
    def __init__(self, id, name,price,publish):
        self.id = id
        self.name = name
        self.price = price
        self.publish = publish

book_fields = {
    "name": fields.String(),
    "price": fields.String(),
    "publish": fields.String(),}

user_fields = {
    "username": fields.String(),
    "password": fields.String(default="123456"),
    "sex": fields.Integer(),
    "books":fields.Nested(book_fields)}

class UserResource(Resource):
    @marshal_with(user_fields, envelope="info")
    def get(self, id):
        book1=Book(id=1,name='Django 实战派',price='128',publish="电子工业出版社")
        book2=Book(id=1, name='Flask 实战派',price='128',publish="电子工业出版社")
        user = User(id=1, username='admin',sex=0, books=[book1, book2])
        return user
api.add_resource(UserResource, '/show/<string:id>')
```

在上述代码中，先定义了一个数据模型 User，包含 id、username、sex 和 books 字段（books 字段是一个包含多个图书对象的列表）；然后定义了一个嵌套数据模型 Book，用于表示图书的信息。

我们使用 fields.Nested(book_fields)来定义用户字段输出格式中的 books 字段。这样，每个用户的图书信息会按照 book_fields 的格式进行输出。

在 UserResource 类的 get()方法中，使用@marshal_with(user_fields)装饰器来指定返回值的字段输出格式，这样在发送 GET 请求后，返回的用户信息和图书信息会按照指定的字段输出格式进行格式化。

此外，如果在数据对象中并没有你定义的字段列表中的属性，则可以指定一个默认值而不是返回 null。即在 User 实例化时，参数列表中没有由 user_fields 定义的 password 字段，因此在字段列表 user_fields 中，对 password 字段的 default 属性设置了默认值"123456"。

运行代码后，访问"http://localhost:5000/show/1"，结果如图 11-11 所示。

```
{
    "info": {
        "username": "admin",
        "password": "123456",
        "sex": 0,
        "books": [
            {
                "name": "Django\u5b9e\u6218\u6d3e",
                "price": "128",
                "publish": "\u7535\u5b50\u5de5\u4e1a\u51fa\u7248\u793e"
            },
            {
                "name": "Flask\u5b9e\u6218\u6d3e",
                "price": "128",
                "publish": "\u7535\u5b50\u5de5\u4e1a\u51fa\u7248\u793e"
            }
        ]
    }
}
```

图 11-11

### 5. URI 字段

在 Flask-RESTful 中，URI 字段是一种特殊的字段类型，用于表示 API 资源的统一资源标识符（URI）。它可以帮助我们在 API 响应中返回资源的 URL。

Flask-RESTful 没有直接提供 URI 字段类型，而是通过 fields.Url 字段来实现 URI 字段的功能。通过 fields.Url 字段，可以将资源的路由端点转换为完整的 URL，并将其作为 URI 字段返给客户端。

下面是一个使用 fields.Url 字段实现 URI 字段的示例。源代码见本书配套资源中的"ch11/11.3/11.3.4/5/app.py"。

```python
from flask import Flask
from flask_restful import Api, Resource, fields, marshal_with
app = Flask(__name__)
# 导入 app 以构造一个 api 实例
api = Api(app)

class Book:
    def __init__(self, id, name,price,publish):
        self.id = id
        self.name = name
```

```
        self.price = price
        self.publish = publish

book_fields = {
    "name": fields.String(),
    "price": fields.String(),
    "publish": fields.String(),
    "url":fields.Url("book_endpoint")}

class BookResource(Resource):
    @marshal_with(book_fields, envelope="info")
    def get(self, id):
        book=Book(id=1, name='Flask 实战派', price='128',publish="电子工业出版社")
        return book
api.add_resource(BookResource, '/show/<int:id>',endpoint="book_endpoint")
```

在上述例子中，首先，定义了一个数据模型 Book，包含 id、name、price 和 publish 属性；然后，还定义了一个名为"book_fields"的字段输出格式，其中，url 字段被定义为一个 fields.Url 字段，并通过 book_endpoint 参数指定了 Flask 端点的名称，用于生成完整的 URL。

代码中还定义了一个名为"BookResource"的资源类，用于处理"/show/<int: id>"这个路由。在添加路由时，使用 endpoint 参数指定端点名称为"book_endpoint"，将该资源类与端点绑定。

运行代码后，访问"http://localhost:5000/show/1"，结果如图 11-12 所示。

```
{
    "info": {
        "name": "Flask\u5b9e\u6218\u6d3e",
        "price": "128",
        "publish": "\u7535\u5b50\u5de5\u4e1a\u51fa\u7248\u793e",
        "url": "/show/1"
    }
}
```

图 11-12

端点是 Flask 应用中的视图函数或资源类的唯一标识符。在定义 API 路由时，可以为每个资源指定一个唯一的端点名称。这样可以在 API 响应中方便地返回资源的 URI，使客户端可以更轻松地定位资源。

### 6. 定制统一的返回 JSON 消息

在接口开发中，接口一般会返回统一的消息格式。接口的消息格式大概如下。

```
{
    "code":"200",
    "msg":"显示的消息",
    "data":{
        "id":1,
        "name":"test",
        "desc":"内容"
```

```
      }
}
```

Flask-RESTful 的 API 类的实例 api 提供了一个名为 "representation" 的装饰器，允许定制返回数据的呈现格式。接下来定制统一的返回 JSON 消息。

（1）找到源码中的 output_json()方法。

打开 "\Lib\site-packages\flask_restful\representations\json.py" 文件，找到 output_json()方法。该方法的代码如下。

```
def output_json(data, code, headers=None):
    """Makes a Flask response with a JSON encoded body"""
    settings = current_app.config.get('RESTFUL_JSON', {})

    if current_app.debug:
        settings.setdefault('indent', 4)
        settings.setdefault('sort_keys', not PY3)
    dumped = dumps(data, **settings) + "\n"
    resp = make_response(dumped, code)
    resp.headers.extend(headers or {})
    return resp
```

（2）将 output_json()方法复制到源代码 "ch11/11.3/11.3.4/6/app.py" 中，并增加 @api.representation()装饰器，重新定义输出格式。

```
@api.representation('application/json')  # 指定响应形式对应的转换函数
def output_json(data, code, headers=None):
    """自定义 JSON 格式"""
    # 根据 Flask 内置的配置进行格式处理（缩进、Key 是否排序等）
    settings = current_app.config.get('REST_JSON', {})
    if current_app.debug:
        settings.setdefault('indent', 4)
        settings.setdefault('sort_keys', not PY3)

    # 增加代码
    if 'msg' not in data:  # 判断是否设置了自定义的错误信息
        if code==200:
            data = {
                'code': 200,
                'msg': 'success',
                'data': data   }
    # 补充其他代码
    # 字典转为 JSON 字符串
    dumped = dumps(data, **settings) + "\n"
    # 构建响应对象
    resp = make_response(dumped, code)
    resp.headers.extend(headers or {})
    return resp
```

加粗部分代码的解释如下。

- @api.representation('application/json')：装饰器，它指定了 output_json() 函数，用于处理 JSON 格式的响应。
- def output_json(data, code, headers=None)：自定义的函数，用于生成 JSON 格式的 HTTP 响应。
- if 'msg' not in data：检查数据字典中是否存在自定义错误消息。如果 HTTP 状态码是 200（成功），则将数据包装在包含成功消息的新字典中。在这里还可以根据其他状态码做出不同的判断。

（3）进行测试。源代码见本书配套资源中的"ch11/11.3/11.3.4/6/app.py"。

```python
from flask import Flask,make_response,current_app
from flask_restful import Api, Resource, fields, marshal_with, marshal
from json import dumps
from six import PY3
app = Flask(_ _name_ _)
api = Api(app)
user = {
    1: {"username": "admin", "password": "123456", "sex": 0},
    2: {"username": "xjboy", "password": "123456", "sex": 0},
    3: {"username": "test", "password": "123456", "sex": 1} }

resource_fields = {
    "username": fields.String,
    "password": fields.String,
    "sex": fields.Integer,}

@api.representation('application/json')   # 指定响应形式对应的转换函数
def output_json(data, code, headers=None):
…
    return resp

class UserResource(Resource):
    @marshal_with(resource_fields)
    def get(self, id):
        print(user[id])
        return user[id]
api.add_resource(UserResource, '/show/<int:id>')
```

（4）运行代码后，访问"http://localhost:5000/show/1"，结果如图 11-13 所示。

```
{
    "code": 200,
    "msg": "success",
    "data": {
        "username": "admin",
        "password": "123456",
        "sex": 0
    }
}
```

图 11-13

### 11.3.5 使用蓝图

在 Flask_RESTful 中使用蓝图，需要在创建 API 对象时导入蓝图对象，不导入 app 对象。下面的示例演示如何在 Flask_RESTful 中使用蓝图。源代码见本书配套资源中的"ch11/11.3/ 11.3.5/ app.py"。

```python
from flask import Flask, Blueprint
from flask_restful import Resource, Api
# 创建一个 Flask 应用
app = Flask(__name__)
# 创建一个蓝图对象，蓝图用于将应用的不同部分组织成模块化的组件
user_bp = Blueprint("user", __name__, url_prefix="/users")
# 创建一个 Flask-RESTful 的 API 对象，将其绑定到上面创建的蓝图上
user_api = Api(user_bp)
# 定义一个名为 UserResource 的资源类，它继承自 Flask-RESTful 的 Resource 类
class UserResource(Resource):
    def get(self):
        return {"info": "user"}
    def post(self):
        return {"info": "post data"}

# 向 user_api 中添加 UserResource 资源，这里定义了两个端点：GET /users/v1/hello 和 POST
/users/v1/hello
user_api.add_resource(UserResource, '/v1/hello')
# 将上面创建的 user_bp 蓝图对象注册到全局的 Flask 应用中，这意味着，所有以"/user"作为前缀的路由
都将由该蓝图处理
app.register_blueprint(user_bp)
# 运行 Flask 应用
```

运行代码后，访问"http://localhost:5000/users/v1/hello"，结果如图 11-14 所示。

```
{
    "hello": "world"
}
```

图 11-14

## 11.4 接口安全机制

前几节中编写的各种接口可以不经过用户授权而直接被访问。在前后端分离项目中，在通过 RESTful 接口进行数据交互时，必须要考虑用户认证和权限问题。

接下来介绍如何实现 Token 认证、JWT 认证和跨域。

### 11.4.1 基于 HTTPTokenAuth 实现 Token 认证

要使用 HTTPTokenAuth 功能，需要安装 flask_httpauth 库，使用如下命令安装。

```
(flaskenv) E:\python_project\flask-project\ch11>pip install flask_httpauth
```

安装后如果提示"Successfully…"信息则代表安装成功。

#### 1. 生成 Token

可以使基于 HTTPTokenAuth 来使用 Token 进行身份验证。源代码见本书配套资源中的"ch11/11.4/11.4.1/app.py"。

（1）导入包及初始化。

HttpTokenAuth 是一种通用身份验证处理程序。向其构造函数中传入"Token"参数，即可完成 HttpTokenAuth 的初始化。

```
from flask import Flask,jsonify
from flask_restful import Resource, Api
from flask_httpauth import HTTPTokenAuth
from itsdangerous import Serializer,BadSignature,SignatureExpired

app=Flask(_ _name_ _)
api = Api(app)
SECRET_KEY="1234567890!@#$%^^&*(())_)"
auth=HTTPTokenAuth(scheme="Token")
```

（2）生成一个 Token。

实例化一个签名序列化对象 serializer，并生成 Token。

```
@app.route("/login")
def login():
    s=Serializer(SECRET_KEY)
    token=s.dumps({"username":"admin"})
    return token
```

（3）访问请求。

运行代码后，访问"localhost:5000/login"，结果如图 11-15 所示。

图 11-15

#### 2. 验证 Token

使用装饰器@auth.verify_token 验证 Token。源代码见本书配套资源中的"ch11/11.4/11.4.1/app.py"。

```
@auth.verify_token
def verify_token(token):
    s=Serializer(SECRET_KEY)
```

```
    try:
        data=s.loads(token)
        print(data)
    except SignatureExpired:
        raise SignatureExpired("Token 已经过期，请查询")
    except BadSignature:
        raise BadSignature("Token 错误，请查询")
    if data.get("username")=="admin":
        return True
    else:
        return False

@auth.error_handler
def unauthorized():
    return jsonify({'message': 'Unauthorized access'}), 401

class ProtectedResource(Resource):
    @auth.login_required
    def get(self):
        return {'message': '欢迎来到这里'}
api.add_resource(ProtectedResource, '/protected')
```

在上述代码中，在受保护的资源端点 "/protected" 中，使用装饰器@auth.login_required 来保护该资源，通过回调函数 verify_token()确保只有携带有效 Token 的请求才能访问。

在 Postman 中直接访问地址 "http://localhost:5000/protected"，之后在 headers 部分增加 Authorization，值为 Token {"username": "admin"}.EyQrW6-jWYS_UakZ84LVHCkDNJ4，再次请求该地址，发现接口已经可以正常返回信息，如图 11-16 所示。

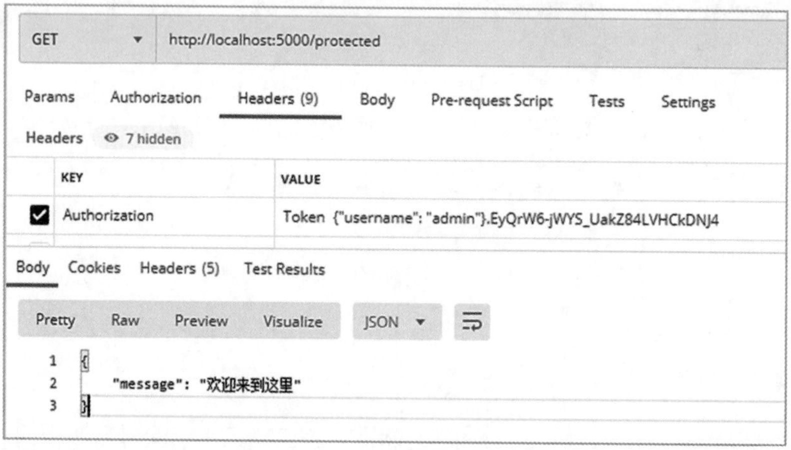

图 11-16

Token 的格式为：Token + 两个空格 + 具体的 Token 值。

## 11.4.2　基于 Flask-JWT-Extended 实现 JWT 认证

在前后端分离项目中，更多是使用 JWT 认证。接下来详细介绍。

安装 Flask-JWT-Extended 的命令如下。

```
(flaskenv) E:\python_project\flask-project\ch11>pip install flask-jwt-extended
```

安装后如果提示"Successfully..."信息则代表安装成功。

### 1. 认识 JWT

JWT（Json Web Token）是一种为了在网络应用环境间传递声明的、基于 JSON 的开放标准。它由 3 部分构成，其中每部分都使用 Base64 编码。

- Header：头部信息，主要包含两部分信息，①类型，通常为"JWT"；②算法名称，比如 HSHA256、RSA 等。
- Payload：具体用户的信息。需要注意的是，该部分内容只经过了 Base64 编码（相当于明文存储），所以不要在其中放置敏感信息。
- Signature：签名信息。签名用于验证消息在传递过程中是否被更改。

JWT 信息由 3 段构成，它们之间用圆点"."连接，格式如下。

```
aaaaa.bbbbb.ccccc
```

如图 11-17 所示，左边区域显示的是一段 JWT 信息。可以看到，整个信息被圆点分为了 3 段。右边是对每段内容进行解密后的内容。

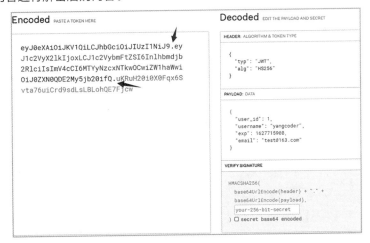

图 11-17

### 2. 生成 JWT

使用 Flask-JWT-Extended 来生成 JWT。源代码见本书配套资源中的"ch11/11.4/11.4.2/app.py"。

（1）导入包及初始化。

在 Flask-JWT-Extended 中导入相关的包，并进行初始化。

```
from flask import Flask,jsonify
from flask_restful import Resource, Api
from flask_jwt_extended import
create_access_token,get_jwt_identity,JWTManager,jwt_required

app=Flask(__name__)
api = Api(app)
app.config["SECRET_KEY"]="1234567890!@#$%^^&*(())_)"
app.config["JWT_ACCESS_TOKEN_EXPIRES"]=60  # 单位为秒
jwt=JWTManager(app)
```

（2）使用 create_access_token()方法创建一个 JWT。

在 Flask-JWT-Extended 中，create_access_token()方法用于生成 JWT（JSON Web Token），以便进行认证和授权。

```
@app.route("/login")
def login():
    username = "admin"
    password = "123456"
    if username != "admin" or password != "123456":
        return jsonify({"msg": "用户名或密码错误"})
    access_token = create_access_token(identity=username)
    return jsonify(access_token=access_token)
```

在上述代码中，create_access_token()方法的参数是 identity。identity 用于指定 JWT 的主题（Subject），通常是用户标识（可以是用户 ID、用户名称或者邮箱），以便在后续请求中验证用户身份。

（3）访问请求。

运行代码后，访问"localhost:5000/login"，结果如图 11-18 所示。

图 11-18

### 3. 验证 JWT

使用装饰器 @jwt_required()来验证 JWT。源代码见本书配套资源中的"ch11/11.4/ 11.4.2/app.py"。

```
class ProtectedResource(Resource):
    @jwt_required()
    def get(self):
        username=get_jwt_identity()
        return jsonify(login=username)
api.add_resource(ProtectedResource, '/protected')
```

在上述代码中，在受保护的资源端点"/protected"中，使用装饰器@jwt_required()来保护该资源，确保只有携带有效 JWT 的请求才能访问。通过 get_jwt_identity()函数在该端点中获取当前 JWT 所代表的用户身份，然后进行相应的处理。

在 Postman 中直接访问地址"http://localhost:5000/protected"，提示"Missing Authorization Header"，如图 11-19 所示。

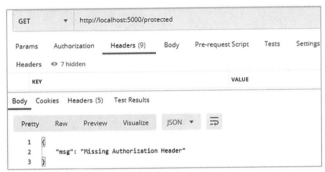

图 11-19

在 headers 部分增加 Authorization，值为 Bearer eyJhbGciOiJIUzI1NiIsInR5c CI6IkpXVC…，再次请求该地址，发现接口可以正常返回信息，如图 11-20 所示。

图 11-20

JWT 的格式为：Bearer + 两个空格 + 具体的 Token 值。

```
Authorization: Bearer eyJhbGciOiAiSFMyNTYiLCAidHlwIj...
```

#### 4. JWT 过期

@jwt.expired_token_loader 是 Flask-JWT-Extended 库提供的一个装饰器，用于定义在 JWT 过期时的行为。在 JWT 过期后，Flask-JWT-Extended 库会调用被该装饰器装饰的函数，允许你在 JWT 过期事件发生时执行一些自定义操作，例如返回特定的错误响应或进行令牌刷新。

下面演示如何使用装饰器@jwt.expired_token_loader 来定义 JWT 过期时的行为。源代码见本书配套资源中的 "ch11/11.4/11.4.2/app.py"。

```python
from flask import Flask,jsonify
from flask_restful import Resource, Api
from flask_jwt_extended import
create_access_token,get_jwt_identity,JWTManager,jwt_required
app=Flask(__name__)
api = Api(app)
app.config["SECRET_KEY"]="1234567890!@#$%^^&*(())_)"
app.config["JWT_ACCESS_TOKEN_EXPIRES"]=60  # 单位为秒
jwt=JWTManager(app)

@jwt.expired_token_loader
def exipred_token_callback(jwt_header, jwt_payload):
    return jsonify(code=401,message="token 过期"),401
```

JWT_ACCESS_TOKEN_EXPIRES 用于设置 JWT 的过期时间。在上述示例中，将过期时间设置为 60 秒。

在 PostMan 中访问 "http://localhost:5000/protected"，间隔 60 秒后再次访问，可以看到 Token 过期了，结果如图 11-21 所示。

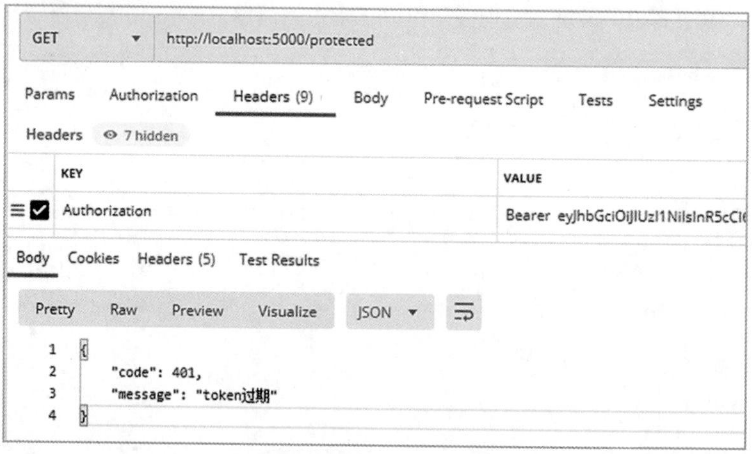

图 11-21

#### 5. Token 认证和 JWT 认证的区别

Token 认证将用户名和密码发送到服务器端，由服务器端进行校验。在校验成功后会生成

Token，将该 Token 保存到数据库中，并把该 Token 发送给客户端。客户端保存返给自己的 Token，当它再次发起请求时，需要在 HTTP 的请求头中带上这个 Token。服务器端收到客户端请求的 Token 后，会将其和已经保存的 Token 做对比。

Token 认证依靠数据库进行存储和查询，因此，在大用户、高并发情况下其性能较差。

JWT 验证客户端发来的 Token 信息，不用进行数据库的查询，直接在服务器端使用密钥进行校验。

JWT 本身包含认证信息，因此，一旦信息被泄露，任何人都可以获得 JWT 的所有权限。为了提高 JWT 的安全性，JWT 的有限期不宜被设置得过长。对于重要的操作，应该每次都进行身份认证。

> 提示　为了提高 JWT 的安全性，不建议使用 HTTP，而是使用安全性更高的 HTTPS。

JWT 最大的缺点是，服务器不保存会话状态，一旦 JWT 验证信息被发到客户端，其在有效期内将一直有效。

## 11.4.3　基于后端技术的跨域解决方案

在了解跨域之前，先来了解浏览器的同源策略。

### 1. 浏览器的同源策略

同源策略（Same Origin Policy）是一种安全约定，是所有主流浏览器最核心的安全功能之一。

> 提示　同源指协议、域名、端口号都相同。只要有一个不相同，则属于不同源。

同源策略规定不同源的客户端脚本在没有明确授权的情况下，无法读写对方的资源。

比如浏览器访问 A 页面，在 A 页面中又访问 B 脚本。在执行 B 脚本时，浏览器会检查该脚本是否属于 A 页面（即检查是否同源）：只有同源的脚本才会被执行；如果是不同源的脚本，则浏览器会报异常并拒绝访问。

- 比如"http://localhost:8000/goods"和"http://localhost:8000/users"，协议、域名、端口号均相同，属于同源。
- 比如"http://localhost:8080/#index"和"http://localhost:8000/users"，端口号不同，属于非同源。

若一个请求（B 脚本）URL 的协议、域名、端口号三者中任意一个与当前页面（A 页面）URL 的协议、域名、端口号不同，则称为跨域。

采用前后端分离方式开发，由于前后端应用基本上不会使用相同的协议、域名、端口号，因此，浏览器的同源策略会导致前端页面访问后端接口时会出现跨域问题。

**2. Flask 中的跨域解决方法**

在 Flask 中可以使用 flask_cors 库解决跨域问题。

（1）安装 flask-cors。

执行如下命令安装。

```
pip install flask-cors
```

安装后如果提示"Successfully..."信息则代表安装成功。

（2）设置单个接口的跨域访问。

@cross_origin()装饰器用于实现跨域。前端应用可以从不同的源（协议、域名、端口号）发送请求到服务器，以获取资源或执行操作。源代码见本书配套资源中的"ch11/11.4/11.4.3/1/app.py"。

```
from flask import Flask,jsonify
from flask_cors import *
app = Flask(_ _name_ _)

@app.route('/index')
@cross_origin()
def index():
    return jsonify(code=200, msg='ok')
```

（3）设置全局跨域访问。

源代码见本书配套资源中的"ch11/11.4/11.4.3/2/app.py"。

```
from flask import Flask,jsonify
from flask_cors import *
app = Flask(_ _name_ _)
CORS(app, supports_credentials=True,resources="/*")

@app.route('/index')
def index():
    return jsonify(code=200, msg='ok')
```

其中，使用 CORS()函数来配置并启用跨域资源共享。具体配置如下。

- app：你的 Flask 应用对象，表示你要为这个应用对象启用跨域。
- supports_credentials=True：允许跨域请求携带凭据（例如，带有身份验证信息的请求）。
- resources="/*"：允许跨域请求访问所有资源，通配符"/*"表示匹配所有路径。更多的参数见表 11-7。

表 11-7

| 参　　数 | Head 字段（服务器端返回） | 说　　明 |
|---|---|---|
| resources | 无 | 全局配置允许跨域的 API |
| origins | Access-Control-Allow-Origin | 配置允许跨域访问的源，*表示全部允许 |

续表

| 参　数 | Head 字段（服务器端返回） | 说　明 |
|---|---|---|
| methods | Access-Control-Allow-Methods | 配置跨域支持的请求方式，如 GET、POST |
| expose_headers | Access-Control-Expose-Headers | 自定义请求响应的 Head 信息 |
| allow_headers | Access-Control-Request-Headers | 配置允许跨域的请求头 |
| supports_credentials | Access-Control-Allow-Credentials | 是否允许跨域时携带 cookie，默认为 False |
| max_age | Access-Control-Max-Age | 请求的有效时长 |

提示　还可以使用 Nginx 反向代理来解决跨域访问问题，在第 14 章中将具体讲解。

## 11.5　【实战】利用 Flasgger 生成专业的 Swagger 文档

Swagger 是一种用于 API 设计、构建、文档化和消费的规范。它描述 API 的请求和响应消息，以及其他相关的操作和参数信息。有很多关于 Swagger 的实用工具，比如 Swagger UI，让用户可以在浏览器中直观地查看和测试 API。Swagger 文档是使用 Swagger 规范生成的。

Flasgger 是一个用于在 Flask 应用中创建 Swagger 文档的库。

### 11.5.1　安装及配置 Flasgger

使用如下命令安装 Flasgger。

```
pip install flasgger
```

安装后如果提示 "Successfully..." 信息则代表安装成功。

### 11.5.2　生成 Swagger 文档

下面演示如何使用 Flasgger 库创建 Swagger 文档。源代码见本书配套资源中的 "ch11/11.5/app.py"。

```python
from flask import Flask, jsonify, request
from flasgger import Swagger
app = Flask(__name__)
app.config['SWAGGER'] = {
    'title': '在线 API 大全'}
swagger = Swagger(app)

# 定义 API 端点和文档
@app.route('/add', methods=['POST'])
def add():
    """
    计算两个数的和
    ---
    parameters:
```

```
       - name: a
         in: formData
         type: number
         required: true
         description: 第 1 个数
       - name: b
         in: formData
         type: number
         required: true
         description: 第 2 个数
     responses:
      200:
        description: 返回两个数的和
        schema:
          type: object
          properties:
            result:
              type: number
              description: 两个数的和
     """
     a = request.form.get('a')
     b = request.form.get('b')
     if not a or not b:
        return jsonify({'error': '数据没有获取'}), 400
     result = float(a) + float(b)
     return jsonify(result=result), 200
```

在上述代码中,首先通过 Flasgger 的 Swagger 类创建了一个 Swagger 对象,并将其与 Flask 应用关联。在路由函数 add()中,使用了注释方式来描述 API 端点和文档。

我们定义了两个接收数字类型的请求参数 a 和 b,并指定了它们的位置为 formData（表示请求体中的表单数据）。在 responses 字段中定义了一个成功的响应,返回两个数的和。

运行这个 Flask 应用后,通过访问"http://localhost:5000/apidocs"来查看自动生成的 Swagger 文档。在 Swagger 文档页面中将看到 API 的详细描述,包括接受的参数和返回的结果。这样就可以方便地与团队成员分享 API 文档,同时为 API 的使用者提供了一个清晰的接口定义。

上述例子是一个简化的例子。Flasgger 支持更丰富的注释方式,可以定义更复杂的 API 文档。你可以根据实际需求,结合更多的 Swagger 规范来描述和生成更完整的 API 文档。

运行代码后,访问"http://localhost:5000/apidocs",结果如图 11-22 所示。单击"Try it out"按钮,输入两个数字,然后单击"Execute"按钮,如图 11-23 所示。

单击"Execute"按钮后结果如图 11-24 所示,其中包含返回的 body 和 headers 信息。

图 11-22

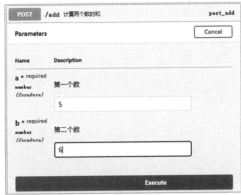

图 11-23

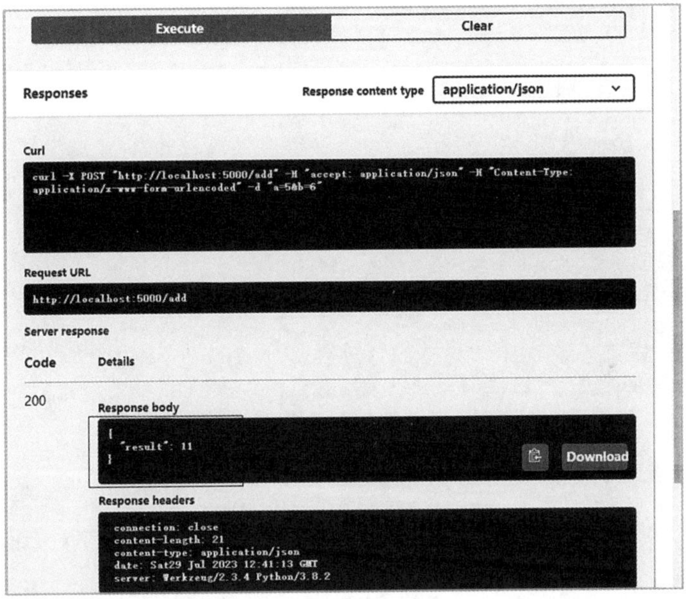

图 11-24

## 11.6　使用 Flask-RESTX 改进 Flask-RESTful

Flask-RESTPlus 是 Flask-RESTful 的扩展，对 Flask-RESTful 完全兼容，它具有更强的接口功能——我们不用自己写那些复杂且冗长的 API 文档。

接下来介绍 Flask-RESTX。

（1）使用如下命令安装 Flask-RESTX。

```
pip install flask-restx
```

安装后如果提示"Successfully..."信息则代表安装成功。

（2）以下示例演示了如何使用 Flask-RESTX。源代码见本书配套资源中的"ch11/11.6/app.py"。

```python
from flask import Flask
from flask_restx import Api, Resource, fields, marshal_with
# 创建一个 Flask 应用
app = Flask(__name__)

# 使用 Flask-RESTx 创建 API，并将其绑定到 Flask 应用上
api = Api(app, version="1.0", title="API 测试", doc="/apidoc")

# 模拟的用户数据，存储在字典中
user = {
    1: {"username": "admin", "password": "123456", "sex": 0},
    2: {"username": "xjboy", "password": "123456", "sex": 0},
    3: {"username": "test", "password": "123456", "sex": 1}}

# 定义要在 API 响应中使用的字段
resource_fields = {
    "username": fields.String,
    "password": fields.String,
    "sex": fields.Integer,}

# 使用@api.doc()装饰器为 UserResource 类添加文档描述
@api.doc(description="User 类的接口")
class UserResource(Resource):
    # 使用@marshal_with()装饰器来指定响应的数据格式
    @marshal_with(resource_fields)
    @api.param("id", "id 参数")
    def get(self, id):
        # 根据传入的 id 返回对应用户的数据
        return user[id]
# 将 UserResource 类添加到 API，并定义路由
api.add_resource(UserResource,
'/show/<int:id>')
```

在上面的代码中，使用 Flask-RESTX 创建了一个 API 对象，并将其绑定到 Flask 应用上。这个 API 对象中包含 API 的版本、标题和文档地址（/apidoc）等信息。装饰器@api.doc()可以添加接口的详细描述。@api.param()可以添加接口中方法的描述。运行代码后，访问"http://localhost:5000/apidoc"，结果如图 11-25 所示。

Flask-RESTX 还有一些其他的用法，这里不再赘述，后面的例子中会补充这方面的知识。

图 11-25

## 11.7 【实战】实现图书管理系统的接口

使用 Flask 的蓝图（Blueprint）可以将 API 按功能模块进行组织和拆分，让代码结构更加清晰和可维护。下面使用 Flask-RESTX 为出版社模型（Publish）编写 API，并使用蓝图来组织它们。

### 11.7.1 规划工程目录

在 "ch11/11.7" 目录下创建 "mybook-api" 文件夹，在其中创建以下文件夹和文件。

- mybook-api/apps/_ _init_ _.py：用于初始化 Flask 应用和数据库等。
- mybook-api/apps/api/models.py：用于定义数据库模型（Publish 和 Author）。
- mybook-api/apps/api/publish.py：用于编写出版社相关的 API。
- mybook-api/apps/api/author.py：用于编写作者相关的 API。
- mybook-api/apps/api/_ _init_ _.py：用于初始化 API。
- mybook-api/apps/data1.sqlite：数据库文件。
- mybook-api/manage.py：入口文件。
- mybook-api/exts.py：扩展文件。

### 11.7.2 出版社相关接口

出版社接口包含 "出版社查询" 接口、"出版社新增" 接口、"出版社修改" 接口、"出版社删除" 接口。

（1）编写接口。

下面通过代码演示出版社的相关接口。源代码见本书配套资源中的 "ch11/11.7/mybook-api/apps/api/publish.py"。

```python
from flask_restx import  Resource,reqparse,fields,marshal,Namespace,inputs
from apps.api.models import Publish
from exts import db
api=Namespace("publish",description="出版社服务")

publish_parser = reqparse.RequestParser()
publish_parser.add_argument('name',type=str, required=True, help='出版社名称不能为空')
publish_parser.add_argument('address', type=str, required=True, help='出版社地址不能为空')
publish_parser.add_argument('intro', type=str)
# 出版社模型的字段序列化器
publish_fields = {
    "p_id": fields.Integer,
    "name": fields.String,
    "address": fields.String,
    "intro": fields.String,}
```

```python
publish=api.model("publish",{
    "p_id": fields.Integer(readonly=True),
    "name": fields.String(required=True),
    "address": fields.String(required=True),
    "intro": fields.String(required=True),})

# 请求解析器
parser = reqparse.RequestParser()
parser.add_argument("page", type=inputs.positive, default=1, help="页数")
parser.add_argument("per_page", type=inputs.positive, default=10, help="每页几条数据")

@api.route('/')
@api.doc(description="出版社接口")
class PublishResource(Resource):
    def get(self):
        args = parser.parse_args()
        page = args["page"]
        per_page = 5
        # 分页查询出版社
        publishs = Publish.query.paginate(page=page, per_page=per_page)
        return {
            "code":200,
            "msg":"success",
            "data":marshal(publishs.items,publish_fields)  }

    @api.doc(description="出版社新增接口")
    @api.expect(publish,validate=True)
    def post(self):
        # 创建新的出版社
        data = api.payload
        publish = Publish(**data)
        db.session.add(publish)
        db.session.commit()
        return {
            "code":201,
            "msg":"success",
            "data":marshal(publish,publish_fields)  }

@api.route('/<int:id>')
@api.doc(description="出版社明细接口")
class PublishDetailResource(Resource):
    def get(self, id):
        # 获取特定 ID 的出版社
        publish = Publish.query.get(id)
        if not publish:
            return {"code":1001,"msg": "没有找到出版社"}
        return {
            "code":200,
```

```
            "msg":"success",
            "data":marshal(publish,publish_fields)  }

    def put(self, id):
        # 更新特定 ID 的出版社信息
        publish = Publish.query.get(id)
        if not publish:
            return {"code":1001,"msg": "没有找到出版社"}
        data = api.payload
        for key, value in data.items():
            setattr(publish, key, value)
        db.session.commit()
        return {
            "code": 200,
            "msg": "success",
            "data": marshal(publish, publish_fields)  }

    def delete(self, id):
        # 删除特定 ID 的出版社
        publish = Publish.query.get(id)
        if not publish:
            return {"code":1001,"msg": "没有找到出版社"}
        db.session.delete(publish)
        db.session.commit()
        return {
            "code": 204,
            "msg": "删除成功",   }
```

在上述代码中，

- 创建了一个 Namespace 对象，名称为"api"，主要用于组织和描述出版社服务的 API。其参数包含一个描述性的名称"publish"和简要的描述信息。
- 定义了一个 API 资源类 PublishResource，处理关于出版社的 GET 和 POST 请求。在 GET 请求中，使用 parser 解析分页参数，然后执行分页查询出版社操作，返回包含出版社数据的响应。在 POST 请求中，使用 api.expect()装饰器验证请求数据是否符合 publish 模型的规则，然后创建新的出版社对象并将其添加到数据库中。
- 定义了一个 API 资源类 PublishDetailResource，来处理关于特定出版社的 GET、PUT 和 DELETE 请求。在 GET 请求中，根据出版社的 ID 查询特定出版社的信息，返回响应。在 PUT 请求中，用请求数据更新特定出版社的信息，返回更新后的出版社。在 DELETE 请求中，删除特定出版社的信息，返回删除成功的响应。

（2）注册蓝图。

源代码见本书配套资源中的"ch11/11.7/mybook-api/apps/api/__init__.py"。

```
from flask import Blueprint
from flask_restx import Api
from apps.api.publish import PublishResource
```

```
from apps.api.author import AuthorResource
api=Api()
publish_bp=Blueprint("publish",_ _name_ _)
publish_bp_api=Api(publish_bp)
```

（3）初始化 Flask 应用和数据库。

源代码见本书配套资源中的"ch11/11.7/mybook-api/apps/_ _init_ _.py"。

```
from flask import Flask
from flask_sqlalchemy import SQLAlchemy
from flask_restx import Api
import os
base_dir=os.path.abspath(os.path.dirname(_ _file_ _))

def create_app():
    app = Flask(_ _name_ _)
    app.config['SQLALCHEMY_DATABASE_URI'] = 'sqlite:///' + os.path.join(base_dir,
'data1.sqlite')
    app.config["SQLALCHEMY_TRACK_MODIFICATIONS"] = False
    app.config.update(RESTFUL_JSON=dict(ensure_ascii=False))
    app.config["JSON_AS_ASCII"] = False
    db = SQLAlchemy(app)
    api = Api(version="1.1", title="图书系统API")

    from apps.api.publish import api as ns_publish
    from apps.api.author import api as ns_author
    api.add_namespace(ns_publish)
    api.add_namespace(ns_author)
    api.init_app(app)
    # 注册出版社和作者的蓝图
    from apps.api import publish_bp
    from apps.api import author_bp
    app.register_blueprint(publish_bp, url_prefix='/publish')
    app.register_blueprint(author_bp, url_prefix='/author')
    return app
```

在上述代码中创建了两个蓝图（publish_bp 和 author_bp），每个蓝图中包含与特定主题（出版社和作者）相关的 API 资源。通过将这些蓝图与相应的 API 对象关联，可以更好地组织和管理应用的不同部分，并创建模块化的 RESTful API。

（4）编写入口文件。

源代码见本书配套资源中的"ch11/11.7/mybook-api/manage.py"。

```
from apps import create_app
app = create_app()
if _ _name_ _ == '_ _main_ _':
    app.run(debug=True)
```

（5）运行代码。

运行代码后，访问"http://localhost:5000"，结果如图 11-26 所示。读者可以进行测试。

图 11-26

限于篇幅，作者和图书接口就不再赘述，留给读者自行完成。

## 11.8 【实战】使用 Postman 测试接口

Postman 是一款功能强大的网页调试、发送 HTTP 请求及测试接口的工具，常用于 Web 开发、接口测试。它能够模拟各种 HTTP Request 请求，如 GET、POST、PUT、DELETE 等。

### 11.8.1 发起 GET 请求

打开 Postman 工具，选择"GET"请求，在文本框中输入接口的 URL"http://localhost: 5000/publish"（用来获取全部出版社信息），如图 11-27 所示。之后单击"Send"按钮发起请求并返回响应。

图 11-27

## 11.8.2 发起 POST 请求

在发起 POST 请求时，需要在 Body 区域中设置 POST 请求的参数。各个参数的含义如下。

- form-data：HTTP 请求中的 "multipart/form-data"。它会将表单中的数据处理为一条消息，以标签为单元，用分隔符分开。
- x-www-form-urlencode：HTTP 请求中的 "application/x-www-from-urlencoded"。它会将表单内的数据转换为键值对，比如 "username=yang&password=123"。
- raw：可以发送任意格式的接口数据，可以是 TEXT、JSON、XML、HTML 等格式。
- binary：HTTP 请求中的 "Content-Type:application/octet-stream"。它允许用户发送图像、音视频等文件，但一次只能发送一个文件。

以 "出版社新增" 接口为例，URL 为 "http://localhost:5000/publish"，POST 参数为 JSON 格式的字符。单击 "Send" 按钮发起请求，在数据库中插入一条数据，结果如图 11-28 所示。

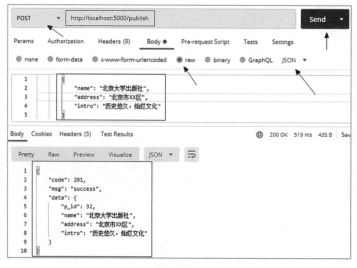

图 11-28

## 11.8.3 发起 PUT 请求

以 "出版社修改" 接口为例，URL 为 "http://localhost:5000/publish/6"，POST 参数为 JSON 格式的字符。单击 "Send" 按钮发起请求，数据库中 p_id 为 6 的信息被修改，结果如图 11-29 所示。

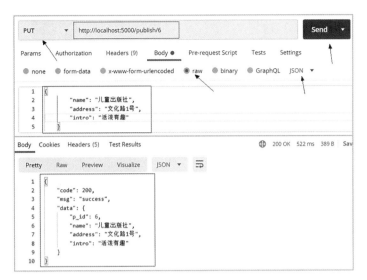

图 11-29

## 11.8.4　发起 DELETE 请求

以"出版社删除"接口为例，URL 为"http://localhost:5000/publish/8"，POST 参数为 JSON 格式的字符。单击"Send"按钮发起请求，数据库中 p_id 为 8 的数据被删除，结果如图 11-30 所示。

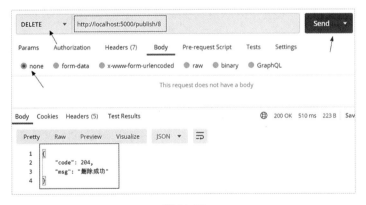

图 11-30

# 第 12 章

# 快速入门前端开发——Vue.js 3 + Vite + Pinia

Vue.js 是一个用于构建用户界面的 JavaScript 框架，其功能包括设置开发环境、使用组合式 API、处理数据交互、管理状态和路由。它使得前端开发变得更加容易和高效。

## 12.1 前端开发利器——Vue.js 框架

Vue.js 拥有诸多优点，这些优点让 Vue.js 能够与 React、Angular 等老牌前端开发框架并驾齐驱。

### 12.1.1 认识 Vue.js

Vue.js 是一个渐进式 JavaScript 框架。什么是渐进式框架呢？即开发者不需要一开始就使用 Vue.js 中所有的组件，可以根据场景有选择地使用部分组件。比如，可以和传统的网站开发框架融合在一起，把 Vue.js 当作一个类似 jQuery 的库来使用；可以使用组件技术、路由技术来开发大型的、复杂的单页面应用（SPA）。

### 12.1.2 Vue.js 3 的新特性

2020 年 9 月，Vue.js 3 正式发布。Vue.js 3 不仅提供了新的工具和 API，还为现有的 Vue.js 2 项目提供了升级路径。

Vue.js 3 的新特性主要体现在以下 3 方面。

- Composition API（组合式 API）方面：按功能划分组件，而不是按照选项（data、methods、computed）划分。这使代码更易于维护。在大型和复杂组件中，Composition API 提供了更好的可读性和维护性。

- TypeScript 支持方面：Vue.js 3 更好地支持 TypeScript，并提供了更完善的类型定义。Vue.js 3 本身就是使用 TypeScript 语言进行编写的。
- 性能改进方面：Vue.js 3 性能比 Vue.js 2 更好，包括更快的渲染速度和更小的包大小。

## 12.2　搭建开发环境

开发 Vue.js 3 应用，需要一些工具。这些工具可以使你更轻松地开发、调试和维护 Vue.js 3 应用。

### 12.2.1　安装 Node.js

Node.js 是一个基于 Chrome V8 引擎的 JavaScript 运行环境，使用了事件驱动、非阻塞式的 I/O 模型。

> **提示**　JavaScript 是一种脚本语言，用它编写的应用不能单独运行，必须在浏览器中由 JavaScript 引擎执行。
>
> 　Node.js 是一个能让 JavaScript 运行在服务端的开发平台，它让 JavaScript 与 PHP、Python、Perl、Ruby 等服务端语言"平起平坐"。

NPM（Node Package Manager）是 JavaScript 的包管理工具，可以让 JavaScript 开发者轻松地共享代码。

NPM 是随同 Node.js 一起安装的。它是 Node.js 的默认包管理工具，能够解决 Node.js 代码部署的很多问题。常见的使用场景如下：

- 从 NPM 服务器下载别人编写的第三方包。
- 从 NPM 服务器下载并安装别人编写的命令行程序。
- 将自己编写的包或者命令行程序上传到 NPM 服务器供别人使用。

进入 Node.js 的官网，选择合适版本的 Node.js 进行下载和安装，如图 12-1 所示。一般选择 LTS（长期维护）版本。安装过程比较简单，这里不再赘述。

完成安装后，在命令行中输入"node -v "来查看版本信息。Node.js 默认集成了 NPM，可以输入"npm -v"来查看 NPM 的版本，如图 12-2 所示。

图 12-1　　　　　　　　　　　　　　　图 12-2

cnpm 是 NPM 镜像的客户端工具。使用如下命令安装 cnpm。

```
C:\Users\Administrator>npm install -g cnpm
--registry=https://registry.npm.taobao.org
changed 422 packages in 18s
28 packages are looking for funding
  run `npm fund` for details
```

安装之后，可以查看 cnpm 的版本信息，如图 12-3 所示。

```
C:\Users\Administrator>cnpm -v
cnpm@9.2.0 (C:\Users\Administrator\AppData\Roaming
npm@9.8.1 (C:\Users\Administrator\AppData\Roaming\
node@18.18.0 (C:\Program Files\nodejs\node.exe)
npminstall@7.11.0 (C:\Users\Administrator\AppData\
prefix=C:\Users\Administrator\AppData\Roaming\npm
win32 x64 10.0.19043
registry=https://registry.npmmirror.com
```

图 12-3

## 12.2.2 使用 Vue CLI 脚手架创建 Vue.js 3 项目

Vue CLI 是一个官方发布的 Vue.js 项目脚手架。使用 Vue CLI 可以快速创建 Vue.js 项目，并方便地进行本地调试、单元测试、热加载和代码部署等。

### 1. 安装

使用如下命令安装 Vue CLI：

```
npm install -g @vue/cli
```

安装完成后，可以输入 "vue -V" 命令查看 Vue CLI 的版本信息，如下所示。

```
(flaskenv) PS E:\python_project\flask-project\ch12> vue -V
@vue/cli 5.0.8
```

### 2. 基本使用

安装 Vue CLI 成功后，进入 "E:\python_project\flask-project\ch12\12.2" 目录，通过 "vue create <项目名>" 命令来新建一个名称为 "vue3_test" 的 Vue.js 3 的 TypeScript 项目，具体命令如下。

```
(flaskenv) PS E:\python_project\flask-project\ch12\12.2> vue create vue3_test
```

命令执行后，进入具体的菜单项目，如图 12-4 所示。

```
Vue CLI v5.0.8
? Please pick a preset: (Use arrow keys)
> Default ([Vue 3] babel, eslint)
  Default ([Vue 2] babel, eslint)
  Manually select features
```

图 12-4

图 12-4 中的 "Default([Vue 3] babel,eslint)" 选项生成的是 Vue.js 3 的 JavaScript 项目，

"Default([Vue 2] babel,eslint)"选项生成的是 Vue.js 2 的 JavaScript 项目。我们选择第 3 个选项"Manually select features"，之后进行自定义配置，如图 12-5 所示。

```
Vue CLI v5.0.8
? Please pick a preset: Manually select features
? Check the features needed for your project: (Press <space> to select,
>(*) Babel
 ( ) TypeScript
 ( ) Progressive Web App (PWA) Support
 ( ) Router
 ( ) Vuex
 ( ) CSS Pre-processors
 (*) Linter / Formatter
 ( ) Unit Testing
 ( ) E2E Testing
```

图 12-5

图 12-5 中的选项说明见表 12-1。

表 12-1

| 名　　称 | 说　　明 |
|---|---|
| Babel | 一个 JavaScript 编译器，用于将新版本的 JavaScript 代码转换为旧版本的 JavaScript 代码，以确保代码在不同浏览器和环境中的兼容性。<br>在 Vue.js 项目中，Babel 可以将 ES6 的代码转换为 ES5 的代码 |
| TypeScript | 一种类型安全的 JavaScript 超集，允许你在编码时使用类型检查，以减少潜在的错误。如果选择此选项，则 Vue CLI 会配置项目以使用 TypeScript 而不是 JavaScript |
| Progressive Web App(PWA) Support | 一种 Web 应用开发方法，旨在提供更好的离线支持、响应速度和用户体验。如果选择此选项，则 Vue CLI 会为你配置 PWA 支持，以便将你的 Vue.js 应用转换为 PWA( 渐进式 Web 应用 ) |
| Router | Vue.js 官方的路由管理库，用于构建单页面应用（SPA）中的路由系统。如果选择此选项，则 Vue CLI 会为你配置 Vue Router，以便你可以轻松地添加和管理路由 |
| Vuex | Vue.js 官方的状态管理库，用于管理应用中的状态、数据和逻辑。如果选择此选项，则 Vue CLI 会为你配置 Vuex，以便你更好地管理应用的状态 |
| CSS Pre-processors | 是否启用 CSS 预处理器，如 Sass、Less 或 Stylus。如果选择此选项，则 Vue CLI 会配置项目以使用所选的 CSS 预处理器，以便你更有效地管理 CSS 样式 |
| Linter/Formatter | 是否启用代码检查工具和代码格式化工具，以确保项目中的代码具有一致的代码风格和最佳实践。Vue CLI 通常会配置 ESLint 作为代码检查工具，并可以选择 Prettier 或其他格式化工具 |
| Unit Testing | 一种测试方法，用于测试应用的单个部件（通常是函数或组件）以确保其按预期工作。如果选择此选项，则 Vue CLI 会为你配置单元测试工具（如 Jest 或 Mocha），以帮助你编写和运行单元测试 |
| E2E Testing | 一种测试方法，用于测试整个应用的工作流程，模拟用户与应用的交互。如果选择此选项，则 Vue CLI 会为你配置 E2E 测试工具（如 Cypress 或 Nightwatch），以帮助你进行 E2E 测试 |

这里我们选择 Babel、TypeScript 和 Router。按 Enter 键，进入选择 Vue.js 版本的页面，如图 12-6 所示。这里选择 3.x，按 Enter 键。

进入下一页，如图 12-7 所示。这里的选项是询问"是否使用 class 风格的装饰器界面？"，输入 n，按 Enter 键。

进入下一页，如图 12-8 所示。输入 y，按 Enter 键。

```
Vue CLI v5.0.8
? Please pick a preset: Manually select features
? Check the features needed for your project: Babel, TS, Router
? Choose a version of Vue.js that you want to start the project with (Use arrow keys)
> 3.x
  2.x
```

图 12-6

```
Vue CLI v5.0.8
? Please pick a preset: Manually select features
? Check the features needed for your project: Babel, TS, Router
? Choose a version of Vue.js that you want to start the project with 3.x
? Use class-style component syntax? (y/N) n
```

图 12-7

```
Vue CLI v5.0.8
? Please pick a preset: Manually select features
? Check the features needed for your project: Babel, TS, Router
? Choose a version of Vue.js that you want to start the project with 3.x
? Use class-style component syntax? No
? Use Babel alongside TypeScript (required for modern mode, auto-detected polyfills, transpiling JSX)? (Y/n) y
```

图 12-8

进入下一页，如图 12-9 所示。选择在 router 中是否使用 history 模式，输入 y，按 Enter 键。

```
Vue CLI v5.0.8
? Please pick a preset: Manually select features
? Check the features needed for your project: Babel, TS, Router
? Choose a version of Vue.js that you want to start the project with 3.x
? Use class-style component syntax? No
? Use Babel alongside TypeScript (required for modern mode, auto-detected polyfills, transpiling JSX)? Yes
? Use history mode for router? (Requires proper server setup for index fallback in production) (Y/n) y
```

图 12-9

进入下一页，如图 12-10 所示。选择第 1 项（即在专门的配置文件中存放 Babel 和 ESLint 等配置文件），按 Enter 键。

```
Vue CLI v5.0.8
? Please pick a preset: Manually select features
? Check the features needed for your project: Babel, TS, Router
? Choose a version of Vue.js that you want to start the project with 3.x
? Use class-style component syntax? No
? Use Babel alongside TypeScript (required for modern mode, auto-detected polyfills, transpiling JSX)? Yes
? Use history mode for router? (Requires proper server setup for index fallback in production) Yes
? Where do you prefer placing config for Babel, ESLint, etc.? (Use arrow keys)
> In dedicated config files
  In package.json
```

图 12-10

进入下一页，如图 12-11 所示。选择是否将这次创建选项内容保存为模板界面，我们输入 n，按 Enter 键。

```
Vue CLI v5.0.8
? Please pick a preset: Manually select features
? Check the features needed for your project: Babel, TS, Router
? Choose a version of Vue.js that you want to start the project with 3.x
? Use class-style component syntax? No
? Use Babel alongside TypeScript (required for modern mode, auto-detected polyfills, transpiling JSX)? Yes
? Use history mode for router? (Requires proper server setup for index fallback in production) Yes
? Where do you prefer placing config for Babel, ESLint, etc.? In dedicated config files
? Save this as a preset for future projects? (y/N)
```

图 12-11

Vue CLI 开始创建项目，结果如图 12-12 所示。

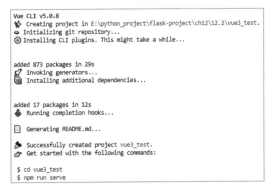

图 12-12

接下来，依次运行 cd vue3_test 和 npm run serve 命令即可启动 vue3_test 项目，如图 12-13 所示。

打开浏览器，输入"http://localhost:8080"即可访问 Vue CLI 创建项目的默认页面，如图 12-14 所示。

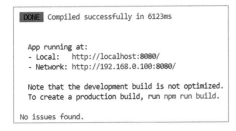

图 12-13                            图 12-14

## 12.2.3　使用 Vite 创建 Vue.js 3 项目

除使用 Vue CLI 脚手架创建 Vue.js 3 项目外，还可以使用 Vite 创建 Vue.js 3 项目。

Vite 是一个构建工具，它使用 ES 模块作为原生浏览器的模块系统，可以实现快速开发。

### 1. 创建项目

进入 "E:\python_project\flask-project\ch12\12.2\12.2.3" 目录，执行 npm init vite@latest 命令来新建一个 Vue.js 3 项目，之后需要输入一个项目名称，这里输入 vite_pro，按 Enter 键，如图 12-15 所示。

```
PS E:\python_project\flask-project\ch12\12.2\12.2.3> npm init vite@latest
? Project name: » vite-pro
```

图 12-15

界面中提示选择当前项目的框架，这里选择 Vue，如图 12-16 所示。

```
PS E:\python_project\flask-project\ch12\12.2\12.2.3> npm init vite@latest
√ Project name: ... vite-pro
? Select a framework: » - Use arrow-keys. Return to submit.
    Vanilla
>   Vue
    React
    Preact
    Lit
    Svelte
    Solid
    Qwik
    Others
```

图 12-16

按 Enter 键后，界面中提示选择当前项目中 Vue 所使用的语言，这里选择 TypeScript，按 Enter 键，如图 12-17 所示。

```
PS E:\python_project\flask-project\ch12\12.2\12.2.3> npm init vite@latest
√ Project name: ... vite-pro
√ Select a framework: » Vue
? Select a variant: » - Use arrow-keys. Return to submit.
>   TypeScript
    JavaScript
    Customize with create-vue ↗
    Nuxt ↗
```

图 12-17

创建项目完成，并列出一些执行命令，如图 12-18 所示。按照图中提示，依次运行 cd vite-pro、npm install 和 npm run dev 命令。

```
PS E:\python_project\flask-project\ch12\12.2\12.2.3> npm init vite@latest
√ Project name: ... vite-pro
√ Select a framework: » Vue
√ Select a variant: » TypeScript

Scaffolding project in E:\python_project\flask-project\ch12\12.2\12.2.3\vite-pro...

Done. Now run:

  cd vite-pro
  npm install
  npm run dev
```

图 12-18

出现项目创建成功的界面，如图 12-19 所示。

```
VITE v4.4.9  ready in 883 ms

→ Local:   http://localhost:5173/
→ Network: use --host to expose
→ press h to show help
```

图 12-19

打开浏览器，输入 "http://localhost:5173" 即可看到 Vite 创建的项目的默认页面，如图 12-20 所示。

提示　和使用 Vue CLI 脚手架创建 Vue.js 3 项目相比，使用 Vite 创建 Vue.js 3 项目速度更快，项目的启动速度也更快。Vite 采用了按需加载的技术，能够极大缩减编译时间。

图 12-20

### 2. 查看版本

可以使用 npm list vue 命令查看当前项目的 Vue.js 版本，如图 12-21 所示。

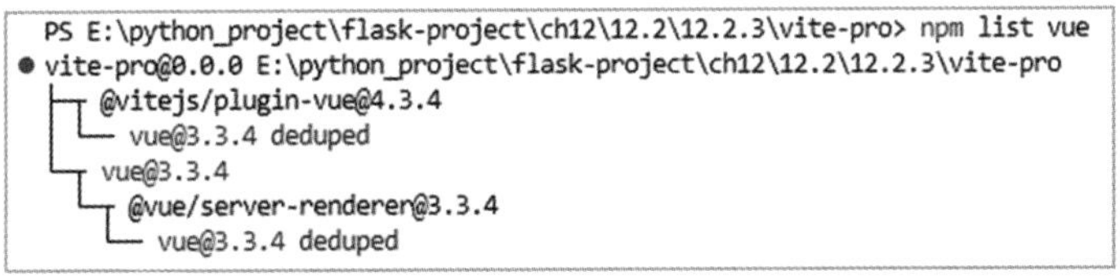

```
PS E:\python_project\flask-project\ch12\12.2\12.2.3\vite-pro> npm list vue
● vite-pro@0.0.0 E:\python_project\flask-project\ch12\12.2\12.2.3\vite-pro
  ├─ @vitejs/plugin-vue@4.3.4
  │  └─ vue@3.3.4 deduped
  ├─ vue@3.3.4
  │  └─ @vue/server-renderer@3.3.4
  │     └─ vue@3.3.4 deduped
```

图 12-21

也可以通过配置文件查询 Vue.js 的版本，具体为"vue_test/package.json"里的 dependencies 部分，如图 12-22 所示。

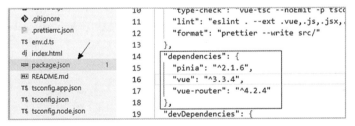

图 12-22

### 3. 了解目录结构

生成的项目目录结构如下所示。

```
E:\python_project\flask-project\ch12\12.2\12.2.3\vite_pro>
├─.vscode            # 该目录用于存放 VSCode 软件的配置文件
├─node_modules       # 该目录用于存放包管理工具下载的安装包
├─public             # 该目录用于存放项目的公共内容
├─src                # 该目录用于存放项目的主文件夹
```

```
|  ├─assets            # 该目录用于存放一些静态资源文件，如图片、视频等文件
|  ├─components        # 该目录用于存放 Vue 的组件
|  |  App.vue          # 整个项目的入口文件
|  |  main.ts          # 全局的 TypeScript 文件
|  |  style.css        # 样式文件
|  |  vite-env.d.ts    # 存放 Vite 的声明文件
|  .gitignore          # 上传 Git 时应忽略的文件
|  index.html          # 页面入口文件
|  package.json        # 项目的配置信息，如项目所需模块、项目名称、版本等
|  package-lock.json   # 执行 npm install 后生成的项目的配置信息
|  README.md           # 项目说明
|  tsconfig.json       # 项目的 TypeScript 配置文件
|  tsconfig.node.json  # 定义代码格式
|  vite.config.ts      # 项目的 Vite 配置文件
```

## 12.2.4　使用 Visual Studio Code 编辑器进行前端代码开发

Visual Studio Code（简称 VS Code）是一款免费开源的轻量级代码编辑器，支持语法高亮、智能代码补全、自定义热键、括号匹配、代码片段等特性，并针对网页开发和云端应用开发做了优化。它拥有丰富的插件生态系统，可通过安装插件来支持 C++、C#、Python、PHP 等语言。它在功能上做到了"够用"，体验上做到了"好用"，更在拥有海量插件的情况下做到了"简洁、流畅"。

### 1. 设置中文界面

VS Code 支持 Windows、Linux、macOS 操作系统。在其官网可以根据自己的操作系统版本下载相应的 VS Code 版本。在下载 VS Code 的 Windows 版本的安装文件后，双击即可安装。

安装后，首次启动后的界面如图 12-23 所示。

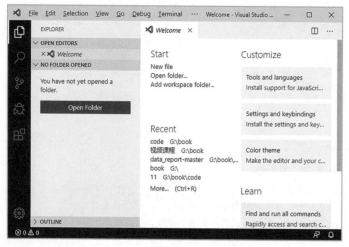

图 12-23

VS Code 安装后默认是英文界面，安装中文插件即可将其变为中文界面。

安装中文插件的过程如图 12-24 所示，单击左侧边栏 1 处，在搜索框中 2 处搜索"chinese"，在查询结果中选择第 1 项，单击"3"处的"install"按钮进行安装。安装完语言包后需要重新启动 VS Code。

图 12-24

## 2. 设置插件

要使用 Visual Studio Code 编辑器编写 Vue.js 代码，则需要在 Visual Studio Code 编辑器中安装 Volar 和 ESLint 插件。

（1）安装 Volar 插件。

Volar 插件支持 .vue 文件的语法高亮显示，支持 template 模板，支持主流的前端开发脚本和插件。在 Visual Studio Code 左侧的扩展插件搜索栏里搜索"volar"，然后选择"Vue Language Features(Volar)"，单击"安装"按钮，如图 12-25 所示。

图 12-25

（2）安装 ESLint 插件。

ESLint 插件用来格式化代码，可以降低开发人员编码的难度。在 Visual Studio Code 左侧的扩展插件搜索栏里搜索 "esLint"，然后选择安装，如图 12-26 所示。

图 12-26

## 12.3 Vue.js 3 的组合式 API

Vue.js 3 的组合式 API（Composition API）让开发者可以更灵活、可组合和可维护地编写 Vue.js 组件。与 Vue.js 2 的 Options API（选项式 API）相比，组合式 API 更适合于构建大型和复杂的应用。

### 12.3.1 选项式 API 和组合式 API 的对比

我们先看一个简单的例子：单击按钮则计数加 1。

#### 1. 选项式 API 风格

首先使用选项式 API 来编写 Vue.js 3 组件。源代码见本书配套资源中的 "ch12/12.3/vue3_test/src/App.vue"。

```ts
<template>
  <div><p>Count: {{ count }}</p>
    <button @click="increment">Increment</button>
  </div>
</template>

<script lang="ts">
import { ref } from 'vue';

export default {
  data() {
    return {
      count: ref(0)
```

```
    };
  },
  methods: {
    increment() {
      this.count++;
    }
  }
};
</script>
```

在这个示例中包括以下几点：

- 在 <script lang="ts"> 块中导入了 ref ()函数。
- 使用 data()方法来定义响应式数据 count。
- 在 methods 中定义了方法 increment()用于增加 count 的值。

### 2. 组合式 API 风格

下面采用组合式 API 风格来编写同样的示例。源代码见本书配套资源中的 "ch12/12.3/vue3_test/src/App.vue"。

```
<template>
  <div><p>Count: {{ count }}</p>
    <button @click="increment">Increment</button>
  </div>
</template>

<script lang="ts">
import { ref } from 'vue';

export default {
  setup() {
    // 使用 ref()函数创建响应式变量
    const count = ref(0);

    // 创建一个函数用于增加计数
    function increment() {
      count.value++;
    }

    // 返回响应式数据和方法
    return {
      count,
      increment
    };
  }
};
</script>
```

具体的步骤如下。

（1）在 <script lang="ts"> 中导入 ref()函数。

（2）使用 setup() 函数来设置组件的响应式数据和方法。

（3）在 setup() 函数中创建响应式变量 count 和增加计数的函数 increment()。

（4）通过 return 返回响应式数据和方法，以便在模板中使用。

在 Vue.js 3 中，每个组件都包含一个 setup()函数。setup()函数在组件创建之前执行，用于设置组件的响应式状态、计算属性、方法等。它返回一个对象（包含需要在模板中使用的变量和函数）。

### 12.3.2 使用<script setup lang="ts">创建组合式 API

Vue.js 3 的组合式 API 可以使用<script setup lang="ts">来编写，特别适合 TypeScript 环境。

以下是一个使用 <script setup lang="ts">的简单示例，演示了如何在 Vue.js 3 中使用<script setup lang="ts">来创建组合式 API 的组件，以及如何在其中定义响应式数据和方法。源代码见本书配套资源中的"ch12/12.3/vue3_test/src/App.vue"。

```
<template>
  <div><p>Count: {{ count }}</p>
    <button @click="increment">Increment</button>
  </div>
</template>

<script setup lang="ts">
import { ref } from 'vue';

// 使用 ref()函数创建响应式变量
const count = ref(0);

// 创建一个函数用于增加计数
function increment() {
  count.value++;
}
</script>
```

在这个示例中，使用 <script setup lang="ts">来创建组合式 API 的代码。其中包括：

- 利用 import { ref } from 'vue'语句导入 ref()函数，用于创建响应式变量。
- 利用 const count = ref(0)语句创建了一个响应式变量 count 并将其初始化为 0。
- 利用 function increment()语句创建了一个函数，用于增加 count 的值。
- 在模板中，可以直接使用 count 变量和 increment()函数，而无须像在 Vue.js 2 中那样使用 this 关键字。
- 使用了@click 事件监听器：当按钮被单击时，调用 increment()函数来增加 count 的值。

这种写法更加紧凑和清晰，特别适合 TypeScript 的开发环境。本书主要采用这种方法进行案例开发。

### 12.3.3　ref()函数和 reactive()函数的区别

在 Vue.js 3 中，使用 ref()函数可以将基本数据类型（如字符串、数字、布尔值等）包装为响应式对象。当这些基本数据类型的值发生变化时，Vue.js 3 会自动更新视图中相应的内容。

ref()函数的具体用法如以下代码所示。源代码见本书配套资源中的"ch12/12.3/vue3_test/src/App.vue"。

```
import { ref } from 'vue';
// 创建一个响应式的计数器
const count = ref(0);
// 增加计数函数
function increment() {
  count.value++;
}
// 在模板中使用响应式数据和方法
<template>
  <div><p>Count: {{ count }}</p>
    <button @click="increment">Increment</button>
  </div>
</template>
```

在上述代码中，使用 ref()函数创建了一个响应式的计数器变量 count，并定义了 increment()函数来增加计数。在模板中，可以直接使用 count 变量和 increment()函数进行显示。

使用 reactive()函数，可以创建更复杂的、深层次的响应式数据。具体用法如以下代码所示。源代码见本书配套资源中的"ch12/12.3/vue3_test/src/App.vue"。

```
import { reactive } from 'vue';
// 创建一个包含嵌套属性的响应式对象
const user = reactive({
  name: 'admin',
  age: 30,
  address: {
    street: '西北路',
    city: '乌鲁木齐',
  },
});
// 在模板中访问响应式数据
<template>
  <div>
    <p>Name: {{ user.name }}</p>
    <p>Age: {{ user.age }}</p>
    <p>Address: {{ user.address.street }}, {{ user.address.city }}</p>
  </div>
</template>
```

在这个示例中，使用 reactive()函数创建了一个包含嵌套属性的响应式对象 user，其中包括 name、age 和 address。在模板中，可以直接访问 user 对象及其属性，这些属性都是响应式的。

使用 ref() 函数和 reactive() 函数，都可以方便地创建和管理响应式数据，以便在 Vue.js 3 组件中实现数据绑定和动态更新。

## 12.4　Vue.js 的基本操作

在"ch12/12.4"目录下执行如下命令创建一个 Vue.js 3 项目。

```
npm init vite@latest vue3_vite
```

之后依次运行 cd vue3_vite、npm install 和 npm run dev 命令，会出现项目的启动界面。

打开"ch12/12.4/vue3_vite/src/App.vue"，删除其中的代码，添加如下代码。保存后刷新页面即可看到效果。

```
<template>
 <div><h1>{{ message }}</h1>
 </div>
</template>

<script setup>
// 导入 ref()函数
import { ref } from 'vue';

// 创建响应式数据
const message = ref('hello vue');
</script>
```

在上述代码中使用 ref() 函数创建了响应式变量 message，并在模板代码中使用响应式变量 message 来显示数据。

### 12.4.1　用插值实现数据绑定

"插值"是指，使用{{ 变量 }}的方法将数据插入 HTML 文档。这样在运行时，{{ 变量 }}会被 Vue.js 3 实例数据对象中的值替换。

插值分为文本插值和 HTML 插值。

- 文本插值：使用双大括号，将数据对象以文本形式显示到界面上。
- HTML 插值：使用 v-html 指令输出 HTML 代码。

通过以下示例演示插值的用法。

打开"ch12/12.4/12.4.1/vue3_vite/src/App.vue"，删除其中的默认代码，添加如下代码。

```
<template>
 <div>
  <h1>{{ message }}</h1>
  <!-- 以普通文本方式输出-->
  <h1>{{ msgHtml }}</h1>
```

```
  <!-- 以 HTML 方式输出-->
  <h1 v-html="msgHtml"></h1>
 </div>
</template>

<script setup lang='ts'>
// 导入 ref()函数
import { ref } from 'vue';

// 创建响应式数据
const message = ref('hello vue');
const msgHtml = ref("<span style='color:red'>这里的内容以红色显示</span>");
</script>
```

在上述代码中，使用 &lt;script setup&gt; 创建了两个响应式变量——message 和 msgHtml，并分别初始化它们的值。在模板中，直接使用这两个响应式变量来显示数据。对于 msgHtml，可以使用 v-html 指令来渲染包含 HTML 的文本。

执行代码后，结果如图 12-27 所示。

图 12-27

## 12.4.2　用 class 和 style 设置样式

可以用 class 和 style 设置样式。class 用于指定 HTML 标签的样式，style 用于指定内联样式。在 Vue.js 3 中，可以使用 v-bind 指令来设置它们。

打开 "ch12/12.4/12.4.2/vue3_vite/src/App.vue"，删除其中的默认代码，添加如下代码。

```
<style>
.active {  color: green;}
.delete {  background: red;}
.error {  font-size: 30px;}
</style>
<template>
 <div id="app">
   <h2>class 绑定, 使用 v-bind:class 或:class</h2>
   <!-- activeClass 会被置换为样式表中的 active, 对应样式为绿色 -->
   <p :class="activeClass">字符串表达式</p>
   <!-当 isDelete 为 true 时, 渲染 delete 样式; 当 hasError 为 false 时, 不显示 error 样式; -->
   <p :class="{ 'delete': isDelete, 'error': hasError }">对象表达式</p>
```

```
<!-- 渲染'active', 'error' 样式，注意要加上单引号，否则会获取 data 中的值 -->
<p :class="['active', 'error']">数组表达式</p>
<h2>style 绑定，使用 v-bind:style 或:style</h2>
<p :style="{ color: activeColor, fontSize: fontSize + 'px' }">Style 绑定</p>
</div>
</template>

<script setup lang="ts">
// 导入 ref() 函数
import { ref } from 'vue';

// 创建响应式变量
const activeClass = ref('active');
const isDelete = ref(true);
const hasError = ref(false);
const activeColor = ref('red');
const fontSize = ref(20);
</script>
```

在上述代码中，将 CSS 样式放在<template>外，使用 <script setup> 创建了响应式变量 activeClass、isDelete、hasError、activeColor 和 fontSize，并分别初始化它们的值。在模板中，直接使用这些响应式变量来实现样式绑定和动态样式渲染。

执行代码后，结果如图 12-28 所示。

图 12-28

### 12.4.3 用 v-for 实现列表渲染

可以用 v-for 指令基于一个数组渲染一个列表。v-for 指令需要使用 "item in items" 形式的语法，其中，items 是源数据数组，item 是被迭代的数组元素的别名。

打开 "ch12/12.4/12.4.3/vue3_vite/src/App.vue"，删除其中的默认代码，添加如下代码。

```
<template>
 <ul id="app">
  <li v-for="item in goodsList" :key="item.id">
   <p>{{ item.title }}</p>
```

```
    </li></ul>
</template>

<script setup lang="ts">
// 导入 reactive() 函数
import { reactive } from 'vue';

// 创建响应式变量
const goodsList = reactive([
  {   title: "哈密大枣",
    id: 1  },
  {   title: "和田大枣",
    id: 2  },
  {   title: "若羌枣",
    id: 3  }
]);
</script>
```

在上述代码中，使用 <script setup> 创建了响应式变量 goodsList，并将其初始化为包含商品列表的数组。在模板中，使用 v-for 指令循环遍历 goodsList 数组，使用 :key 来提供唯一的键。

运行代码后，结果如图 12-29 所示。

图 12-29

## 12.4.4　用 v-on 或者@绑定事件

在 Vue.js 3 中用 v-on:xxx 或者@xxx 绑定事件，其中 xxx 是事件名，比如 v-on:click="showInfo"可以简写成@click="showInfo"。打开"ch12/12.4/12.4.4/vue3_vite/src/App.vue"，删除其中的默认代码，添加如下代码。

```
<template>
  <div id="app">
    <button @click="incrementCounter">Add</button>
    <p>点击次数：{{ counter }} </p>
  </div>
</template>

<script setup>
// 导入 ref() 函数
```

```
import { ref } from 'vue';

// 创建响应式变量
const counter = ref(0);

// 创建方法
function incrementCounter() {
  counter.value++;}
</script>
```

在上述代码中，使用 <script setup> 创建了响应式变量 counter，并将其初始化为 0，使用 @click 来绑定按钮的点击事件，调用 incrementCounter()函数来增加计数器。在模板中，直接使用 counter 变量来显示计数器的值。

## 12.4.5 用 v-model 实现双向数据绑定

v-model 在 Vue.js 中扮演着至关重要的角色，它用于实现"表单元素"与"Vue.js 实例的响应式数据"的双向绑定。说明如下。

（1）在表单元素上使用 v-model 将表单元素与 Vue.js 实例的响应式数据（如 text 变量）进行绑定。这样，表单元素的初始值将被设置为 text 变量的值。

（2）当用户在表单元素中输入内容时，v-model 会自动监听这些变化，并实时更新与之绑定的响应式数据。这意味着，无论用户在文本框中输入什么，响应式数据的值都会相应改变。

（3）如果程序中的其他部分修改了响应式数据的值，则 v-model 会确保这个修改反映到表单元素上。

打开"ch12/12.4/12.4.5/vue3_vite/src/App.vue"，删除其中的默认代码，添加如下代码。

```
<template>
  <div><input type="text" v-model="text">
   {{ text }}
  </div>
</template>

<script setup>
// 导入 ref()函数
import { ref } from 'vue';

// 创建响应式变量
const text = ref('hello world');
</script>
```

执行上述代码后，使用 v-model 来实现双向数据绑定——将输入框的值与 text 变量关联。在文本框中输入"Hello Flask"后，在旁边会立刻显示"Hello Flask"字样，如图 12-30 所示。

图 12-30

## 12.4.6　用 computed 计算属性监听数据

Vue.js 3 中的 computed 计算属性，可以根据响应式数据的变化自动更新自身的值。举例：购物车中的商品数量和商品总金额的关系是"只要商品数量发生变化（增加或者减少），商品总金额就需要发生变化"，使用 computed 计算属性监听商品总金额是一个不错的选择。具体实现如下。

打开"ch12/12.4/12.4.6/vue3_vite/src/App.vue"，删除其中的代码，添加如下代码。

```
<template>
 <div><h2>购物车</h2>
  <ul><li v-for="item in cart" :key="item.id">
     {{ item.name }} - ¥{{ item.price }} - 数量: {{ item.quantity }}
   </li></ul>
  <p>总金额: ¥{{ totalPrice }}</p>
 </div>
</template>

<script setup lang="ts">
import { ref, computed } from 'vue';

// 假设购物车中的商品数据
const cart = ref([
 { id: 1, name: 'Flask+Vue.js', price: 120, quantity: 2 },
 { id: 2, name: 'Django+Vue.js', price: 120, quantity: 1 },
 { id: 3, name: 'Python+ChatGPT 办公自动化', price: 90, quantity: 1 },]);

// 使用 computed 计算属性计算购物车中商品的总金额
const totalPrice = computed(() => {
 return cart.value.reduce((total, item) => {
   return total + item.price * item.quantity;  }, 0);
});
</script>
```

在上面的代码中创建了一个购物车应用,其中包含商品信息( 名称、价格、数量 )。使用 computed 计算属性来计算购物车中所有商品的总金额 totalPrice。总金额 totalPrice 的计算方法：通过 reduce()函数遍历购物车中的每个商品，将其价格乘以数量并相加。computed 计算属性会自动跟踪购物车的变化，只要购物车中的商品数量或价格发生变化，它就会自动更新，而不需要手动触发计算。

执行代码后，结果如图 12-31 所示。

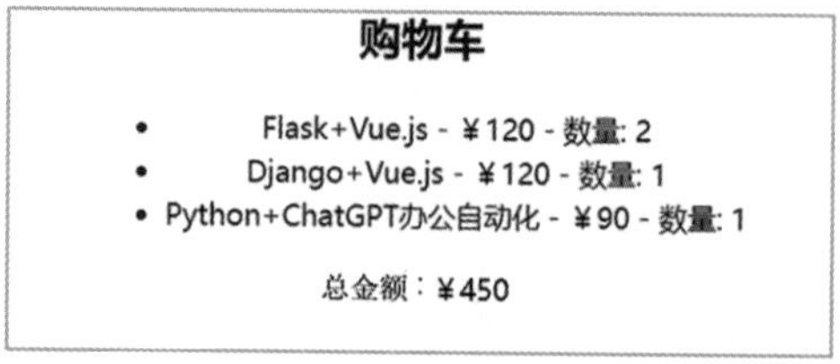

**购物车**

- Flask+Vue.js - ￥120 - 数量: 2
- Django+Vue.js - ￥120 - 数量: 1
- Python+ChatGPT办公自动化 - ￥90 - 数量: 1

总金额：￥450

图 12-31

# 12.5 用 Axios 实现数据交互

在 Vue.js 3 中，可以用 Axios 实现数据交互。

## 12.5.1 认识 Axios

Axios 是一个基于 Promise 的 HTTP 库，可以用在浏览器和 Node.js 中。其特性如下：

- 可以从浏览器中创建 XMLHttpRequests。
- 可以从 Node.js 中创建 HTTP 请求。
- 支持 Promise API。
- 可以拦截请求和响应。
- 可以转换请求数据和响应数据。
- 客户端支持防御 XSRF（跨站请求伪造）。

## 12.5.2 用 Axios 发送网络请求

使用如下命令安装 Axios 库。

```
npm install axios
```

下面以第 11 章的出版社接口为例进行介绍。

### 1. 执行 GET 请求

```
<template>
  <!-- 模板内容 -->
</template>

<script setup>
import axios from 'axios';

// 发送 GET 请求
axios.get('http://localhost:5000/publish/1')
  .then((response) => {
    console.log(response.data); // 访问响应数据
  })
  .catch((error) => {
```

```
    console.error(error); // 处理错误
  });
</script>
```

如果想在 GET 请求中添加参数，则可以使用 Axios 的 params 选项。以下是一个示例——给 GET 请求添加参数。

```
<template>
  <!-- 模板内容 -->
</template>

<script setup>
import axios from 'axios';

// 定义要发送的参数
const params = {
  id: 1};

// 发送带参数的 GET 请求
axios.get('http://localhost:5000/publish', {
  params: params
})
  .then((response) => {
    console.log(response.data); // 访问响应数据
  })
  .catch((error) => {
    console.error(error); // 处理错误
  });
</script>
```

在上述代码中，首先定义了一个名为 "params" 的对象，其中包含要发送的参数。然后，在发起 GET 请求时，通过 params 选项将参数传给 GET 请求。这样，GET 请求将包含参数，以便服务器可以处理它们。

### 2. 执行 POST 请求

```
<template>
  <!-- 模板内容 -->
</template>

<script setup>
import axios from 'axios';

// 发送 POST 请求
axios.post('http://localhost:5000/publish', {
  name: '测试出版社',
  address: '地址 123',
  intro: '出版了很多图书'
})
  .then((response) => {
```

```
    console.log(response.data); // 访问响应数据
  })
  .catch((error) => {
    console.error(error); // 处理错误
  });
</script>
```

POST 请求返回的成功状态码为 201。

还可以使用 ES2017 中的 async/await 语法实现性能更高的异步请求，如以下代码所示。

```
<template>
  <!-- 模板内容 -->
</template>

<script setup>
import axios from 'axios';

const createPublish = async () => {
  try {
    const response = await axios.post('http://localhost:5000/publish', {
    name: '测试出版社',
    address: '地址123',
    intro: '出版了很多图书'
    });
    console.log(response.data); // 访问响应数据
  } catch (error) {
    console.error(error); // 处理错误
  }
};
</script>
```

在上述代码中，定义了一个名为 "createPublish" 的异步函数，使用 async/await 语法来发送 POST 请求并等待响应。

### 3. 执行 PUT 请求

```
<template>
  <!-- 模板内容 -->
</template>

<script setup>
import axios from 'axios';

// 发送 PUT 请求
axios.put('http://localhost:5000/publish/10', {
  name: '测试出版社10',
  address: '地址10',
  intro: '出版了很多图书10'
})
  .then((response) => {
```

```
    console.log(response.data); // 访问响应数据
  })
  .catch((error) => {
    console.error(error); // 处理错误
  });
</script>
```

PUT 请求返回的成功状态码为 200 或者 204。

### 4. 执行 DELETE 请求

```
<template>
  <!-- 模板内容 -->
</template>

<script setup>
import axios from 'axios';

// 发送 DELETE 请求
try {
  axios.delete('http://localhost:5000/publish/10')
    .then((response) => {
      console.log(response.data); // 访问响应数据
    })
    .catch((error) => {
      console.error(error); // 处理错误
    });
} catch (error) {
  console.error(error); // 处理错误
}
</script>
```

DELETE 请求返回的成功状态码为 200 或者 204。

## 12.5.3　【案例】实现出版社的增加、删除、修改和查询

下面以第 11 章的出版社接口为例，使用 Vue.js 3 来实现出版社的增加、删除、修改和查询。

在 "ch12/12.5" 目录下执行如下命令创建一个 Vue.js 3 项目。

```
npm init vite@latest vue3_vite
```

之后依次运行 cd vue3_vite、npm install 和 npm run dev 命令，会出现项目的启动界面。本节的实例在该项目基础上展开。

打开 "ch12/12.5/vue3_vite/src/App.vue"，删除其中的代码，添加如下代码。

```
<template>
  <div><h2>出版社管理</h2>
    <!-- 显示出版社列表 -->
    <ul><li v-for="publisher in publishers" :key="publisher.p_id">
      {{ publisher.name }} - {{ publisher.address }} - {{ publisher.intro }}
```

```html
    <!-- "编辑"按钮 -->
    <button @click="editPublisher(publisher)">编辑</button>
    <!-- "删除"按钮 -->
    <button @click="deletePublisher(publisher.p_id)">删除</button>
  </li></ul>
  <!-- 表单用于添加或编辑出版社 -->
  <form @submit.prevent="savePublisher">
    <label for="name">名称:</label>
    <input type="text" id="name" v-model="publisherData.name" required>
    <br><label for="address">地址:</label>
    <input type="text" id="address" v-model="publisherData.address" required>
    <br><label for="intro">介绍:</label>
    <textarea id="intro" v-model="publisherData.intro" required></textarea>
    <br><button type="submit">保存</button>
  </form></div>
</template>

<script setup lang="ts">
import { ref, onMounted,reactive } from 'vue';
import axios from 'axios';

const publishers = ref([]);
const publisherData = ref({
 p_id:0, name: '',
 address: '', intro: ''});

const fetchPublishers = async () => {
  try {
    const response = await axios.get('http://localhost:5000/publish');
    publishers.value = response.data.data;
  } catch (error) {
    console.error(error);
  }};

const savePublisher = async () => {
  try {
    if (publisherData.value.name && publisherData.value.address &&
publisherData.value.intro) {
      if (!publisherData.value.p_id) {
        // 添加出版社
        await axios.post('http://localhost:5000/publish/', publisherData.value);
      } else {
        // 编辑出版社
        await axios.put(`http://localhost:5000/publish/${publisherData.value.p_id}`,
publisherData.value);      }
      // 清空表单数据
      publisherData.value = {
        p_id:0,    name: '',
        address: '', intro: ''      };
```

```
      // 重新获取出版社列表
      fetchPublishers();
    } else {
      alert('请填写完整信息');    }
  } catch (error) {
    console.error(error);  }};

const editPublisher = (publisher) => {
  publisherData.value = { ...publisher };
};

const deletePublisher = async (id) => {
  try {
    await axios.delete(`http://localhost:5000/publish/${id}`);
    // 重新获取出版社列表
    fetchPublishers();
  } catch (error) {
    console.error(error);  }};

onMounted(() => {
  // 组件挂载后获取出版社列表
  fetchPublishers();
});
</script>
```

以上代码的解释如下。

<template> 部分分为显示出版社列表、"编辑"按钮和"删除"按钮。

- 显示出版社列表：通过 v-for 循环遍历 publishers 数组中的出版社对象，将它们以列表项的形式展示出来，并为每个出版社显示名称、地址和介绍。
- "编辑"按钮：为每个出版社添加一个"编辑"按钮，单击"编辑"按钮会触发 editPublisher() 方法将出版社信息填充到表单中以进行编辑。
- "删除"按钮：为每个出版社添加一个"删除"按钮，单击"删除"按钮会触发 deletePublisher() 方法以删除该出版社。

<script setup lang="ts"> 部分解释如下。

- 导入 Vue.js 3 的 ref() 函数（用于响应式数据）和 Axios（用于发起 HTTP 请求）。
- 使用 ref() 函数创建了 publishers 数组（用于存储出版社列表数据）和 publisherData 数组（用于存储表单数据和编辑数据）。
- fetchPublishers() 方法：获取出版社列表数据，通过 Axios 发送 GET 请求到指定的 API 端点，并将响应数据存储在 publishers 数组中。
- savePublisher() 方法：保存或编辑出版社信息。如果 publisherData.value.p_id 不存在，则将发送 POST 请求以创建新的出版社，否则发送 PUT 请求以更新现有的出版社信息。
- editPublisher() 方法：编辑出版社信息。单击"编辑"按钮时，它将被触发，它将出版社信息填充到表单中，且允许用户进行编辑。

- deletePublisher()方法：删除出版社信息。单击"删除"按钮时，它将被触发，它将发送 DELETE 请求以删除选定的出版社。
- onMounted 钩子：在组件挂载后，它会自动调用 fetchPublishers()方法，以获取初始的出版社列表。

最终效果如图 12-32 所示。

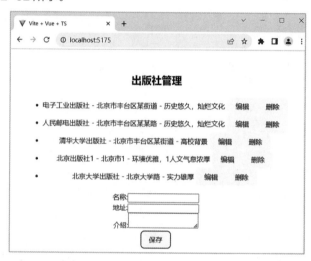

图 12-32

## 12.6 用 Pinia 实现状态管理

Pinia 是一个基于 Vue.js 3 的状态管理库。与 Vuex 不同，Pinia 借助 Vue.js 3 的响应式系统和组合式 API 来提供更直观、更高效的状态管理解决方案。

以下是 Pinia 的一些重要特点。

- 基于 Vue.js 3 和 Composition API：Pinia 是专为 Vue.js 3 设计的，充分利用了 Vue.js 3 的新特性。
- 强类型支持：Pinia 支持 TypeScript，允许你在编码时发现和预防许多类型错误。你可以定义状态的类型，以确保类型安全。
- 模块化：Pinia 具有模块化的架构，允许你将应用的状态划分为多个模块，每个模块可以独立管理自己的状态。这有助于组织和维护大型应用。
- 支持插件：Pinia 允许你轻松地集成插件来扩展其功能。
- 支持服务器端渲染（SSR）：Pinia 提供了支持服务器端渲染（SSR）的选项，可以在服务器端和客户端之间共享状态。

- 对开发人员友好：Pinia 提供了清晰的文档和示例，以帮助开发人员快速上手。它还可以与 Vue Devtools 集成，以提供强大的调试功能。

使用 Pinia 可以更轻松地管理应用的状态，提高代码质量和可维护性，并为开发团队提供更好的开发体验。

## 12.6.1　安装和初始化

使用如下命令安装 Pinia 库。

```
npm install pinia
```

在 "ch12/12.6" 目录下执行如下命令创建一个 Vue.js 3 项目。

```
npm init vite@latest vue3_vite
```

之后依次运行 cd vue3_vite、npm install 和 npm run dev 命令，会出现项目的启动界面。本节的实例都在该项目基础上展开。

在 Vue.js 3 应用中初始化 Pinia 很简单，只需要在 main.ts 文件中引入 pinia 实例并将其注册即可，代码如下所示。源代码见本书配套资源中的 "ch12/12.6/vue3_vite/src/main.ts"。

```
import { createApp } from 'vue'
import { createPinia } from 'pinia'
import './style.css'
import App from './App.vue'
const app=createApp(App);
const pinia=createPinia();
app.use(pinia)
app.mount('#app')
```

至此，Pinia 的安装和初始化就完成了，接下来可以在项目中使用 Pinia 来管理组件的状态了。

## 12.6.2　store——状态仓库，用于存储和管理应用的状态

store 代表了一个状态仓库，用于存储和管理应用的状态。每个 store 实例都包含应用的一部分状态，以及一组用于操作和修改这些状态的方法。

> ■ 提示　可以将多个 store 组合在一起，形成一个更大的状态管理系统。这有助于将状态进行集中管理，使得状态的变化和操作更加可预测和可维护。

在 Pinia 中，通过创建一个 Store 类来定义一个 store。这个类通常包括以下内容。

- state：一个响应式的状态对象，用于存储应用的状态数据。
- getters（可选）：获取 state 的值并进行一些处理。
- actions（可选）：用于处理异步逻辑和更新应用状态。

在使用 Pinia 的项目中，一般会把状态管理的代码独立出来。在项目的 "ch12/12.6/vue3_vite/src" 目录下创建 "store" 文件夹，并在其中创建一个 user.ts 文件，代码如下所示。

```
import {defineStore} from 'pinia';
export const userStore=defineStore("user",{
    //store 的内容
})
```

使用 defineStore()方法定义了一个 store，定义时包括状态、操作及唯一标识符（ID）。

然后在"ch12/12.6/vue3_vite/src/App.vue"中使用 store，大致代码如下。

```
<template>
</template>

<script setup lang="ts">
import { userStore } from './store/user'
const user = userStore(); // 创建 Store 实例
</script>
```

### 12.6.3　state——store 中的状态数据

state 是 store 中的状态数据，是 store 实例的一部分。state 是响应式的，这意味着，当 state 发生变化时，与之相关的组件将自动更新。state 可以包含任何类型的数据，如数字、字符串、对象等，用于表示应用的状态。

（1）创建了一个名为"userStore"的 store。源代码见本书配套资源中的"ch12/12.6/vue3_vite/src/store/user.ts"。

```
import { defineStore } from 'pinia';
import User from './types/user';

export const userStore = defineStore('User_store',{
  state: ():User => {
    return {
      name:"admin",
      height:185,
      weight:180,
    }
  },
});
```

（2）使用 TypeScript 语法创建一个 User 接口。源代码见本书配套资源中的"ch12/12.6/vue3_vite/src/store/types/user.ts"。

```
interface User{
    name:string,
    height:number,
    weight:number,
}
export default User
```

（3）在 App.vue 组件中使用 userStore。源代码见本书配套资源中的"ch12/12.6/vue3_vite/src/App.vue"。

```
<template>
  <div>
    <p>姓名: {{ user.name }} 身高: {{ user.height }} 体重: {{ user.weight }}</p>
  </div>
</template>

<script setup lang="ts">
import { userStore } from './store/user'
const user = userStore(); // 创建 Store 实例
</script>
```

在上面的代码中，使用 userStore()来创建 store 的实例 user。这样在模板中就可以使用 user.name、user.height 和 user.weight 来显示内容了。

### 12.6.4　getters——store 中的计算属性

通过 defineStore 的 getters 配置项来定义 getters。getters 和计算属性非常相似，getters 接收 state 作为第 1 个参数。

下面在 user.ts 代码中增加 getters 配置项。源代码见本书配套资源中的"ch12/12.6/vue3_vite/src/store/user.ts"。

```
import { defineStore } from 'pinia';
import User from './types/user';

export const userStore = defineStore('User_store',{
  state: ():User => {
    return {
      name:"admin",
      height:1.85,
      weight:90,
    }
  },
  getters:{
    BMI:(state:User):number=>{
      return state.weight/(state.height*state.height)
    }
  }
});
```

在"ch12/12.6/vue3_vite/src/App.vue"组件中使用 getters 来获取计算后的值。

```
<template>
  <div>
    <p>姓名: {{ user.name }}  身高(米): {{ user.height }}  体重(公斤):{{ user.weight }}
BMI:{{ user.BMI }}</p>
    BMI 在 18.5~24.0 时为正常体重。BMI 在 24.0~27.9 时为超重，BMI 大于 28.0 时为肥胖。
  </div>
</template>

<script setup lang="ts">
```

```
import { userStore } from './store/user'
const user = userStore(); // 创建 Store 实例
</script>
```

运行代码后，结果如图 12-33 所示。

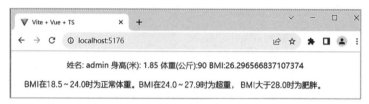

姓名: admin 身高(米): 1.85 体重(公斤):90 BMI:26.296566837107374

BMI在18.5～24.0时为正常体重。BMI在24.0～27.9时为超重，BMI大于28.0时为肥胖。

图 12-33

### 12.6.5 actions——store 中的方法

在 Pinia 中，actions 用于处理异步逻辑和更新应用状态。actions 充当 store 中的方法，允许你执行诸如发送网络请求、计算状态等操作。使用 actions 可以确保状态的修改是可控和可维护的。

在 user.ts 代码中增加 actions 配置项。源代码见本书配套资源中的"ch12/12.6/vue3_vite/src/store/user.ts"。

```
import { defineStore } from 'pinia';
import User from './types/user';
export const userStore = defineStore('User_store',{
  state: ():User => {
    return {
      name:"admin",
      height:1.85,
      weight:90,
    } },
  getters:{
    BMI:(state:User):number=>{
      return state.weight/(state.height*state.height)
    } },
  actions:{
    reduceWeight():void{
      this.weight-=1;
    } }
});
```

在 actions 中，通过 this 关键字来访问 state 中的数据。

接下来在组件中调用 actions。源代码见本书配套资源中的"ch12/12.6/vue3_vite/src/App.vue"。

```
<template>
  <div><p>姓名:{{ user.name }} 身高(米):{{ user.height }} 体重(公斤):{{ user.weight }}
BMI:{{ user.BMI }}</p>
```

```
  <p><button @click="user.reduceWeight()">减肥达到正常体重</button></p>
  BMI 在 18.5~24.0 时为正常体重。BMI 在 24.0~27.9 时为超重，BMI 大于 28.0 时为肥胖。
 </div>
</template>
<script setup lang="ts">
import { userStore } from './store/user'
const user = userStore(); // 创建 Store 实例
</script>
```

运行代码后，结果如图 12-34 所示。

姓名: admin 身高(米): 1.85 体重(公斤):80 BMI:23.37472607742878

减肥达到正常体重

BMI在18.5～24.0时为正常体重。BMI在24.0～27.9时为超重，BMI大于28.0时为肥胖。

图 12-34

# 12.7　用 Vue Router 库实现路由管理

Vue Router 是 Vue.js 的官方路由管理库，用于实现单页面应用（SPA）中的路由导航。它允许你在不刷新整个页面的情况下切换不同的视图，并且可以与 Vue.js 紧密集成。

## 12.7.1　了解 Vue Router 库

Vue Router 库和 Vue.js 的深度集成，让构建单页面应用变得易如反掌。

使用 Vue.js 和 Vue Router 库创建单页面应用非常简单：

（1）使用 Vue.js 进行开发，整个应用被拆分为多个独立的组件。

（2）使用 Vue Router 库把路由映射到各个组件，并把各个组件渲染到正确的地方。

## 12.7.2　安装和使用

使用如下命令安装 Vue Router 库。

```
npm install vue-router
```

在 "ch12/12.7" 目录下执行如下命令创建一个 Vue.js 3 项目。

```
npm init vite@latest vue3_vite
```

之后依次运行 cd vue3_vite、npm install 和 npm run dev 命令，会出现项目的启动界面。本节的实例都在该项目基础上展开。

在项目中使用 Vue Router 分为以下步骤。

### 1. 项目中创建路由对象

在使用 Router 的项目中，一般都会把路由的代码独立出来。在项目的 src 目录下创建 "router"
文件夹，并在其中创建一个 intex.ts 文件。代码如下所示。源代码见本书配套资源中的
"ch12/12.7/vue3_vite/router/index.ts"。

```
import {createRouter,createWebHistory} from 'vue-router'
import Index from '../components/Index.vue'
import Order from '../components/Order.vue'
import My from '../components/My.vue'
const router = createRouter({
    history: createWebHistory(),
    routes: [
      {
       path: '/index',component: Index
      },
      {
       path: '/order',component: Order
      },
      {
       path: '/my',component:My
      },
   ]  })
 export default router
```

上述代码使用 Vue Router 4 创建路由，代码解释如下。

首先，导入 createRouter()和 createWebHistory()函数，这两个函数来自 Vue Router 4。

- createRouter()函数用于创建一个新的路由实例。
- createWebHistory ()是一个用于构建基于浏览器历史记录的路由的工厂函数。

然后，使用 createRouter()函数创建了一个路由实例，并将其赋值给 router 变量。

- history 选项指定了路由器的历史模式，这里使用了 createWebHistory()函数，表示使用
  基于浏览器历史记录的路由。这意味着，路由将使用常规的 URL 而不是哈希模式的 URL。
- routes 选项包含路由的配置数组，每个对象表示一个路由规则。每个路由规则包括 path 和
  component 字段，分别指定路由的路径和对应的组件。

最后，导出 router，以便在应用的其他部分中使用这个路由实例。

### 2. 定义 Index 等组件

新建组件 index.vue，代码如下所示。源代码见本书配套资源中的 "ch12/12.7/vue3_vite/
src/components/index.vue"。

```
<script setup lang="ts">
</script>
<template>
这是首页
```

```
</template>
```

其他组件 order.vue、my.vue 与此类似，这里不再赘述。

### 3. 引入 router 对象

在项目的 main.ts 文件中引入 router 对象，并在 app.use()方法中对其进行注册。main.ts 代码被修改后如下。源代码见本书配套资源中的 "ch12/12.7/vue3_vite/src/main.ts"。

```
import { createApp } from 'vue'
import router from './router'
import './style.css'
import App from './App.vue'
const app=createApp(App)
app.use(router)
app.mount('#app')
```

在注册完 router 后，就可以在项目中使用它了。

### 4. 使用<RouterLink>和<RouterView>显示内容

声明路由链接<RouterLink>及占位符<RouterView>。源代码见本书配套资源中的 "ch12/12.7/vue3_vite/src/App.vue"。

```
<script setup lang="ts">
</script>
<template>
<div><div id="nav">
 <RouterLink to="/index">首页</RouterLink>  
 <RouterLink to="/order">订单</RouterLink>  
 <RouterLink to="/my">我的…</RouterLink>  
</div>
 <RouterView></RouterView>
</div>
</template>
```

在上述代码中，<RouterLink>是用于创建路由链接的组件，类似于常规的超链接（<a>）。在这里，定义了 3 个<RouterLink>组件，分别指向不同的路由。

- <RouterLink to="/index">首页</RouterLink>这个链接指向 "/index" 路由，显示文本为"首页"。
- <RouterLink to="/order">订单</RouterLink>这个链接指向 "/order" 路由，显示文本为"订单"。
- <RouterLink to="/my">我的…</RouterLink>这个链接指向 "/my" 路由，显示文本为"我的…"。

用户可以单击这些链接来导航到不同的路由页面。

<RouterView>是用于显示匹配路由的组件。它类似于一个占位符，将根据用户单击的链接来渲染相应的路由组件内容。

### 5. 访问路由

单击不同的路由链接，会导航到不同的路由页面，且浏览器 URL 也会发生变化。当用户访问 "/index" 路由时，显示 "这是首页" 的信息，如图 12-35 所示。当用户访问 "/order" 路由时，显示 "这是订单页面" 的信息，如图 12-36 所示。

图 12-35

图 12-36

## 12.7.3 动态路由

如果要在 Vue Router 中创建动态路由，则可以使用带有参数的路由路径。假设你希望创建一个动态路由，其中包括用户的 ID，可以根据用户的 ID 来显示不同的用户信息，则需要更新路由的配置。

### 1. 在项目中创建动态路由

代码如下所示。源代码见本书配套资源中的 "ch12/12.7/vue3_vite/ src/router/index.ts"。

```
import {createRouter,createWebHistory} from 'vue-router'
import Index from '../components/Index.vue'
import UserProfile from '../components/UserProfile.vue'
const router = createRouter({
   history: createWebHistory(),
   routes: [
     {
       path: '/index',component: Index
     },
…
     {
       path:'/user/:id',//使用冒号定义参数
       component:UserProfile
     },
   ] })
 export default router
```

在上面的配置中，定义了一个动态路由 "/user/:id"，其中 ":id" 是一个参数，表示用户的 ID。

### 2. 创建 UserProfile 组件

新建 userprofile.vue 组件，代码如下所示。源代码见本书配套资源中的 "ch12/12.7/vue3_vite/src/components/userprofile.vue"。

```
<template>
    <div><h2>用户信息</h2>
      <p>User ID: {{ $route.params.id }}</p> //获取路由参数 id 的值
    </div>
</template>
<script setup lang="ts">
</script>
```

要在 UserProfile 组件中访问参数并显示相应的用户信息，可以使用 Vue Router 提供的 $route.params 来实现。

### 3. 修改 App.vue 组件

声明路由链接<RouterLink>，代码如下所示。源代码见本书配套资源中的 "ch12/12.7/vue3_vite/App.vue"。

```
<script setup lang="ts">
</script>
<template>
<div><div id="nav">
  <RouterLink to="/index">首页</RouterLink>  
  <RouterLink to="/order">订单</RouterLink>  
  <RouterLink to="/my">我的...</RouterLink>  
  <RouterLink to="/user/1">用户信息 1</RouterLink>  
  <RouterLink to="/user/2">用户信息 2</RouterLink>  
</div>
  <RouterView></RouterView>
</div>
</template>
```

### 4. 访问动态路由

当用户访问 "/user/1" 路由时，显示 User ID 为 1 的用户信息，如图 12-37 所示。当用户访问 "/user/2" 路由时，将显示 User ID 为 2 的用户信息，如图 12-38 所示。

图 12-37

图 12-38

### 12.7.4　路由嵌套

在 Vue .js 3 中，路由嵌套是一种组织和管理页面结构的技术。它允许你在一个页面内部包含另一个页面，从而创建复杂的页面布局和导航结构。

#### 1. 在项目中创建路由嵌套

代码如下所示。源代码见本书配套资源中的 "ch12/12.7/vue3_vite/src/router/ index.ts"。

```
import {createRouter,createWebHistory} from 'vue-router'
import Index from '../components/Index.vue'
import Order from '../components/Order.vue'
import My from '../components/My.vue'
import UserProfile from '../components/UserProfile.vue'
import MyAddress from '../components/MyAddress.vue'
import MyBooks from '../components/MyBooks.vue'

const router = createRouter({
   history: createWebHistory(),
   routes: [
     {       path: '/index',component: Index       },
     {       path: '/order',component: Order       },
     {
       path: '/my',
       component:My,
       children:[
           {      path:'address',    component:MyAddress
           },
           {      path:'books',      component:MyBooks
           }
       ] },
     {
       path:'/user/:id',          //使用冒号定义参数
       component:UserProfile
     }, ]
})
export default router
```

在上面的路由配置中，使用 children 字段定义了 "我的" 页面下的嵌套路由。每个子路由都有自己的路径和对应的组件。

#### 2. 创建组件

新建组件 my.vue，代码如下所示。源代码见本书配套资源中的 "ch12/12.7/vue3_vite/src/ components/my.vue"。

```
<script setup lang="ts">
</script>
<template>
<div><br>
  <RouterLink to="/my/address">我的地址</RouterLink>  
```

```
<RouterLink to="/my/books">我的图书</RouterLink>
  <hr><RouterView></RouterView>
</div>
</template>
```

在 "ch12/12.7/vue3_vite/src/components" 目录下创建 myaddress.vue 组件，代码如下所示。

```
<script setup lang="ts">
</script>
<template>
中国新疆-乌鲁木齐
</template>
```

新建组件 mybooks.vue，代码如下所示。源代码见本书配套资源中的 "ch12/12.7/vue3_vite/src/components/mybooks.vue"。

```
<script setup lang="ts">
</script>
<template>
Flask2+Vue.js 3 实战派<br>
Django+Vue.js 实战派<br>
Python+ChatGPT 办公自动化<br>
</template>
```

### 3. 访问嵌套的路由

当用户访问 "/my" 路由时，显示 "我的地址　我的书籍" 的嵌套信息，如图 12-39 所示。当用户访问 "/my/address" 路由时，将显示 "我的地址" 下的信息，如图 12-40 所示。当用户访问 "/my/books" 路由时，将显示 "我的书籍" 下的信息，如图 12-41 所示。

图 12-39

图 12-40

图 12-41

### 12.7.5　历史模式和哈希模式

Vue Router 支持两种路由模式：历史模式（History Mode）和哈希模式（Hash Mode），其对比见表 12-2。这两种模式用于控制路由在浏览器中的 URL 表现方式，以及如何实现路由切换。

表 12-2

| 对比项 | 历史模式（History Mode） | 哈希模式（Hash Mode） |
| --- | --- | --- |
| 基本描述 | 路由的 URL 看起来更正常，类似于传统的 URL，例如：http://localhost:5173/ my/address | 路由的 URL 包含哈希字符（#），例如：http://localhost:5173/#/user/id |
| 优点 | URL 更具可读性，更符合传统网站的 URL 风格，不需要在 URL 中包含哈希字符 | 不需要进行服务器端配置，非常容易部署。在客户端进行路由切换时，不会触发服务器请求 |
| 缺点 | 需要在服务器端进行一些配置。如果直接访问某个路由，则服务器需要进行正确的处理，以返回应用的 HTML 页面 | URL 中包含哈希字符，看起来可能不太正常。不太适合传统的 SEO 优化，因为搜索引擎可能不会处理哈希部分的内容 |

通常情况下，如果应用在服务器端有正确的路由配置，则推荐使用历史模式，因为它提供了更正常的 URL。然而，如果应用是一个简单的单页面，且不需要在服务器端进行配置，那哈希模式是更好的选择。

# 第 13 章

# 【实战】用 Vue.js 3 + Vite + Pinia + Flask-RESTful 开发商城系统

本章我们从零开始，使用 Vue.js 3+Vite+Pinia+Flask-RESTful 技术体系，采用前后端分离架构来完成一个简化版本的商城系统。

## 13.1 设计分析

本书中的商城系统前台实现了商城首页、商品列表、商品详情、购物车管理、订单管理、个人中心和用户管理功能。

### 13.1.1 需求分析

商城系统前台的需求分析如图 13-1 所示。

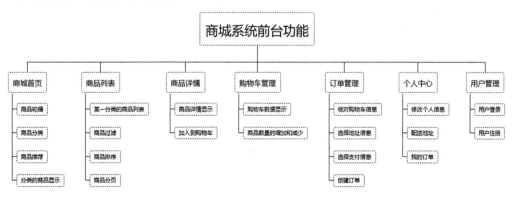

图 13-1

### 13.1.2 架构设计

商城系统采用前后端分离架构，前端框架使用 Vue.js 3，后端框架使用 Flask-RESTful，数据库使用 MySQL，缓存使用 Redis，如图 13-2 所示。

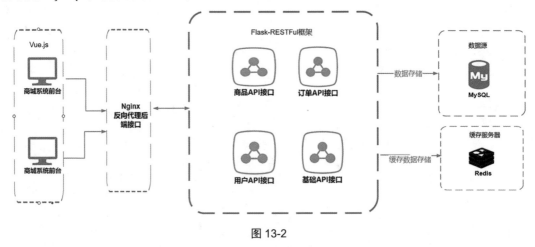

图 13-2

## 13.2 用 Vue.js 3 开发商城系统的前台

限于篇幅，书中对部分页面代码、CSS 样式做了省略，请读者查阅本书配套的源代码来学习。

进入 "ch13" 目录执行如下命令创建一个 Vue.js 3 项目。

```
npm init vite@latest myshop-vue3
```

之后依次运行 cd vue3_vite、npm install 和 npm run dev 命令，会出现项目的启动界面。本章的 Vue.js 3 实例都在该项目基础上展开。

安装依赖包，命令如下。

```
npm install axios
npm install pinia
npm install vue-router
```

### 13.2.1 核心技术点介绍

开发商城系统的前台功能涉及的技术点如下。

#### 1. 创建请求和响应的拦截器

商城系统中的页面，使用 Axios 库发起 GET 请求或者 POST 请求进行数据交互。其中，有一些页面允许所有人访问，比如商城首页、商城列表页、商城详情页；而有一些页面只允许登录的用户访问，比如购物车页面、订单页面、个人中心页面等。基于此，这里统一对请求和响应过程进行拦截，进行 JWT 认证。

　　新建文件 index.ts，在其中添加如下代码。源代码见本书配套资源中的 "ch13/myshop-vue3/
src/utils/index.ts"。

```
import axios from 'axios'
import { userStore } from '../store/modules/user'
//var URL = 'http://192.168.77.102:8002/'
var URL = 'http://localhost:8080/'
// 创建 axios 实例
const service = axios.create({
  baseURL: URL,
  timeout: 60000, // 请求超时时间
  responseType:'json',
  headers:{
    "Content-Type":"application/json;charset=utf-8", //数据格式类型
    "Access-Control_Allow-Origin":"*", //允许跨域
  },
})
// request 拦截器
service.interceptors.request.use(
  config => {
    const { url="" } = config
    const store=userStore()
    // 若访问特定页面，则需要进行 JWT 认证
    if (url.indexOf('/orders')>=0 || url == '/checkout' || url == '/myorder' ||
url.indexOf("/address")>=0 || url == '/profile' || url.indexOf('/members')>=0 ) {
      var jwt = store.token;
      config.headers.Authorization = 'Bearer ' + jwt;
    }
    return config
  },
  error => {
    Promise.reject(error)
  }
)
// response 拦截器
service.interceptors.response.use(
  response => {
    return response
  },
  error => {
    console.log(error.response)
    //授权验证失败
    if (error.response.status == 401) {
      alert('请先登录! ');
    }
    return Promise.reject(error)
  }
```

```
)
export default service
```

在上述代码中，对 request 请求和 response 响应做了拦截。在 repuest 请求拦截中，对于部分页面的访问进行整体的 JWT 认证，避免了对每个页面都进行 JWT 认证，从而使得商城系统的代码更加简洁。

### 2. 使用 Pinia 管理用户登录状态

（1）定义 UserInfo 接口，这个接口规定了用户信息对象的结构，以便在代码中使用类型检查和提供更高的类型安全性。这在类型严格的编程语言（如 TypeScript）中特别有用。

新建 TypeScript 接口文件 user.ts，在其中添加如下代码。源代码见本书配套资源中的 "ch13/myshop-vue3/src/store/types/user.ts"。

```
export interface UserInfo{
    id:String;
    name:string;
    token:string;
}
```

这段代码定义了一个 TypeScript 接口 UserInfo，用于描述用户信息的数据结构。这个接口定义了 3 个属性，都是字符串类型的，具体如下。

- id：用户在系统中的唯一标识符。通常是用户的编号或其他唯一标识。
- name：用户名。
- token：验证用户身份的令牌。通常它在用户登录后生成，并在用户进行受保护的操作时使用，以确认用户的身份和权限。

（2）定义用户存储模块，用于管理用户的基本信息和状态，包括登录状态和注销操作。它会与购物车模块（cartStore）进行交互，以实现"在用户注销时清空购物车"功能。

新建文件 user.ts，在其中添加如下代码。源代码见本书配套资源中的 "ch13/myshop-vue3/store/modules/user.ts"。

```
import { defineStore } from "pinia";
import { UserInfo } from "../types/user";
import { cartStore } from "../modules/cart";

const DEFAULT_USER="admin";
export const userStore=defineStore("User",{
    state:():UserInfo=>{
        const localData=localStorage.getItem(DEFAULT_USER);
        const defaultValue:UserInfo={
            id:"",
            name:"",
            token:"",
        };
        return localData?JSON.parse(localData):defaultValue;
```

```
    },
    getters:{
        getId(state:UserInfo):String{
            return state.id;
        },
        getName(state:UserInfo):String{
            return state.name;
        },
        getToken(state:UserInfo):String{
            return state.token;
        },
        isLogin(state:UserInfo):boolean{
            return state.token!=="";
        },
    },
    actions:{
        setUser(userData:UserInfo):void{
            this.id=userData.id;
            this.name=userData.name;
            this.token=userData.token;
            localStorage.setItem(DEFAULT_USER,JSON.stringify(userData));
        },
        logout(){
            localStorage.removeItem(DEFAULT_USER);
            this.id="";
            this.name="";
            this.token="";
            //清除购物车信息
            const cart=cartStore();
            cart.delCart()
        },
    },
});
```

上述代码解释如下。

- 导入 Pinia 和一些相关模块，包括用户信息（UserInfo）和购物车（cartStore）。
- 使用 defineStore()方法创建了一个名为 "userStore" 的 store 状态仓库。
- 在 state 中，定义了用户状态的初始值，包括用户的 ID、用户名和令牌。如果在本地存储中存在用户数据，则会从本地存储中加载，否则将使用默认值。
- 定义了 4 个 getters，分别用于获取用户的 ID、用户名、令牌和是否登录。
- 定义了 actions，其中 setUser()方法用于设置用户信息，它接收一个 UserInfo 对象，并将用户的 ID、用户名和令牌存储到 userStore 中，同时将用户数据保存到本地存储中。Logout()方法用于注销用户，它清除用户数据和本地存储中的用户信息，并调用购物车的 delCart()方法来清空购物车。

> 📌 提示　虽然 Pinia 能保存用户状态，但是一旦页面刷新，则用户状态也随之消失。如果要用户状态不会因为刷新而消失，则需要使用本地存储，可以使用 localStorage 或 cookies。这两者有利有弊：localStorage 解决了 cookie 存储空间不足的问题，在安全性方面 cookies 略胜一筹。
>
> 　　本实例使用 localStorage。

### 3. 使用 Pinia 管理用户的购物车状态

使用 Pinia 定义购物车存储模块，用于管理购物车的状态和操作，包括购物车中的商品列表、商品数量和总金额。它允许你从服务器获取购物车数据，并在本地存储中保存，同时也提供了清空购物车的功能。

新建文件 cart.ts，在其中添加如下代码。源代码见本书配套资源中的 "ch13/myshop-vue3/store/modules/cart.ts"。

```
import { defineStore } from "pinia";
import { getCart } from '../../api/order'
const DEFAULT_Cart = "cart";
export const cartStore = defineStore("cart", {
    state: () => {
        const localData = localStorage.getItem(DEFAULT_Cart);
        const cart_lists:any=[];
        const datas=localData ? JSON.parse(localData) : cart_lists;
        return {
            cart_lists:datas,
        }
    },
    getters: {
        cartLists: (state) => {
            return state.cart_lists
        },
        totalNum: (state) => {
            let goods_num = 0;
            if (state.cart_lists.length > 0) {
                state.cart_lists.forEach((item:any) => {
                    goods_num += item.goods_num;
                });
            }
            return goods_num;
        },
        totalPrice: (state) => {
            let price = 0;
            if (state.cart_lists.length > 0) {
                state.cart_lists.forEach((item:any) => {
                    price += item.goods.price * item.goods_num;
                });
            }
            return price;
        },
    },
```

```
actions: {
    async setCart() {
        try {
            const response = await getCart();
            this.cart_lists = response.data.data;
            localStorage.setItem(DEFAULT_Cart, JSON.stringify(this.cart_lists));
        } catch (error) {
            console.log(error)
        }
    },
    async delCart() {
        this.cart_lists = [];
        localStorage.removeItem(DEFAULT_Cart);
    }
},
});
```

上述代码解释如下。

- 导入了 Pinia 和一个用于获取购物车数据的 API 函数 getCart()。
- 定义了一个常量 DEFAULT_Cart，用于指定购物车数据的本地存储键名。然后，使用 defineStore()方法创建了一个名为 cartStore 的购物车状态仓库。
- 在 state 中，定义了购物车状态的初始值。购物车状态包括 cart_lists 属性，它表示购物车中的商品列表。如果在本地存储中存在购物车数据，则将从本地存储加载，否则将使用一个空数组作为初始值。
- 定义了 3 个 getters，用于获取购物车信息。其中，cartLists 用于获取购物车中的商品列表；totalNum 用于计算购物车中商品的总数量，它遍历购物车中的商品列表，将每个商品的数量相加；totalPrice 用于计算购物车中商品的总金额，它遍历购物车中的商品列表，将每个商品的价格乘以数量，然后将积相加。
- 定义了两个购物车操作的 actions。setCart()方法用于从服务器获取购物车数据。它使用 getCart()函数异步获取数据，然后将数据存储到 cart_lists 中，并将购物车数据保存到本地存储中。delCart()方法用于清空购物车。它将 cart_lists 清空，并从本地存储中删除购物车数据。

**4. 封装后端接口**

新建接口文件 goods.ts，在其中添加如下代码。源代码见本书配套资源中的 "ch13/myshop-vue3/src/api/goods.ts"。

```
import service from '../utils/index'
// 封装请求的方式
// 利用 GET 方式请求商品分类
export const getGoodsCategory=() =>{
 return service.get('/cates');
}
// 获取某个商品分类
```

```
export const getGoodsCategoryByID=(id:any)=> {
  return service.get('/cates/'+id)
}
// 获取分类下的商品，用于首页显示
export const getCategoryGoods=() =>{
  return service.get('/goods/indexgoods');
}
// 利用 GET 方式获取商品
export const getGoodsByIsRecommend=()=> {
  return service.get('/goods/?is_recommend=1')
}
export const getGoods=(data:any)=> {
  return service.get('/goods',{
    params:data
  })
}
// 获取某个商品
export const getGoodsByID=(id:any)=> {
  return service.get('/goods/'+id)
}
// 获取商品轮播
export const getSlide=()=> {
  return service.get('/goods/slide');
}
```

在上述代中，将相关的接口组织到一起了，这样修改和查阅都非常方便。

> 📝 提示 还需要创建 order.ts、basic.ts、members.ts 这几个接口文件，这里不再列出，请读者查阅本书配套代码。

### 5.网站图片资源的加载显示

第 10 章介绍的商城系统后台维护着图片资源（如分类图片、商品图片等），读者可以访问"http://localhost:5000/cates/show?filename=哈密大枣.jpg"进行测试。基于此，我们约定本章的商城系统前台中的图片资源直接通过链接"http://localhost:5000/cates/show?filename=文件名"的方式访问。

打开文件"main.ts"，在其中添加如下代码。源代码见本书配套资源中的"ch13/myshop-vue3/src/main.ts"。

```
import { createApp } from 'vue'
import './style.css'
import App from './App.vue'
import store from './store'
import router from './router'
const app=createApp(App)
app.use(router)
app.use(store)
//定义全局变量
```

```
app.provide("imgUrl","http://localhost:5000/cates/show?filename=")
app.mount('#app')
```

其中，app.provide("imgUrl", "http://localhost:5000/cates/show?filename=")的解释如下。

这行代码使用 app.provide()方法在应用实例中注册了一个名为"imgUrl"的全局变量，其值是字符串"http://localhost:5000/cates/show?filename="。这意味着，其他组件可以通过 inject来访问这个全局变量，如下所示。

```
<script setup lang="ts">
  import { inject } from 'vue';
  //使用全局变量
  const imgUrl=inject("imgUrl")
</script>
<template>
<a><img :alt="goods_lists.main_img" :src="imgUrl+goods_lists.main_img"></a>
</template>
```

在后面的页面中，大量图片都是使用上述方式来访问的，不再赘述。

## 13.2.2　公共页面开发

商城系统的每个页面都有页面 header、页面内容、页面 footer 这 3 部分，每页的页面 header 和页面 footer 都是一样的。基于此，可以将页面 header 和页面 footer 单独形成两个组件，这样能极大地减少页面开发工作量。

页面 header 组件包含页面登录信息组件、导航栏菜单组件、导航栏的购物车组件。

### 1. 页面登录信息组件

在用户未登录和已登录时，页面登录信息组件的 HTML 表现不同。未登录效果如图 13-3 所示，已登录效果如图 13-4 所示。

我的特产小店　请登录 ｜ 免费注册　　　　　我的特产小店　admin 退出

图 13-3 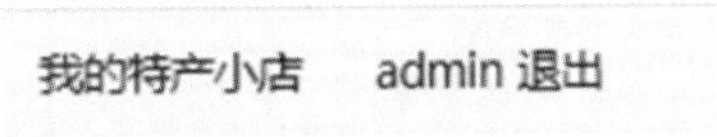　　　　　　　　　　　　　　图 13-4

新建 head.vue，用来显示页面 header，由于代码比较简单，这里不再赘述。完整源代码见本书配套资源中的"ch13/myshop-vue3/src/components/common/head.vue"。

### 2. 导航栏菜单组件

在导航栏上默认显示"全部商品分类"，当光标划过之后显示一级分类（如枣类、瓜），单击"枣类"后显示二级分类，如图 13-5 所示。

图 13-5

（1）实现模板代码。

打开 head.vue，导航栏菜单的部分代码如下。完整源代码见本书配套资源中的"ch13/myshop-vue3/src/components/common/head.vue"。

```
…
<li :class="current === index ? 'current' : ''" v-for="(item, index) in
allMenu" :key="index"
@mouseover="oversubmenu(index)" @mouseout="outsubmenu()">
<h3 style=" 20px center no-repeat; ">
  <router-link :to="'/list/' + item.id">{{ item.name }}</router-link></h3>
<div class="J_subCata" id="J_subCata" v-show="showsubmenu === index" style="left:
213px; top: 0px">
  <div class="J_subView" style="display: block">
    <div v-for="iteminfo in item.sub_cate">
      <dl><dt><router-link :to="'/list/' +
iteminfo.cat_id">{{ iteminfo.name }}</router-link>
…
```

（2）实现脚本代码。

head.vue 组件的脚本代码如下所示。

```
<script setup lang="ts">
import { ref, onMounted, computed,inject } from "vue";
import { userStore } from '../../store/modules/user';
import { getGoodsCategory } from "../../api/goods";
const allMenu:any = ref([]);
const getAllMenu =async() => {
  const response=await getGoodsCategory();
    allMenu.value = response.data.data;
};


onMounted(() => {
  getAllMenu();
});
</script>
```

下面结合模板代码和脚本代码来说明。

- 在脚本代码中，使用 getGoodsCategory()方法来获取商品分类数据，并将返回值赋给 allMenu 列表。
- 在模板代码中获取 allMenu 列表的数据，并构造出分类层级。

3. 导航栏中的购物车组件

导航栏中的购物车组件方便用户在切换到不同页面时快速查看购物信息，效果如图 13-6 所示。

图 13-6

（1）实现模板代码。

打开 head.vue，导航栏中的购物车组件的部分代码如下所示。

```
<dl v-for="item in cartstore.cart_lists">
 <dt>
  <a target="_blank" href="#"><img :src="imgUrl+item.goods.main_img" /></a>
 </dt>
 <dd><router-link target="_blank" :to="'detail/' +
item.goods.id">{{ item.goods.name }}</router-link>
    <span
class="red">{{ item.goods.price }}</span> <i>X</i> {{ item.goods_num }}
 </dd></dl>
<div class="count">
 共<span class="red" id="hd_cart_count">{{ cartstore.totalNum }}</span>件商品哦~
   总价:<span class="red"><em
id="hd_cart_total">{{ cartstore.totalPrice }}</em></span>
</div>
```

在上述代码中,使用了 Pinia 中 cartstore 的 cart_lists、totalNum 和 totalPrice 这 3 个 getters 计算属性。

（2）实现脚本代码。

head.vue 用来显示页面 header，由于代码比较简单，这里不再赘述。完整源代码见本书配套 资源中的"ch13/myshop-vue3/src/components/common/head.vue"。

4. 页面 footer 组件

页面 footer 组件（footer.vue）是所有页面公用的组件，代码比较简单，完整源代码见本书配 套资源中的"myshop-vue3/src/components/ common/footer.vue"。

效果如图 13-7 所示。

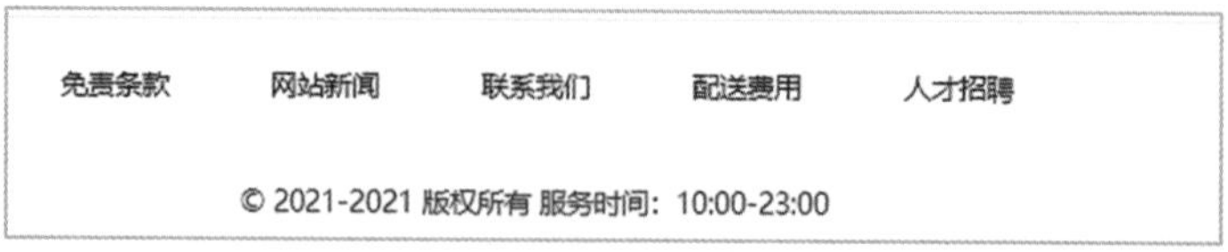
免责条款
网站新闻
联系我们
配送费用
人才招聘
© 2021-2021 版权所有 服务时间：10:00-23:00

图 13-7

### 13.2.3 “商城首页”模块开发

“商城首页”模块分为 5 个部分：页面 header 组件、商品轮播组件、商品推荐组件、分类商品组件、页面 footer 组件，如图 13-8 所示。页面 header 组件和页面 footer 组件在 13.2.2 节已经介绍过，这里只介绍其他几个组件。

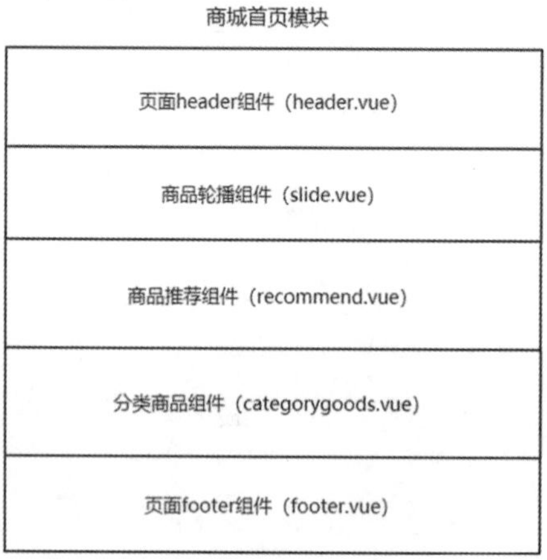
商城首页模块
页面header组件（header.vue）
商品轮播组件（slide.vue）
商品推荐组件（recommend.vue）
分类商品组件（categorygoods.vue）
页面footer组件（footer.vue）

图 13-8

#### 1. 商品轮播组件的开发

商品轮播组件以图片轮播的方式显示促销、热卖的商品或者广告，效果如图 13-9 所示。

新疆特产专卖
晶莹剔透、青翠欲滴
自然风干晾晒
颗粒饱满、口感更佳

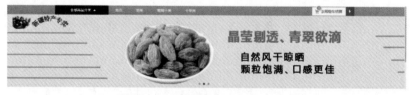

图 13-9

（1）安装组件。

使用如下命令安装 swiper 组件。

```
npm install swiper
```

（2）实现模板代码。

新建 slide.vue 组件，用来显示首页上方的轮播图片，其中的模板代码如下所示。源代码见本书配套资源中的"ch13/myshop-vue3/src/components/index/slide.vue"。

```
<template>
 <div><swiper :modules="modules" :loop="true" :Autoplay="{ autoplay: true, delay:
3000, pauseOnMouseEnter: true }" style="width: 1200px;">
        <swiper-slide v-for="item in slides" :key="item.s_id">
          <img :src="imgUrl + item.images" style="height: 200px;" />
        </swiper-slide>
      </swiper></div>
</template>
```

在上述代码中，<swiper>组件的 loop 参数用于指定是否开启循环滚动，Autoplay 参数用于指定是否自动播放。Autoplay 参数中的 delay 用于指定上一张图片与下一张图片之间的时间间隔，pauseOnMouseEnter 用于指定光标悬停是否暂停自动切换。

（3）实现脚本代码。

slide.vue 组件的脚本代码如下所示。

```
<script setup lang="ts">
import { ref, onMounted, inject } from 'vue';
import { Swiper, SwiperSlide } from 'swiper/vue';
import { Autoplay } from 'swiper/modules';
import 'swiper/css';
const modules = [Autoplay];
import { getSlide } from "../../api/goods"; //引入在 API 中定义的方法
//使用全局变量
const imgUrl = inject("imgUrl")
const slides = ref([])
const getSlides = async () => {
  const response = await getSlide();
  slides.value = response.data.data;
};

onMounted(async () => {
  getSlides();
});
</script>
```

下面结合模板代码和脚本代码来说明。

- 脚本代码中的 getSlides()方法获取商品轮播数据，将返回值赋给 slides 列表。
- 在模板代码中，利用轮播组件来实现商品图片轮播效果。

**2. 商品推荐组件的开发**

商品推荐组件以图文方式显示需要推荐的商品，效果如图 13-10 所示。

图 13-10

（1）实现模板。

新建 recommend.vue 组件，用来显示推荐商品。由于代码比较简单，这里不再赘述。源代码见本书配套资源中的 "ch13/myshop-vue3/src/components/index/recommend.vue"。

（2）实现脚本代码。

recommend.vue 组件的脚本代码如下所示。

```ts
<script setup lang="ts">
import { ref, onMounted,inject } from "vue";
import { getGoodsByIsRecommend } from "../../api/goods";
const lists = ref([]);
//使用全局变量
const imgUrl=inject("imgUrl")
const getRecommendGoods =async () => {
  const response=await getGoodsByIsRecommend();
    lists.value = response.data.data;
};


onMounted(() => {
  getRecommendGoods();
});
</script>
```

下面结合模板代码和脚本代码来说明。

- 在脚本代码中调用 getGoodsByIsRecommend()方法获取推荐商品信息，并以列表的形式返回。其中，getGoodsByIsRecommend()方法的定义如下。

```
//获取推荐商品信息
export const getGoodsByIsRecommend=()=> {
  return service.get('/goods/?is_recommend=1')
}
```

- 在模板代码中，循环显示推荐商品。

3. 分类商品组件

分类商品组件用于显示指定分类下的指定商品，以图片的形式显示，效果如图 13-11 所示。

图 13-11

（1）实现模板。

新建 categorygoods.vue 组件，用来显示分类商品，由于代码比较简单，这里不再赘述。源代码见本书配套资源中的 "ch13/myshop-vue3/src/components/index/categorygoods.vue"。

（2）实现脚本代码。

categorygoods.vue 组件的脚本代码如下所示。

```ts
<script setup lang="ts">
import { ref, onMounted,inject } from "vue";
import { getCategoryGoods } from "../../api/goods";
const lists = ref([]);
//使用全局变量
const imgUrl=inject("imgUrl")
const getData = async () => {
  const response = await getCategoryGoods();
  lists.value = response.data.data;
};


onMounted(() => {
  getData();
});
</script>
```

下面结合模板代码和脚本代码来说明。

- 在脚本代码中通过 getCategoryGoods()方法获取分类下的商品数据，并将返回的数据赋值给响应式变量 lists。这样，一旦数据准备好了，lists 的值会自动更新，触发相关视图的重新渲染。
- 模板代码中使用了两层循环嵌套：第 1 层获取分类，第 2 层获取每个分类下的商品。

### 4. 组装首页

首页 index.vue 组件用来组装商品轮播组件、商品推荐组件和分类商品组件。

（1）模板和脚本代码。

新建 index.vue 组件，在其中添加如下代码。源代码见本书配套资源中的"ch13/myshop-vue3/src/component/index/index.vue"。

```ts
<template>
 <myhead></myhead>
 <slide></slide>
 <recommend></recommend>
 <categorygoods></categorygoods>
 <myfooter></myfooter>
</template>

<script setup lang="ts">
import myhead from "./../common/head.vue";
import myfooter from "./../common/footer.vue";
import slide from "./slide.vue";
import recommend from "./recommend.vue";
import categorygoods from "./categorygoods.vue";
</script>

<style>
@import '../../assets/static/css/style.css';
@import '../../assets/static/css/index.css';
</style>
```

（2）配置路由。

新建 index.ts，在其中添加如下代码。源代码见本书配套资源中的"ch13/myshop-vue3/src/route/index.ts"。

```ts
import {createRouter,createWebHistory} from 'vue-router'
import Index from '../components/index/index.vue'
…
//第一步：定义路由配置
const router=createRouter({
 history:createWebHistory(),
 routes: [
   {
     name: "index",
     path: "/index",
     component: Index,
     meta: {
       title: "商城首页" },
   },
…
 ]
})
```

```
//第二步：在路由守卫router.beforeEach中添加如下代码
router.beforeEach((to) => {
  // 路由发生变化后修改页面title
  if (to.meta.title) {
    document.title = to.meta.title as string;
  }
})
export default router
```

访问地址"http://localhost:5173/index"即可查看商城系统首页。

## 13.2.4　"商品列表"模块开发

"商品列表"模块分为 5 个部分（见图 13-12）：页面 header 组件、左侧商品分类组件、商品列表组件、分页组件、页面 footer 组件。限于篇幅，这里没有对商品列表组件做进一步的拆分。页面 header 组件和页面 footer 组件在 13.2.2 节介绍过了，这里不再赘述。

### 1. 左侧商品分类组件

左侧商品分类组件用于显示当前分类下的商品数量及其下级分类，实现效果如图 13-13 所示。

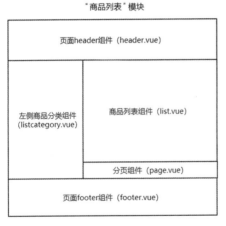

图 13-12　　　　　　　　　　图 13-13

（1）实现模板。

新建 listcategory.vue 组件，模板代码如下。源代码见本书配套资源中的"ch13/myshop-vue3/src/components/list/listcategory.vue"。

```
<template>
  <div class="sidebar">
    <div class="cate-menu" id="cate-menu">
      <h3><a><strong>{{ props.categoryname }}</strong>
        <i id="total_count">商品共{{ props.sub_cat.length }}件</i>
      </a></h3>
```

```
    <dl><dt v-for="item in props.sub_cat" :key="item.cat_id">
        <router-link :to="'/list/' + item.cat_id">{{ item.name }}</router-link>
    </dt></dl>
  </div></div>
</template>
```

（3）实现脚本代码。

listcategory.vue 组件的脚本代码如下。源代码见本书配套资源中的 myshop-vue3/src/components/list/listcategory.vue。

```
<script setup lang="ts">
import { defineProps } from 'Vue';

const props = defineProps({
  sub_cat: {
   default: () => ({}),
  },
  categoryname: String,
});
</script>
```

在上述加粗部分代码中定义了 props 属性，其中，sub_cat 参数接收父组件中的子分类列表数据，categortname 参数接收父组件中的分类名称。

若子组件需要某个数据，就在其内部定义一个 prop 属性，然后父组件就可以像为 HTML 元素指定值那样把自己的属性传给子组件的 prop 属性，从而给子组件传送数据。

**2. 分页组件**

单独定义一个分页组件，用来实现 Vue.js 中的父子传值。该组件的实现过程如下。

（1）实现模板。

新建 page.vue 组件，其模板代码如下所示。源代码见本书配套资源中的"ch13/myshop-vue3/src/components/list/page.vue"。

```
<template>
  <div class="pagenav" id="pagenav">
    <ul><li>
      <a class="nextLink" @click="get_page(1)">首页</a>
      <a class="nextLink" @click="get_prev_page()">上一页</a>
      <a class="nextLink" v-for="num in total_page"
@click="get_page(num)">{{ num }}</a>
      <a class="nextLink" @click="get_next_page()">下一页</a>
      <a class="nextLink" @click="get_page(props.total_page)">尾页</a>
    </li></ul>
    <div class="clear"></div>
  </div>
</template>
```

（2）实现脚本代码。

page.vue 组件的脚本代码如下所示。

```ts
<script setup lang="ts">
import { ref, defineProps, onMounted } from 'vue';

const props = defineProps({
  total_page: {type:Number,default:0}
});

const curr_page = ref(1);
const get_page = (num:number) => {
  curr_page.value = num;
  const data = {   curr_page: curr_page.value,  };
  emit('get_page', data);
};

const get_prev_page = () => {
  if (curr_page.value === 1) {
    return;
  }
  curr_page.value -= 1;
  const data = { curr_page: curr_page.value,  };
  emit('get_page', data);
};

const get_next_page = () => {
  if (curr_page.value === props.total_page) {
    return;
  }
  curr_page.value += 1;
  const data = {  curr_page: curr_page.value,  };
  emit('get_page', data);
};

const emit=defineEmits<{
  (eventName:'get_page',data:any):void;
}>();

onMounted(() => {
  curr_page.value = 1;
});
</script>
```

上述加粗部分代码的目的是,为组件定义一个名为 emit 的函数,用来触发自定义的事件 get_page,并将数据传给事件的处理程序。这有助于组件与其父组件或其他组件进行通信。

在父组件(list.vue)中增加如下分页组件。

```
<mypage :total_page="total_page" @get_page="get_page"> </mypage>
```

当单击子组件(page.vue)中的"上一页"或者"下一页"链接时,会触发父组件的 get_page() 方法,并同时传递 curr_page 参数到父组件中。在父组件中,定义 get_page()方法来接收参数。

```
const get_page = (data:any) => {
  curr_page.value = data.curr_page;
  getlistData();
};
```

在父组件（list.vue）中，将计算属性 total_page 传给子组件（page.vue）。total_page 默认认为总页数，计算规则为"返回大于或者等于一个给定数字（商品总数/8）的最小整数"。这里的数字 8 代表每页显示 8 个商品。

```
const total_page = computed(() => {
  return Math.ceil(goodsnum.value / 8);
});
```

### 3. 商品列表组件

商品列表组件包含商品搜索、过滤、排序和分页功能，实现效果如图 13-14 所示。

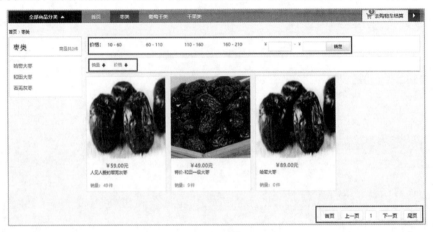

图 13-14

（1）实现模板。

新建 list.vue 组件，在其中添加如下模板代码。源代码见本书配套资源中的"ch13/myshop-vue3/src/components/list/list.vue"。

```
<template>
    <div class="main
cle"><listcategory :sub_cat="sub_cat" :categoryname="curr_cate_name"></listcategor
y><div class="maincon">
        <div class="bd"><dl><dt>价格: </dt>
            <div class="items cle w500"><div class="link"><a
@click="query_price(10, 60)" class="item">10 - 60</a></div>
            <div class="link"><a @click="query_price(60, 110)"
class="item">60 - 110</a></div>
            <div class="link"><a @click="query_price(110, 160)"
class="item">110 - 160</a></div>
            <div class="link"><a @click="query_price(160, 210)"
```

```
class="item">160 - 210</a></div></div>
                <div class="priceform" id="priceform">
                    <form action="#" method="post" id="freepriceform">
                        <input type="text" name="price_min" id="pricemin"
v-model="min_price" /><input type="text" name="price_max" id="pricemax"
v-model="max_price" /><input type="button" value="确定" @click="query_price(min_price,
max_price)" class="submit" /></form></div></div>
        </div><div class="sort">
            <div class="bd"><form method="GET" name="listform">
                <a title="销量" class="curr" rel="nofollow"
@click="sort_amount(type1)"><span :class="type1 == '-amount' ? 'search_DESC' :
'search_ASC'">销量</span></a><a title="价格" class="curr" rel="nofollow"
@click="sort_price(type2)"><span :class="type2 == '-price' ? 'search_DESC' :
'search_ASC'">价格</span></a></form></div></div>
        <div class="productlist">
            <li v-for="item in list_data">
                <router-link :to="'/detail/' + item.id" target="_blank"
class="productitem"><span class="productimg"><img width="150"
height="150" :title="item.name" :alt="item.name" :src="imgUrl+item.main_img"
style="display: block" /></span>
                <span class="nalaprice xszk">
                 <b> ￥{{ item.price }}元 </b></span>
                <span class="productname">{{ item.name }}</span>
                <span class="salerow">
                 销量: <span class="sales">{{ item.amount }}</span>件
                </span></router-link>
            </li></div>
        <mypage :total_page="total_page" @get_page="get_page"> </mypage>
    </div></div></div>
</template>
```

（2）实现脚本代码。

list.vue 组件的脚本代码如下所示。

```
<script setup lang="ts">
import { ref, onMounted, computed,inject } from 'vue';
import { useRouter } from 'vue-router';
import { getGoods, getGoodsCategoryByID } from "../../api/goods";
//左侧菜单导航
import listcategory from "./../list/listcategory.vue";
import mypage from "./../list/page.vue";

const router = useRouter();
const sub_cat = ref([]);
const curr_cate_name = ref("");
const cat_id = router.currentRoute.value.params.id;
const list_data = ref([]);
const goodsnum = ref(0);
const ordering = ref("-amount");
const curr_page = ref(1);
```

```javascript
const type1 = ref("-amount");
const type2 = ref("-price");
const min_price = ref("");
const max_price = ref("");
//使用全局变量
const imgUrl=inject("imgUrl")
const getAllCategory =async () => {
  //获取传递过来的分类 ID
  const response=await getGoodsCategoryByID(cat_id);
  sub_cat.value = response.data.data[0].sub_cate;
  curr_cate_name.value = response.data.data[0].name;
};
const getlistData =async () => {
  const response=await getGoods({   category: router.currentRoute.value.params.id,
    min_price: min_price.value,    max_price: max_price.value,
    ordering: ordering.value,    page: curr_page.value,
  });
    list_data.value = response.data.data;
    goodsnum.value = response.data.data.length;
};

const sort_amount = (type:string) => {
  type == "-amount" ? (type1.value = "amount") : (type1.value = "-amount");
  ordering.value = type;
  getlistData();
};

const sort_price = (type:string) => {
  type == "-price" ? (type2.value = "price") : (type2.value = "-price");
  ordering.value = type;
  getlistData();
};

const get_page = (data:any) => {
  curr_page.value = data.curr_page;
  getlistData();
};

const query_price = (min:string, max:string) => {
  min_price.value = min;
  max_price.value = max;
  getlistData();
};

const total_page = computed(() => {
  return Math.ceil(goodsnum.value / 8);
});

onMounted(() => {
  getAllCategory(); //获取当前分类下的子分类
```

```
getlistData(); //根据条件获取商品信息
});
</script>
```

上述代码说明如下。

- 脚本代码中的 getAllCategory()方法根据当前传递的分类 ID，获取分类名称及子分类信息，并将 sub_cate 参数和 curr_cate_name 参数传递到子组件（左侧商品分类组件）中。
- 脚本代码中的 getGoods()方法传递了 5 个参数 category 参数指当前的分类 ID，min_price 参数和 max_price 参数组成了价格区间，ordering 参数指排序字段，page 参数指分页字段。

访问地址"http://localhost:5173/list/1"即可访问商品列表页。

## 13.2.5 "商品详情"模块开发

"商品详情"模块用来显示商品的详细信息，包括标题、价格、图片、描述信息，以及是否加入购物车等，效果如图 13-15 所示。

图 13-15

### 1. 实现模板

新建 detail.vue 组件，在其中添加如下模板代码。源代码见本书配套资源中的"ch13/myshop-vue3/src/components/detail/detail.vue"。

```
…
<form method="post" name="ECS_FORMBUY" id="ECS_FORMBUY">
  <div class="item-info" id="item-info">
    <dl class="loaded">
      <dt class="product_name">
        <h1>{{ goods_lists.name }}</h1>
        <p class="desc"> <span class="gray">{{ goods_lists.goods_desc }}</span>
</p></dt>
      <dd class="property">
        <ul><li><span class="lbl">市场价</span> <em class="cancel">￥
```

```
{{ goods_lists.market_price }}</em> </li>
        <li><span class="lbl">销售价</span> <span class="unit"> <strong
class="nala_price red" id="ECS_SHOPPRICE">¥{{ goods_lists.price }}元</strong>
</span><span><i class="iconfont">•</i><a href="javascript:;" id="membership"
data-type="normal" class="membership"><i class="iconfont"></i></a></span>
        </li><li><span class="lbl">销   量</span><span>最近售出<em
class="red">{{ goods_lists.amount }}</em>件</span></li>
      </ul></dd><dd class="tobuy-box cle">
        <ul class="sku"><li class="skunum_li cle">
          <span class="lbl">数   量</span>
          <div class="skunum" id="skunum">
           <span class="minus" title="数量减少1个" @click="reduce"><i
class="iconfont">-</i></span>
           <input id="number" name="number" type="text" min="1"
v-model="buynum"><span class="add" title="数量增加1个" @click="add"><i
class="iconfont">+</i></span> <cite class="storage"> 件 </cite>
          </div><div class="skunum" id="skunum">
           <cite class="storage">(<font
id="shows_number">{{ goods_lists.stock_num }}件</font>)</cite>
          </div></li>
          <li class="add_cart_li">
           <a @click="addcart" class="btn" id="buy_btn"><i class="iconfont">ǔ</i>
加入购物车</a>
          </li></ul></dd></dl>
   </div><form>
…
```

### 2. 实现脚本代码

detail.vue 组件的脚本代码如下所示。

```ts
<script setup lang="ts">
import { ref, onMounted,inject } from 'vue';
import { addCart } from "../../api/order"
import { getGoodsByID } from "../../api/goods"
import { useRouter, useRoute } from 'vue-router';
import { userStore } from '../../store/modules/user';
import { cartStore } from '../../store/modules/cart';
//使用全局变量
const imgUrl=inject("imgUrl")
const goods_lists = ref({});
const buynum = ref(1);
const modelshow = ref(false);
const router = useRouter()
const route = useRoute()
const getDetail = async () => {
  const response = await getGoodsByID(route.params.id);
  goods_lists.value = response.data.data;
};
const add = () => {
```

```
  buynum.value = buynum.value + 1;
};
const reduce = () => {
  buynum.value = buynum.value - 1;
};
const user = userStore()
const cartstore = cartStore()

const addcart = async () => {
  if (!user.isLogin) {
    router.replace({ name: "login" })
  }
  try {
    const response = await addCart(route.params.id, buynum.value)
    if (response.data.code === 201) {
      modelshow.value = true;
      //处理购物车状态
      cartstore.setCart();
    }
    else if (response.data.code === 401) {
      console.log("401" + response.data.msg)
    }
  }
  catch (error) {
    console.log(error);
  };
};
const close = () => {
  modelshow.value = false;
};
onMounted(() => {
  getDetail();
});
</script>
```

下面结合模板代码和脚本代码来说明。

- 在模板代码中，使用 getGoodsByID()方法传入商品 ID，以获取后台商品数据；将返回值赋
  给 goods_lists 列表。在模板代码中显示单个商品详情。

- 在模板代码中，使用 addCart()方法完成购物车数据的插入和更新，这里传递了两个参数：
  goods 参数指商品 ID，goods_num 参数指购买的商品数量。

- 在脚本代码中，添加购物车成功后使用 cartstore.setCart()方法改变 Pinia 中的购物车状态，
  以通知其他使用购物车功能的页面。

## 13.2.6 "用户登录"模块开发

"用户登录"模块支持用户名登录，其实现效果如图 13-16 所示。

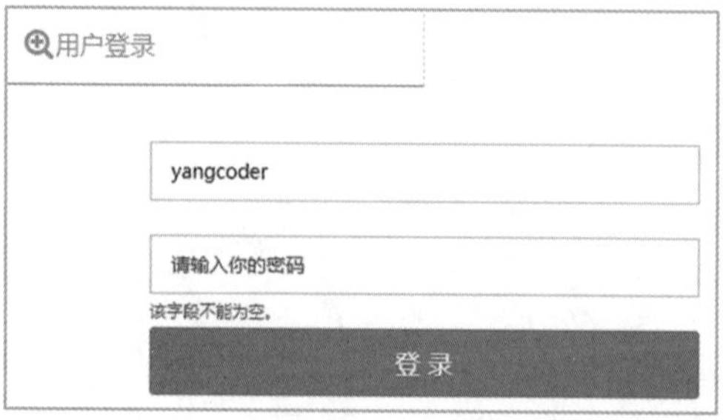

图 13-16

### 1. 实现模板

新建 login.vue 组件，用来显示登录信息。由于代码比较简单，这里不再赘述。源代码见本书配套资源中的 "ch13/myshop-vue3/src/components/user/login.vue"。

### 2. 实现脚本代码

login.vue 组件的脚本代码如下。

```ts
<script setup lang="ts">
import myhead from "./../common/head.vue";
import myfooter from "./../common/footer.vue";
import { ref } from "vue";
import { login } from "../../api/members";
import { userStore } from "../../store/modules/user";
import router from "../../router";
const username = ref("");
const password = ref("");
const user = userStore()
const login2 = async () => {
  try {
    const response = await login(username.value, password.value)
    if (response.status === 200) {
      const userInfo = response.data.data
      user.setUser(userInfo)
      username.value = "";
      password.value = "";
      router.replace({ name: "index" });
    } }
  catch (error) {
    alert(error);
  };
};
</script>
```

在上述代码中，login2 函数是一个异步函数，用于处理用户登录操作。其主要作用如下。

首先，使用 await 来等待 login()函数的异步响应，传递 username 和 password 作为参数。如果响应的状态码是 200（表示成功），则提取响应中的用户信息，并将其存储在 userInfo 变量中。

然后，使用 user.setUser(userInfo)将用户信息存储在 localStorage 中，并清空用户名和密码输入框。最后，使用 Vue Router 的 router.replace()方法将用户重定向到名为"index"的路由。

## 13.2.7　"购物车管理"模块开发

"购物车管理"模块的功能：当用户单击商品详情页的"加入购物车"按钮时，判断购物车中有没有该商品，如果有该商品，则将购物车中的对应商品数量加 1，如果没有该商品，则将该商品加入购物车，并将购物车信息保存到 Pinia 中。

购物车管理组件的实现效果如图 13-17 所示。

图 13-17

### 1. 实现模板

新建 cart.vue 组件。源代码见本书配套资源中的"ch13/myshop-vue3/src/components/cart/cart.vue"。

```
…
<div class="cart-box" id="cart-box">
 <div class="hd">
  <span class="no3" id="itemsnum-top" style="text-align:
left;">{{ cart_lists.length }}件商品</span>
  <span class="no6">单价</span> <span>数量</span> <span class="no5" style="text-align:
right;">小计</span>
 </div><div class="goods-list">
  <ul><li class="cle hover" v-for="(item, index) in cart_lists"
style="border-bottom-style: none">
    <div class="pic">
     <a href="#" target="_blank">
     <img :alt="item.goods.name" :src="imgUrl+item.goods.main_img" />
     </a>
    </div><div class="name">
     <router-link :to="'/detail/' + item.goods.id"><span style="color:
#ff0000">{{ item.goods.name }}</span></router-link>
    </div><div class="price-xj">
     <p><em>¥{{ item.goods.price }}元</em></p>
```

```html
    </div><div class="nums">
      <span class="minus" title="数量减少 1 个" @click="RemoveToCart(item.id,
item.goods_num)">-</span>
        <input type="text" id="goods_number" v-model="item.goods_num" />
        <span class="add" title="数量增加 1 个" @click="addToCart(item.id,
item.goods_num)">+</span>
      </div><div class="price-xj">
      <span></span>
        <em id="total_items">¥{{item.goods.price*item.goods_num}}元</em>
      </div><div class="del"><a class="btn-del">删除</a></div>
    </li></ul>
  </div><div class="fd cle">
  <div class="fl">
    <p class="no1"><a id="del-all" href="#">清空购物车</a></p>
    <p><a class="graybtn" href="#">继续购物</a></p>
  </div><div class="fr" id="price-total">
    <p><span id="selectedCount">{{ cart_lists.length }}</span>件商品，总价: <span
class="red"><strong id="totalSkuPrice">¥{{ allprice }}元
</strong></span></p><p><router-link :to="'checkout'" class="btn">去结算
</router-link>
    </p>
  </div></div></div>
…
```

### 2. 实现脚本代码

cart.vue 组件的脚本代码如下所示。源代码见本书配套资源中的 "ch13/myshop-vue3/src/
components/cart/cart.vue"。

```html
<script setup lang="ts">
import { ref, onMounted, inject } from 'vue';
import myhead from './../common/head.vue';
import myfooter from './../common/footer.vue';
import { getCart, updateCart } from '../../api/order';
import { cartStore } from '../../store/modules/cart';
const cartstore = cartStore()
const cart_lists = ref([]);
const allprice = ref(0);
//使用全局变量
const imgUrl = inject("imgUrl")
const getCartData = async () => {
  try {
    const response = await getCart({});
    cart_lists.value = response.data.data;
    let totalprice = 0;
    for (let i = 0; i < cart_lists.value.length; i++) {
      const item = cart_lists.value[i];
      totalprice += item.goods_num * item.goods.price;
    }
```

```
      allprice.value = totalprice;
    }
    catch (error) {
      console.log(error);
    }
}
const addToCart = async (id: number, nums: number) => {
  const response = await updateCart(id, { goods_num: nums + 1 })
  console.log("cart_response"+JSON.stringify(response))
  if (response.status === 200) {
    getCartData();
    cartstore.setCart();
  }
};
const RemoveToCart = async (id: number, nums: number) => {
  const response = await updateCart(id, { goods_num: nums - 1 })
  if (response.status === 200) {
    getCartData();
    cartstore.setCart();
  }
};
onMounted(() => {
  getCartData();
});
</script>
```

单击购物车中的商品数量 "+" 或者 "-" 按钮, 会触发 addToCart 或者 RemoveToCart 事件, 事件发起一个 PUT 请求, 对数据库中 Cart 表进行数据更新, 并触发改变 Pinia 中购物车状态信息的操作。

### 3. 实现接口代码

新建 order.ts, 在其中添加如下代码。源代码见本书配套资源中的 "ch13/myshop-vue3/src/api/order.ts"。

```
import service from '../utils/index'
// 封装请求的方式
export function addCart(goods_id:number,goods_num:number){
  return service.post('/orders/cart',{
    goods_id,
    goods_num
  });
};
export function getCart(data:any) {
  return service.get('/orders/cart',{
    data
  })
}
export function updateCart(id:number,data:any) {
  return service({
```

```
    url: '/orders/cart/'+id,
    method: 'put',
    data
  })
}
export function addOrder(data:any) {
  return service({
    url: '/orders',
    method: 'post',
    data
  })
}
export function getOrder(data:any) {
  return service({
    url: '/orders',
    method: 'get',
    data
  })
}
```

## 13.2.8 "订单管理" 模块开发

在 "订单管理" 模块需要核对商品列表、收货人信息（为了简化操作，需要提前在 "个人中心" 模块中添加收货人信息），选择配送方式和支付方式，确认无误后提交订单。实现效果如图 13-18 所示。

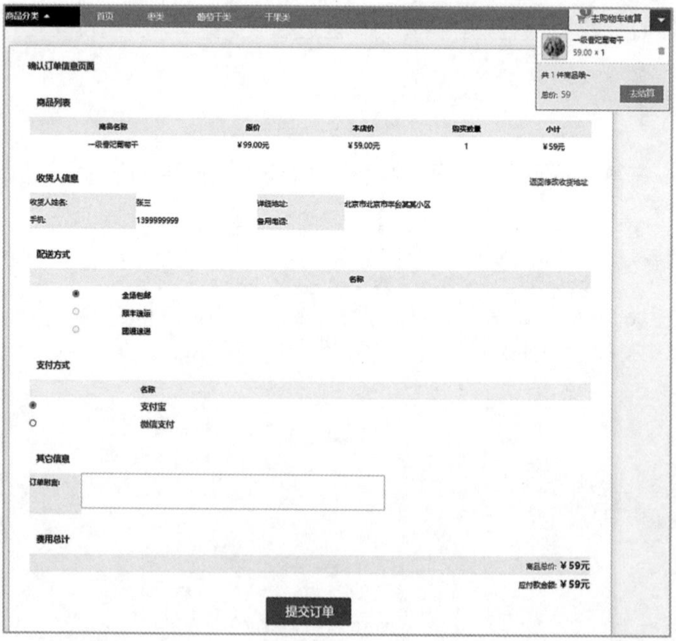

图 13-18

**1. 实现模板代码**

新建 checkout.vue 组件，用来显示费用总计。由于代码比较简单，这里不再赘述。源代码见本书配套资源中的 "ch13/myshop-vue3/src/components/cart/checkout.vue"。

**2. 实现脚本代码**

checkout.vue 组件的脚本代码如下。

```ts
<script setup lang="ts">
import { ref, onMounted } from 'vue';
import myhead from '../../common/head.vue';
import myfooter from '../../common/footer.vue';
import { addOrder } from '../../api/order';
import { getAddress } from '../../api/basic';
import { cartStore } from '../../store/modules/cart';

const address_lists = ref([]);
const address = ref('');
const contact_name = ref('');
const contact_mobile = ref('');
const memo = ref('');
const pay_method = ref('1');

const cartstore = cartStore()
const submit_order = async () => {
  try {
    const response = await addOrder({
      contact_name: contact_name.value,contact_mobile: contact_mobile.value, memo:
memo.value,address: address.value,pay_method: pay_method.value,
    })
    if (response.data.code === '200') {
      alert(response.data.msg);
      //更新 Pinia
      cartstore.setCart()
      window.location.href = "/myorder"
    } else {
      alert(response.data.msg);
    }
  }
  catch (error) {
    console.log(error);
  };
};

const getAddressData = async () => {
  try {
    const response = await getAddress()
    if (response.status === 200) {
      address_lists.value = response.data.data;
```

```
    address.value = address_lists.value[0].province + address_lists.value[0].city +
address_lists.value[0].district + address_lists.value[0].address;
    contact_name.value = address_lists.value[0].contact_name;
    contact_mobile.value = address_lists.value[0].contact_mobile;
  }
 }
 catch (error) {
  console.log(error);
 };
};

onMounted(() => {
 getAddressData();
});
</script>
```

在上述代码中，调用 getAddress()方法获取用户已经设定的默认收货地址，调用 addOrder()
方法发起 POST 请求来新增一个订单。在新增订单成功后，会把购物车中的对应商品删除，因此需
要再次触发 Pinia 中的 setCart()方法来更新购物车数据。

## 13.2.9 "个人中心"模块开发

"个人中心"模块主要包括修改个人资料组件、收货地址组件和我的订单组件。

### 1. 修改个人资料组件

通过修改个人资料组件,可以修改姓名、性别、电子邮件地址和手机等字段。实现效果如图 13-19
所示。

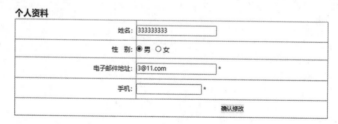

图 13-19

（1）实现模板代码。

新建 profile.vue 组件，用来显示用户信息并进行修改。由于代码比较简单，这里不再赘述。源
代码见本书配套资源中的 "ch13/myshop-vue3/src/components/user/profile.vue"。

（2）实现脚本代码。

profile.vue 组件的脚本代码如下所示。

```
<script setup lang="ts">
import myhead from "./../common/head.vue";
```

```
import myfooter from "./../common/footer.vue";
import left from './../user/left.vue';
import { ref, onMounted } from 'vue';
import { getUsersByID, updateUsers } from '../../api/users';

const userinfo = ref({
  birthday: '',
  sex: '0',
  email: '',
  mobile: ''
});

const getData = async () => {
  try {
    const response = await getUsersByID();
    if (response.status === 200) {
      userinfo.value = response.data.data;
    }
  } catch (error) {
    console.log(error);
  }
};

const updateUserinfo = async () => {
  try {
    const response = await updateUsers(userinfo.value)
    if (response.status == "201") {
      alert('修改成功');
    }
  }
  catch (error) {
    console.log(error);
    alert(JSON.stringify(error));
  };
};

onMounted(() => {
  getData();
});
</script>
```

在上述代码中，调用 getUsersByID()方法来获取单个用户的信息，调用 updateUsers()方法发起 PUT 请求来修改用户信息。

（3）实现接口代码。

新建 members.ts，在其中添加如下代码。源代码见本书配套资源中的"ch13/myshop-vue3/src/api/members.ts"。

```
import service from '../utils/index'
// 封装请求的方式
```

```
export function login(username:string,password:string) {
  return service.post('/members/login',{
    username,
    password,
  });
};

export function reg(data:any) {
  return service({
    url: '/members',
    method: 'post',
    data
  })
}

export function getUsersByID() {
  return service({
    url: '/members/1',
    method: 'get',
  })
}

export function updateUsers(data:any) {
  console.log("userdata "+JSON.stringify(data))
  return service({
    url: '/members/1',
    method: 'put',
    data
  })
}

export function updatePwd(data:any) {
  return service({
    url: '/members/1',
    method: 'put',
    data
  })
}
```

为了实现 RESTful API，getUsersByID()方法和 updateUsers()方法请求的 URL 都采用 "/users/<pk>" 写法，这里的 pk 为用户主键 ID，所以填什么数字都可以，但必须填写。笔者采用的 URL 是 "/users/1/"。

### 2. 收货地址组件

收货地址组件包含收货地址的新增和修改。一个用户可以有一个默认的收货地址，在选择一个地址为默认地址后，其他的地址将自动变为非默认地址。该组件的实现效果如图 13-20 所示。

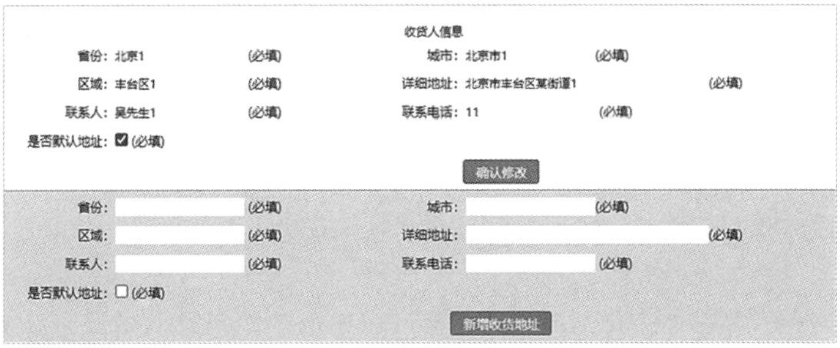

图 13-20

（1）实现模板代码。

新建 address.vue 组件，用来显示收货地址信息。由于代码比较简单，这里不再赘述。源代码见本书配套资源中的 "ch13/myshop-vue3/src/components/user/address.vue"。

（2）实现脚本代码。

address.vue 组件的脚本代码如下所示。

```ts
<script setup lang="ts">
import myhead from "./../common/head.vue";
import myfooter from "./../common/footer.vue";
import left from './../user/left.vue';
import { addAddress, getAddress, updateAddress } from '../../api/basic'
import { ref, onMounted } from 'vue';

const address_lists = ref([]);
const addinfo = ref({
  province: '', city: '', district: '',
  address: '', contact_name: '', contact_mobile: '', is_default: 0,
});

const getData = async () => {
  try {
    const response = await getAddress()
    if (response.status === 200) {
      address_lists.value = response.data.data;
    }
  }
  catch (error) {
    console.log(error);
  };
};

const addAddr = async () => {
  try {
    const response = await addAddress(addinfo.value)
    if (response.status === 200) {
      alert("新增地址信息成功");
```

```
      getData();
    }
  }
  catch (error) {
    alert(error);
    console.log(error);
  };
};

const updateAddr = async (id: number, i: number) => {
  try {
    const response = await updateAddress(id, address_lists.value[i])
    console.log(response.data);
    getData();
  }
  catch (error) {
    alert(error);
    console.log(error);
  };
};

onMounted(() => {
  getData();
});
</script>
```

在上述代码中，调用 getAddress()方法来获取用户的收货地址，调用 addAddr()方法发起
POST 请求来新增一个用户的收货地址，调用 updateAddress()方法发起 PUT 请求来修改一个用
户的收货地址。

### 3. 我的订单组件

我的订单组件是订单管理的主界面，包含订单号、下单时间、订单总金额、订单状态等字段。
为了简化操作，这里并没有对订单明细进行处理。

该组件的实现效果如图 13-21 所示。

| 我的订单 | | | | |
|---|---|---|---|---|
| 订单号 | 下单时间 | 订单总金额 | 订单状态 | 操作 |
| 202310142300021 | 2023-06-24 23:00:03 | ￥99元 | paying | 取消订单 |
| 202310142300501 | 2023-06-24 23:00:51 | ￥120元 | paying | 取消订单 |
| 202310142302161 | 2023-06-24 23:02:16 | ￥69元 | paying | 取消订单 |
| 202310142304161 | 2023-06-24 23:04:17 | ￥69元 | paying | 取消订单 |
| 202310142304281 | 2023-06-24 23:04:29 | ￥69元 | paying | 取消订单 |
| 202310142307331 | 2023-06-24 23:07:33 | ￥99元 | paying | 取消订单 |
| 202310142307471 | 2023-06-24 23:07:47 | ￥99元 | paying | 取消订单 |
| 202310142310511 | 2023-06-24 23:10:51 | ￥99元 | paying | 取消订单 |
| 202310142311031 | 2023-06-24 23:11:03 | ￥99元 | paying | 取消订单 |
| 202310142312201 | 2023-06-24 23:12:20 | ￥99元 | paying | 取消订单 |
| 202310142315111 | 2023-06-24 23:15:11 | ￥99元 | paying | 取消订单 |
| 202310142315201 | 2023-06-24 23:15:21 | ￥66元 | paying | 取消订单 |
| 202310142321281 | 2023-06-24 23:21:29 | ￥66元 | paying | 取消订单 |
| 202310142321391 | 2023-06-24 23:21:39 | ￥66元 | paying | 取消订单 |
| 202310142322401 | 2023-06-24 23:22:41 | ￥66元 | paying | 取消订单 |
| 202310142339381 | 2023-06-24 23:39:38 | ￥88元 | paying | 取消订单 |
| 202310142348121 | 2023-06-24 23:48:13 | ￥88元 | paying | 取消订单 |
| 202310142349291 | 2023-06-24 23:49:29 | ￥88元 | paying | 取消订单 |

图 13-21

（1）实现模板代码。

新建 myorder.vue 组件，用来显示我的订单信息。由于代码比较简单，这里不再赘述。源代码见本书配套资源中的"ch13/myshop-vue3/src/components/user/myorder.vue"。

（2）实现脚本代码。

myorder.vue 组件的脚本代码如下。

```ts
<script setup lang="ts">
import myhead from "./../common/head.vue";
import myfooter from "./../common/footer.vue";
import left from './../user/left.vue';
import { ref, onMounted } from 'vue';
import { getOrder } from '../../api/order';
const order_lists = ref([]);
const getData = async () => {
  try {
    const response = await getOrder({});
    if (response.status === 200) {
      order_lists.value = response.data.data;
    }
  } catch (error) {
    console.log(error);
  }
};
onMounted(() => {
  getData();
});
</script>
```

在上述代码中，调用 getOrder() 方法从接口获取订单数据并赋值给 order_lists 列表，前台 v-for 循环处理生成的表格。读者可以根据前面的介绍来增加分页组件以完善功能。

## 13.3　开发商城系统的后端接口

在"ch13"目录下创建项目文件夹 myshop-api，作为商城系统的后端接口项目。接下来的操作都在这个文件夹中进行。

### 13.3.1　规划工程目录

（1）目录规划及其说明。

在 myshop-api 目录下创建 apps 包，其他文件或者目录的说明见表 13-1。

表 13-1

| 文件或者目录 | 说　　明 |
|---|---|
| myshop-api/apps/ | 应用目录 |
| myshop-api/apps/common/func.py | 应用目录下的公共模块 |
| myshop-api/apps/models/basic.py | 应用目录下的基础功能模型 |
| myshop-api/apps/model/cates.py | 应用目录下的商品分类模型 |
| myshop-api/apps/model/goods.py | 应用目录下的商品模型 |
| myshop-api/apps/model/members.py | 应用目录下的会员模型 |
| myshop-api/apps/model/orders.py | 应用目录下的订单模型 |
| myshop-api/apps/model/users.py | 应用目录下的用户模型 |
| myshop-api/apps/views/basic.py | 应用目录下的基础功能视图 |
| myshop-api/apps/views/cates.py | 应用目录下的商品分类视图 |
| myshop-api/apps/views/goods.py | 应用目录下的商品视图 |
| myshop-api/apps/views/members.py | 应用目录下的会员视图 |
| myshop-api/apps/views/orders.py | 应用目录下的订单视图 |
| myshop-api/apps/views/users.py | 应用目录下的用户视图 |
| myshop-api/apps/_ _init_ _.py | 初始化文件 |
| myshop-api/deploy/ | 部署时需要的配置文件，如 Nginx、Docker |
| myshop-api/migrations/ | 迁移产生的目录 |
| myshop-api/config.py | 配置文件 |
| myshop-api/exts.py | 扩展文件 |
| myshop-api/manage.py | 入口文件 |
| myshop-api/requirements.txt | 包依赖文件 |

最终的项目目录如图 13-22 所示。

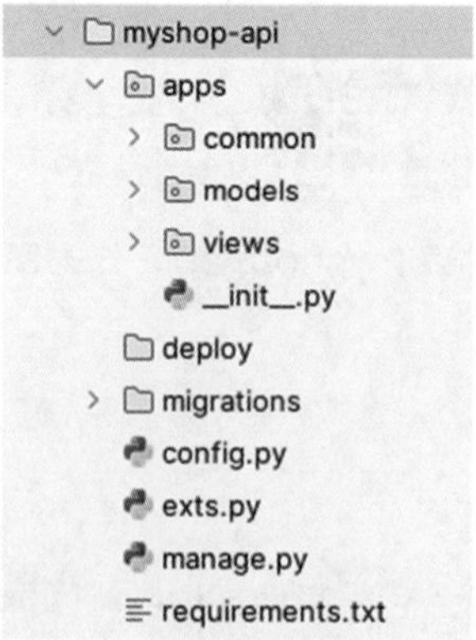

图 13-22

（2）创建 app 实例并初始化。

源代码见本书配套资源中的 "ch13/myshop-api/apps/_ _init_ _.py"。

```
from flask import Flask
from exts import db
import os
from flask_jwt_extended import JWTManager
from config import DevelopmentConfig
from flask_cors import *
base_dir=os.path.abspath(os.path.dirname(_ _file_ _))
app = Flask(_ _name_ _)
CORS(app,supports_credentials=True,resources="/*")
app.config.from_object(DevelopmentConfig)
db.init_app(app)
jwt=JWTManager(app)

from apps.views.goods import goods_bp
from apps.views.cates import cates_bp
from apps.views.members import member_bp
from apps.views.basic import basic_bp
from apps.views.orders import order_bp

app.register_blueprint(goods_bp, url_prefix='/goods/')
app.register_blueprint(cates_bp, url_prefix='/cates')
app.register_blueprint(member_bp, url_prefix='/members')
app.register_blueprint(basic_bp, url_prefix='')
app.register_blueprint(order_bp, url_prefix='/orders')
```

上述代码的解释如下：

- 创建一个 Flask 应用实例 app。通过 app.config.from_object(DevelopmentConfig)导入一个名为 "DevelopmentConfig" 的配置文件，并加载应用配置。
- 注册各个蓝图，将它们添加到应用中，并指定每个蓝图的 URL 前缀。
- 配置 Flask 应用实例 app，使得 app 可以在项目中使用。

这种方式可以使你更灵活地组织和配置 Flask 应用，将不同功能的模块分成蓝图并按需加载。同时，这也是 Flask 应用工程化的一个常见方式。

（3）在入口文件中使用 Flask 应用实例 app。源代码见本书配套资源中的 "ch13/myshop-api/manage.py"。

```
from apps import app
from exts import db
# 导入 Manager 用来设置应用可通过指令操作
from flask_script import Manager,Server
# 导入数据库迁移类和数据库迁移指令类
from flask_migrate import Migrate

# 构建指令，设置当前 app 受指令控制（即将指令绑定到指定 app 对象上）
manage = Manager(app)
manage.add_command("runserver", Server(use_debugger=True,port=8080))
```

```
# Migrate 类用于创建数据库迁移工具对象，其中第 1 个参数是 Flask 实例，
# 第 2 个参数是 Sqlalchemy 数据库实例
migrate = Migrate(app, db,render_as_batch=True)

if __name__ =="__main__":
    manage.run()
```

上述代码的主要作用是创建一个管理脚本，使你能够通过命令行管理 Flask 应用，包括启动开发服务器和执行数据库迁移等。通过执行 python manage.py runserver 或其他命令，你可以方便地与 Flask 应用进行交互。

### 13.3.2 会员相关接口

会员相关接口包含“获取 Token”接口、“会员查询”接口、“会员注册”接口、“会员修改”接口、“会员删除”接口。接下来一一进行介绍。

本案例涉及的接口见表 13-2。

表 13-2

| 接口分类 | 接　　口 | 描　　述 |
|---|---|---|
| “获取 Token”接口 | http://localhost:8080/members/login | 请求方式为 POST，<br>参数为：{<br>　"username": "admin",<br>　"password": "123456"<br>} |
| “会员查询”接口 | http://localhost:8080/members/1 | 请求方式为 GET |
| “会员注册”接口 | http://localhost:8080/members | 请求方式为 POST，<br>参数为：{<br>　　"username":"tes11t",<br>　　"password":"123456",<br>　　"mobile":"13999999991",<br>} |
| “会员修改”接口 | http://localhost:8080/members/1 | 请求方式为 PUT，<br>参数为：{<br>　　"mobile":"13999999994",<br>　　"email":"1231@1234.com",<br>　　"sex":"0"<br>} |
| “会员删除”接口 | http://localhost:8080/members/5 | 请求方式为 DELETE |

#### 1. “获取 Token”接口

源代码见本书配套资源中的“ch13/myshop-api/apps/views/members.py”。

```python
from flask import request, Blueprint
from flask_restful import Api, Resource, reqparse, inputs,marshal,fields
from apps.models.members import Member
from exts import db
from flask_jwt_extended import create_access_token,get_jwt_identity,jwt_required

member_bp = Blueprint("member", __name__)
api = Api(member_bp)

class Login(Resource):
    def post(self):
        parser=reqparse.RequestParser()
        parser.add_argument("username",required=True,nullable=False, type=str,help="
用户名必须输入")
        parser.add_argument("password",required=True,nullable=False, type=str,
help="密码必须输入")
        args=parser.parse_args()
        username=args["username"]
        password=args["password"]
        user = Member.query.filter(Member.username == username, Member.password ==
password).first()
        if not user:
            return {
                "code": 205,
                "message": "用户名或者密码错误"    }

        access_token = create_access_token(identity=username)
        return {
            "code": 200,
            "message": "用户登录成功",
            "data":{
                "id":user.id,
                "name":username,
                "token":access_token  }
        }

api.add_resource(Login,'/login')
```

　　我们通过向地址 "http://localhost:8080/members/login" 发起 POST 请求来获取 Token 信息，在 PostMan 中访问地址并返回 Token 信息，如图 13-23 所示。

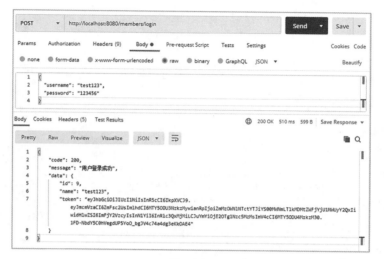

图 13-23

### 2. "会员查询"接口、"会员注册"接口、"会员修改"接口和"会员删除"接口

下面实现"会员查询"接口、"会员注册"接口、"会员修改"接口和"会员删除"接口。源代码见本书配套资源中的"ch13/myshop-api/apps/views/members.py"。

（1）"会员查询"接口。

通过 GET 请求传递会员 ID 实现"会员查询"接口，关键代码如下所示。

```
…
member_fields={
    "id":fields.Integer,
    "username":fields.String,
    "password":fields.String,
    "mobile":fields.String,
    "email":fields.String,
    "sex":fields.Integer,
}

class MemberResource(Resource):
    def get(self,id):
        member = Member.query.get(id)
        if not member:
            return {
                "code":1001,
                "message":"未找到该会员"  }

        return {
            "code":200,
            "msg":"success",
            "data":marshal(member,member_fields)  }

api.add_resource(MemberResource, '','/<int:id>')
```

　　我们在 PostMan 中设置 Authorization，通过向地址"http://localhost:8080/members/id"发起 GET 请求来获取会员信息，如图 13-24 所示。

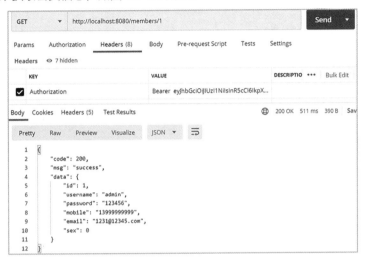

图 13-24

（2）"会员注册"接口。

　　在"会员注册"接口中，接口的入参为用户名称、密码、手机号码这 3 个字段。此外，需要对这几个字段进行验证，比如用户名是否能够注册、手机号码是否合法等。

　　通过 POST 请求传递会员信息实现"会员注册"接口，关键代码如下所示。

```
…
member_fields={
    "id":fields.Integer,
    "username":fields.String,
    "password":fields.String,
    "mobile":fields.String,
    "email":fields.String,
    "sex":fields.Integer,
}

# 创建 RequestParser 对象来验证和解析请求参数
member_parser = reqparse.RequestParser()
member_parser.add_argument('username', type=str, required=True, help="用户名称必须输入")
member_parser.add_argument('password', type=str, required=True,help="用户密码必须输入")
member_parser.add_argument('mobile', type=inputs.regex("^1\d{10}$"), required=True, help="手机号码格式不符合")

class MemberResource(Resource):
    def post(self):
```

```
    # 验证请求参数
    args = member_parser.parse_args()
    username = args['username']
    password = args['password']
    mobile = args['mobile']
    email = "123@123.com"
    sex = 1
    birthday = "2023-01-01"
    level = 1
    status = 1
    create_time=datetime.now()
    update_time = datetime.now()
    if
Member.query.filter(or_(Member.username==username,Member.mobile==mobile)).first():
        return {
            "code": 206,
            "msg": "用户名称、手机号码已经有重复信息了", }
    new_member = Member(username=username, password=password,
mobile=mobile,email=email,sex=sex,birthday=birthday,level=level,status=status,crea
te_time=create_time,update_time=update_time)
    db.session.add(new_member)
    db.session.commit()
    return {
        "code":200,
        "msg":"会员新增成功",
        "data":{
            "id":new_member.id
        } }
api.add_resource(MemberResource, '','/<int:id>')
```

我们通过 PostMan 向地址"http://localhost:8080/members"发起 POST 请求来注册会员，如图 13-25 所示。

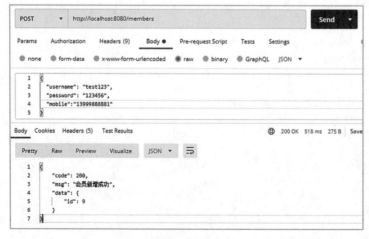

图 13-25

（3）"会员修改"接口。

通过 PUT 请求传递会员信息实现"会员修改"接口，关键代码如下所示。

```
...
# 修改时校验
member_edit_parser = reqparse.RequestParser()
member_edit_parser.add_argument('mobile', type=inputs.regex("^1\d{10}$"),
required=True, help="手机号码格式不符合")
member_edit_parser.add_argument('email', type=str, required=True, help="请输入邮箱")
member_edit_parser.add_argument('sex', type=str, required=True, help="请选择性别")
class MemberResource(Resource):
    @jwt_required()
    def put(self,id):
# 在发起 PUT 请求时，用户信息通过 get_jwt_identity()获取，这里的 id 只用来显示格式
        args = member_parser.parse_args()
        # 这里从 JWT 中获取 identity
        username=get_jwt_identity()
        member = Member.query.filter(Member.username==username).first()
        if not member:
            return {
                "code": 208,
                "msg": "会员未找到", }

        member.mobile = args['mobile']
        member.email = args['email']
        member.sex = args["sex"]
        db.session.commit()
        return {
            "code": 204,
            "msg": "会员修改成功", }

api.add_resource(MemberResource, '','/<int:id>')
```

我们在 PostMan 中设置 Authorization，如图 13-26 所示，并通过向地址"http://localhost:8080/members/1"发起 PUT 请求来修改会员信息，如图 13-27 所示。

图 13-26

图 13-27

（4）"会员删除"接口。

通过 DELETE 请求传递会员信息实现"会员删除"接口，关键代码如下所示。

```
...
class MemberResource(Resource):
    @jwt_required()
    def delete(self, id):
        member = Member.query.filter(and_(Member.status!=2,Member.id==id)).first()
        if not member:
            return {
                "code":1001,
                "msg":"未找到该会员"  }
        member.status=2  # 逻辑删除
        db.session.commit()
        return {
            "code": 200,
            "msg": "删除会员成功",  }
api.add_resource(MemberResource, '','/<int:id>')
```

管理员可以删除会员，但考虑到真删除会员会导致关联表的数据不完整，所以这里使用了逻辑删除，即改变会员状态信息。

我们在 PostMan 中设置 Authorization，通过向地址"http://localhost:8080/members/6"发起 DELETE 请求来删除会员，如图 13-28 所示。

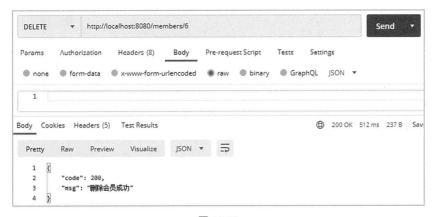

图 13-28

### 13.3.3　商品相关接口

商品相关接口包含"商品分类"接口、"商品"接口、"商品轮播"接口、"分类下的商品"接口，见表 13-3。

表 13-3

| 接口分类 | 接　　口 | 描　　述 |
|---|---|---|
| "商品分类" 接口 | http://localhost:8080/cates | 请求方式为 GET，查询全部商品分类及其子分类 |
| | http://localhost:8080/cates/3 | 请求方式为 GET，查询某个商品分类及其子分类 |
| "商品" 接口 | http://localhost:8080/goods | 请求方式为 GET，查询所有商品 |
| | http://localhost:8080/goods/?is_recommend=1 | 请求方式为 GET，查询推荐商品 |
| | http://localhost:8080/goods/?category=3&min_price=&max_price=&ordering=−amount&page=1 | 请求方式为 GET，按照条件查询商品 |
| | http://localhost:8080/goods/1 | 请求方式为 GET，查询某个商品明细 |
| "商品轮播" 接口 | http://localhost:8080/goods/slide | 请求方式为 GET，以图文方式显示轮播商品 |
| "分类下的商品" 接口 | http://localhost:8080/goods/indexgoods | 请求方式为 GET，查询所有分类下的商品 |

#### 1. "商品分类" 接口

"商品分类"接口会一次性将所有的多级分类数据嵌套返回，方便前端查询使用。

通过 GET 请求传递分类 ID 或者不传参进行商品分类查询，关键代码如下所示。源代码见本书配套资源中的"ch13/myshop-api/apps/views/goods.py"。

```
from flask import Blueprint
from flask_restful import Api, Resource, reqparse, inputs,marshal,fields
```

```
from apps.models.cates import GoodsCategory

cates_bp = Blueprint("cates", _ _name_ _)
api = Api(cates_bp)

cate_fields={
    "cat_id": fields.Integer,
    "name": fields.String,
    "parent_id": fields.Integer,
}

cates_fields={
    "id":fields.Integer,
    "sub_cate":fields.Nested(cate_fields),
    "name":fields.String,
    "logo":fields.String,
    "is_nav":fields.Boolean,
    "sort":fields.Integer,
    "parent_id":fields.Integer,
}

class CatesResource(Resource):
    def get(self,cate_id=None):
        if cate_id:
            goodcates=GoodsCategory.query.filter(GoodsCategory.cat_id==cate_id)
        else:
            goodcates=GoodsCategory.query.filter(GoodsCategory.parent_id==0)
        cates_dict=[]
        for goodcate in goodcates:
            sub_cates_list=[]
            sub_cates = GoodsCategory.query.filter(GoodsCategory.parent_id ==
goodcate.cat_id)
            for cate in sub_cates:
                sub_cate_list = {
                    "cat_id": cate.cat_id,
                    "name": cate.name,
                    "parent_id":cate.parent_id,
                    "logo":cate.logo,
                    "is_nav":cate.is_nav,
                }
                sub_cates_list.append(sub_cate_list)

            cate_dict={
                "id":goodcate.cat_id,
                "name":goodcate.name,
                "sub_cate":sub_cates_list,
                "parent_id":goodcate.parent_id,
                "logo":goodcate.logo,
                "is_nav":goodcate.is_nav,
            }
            cates_dict.append(cate_dict)
```

```
    return {
        "code": 200,
        "msg": "success",
        "data": marshal(cates_dict,cates_fields)
    }
api.add_resource(CatesResource, '', '/<int:cate_id>')
```

我们通过向地址“http://localhost:8080/cates”发起 GET 请求来查询商品的分类信息，在浏览器中打开上述地址，看到的效果如图 13-29 所示。


```
{
    "code": 200,
    "msg": "success",
    "data": [
        {
            "id": 3,
            "sub_cate": [],
            "name": "\u5927\u67a3",
            "logo": "hmdz.jpg",
            "is_nav": true,
            "sort": 0,
            "parent_id": 0
        },
        {
            "id": 4,
            "sub_cate": [
                {
                    "cat_id": 7,
                    "name": "\u9ed1\u52a0\u4ed1",
                    "parent_id": 4
                }
            ],
            "name": "\u8461\u8404\u5e72",
            "logo": "\u8461\u8404\u5e721.jpg",
            "is_nav": true,
            "sort": 0,
            "parent_id": 0
        }
    ]
}
```


图 13-29

### 2. “商品”接口

通过 GET 请求传递参数进行商品信息查询。源代码见本书配套资源中的“ch13/myshop-api/apps/views/goods.py”。

```
from flask import request, Blueprint
from flask_restful import Api, Resource, reqparse, inputs,marshal,fields
from sqlalchemy import text

from apps.models.goods import Goods,Slide
from apps.models.cates import GoodsCategory
from apps.common.func import CustomDate

goods_bp = Blueprint("goods", __name__)
api = Api(goods_bp)

goods_fields={
```

```python
    "id": fields.Integer,
    "name": fields.String,
    "category_id": fields.Integer,
    "market_price": fields.Integer,
    "price":fields.Integer,
    "main_img":fields.String,
}
cate_fields={
    "cat_id": fields.Integer,
    "name": fields.String,
    "parent_id": fields.Integer,
}

indexgoods_fields={
    "id":fields.Integer,
    "sub_cate":fields.Nested(cate_fields),
    "goods":fields.Nested(goods_fields),
}

class GoodResource(Resource):
    def get(self,id=None):
        if id:
            good = Goods.query.filter(Goods.id ==id).first()
            if not good:
                return {
                    "code": 404,
                    "msg": "不存在该数据",
                }
            good_dict = {
                "id": good.id,
                "name": good.name,
                "category_id": good.category_id,
                "market_price": good.market_price,
                "price": good.price,
                "main_img": good.main_img,  }
            return {
                "code": 200,
                "msg": "success",
                "data": marshal(good_dict, goods_fields)  }
        else:
            # 构建查询
            query=Goods.query
            if request.args.get('is_recommend'):
                query=query.filter(Goods.is_recommend ==
request.args.get('is_recommend'))
            if request.args.get('category'):
                query=query.filter(Goods.category_id == request.args.get('category'))
            if request.args.get('min_price'):
                query=query.filter(Goods.price >= int(request.args.get('min_price')))
            if request.args.get('max_price'):
                query=query.filter(Goods.price <= int(request.args.get('max_price')))
```

```
        if request.args.get('ordering'):
            ordering=request.args.get('ordering',"-id")
            query=query.order_by(text(ordering))
        page=int(request.args.get('page',1))
        page_size=4
        goods=query.paginate(page,page_size,error_out=False)
        goods_dict = []
        for good in goods.items:
            good_dict = {
                "id": good.id,
                "name": good.name,
                "category_id": good.category_id,
                "market_price":good.market_price,
                "price":good.price,
                "main_img":good.main_img,   }
            goods_dict.append(good_dict)
        return {
            "code": 200,
            "msg": "success",
            "data": marshal(goods_dict, goods_fields), }
api.add_resource(GoodResource, '', '/<int:id>')
```

我们通过向地址 "http://localhost:8080/goods" 发起 GET 请求来查询商品信息，查询结果如图 13-30 所示。

```
{
    "code": 200,
    "msg": "success",
    "data": [
        {
            "id": 1,
            "name": "\u54c8\u5bc6\u7279\u7ea7\u5927\u67a31",
            "category_id": 3,
            "market_price": 66,
            "price": 66,
            "main_img": "\u54c8\u5bc6\u5927\u67a3.jpg",
            "amount": 0
        },
        {
            "id": 2,
            "name": "\u54c8\u5bc6\u7279\u7ea7\u5927\u67a32",
            "category_id": 4,
            "market_price": 99,
            "price": 99,
            "main_img": "\u54c8\u5bc6\u5927\u67a3.jpg",
            "amount": 0
        },
        {
            "id": 3,
            "name": "\u54c8\u5bc6\u7279\u7ea7\u5927\u67a33",
            "category_id": 7,
            "market_price": 99,
            "price": 99,
            "main_img": "2.jpg",
            "amount": 0
        }
    ]
}
```

图 13-30

访问 "http://localhost:8080/goods/?category=3&min_price=&max_price=&ordering=-amount&page=1"，看到的效果如图 13-31 所示。

```
{
    "code": 200,
    "msg": "success",
    "data": [
        {
            "id": 1,
            "name": "\u54c8\u5bc6\u7279\u7ea7\u5927\u67a31",
            "category_id": 3,
            "market_price": 66,
            "price": 66,
            "main_img": "\u54c8\u5bc6\u5927\u67a3.jpg",
            "amount": 0
        }
    ]
}
```

图 13-31

### 3. "商品轮播" 接口

"商品轮播" 接口用于在首页以轮播方式展示商品。

打开 goods.py，增加 SlideResource 类，如以下代码所示。源代码见本书配套资源中的 "ch13/myshop-api/apps/views/goods.py"。

```python
from apps.common.func import CustomDate
…
slides_fields={
    "s_id":fields.Integer,
    "g_id":fields.Integer,
    "images":fields.String,
    "sort":fields.Integer,
    "create_time":CustomDate(dt_format="strftime"),
}


class SlideResource(Resource):
    def get(self):
        slides = Slide.query.all()
        return {
            "code":200,
            "msg":"success",
            "data":marshal(slides,slides_fields)
        }
api.add_resource(SlideResource, '/slide')
```

访问 "http://localhost:8080/goods/slide"，看到的效果如图 13-32 所示。

```
{
    "code": 200,
    "msg": "success",
    "data": [
        {
            "s_id": 1,
            "g_id": 2,
            "images": "slide/\u5df4\u65e6\u6728.jpg",
            "sort": 1,
            "create_time": "2023-05-04 00:44:32"
        },
        {
            "s_id": 2,
            "g_id": 2,
            "images": "slide/\u7ea2\u67a3.jpg",
            "sort": 1,
            "create_time": "2023-05-04 00:44:32"
        }
    ]
}
```

图 13-32

### 4. "分类下的商品" 接口

首页上一般会展示商品分类，每个商品分类下展示 4~8 个推荐商品，比如，在首页中展示了枣类、瓜类、果脯类下的商品。

打开文件 goods.py，新增 IndexCategoryGoodsResource 类，添加如下内容。源代码见本书配套资源中的"ch13/myshop-api/apps/views/goods.py"。

```python
from flask import request, Blueprint
from flask_restful import Api, Resource, reqparse, inputs,marshal,fields
from sqlalchemy import text

from apps.models.goods import Goods,Slide
from apps.models.cates import GoodsCategory
from apps.common.func import CustomDate

goods_bp = Blueprint("goods", __name__)
api = Api(goods_bp)

goods_fields={
    "id": fields.Integer,
    "name": fields.String,
    "category_id": fields.Integer,
    "market_price": fields.Integer,
    "price":fields.Integer,
    "main_img":fields.String,
}
cate_fields={
    "cat_id": fields.Integer,
    "name": fields.String,
    "parent_id": fields.Integer,
}
```

```python
indexgoods_fields={
    "id":fields.Integer,
    "sub_cate":fields.Nested(cate_fields),
    "goods":fields.Nested(goods_fields),
}

class IndexCategoryGoodsResource(Resource):
    def get(self):
        goodcates=GoodsCategory.query.filter(GoodsCategory.parent_id==0)
        cates_dict=[]
        for goodcate in goodcates:
            sub_cates_list=[]
            sub_cates = GoodsCategory.query.filter(GoodsCategory.parent_id ==
goodcate.cat_id)
            for cate in sub_cates:
                sub_cate_list = {
                    "cat_id": cate.cat_id,
                    "name": cate.name,
                    "parent_id":cate.parent_id,
                }
                sub_cates_list.append(sub_cate_list)

            goods_dict=[]
            goods = Goods.query.filter(Goods.category_id == goodcate.cat_id)
            for good in goods:
                good_dict={
                    "id":good.id,
                    "name":good.name,
                    "category_id":good.category_id,
                    "market_price":good.market_price,
                    "price":good.price,
                    "main_img":good.main_img,
                }
                goods_dict.append(good_dict)

            cate_dict={
                "id":goodcate.cat_id,
                "name":goodcate.name,
                "sub_cate":sub_cates_list,
                "goods":goods_dict,
            }
            cates_dict.append(cate_dict)

        return {
            "code": 200,
            "msg": "success",
            "data": marshal(cates_dict,indexgoods_fields)
        }

api.add_resource(IndexCategoryGoodsResource, '/indexgoods')
```

由于需要在每个分类下显示商品，所以要在 indexgoods_fields 中定义 fields.Nested 类型的 sub_cate 和 goods。

访问接口 "http://localhost:8080/goods/indexgoods"，看到的效果如图 13-33 所示。

```json
{
    "code": 200,
    "msg": "success",
    "data": [
        {
            "id": 3,
            "name": "\u5927\u67a3",
            "logo": "hmdz.jpg",
            "sub_cate": [],
            "goods": [
                {
                    "id": 1,
                    "name": "\u54c8\u5bc6\u7279\u7ea7\u5927\u67a31",
                    "category_id": 3,
                    "market_price": 66,
                    "price": 66,
                    "main_img": "\u54c8\u5bc6\u5927\u67a3.jpg",
                    "amount": 0
                }
            ]
        },
        {
            "id": 4,
            "name": "\u8461\u8404\u5e72",
            "logo": "\u8461\u8404\u5e721.jpg",
            "sub_cate": [
                {
                    "cat_id": 7,
                    "name": "\u9ed1\u52a0\u4ed1",
                    "parent_id": 4
                }
            ],
            "goods": [
                {
                    "id": 2,
                    "name": "\u54c8\u5bc6\u7279\u7ea7\u5927\u67a32",
                    "category_id": 4,
                    "market_price": 99,
                    "price": 99,
                    "main_img": "\u54c8\u5bc6\u5927\u67a3.jpg",
                    "amount": 0
                }
            ]
        }
    ]
}
```

图 13-33

"分类下的商品"接口既返回了分类的嵌套，又返回了每个分类下的商品。通过该接口一步到位解决了在商城系统首页对商品进行分类的需求。

### 13.3.4　订单相关接口

订单相关接口主要包含"购物车"接口（包含"购物车查询"接口、"购物车新增"接口和"购物车修改"接口）和"订单"接口（包括"订单生成"接口和"订单查询"接口），见表 13-4。

表 13-4

| 接口分类 | 接口 | 描述 |
|---|---|---|
| "购物车"接口 1<br>"购物车查询"接口 | http://localhost:8080/orders/cart | 请求方式为 GET，查询用户的购物车数据 |
| "购物车"接口 2<br>"购物车新增"接口 | http://localhost:8080/orders/cart | 请求方式为 POST，<br>参数为：{"goods_id": 2,<br>      "goods_num": 2} |
| "购物车"接口 3<br>"购物车修改"接口 | http://localhost:8080/orders/cart<br>/1 | 请求方式为 PUT，<br>参数为：{"goods_num":11} |
| "订单生成"接口 | http://localhost:8080/orders | 请求方式为 POST，<br>请求参数为："ct_name":"吴先生 1"，<br>"contact_mobile":"11"，<br>"memo":"22222222222222"，<br>"address":"北京 1 北京市 1 丰台区 1 北京市丰台区某街道 1"，<br>"pay_method":"1"} |
| "订单查询"接口 | http://localhost:8080/orders | 请求方式为 GET，查询用户的订单数据 |

1. "购物车"接口

新建 order.py，增加 CartResource 类，如以下代码所示。源代码见本书配套资源中的 "ch13/myshop-api/apps/views/order.py"。

```
import datetime
from flask import Blueprint, request
from exts import db
from apps.models.goods import Goods
from apps.models.members import Member
from apps.models.orders import Cart, Order, OrderGoods
from flask_restful import Api, Resource, marshal, fields, reqparse
from flask_jwt_extended import
create_access_token,get_jwt_identity,JWTManager,jwt_required

order_bp = Blueprint('order', _ _name_ _)
api = Api(order_bp)

goods_fields={
    "id":fields.Integer,
    "name":fields.String,
    "price":fields.Integer,
    "category_id": fields.Integer,
    "market_price": fields.Integer,
    "main_img": fields.String,
}

cart_fields={
    "id": fields.Integer,
    "goods": fields.Nested(goods_fields),
```

```python
        "goods_num": fields.Integer,
}
parser = reqparse.RequestParser()
parser.add_argument('goods_id',type=str,required=True,help="请输入商品 ID")
parser.add_argument('goods_num',type=str,required=True,help="请输入商品数量")

class CartResource(Resource):
    @jwt_required()
    def get(self, a_id=None):
        username = get_jwt_identity()
        member = Member.query.filter(Member.username == username).first()
        carts=Cart.query.filter(Cart.user==member.id).all()
        carts_dict=[]
        for cart in carts:
            good = Goods.query.filter(Goods.id == cart.goods).first()
            print(good)
            good_dict = {
                    "id": good.id,
                    "name": good.name,
                    "category_id": good.category_id,
                    "market_price": good.market_price,
                    "price": good.price,
                    "main_img": good.main_img,
            }

            cart_dict = {
                "id": cart.id,
                "goods_num": cart.goods_num,
                "goods": good_dict,
            }
            carts_dict.append(cart_dict)
        return {
            "code": 200,
            "msg": "success",
            "data": marshal(carts_dict, cart_fields),
        }

    @jwt_required()
    def post(self):
        # 插入 cart 表
        # 验证请求参数
        args = parser.parse_args()
        cart=Cart()
        username=get_jwt_identity()
        user=Member.query.filter(Member.username == username).first()
        cart.user=user.id
        cart.goods=args["goods_id"]
        # 如果购物车有该商品，则数量加 1
        cart_item=Cart.query.filter(Cart.user==user.id,Cart.goods== cart.goods).first()
        if cart_item:
            cart_item.goods_num+=1
```

```
            cart_item.update_time = datetime.datetime.now()
        else:
            # 如果购物车中没有该商品，则新增一条记录
            cart.goods_num = args["goods_num"]
            cart.create_time = datetime.datetime.now()
            cart.update_time=datetime.datetime.now()
            db.session.add(cart)
        db.session.commit()
        return {
            "code":201,
            "msg":"success",
        }

    @jwt_required()
    def put(self, id):
        # 修改 cart 表
        args = request.get_json()
        goods_num=args["goods_num"]
        username = get_jwt_identity()
        user = Member.query.filter(Member.username == username).first()
        # 如果购物车有该商品，则更新商品的数量
        cart_item = Cart.query.filter(Cart.user == user.id, Cart.id == id).first()
        if cart_item:
            cart_item.goods_num =goods_num
            cart_item.update_time = datetime.datetime.now()
        db.session.commit()
        return {
            "code": 201,
            "msg": "success",
        }

api.add_resource(CartResource, '/cart','/cart/<id>')
```

然后通过 PostMan 工具使用 POST 方式访问 "http://localhost:8080/orders/cart" 接口，如图 13-34 所示。需要手工添加 Authorization 认证。

图 13-34

## 2. "订单生成" 接口

订单模块作为整个商城的核心模块，贯穿商城的全部流程。订单模块涉及用户、商品、库存、订单、结算、支付等，所以在设计"订单生成"接口时，需要仔细考虑相关的问题。

> 提示　在设计"购物车"接口时，在将商品加入购物车时必须要对商品的库存数量进行判断，防止因商品库存不足而导致出错；而在设计"订单生成"接口时，必须利用事务确保"库存校验与订单创建"的原子性。

打开 orders.py，增加 OrderResource 类用来处理订单提交，如以下代码所示。源代码见本书配套资源中的 "ch13/myshop-api/apps/views/orders.py"。

```python
class OrderResource(Resource):
    @jwt_required()
    def post(self):
        # 插入 order 表
        # 验证请求参数
        args = parser_order.parse_args()
        # 获取登录信息
        username = get_jwt_identity()
        user = Member.query.filter(Member.username == username).first()
        # 联系人相关信息
        contact_name=args['contact_name']
        contact_mobile = args['contact_mobile']
        memo = args['memo']
        pay_method=args['pay_method']
        address=args['address']
        order_total=0
        order_price=0
        order_sn = self.build_order_sn(user.id)
        try:
            orderinfo=Order(order_sn=order_sn,address=address,
                contact_name=contact_name,contact_mobile=contact_mobile,
                memo=memo,pay_method=pay_method,user_id=user.id,
                create_time=datetime.datetime.now(),update_time=
datetime.datetime.now()
            )

            db.session.add(orderinfo)
            db.session.flush()
            # 从购物车找到商品 ID，然后在商品表中判断库存是否足够，如果不够，则回滚并提示
            carts=Cart.query.filter_by(user=user.id)
            for cart in carts:
                # 悲观锁处理——啥都不干先加锁
                goods=Goods.query.filter_by(id=cart.goods).with_for_update().first()
                if not goods:
                    return {
```

```
                    'code':'1001','msg':'没有找到编号为'+cart.goods+'的商品，无法购买，估
计你下手慢了，卖空了'
                }
            # 如果购物车中商品的数量大于商品的库存量，则无法购买
            if cart.goods_num>goods.stock_num:
                return {
                    'code': '1002',
                    'msg': '编号为' + str(cart.goods) + '的商品库存不够，无法购买，请过段
时间再试'   }
            # 商品库存减少
            goods.stock_num-=cart.goods_num
            # 商品销量增加
            goods.amount+=cart.goods_num
            # 创建子表
            og=OrderGoods(
                order_id=orderinfo.id,goods_id=goods.id,
                goods_num=cart.goods_num,price=goods.price,
                create_time=datetime.datetime.now(),update_time=
datetime.datetime.now()   )
            db.session.add(og)

            order_total+=cart.goods_num
            order_price+=goods.price*cart.goods_num
        # 在订单主表中有一个订单总金额字段，需要实时计算
        orderinfo.order_total=order_total
        orderinfo.order_price=order_price
        # 删除购物车数据
        cart=Cart.query.filter_by(user=user.id).delete()
        # 事务提交
        db.session.commit()
        return {
            'code': '200',
            'msg': '订单生成成功'   }
    except Exception as error:
        db.session.rollback()
        return {
            'code': '1000',
            'msg': '订单生成失败'+str(error)   }

  def build_order_sn(self,uid):
     order_sn = datetime.datetime.now().strftime('%Y%m%d%H%M%S') + str(uid)
     return order_sn

api.add_resource(OrderResource, '')
```

上述代码的业务逻辑比较复杂，实际上做了以下工作。

（1）生成订单编号。

这里采用简单的"时间 + 用户 ID"的方式来生成订单编号，也可以使用雪花算法生成。

（2）生成订单过程。

首先创建订单主表；然后根据购物车中的商品数据，在商品表中判断商品库存是否足够；之后创建订单子表；最后计算订单总金额和总数量。

> **提示**　生成订单过程涉及的环节众多，很容易出错涉及的遵循接口的幂等性设计原则可以避免一些问题。

（3）接口的幂等性设计。

先来看这样一个场景：小李在某个电商平台购物，付款时不小心连续点击了多次支付按钮（假设可以多次点击）。如果服务器不做任何处理，则小李账户中的钱会被扣除多次。这显然是不合适的。幂等性设计就是为了防止接口的无效重复请求。

> **提示**　幂等，简单地说，就是一个操作多次执行产生的结果和一次执行产生的结果是一致的。对于接口来说，无论执行多少次，最终的结果都是一样的。
>
> 有些操作天生就是幂等性的，比如，数据库中的查询 SELECT 语句和 DELETE 语句；在创建业务订单时，一次业务请求只能创建一个订单，不能创建多个订单。

接口的幂等性设计很重要，有多种实现方案。这里使用数据库的悲观锁和乐观锁来实现。

- 悲观锁。

悲观锁是指，为了避免冲突，在每次获取数据时都认为别人会修改，于是会上锁。如果别人需要操作数据，那只能等待，直到拿到锁为止。悲观锁一般会伴随事务一起使用。

比如，插入一条数据，需要判断表中是否存在相应的数据，大致的代码如下。

```
# 悲观锁处理——啥都不干先加锁
goods=Goods.query.filter_by(id=cart.goods).with_for_update().first()
```

- 乐观锁。

乐观锁是指，在查询时不锁定数据，但是在更新数据时会进行判断，只有满足特定条件才进行更新。比如，查询数据库中商品的库存 stock_num，在更新数据库中商品库存时，会将原先查询到的库存数量和商品 ID 一起作为更新的条件：

  > 如果返回的受影响行数为 0，则说明没有修改成功，即别的进程修改了该数据，此时将回滚到之前没有进行数据库操作时的状态。

  > 如果执行了这个过程多次，超过设置的次数还是不能修改成功，则直接返回错误信息。

大概的代码如下。

```
update t_goods set stock_num=0, amount=1 where id=3 and stock_num=1;
```

💡 提示　使用乐观锁需要设置 MySQL 事务的隔离级别，这里不展开讨论。

（4）事务处理。

在 Flask 中，可以通过如下方式来定义一个事务。

```
def post(self):
    try:
        db.session.add(orderinfo)
        db.session.add(og)
        # 事务提交
        db.session.commit()
    except Exception as error:
        db.session.rollback()
```

上述代码可以结合"订单生成"接口中的 OrderResource 类进行理解。

3. "订单查询"接口

"订单查询"接口主要使用 OrderResource 类的 get()方法来实现。

打开文件 orders.py，增加 get()方法，如以下代码所示。源代码见本书配套资源中的
"ch13/myshop-api/apps/views/orders.py"。

```
order_fields={
    "id": fields.Integer,
    "order_sn":fields.String,
    "create_time": fields.String,
    "order_price": fields.Integer,
    "order_state":fields.String, }
class OrderResource(Resource):
    @jwt_required()
    def get(self, a_id=None):
        username = get_jwt_identity()
        member = Member.query.filter(Member.username == username).first()
        orders=Order.query.filter(Order.user_id==member.id).all()
        return {
            "code": 200,
            "msg": "success",
            "data": marshal(orders, order_fields),  }
```

然后通过 PostMan 工具使用 GET 方式访问"http://localhost:8080/orders"接口，如图 13-35
所示。需要手工添加 Authorization 认证。

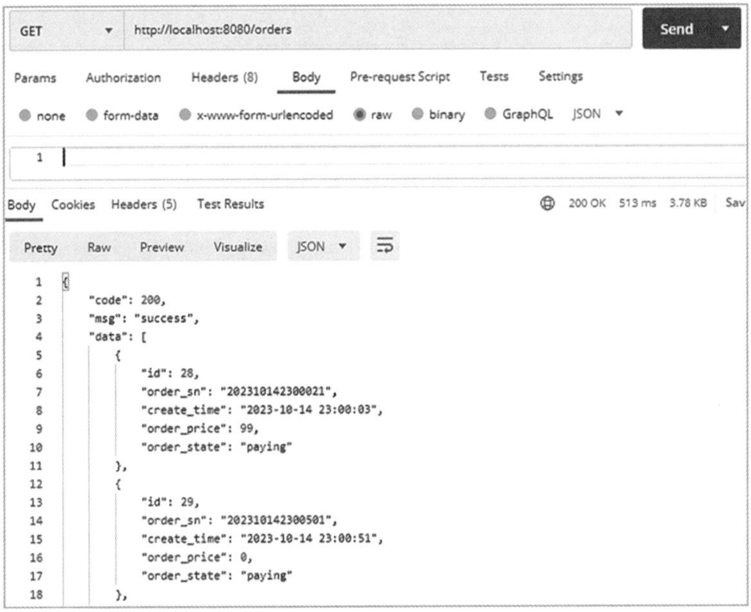

图 13-35

### 13.3.5 基础接口——"地址信息"接口

"地址信息"接口（包括"查询地址"接口、"新增地址"接口和"修改地址"接口）用来提供用户的收货地址，包含省、市、区域、详细地址、联系人、联系人电话，以及是否设置为默认收货地址等信息，见表 13-5。

表 13-5

| 接口分类 | 接　　口 | 描　　述 |
|---|---|---|
| "查询地址"接口 | http://localhost:8080/address | 请求方式为 GET |
| "新增地址"接口 | http://localhost:8080/address | 请求方式为 POST，<br>请求参数为：{<br>　　"province":"北京 1",<br>　　"city":"北京市 1",<br>　　"district":"丰台区 1",<br>　　"address":"北京市丰台区某街道 1",<br>　　"contact_name":"吴先生 1",<br>　　"contact_mobile":"11",<br>　　"is_default":1<br>　　} |

| 接口分类 | 接　　口 | 描　　述 |
|---|---|---|
| "修改地址" 接口 | http://localhost:8080/address | 请求方式为 PUT，<br>请求参数为：{<br>　　"province":"北京 1",<br>　　"city":"北京市 1",<br>　　"district":"丰台区 1",<br>　　"address":"北京市丰台区某街道 1",<br>　　"contact_name":"吴先生 1",<br>　　"contact_mobile":"11",<br>　　"is_default":1<br>} |

新建文件 basic.py，新建视图类 AddressResource，如以下代码所示。源代码见本书配套资源中的 "ch13/myshop-api/apps/views/basic.py"。

```python
from flask import Blueprint, request
from flask_jwt_extended import create_access_token, get_jwt_identity, jwt_required
from flask_restful import Api, Resource, marshal, fields,reqparse,inputs
from sqlalchemy import and_
import datetime
from exts import db
from apps.models.basic import Address
from apps.models.members import Member
basic_bp = Blueprint('basic', __name__)
api = Api(basic_bp)
# 创建 RequestParser 对象来验证和解析请求参数
address_parser = reqparse.RequestParser()
address_parser.add_argument('province',type=str,required=True,help="省份必须输入")
address_parser.add_argument('city',type=str,required=True,help="城市必须输入")
address_parser.add_argument('district',type=str,required=True,help="请输入区域")
address_parser.add_argument('address',type=str,required=True,help="请输入详细地址")
address_parser.add_argument('contact_name', type=str, required=True, help="请输入联
系人")
address_parser.add_argument('contact_mobile', type=str, required=True, help="请输入
联系方式")
address_parser.add_argument('is_default', type=int, required=True, help="请选择默认地
址")
address_edit = reqparse.RequestParser()
address_edit.add_argument('is_default', type=int, required=True, help="请选择默认地址")

address_fields = {
    "a_id": fields.Integer,
    "province": fields.String,
    "city": fields.String,
    "district": fields.String,
    "address": fields.String,
    "contact_name": fields.String,
```

```python
    "contact_mobile": fields.String,
    "is_default":fields.Boolean,}
class AddressResource(Resource):
    @jwt_required()
    def get(self, a_id=None):
        username = get_jwt_identity()
        member = Member.query.filter(Member.username == username).first()
        address = Address.query.filter(and_(Address.user_id==member.id,
Address.is_default==1)).all()
        if not address:
            return {
                "code": 1001,
                "msg": "未找到地址信息"    }
        return {
            "code": 200,
            "msg": "success",
            "data": marshal(address, address_fields)   }


    @jwt_required()
    def post(self):
        # 验证请求参数
        username=get_jwt_identity()
        member = Member.query.filter(Member.username==username).first()
        args = address_parser.parse_args()
        province = args['province']
        city = args['city']
        district = args['district']
        address = args['address']
        contact_name = args['contact_name']
        contact_mobile = args['contact_mobile']
        is_default = args['is_default']
        is_checked=0
        if is_default:
            is_checked=1
            # 取消其他的默认值，批量更新为1
            Address.query.filter_by(is_default=1).update({'is_default':0})
        create_time = datetime.datetime.now()
        update_time = datetime.datetime.now()
        new_address = Address(province=province, city=city,is_default=is_checked,
district=district, address=address, contact_name=contact_name,
    contact_mobile=contact_mobile,create_time=create_time,
update_time=update_time,user_id=member.id)
        db.session.add(new_address)
        db.session.commit()
        return {
            "code": 200,
            "msg": "地址新增成功"    }


    @jwt_required()
    def put(self, a_id):
        # 验证请求参数
```

```
        username = get_jwt_identity()
        member = Member.query.filter(Member.username == username).first()
        args=request.get_json()
        province = args['province']
        city = args['city']
        district = args['district']
        address = args['address']
        contact_name = args['contact_name']
        contact_mobile = args['contact_mobile']
        is_default = args['is_default']
        if is_default:
            # 取消其他的默认值, 批量更新为 1
            Address.query.filter_by(is_default=1).update({'is_default': 0})
    update_time = datetime.datetime.now()
    new_address = Address.query.filter(and_(Address.a_id==a_id,
Address.user_id==member.id)).first()
        new_address.is_default=is_default
        new_address.province=province
        new_address.city=city
        new_address.district=district
        new_address.address=address
        new_address.contact_name=contact_name
        new_address.contact_mobile=contact_mobile
        new_address.update_time=update_time
    db.session.commit()
    return {
        "code": 204,
        "msg": "默认地址修改成功"  }
api.add_resource(AddressResource, '/address', '/address/<int:a_id>')
```

然后通过 PostMan 工具使用 GET 方式访问 "http://localhost:8080/address" 接口查询地址信息，如图 13-36 所示。需要手工添加 Authorization 认证信息。

图 13-36

通过 PostMan 工具使用 POST 方式访问 "http://localhost:8080/address" 接口来新增地址信息，如图 13-37 所示。需要手工添加 Authorization 认证信息。

图 13-37

通过 PostMan 工具使用 PUT 方式访问 "http://localhost:8080/address" 接口来新增地址信息，如图 13-38 所示。需要手工添加 Authorization 认证信息。

图 13-38

# 第 5 篇
## 部署及运维

# 第 14 章
# Flask 应用的传统部署

前面已经实现了商城系统的后台功能、接口程序和前台功能。在功能开发完成且测试无误后，就需要部署上线。本章将介绍如何在 CentOS 7.9 操作系统下完成商城系统的生产环境部署。

## 14.1 部署前的准备工作

在 Linux 系统中，root 账户具有超级权限。出于安全考虑，一般不会直接使用 root 账户，而是需要为不同的使用者创建不同的账户。本书为了演示方便，全部使用 root 账户进行操作。

### 14.1.1 准备虚拟机

准备 3 台 VMware 虚拟机，给它们都安装 CentOS 7.9 操作系统，主机名称和 IP 地址见表 14-1。读者可以根据自己的实际情况配置 IP 地址。

表 14-1

| 主机名称 | IP 地址 |
|---|---|
| hdp_01 | 192.168.77.101 |
| hdp_02 | 192.168.77.102 |
| hdp_03 | 192.168.77.103 |

### 14.1.2 安装 Python 3.9.13

3 台主机都需要安装 Python 3.9.13，安装步骤如下。

#### 1. 复制并解压缩 Python 安装包

在本书配套资源中提供了 Python 3.9.13 的安装包，文件名为 "Python-3.9.13.tgz"，将该文件复制到 192.168.77.103 主机的 "/opt/tools" 目录下。

使用如下命令对复制过来的 Python 3.9.13 安装包进行解压缩。

```
[root@hdp-03 tools]# tar -zxvf Python-3.9.13.tgz
```

### 2. 安装 Python

（1）使用如下命令配置并指定安装目录。

```
[root@hdp-03 Python-3.9.13]# ./configure --prefix=/usr/local/python3.9
```

（2）使用如下命令编译和安装。

```
[root@hdp-03 Python-3.9.13]# make && make install
```

（3）使用如下命令建立软链接。软链接可以被类似看作 Windows 中的快捷方式。

```
[root@hdp-03 Python-3.9.13]# ln -s /usr/local/python3.9/bin/python3.9
/usr/bin/python3
[root@hdp-03 Python-3.9.13]# ln -s /usr/local/python3.9/bin/pip3.9 /usr/bin/pip3
```

（4）使用如下命令进入 Python 环境。

```
[root@hdp-03 Python-3.9.13]# Python3
```

## 14.1.3　安装 Python 虚拟环境

Python 虚拟环境可以让每个 Python 项目单独使用一个环境。这样做的好处是，既不会影响 Python 系统环境，也不会影响其他项目的环境。

### 1. 使用国内镜像源加速安装第三方库

设置 pip 命令的国内镜像源，加快下载速度。

（1）使用如下命令创建 pip.conf 文件，路径为 "/root/.pip"。

```
[root@localhost ~]# cd ~
[root@localhost ~]# mkdir .pip
[root@localhost ~]# cd .pip
```

（2）使用 vim 命令创建 pip.conf 文件。

```
[root@localhost .pip]# vim pip.conf
```

（3）在 pip.conf 文件中添加如下内容。

```
[global]
index-url = http://mirrors.aliyun.com/pypi/simple/
[install]
trusted-host = mirrors.aliyun.com
```

### 2. 安装虚拟环境包

Virtualenv 是目前最流行的 Python 虚拟环境配置工具。它不仅同时支持 Python 2 和 Python 3，还可以为每个虚拟环境指定 Python 解释器。

（1）使用如下命令安装。

```
[root@hdp-03 /]# pip3 install virtualenv
```

（2）创建软链接。

```
[root@hdp-03 virtualenv]# ln -s /usr/local/python3.9/bin/virtualenv
/usr/bin/virtualenv
```

（3）在 "\home\" 目录下创建 virtualenv 目录，该目录是虚拟环境的主目录。

执行如下命令切换到 virtualenv 目录。

```
[root@hdp-03 virtualenv]# virtualenv -p /usr/bin/python3 flaskenv
```

其中，-p 参数指明 Python 解释器目录，"/usr/bin/python3" 是笔者的 Python 解释器目录（读者可以选择自己的 Python 解释器目录），"flaskenv" 是创建的 Python 虚拟环境目录名称，该目录下包含 Python 可执行文件及 pip 库。

（4）执行命令后会创建相应的目录，如图 14-1 所示。

```
[root@hdp-03 virtualenv]# cd flaskenv/
[root@hdp-03 flaskenv]# ll
total 8
drwxr-xr-x. 2 root root 4096 Oct 31 08:56 bin
drwxr-xr-x. 3 root root   24 Oct 31 08:56 lib
-rw-r--r--. 1 root root  255 Oct 31 08:56 pyvenv.cfg
[root@hdp-03 flaskenv]# pwd
/home/virtualenv/flaskenv
[root@hdp-03 flaskenv]#
```

图 14-1

**3. 激活和退出虚拟环境**

（1）进入 "\home\virtualenv\flaskenv\bin" 目录，执行如下命令激活虚拟环境。

```
[root@hdp-03 bin]# source activate
```

（2）激活虚拟环境后，会在最前面显示 flaskenv 标识。

```
(flaskenv) [root@hdp-03 bin]#
```

（3）退出虚拟环境的命令如下。

```
(flaskenv) [root@hdp-03 bin]# deactivate
[root@hdp-03 bin]#
```

## 14.1.4　安装 Flask

（1）使用 pip 命令安装指定版本。

```
(flaskenv) [root@hdp-03 bin]# pip3 install flask==2.3.2
```

（2）安装完成后，在命令行窗口中运行以下命令查看 Flask 是否安装成功。

```
(flaskenv) [root@hdp-03 bin]# python -m flask --version
Python 3.9.13
Flask 2.3.2
Werkzeug 3.0.1
```

## 14.2 使用 MySQL 数据库

MySQL 社区版是全球广受欢迎的开源数据库的免费下载版本。它遵循 GPL 许可协议，由庞大、活跃的开源社区提供支持。MySQL 5.6 于 2021 年 2 月停止更新。在 2020 年 2 月以后，MySQL 团队将不再为 5.6 版本的 MySQL 提供任何补丁。本书中使用 MySQL 5.7.30 版本。

### 14.2.1 安装 MySQL 数据库

安装 MySQL 数据库有多种方式，如在线 YUM 安装、离线 RPM 包安装等。考虑到生产环境中数据库主机无法连接公网，这里采用离线 RPM 包安装。

#### 1. 下载 RPM 包

从 MySQL 官网下载 MySQL 5.7.30 版本的 RPM 包，一共有 4 个。

```
mysql.community.common.5.7.30.1.el7.x86.64.rpm
mysql.community.libs.5.7.30.1.el7.x86.64.rpm
mysql.community.client.5.7.30.1.el7.x86.64.rpm
mysql.community.server.5.7.30.1.el7.x86.64.rpm
```

#### 2. 准备安装

CentOS 7.9 中预安装了 MariaDB 数据库。MariaDB 是 MySQL 的一个分支，是目前最受关注的 MySQL 数据库衍生版，也被视为 MySQL 的替代品。MariaDB 和 MySQL 在绝大多数方面是兼容的，因此，在安装 MySQL 数据库前需要先卸载 MariaDB 数据库。

（1）使用 "rpm –qa" 命令找到 MariaDB 的包文件。

```
[root@hdp-03 tools]# rpm -qa |grep mariadb
mariadb-libs-5.5.68-1.el7.x86_64
```

（2）使用 "rpm – ev" 命令卸载 MariaDB 包。

```
[root@hdp-03 tools]# rpm -ev mariadb-libs-5.5.68-1.el7.x86_64
error: Failed dependencies:
 libmysqlclient.so.18()(64bit) is needed by (installed) postfix-2:2.10.1-9.el7.x86_64
 libmysqlclient.so.18(libmysqlclient_18)(64bit) is needed by (installed)
postfix-2:2.10.1-9.el7
```

（3）如果卸载 MariaDB 包时报错，则需要卸载 Postfix 包。

```
[root@hdp-03 tools]# rpm -ev postfix-2:2.10.1-9.el7.x86_64
Preparing packages…
postfix-2:2.10.1-9.el7.x86_64
```

（4）再次卸载 MariaDB 包。

```
[root@hdp-03 tools]# rpm -ev mariadb-libs-5.5.68-1.el7.x86_64
Preparing packages…
mariadb-libs-1:5.5.68-1.el7.x86_64
```

这样就完成了 MariaDB 数据库的卸载。

#### 3. 安装 MySQL 的相关组件

使用“rpm　-ivh”命令依次安装 MySQL 的相关组件。

```
rpm -ivh mysql-community-common-5.7.30-1.el7.x86_64.rpm
rpm -ivh mysql-community-libs-5.7.30-1.el7.x86_64.rpm
rpm -ivh mysql-community-client-5.7.30-1.el7.x86_64.rpm
rpm -ivh mysql-community-server-5.7.30-1.el7.x86_64.rpm
```

#### 4. 启动服务并查看状态

（1）使用“systemctl”命令启动 MySQL 服务并查看状态。

```
[root@hdp-03 tools]# systemctl start mysqld.service
[root@hdp-03 tools]# systemctl status mysqld.service
```

（2）结果如图 14-2 所示。Active 状态为 running，表示数据库服务正常运行。

```
[root@hdp-03 tools]# systemctl start mysqld.service
[root@hdp-03 tools]# systemctl status mysqld.service
? . mysqld.service - MySQL Server
   Loaded: loaded (/usr/lib/systemd/system/mysqld.service; enabled; vendor preset: disabled)
   Active: active (running) since Mon 2021-03-15 08:53:20 +06; 12s ago
     Docs: man:mysqld(8)
           http://dev.mysql.com/doc/refman/en/using-systemd.html
  Process: 2697 ExecStart=/usr/sbin/mysqld --daemonize --pid-file=/var/run/mysqld/mysqld.pid $MYSQLD_OPTS (cod
e=exited, status=0/SUCCESS)
  Process: 2647 ExecStartPre=/usr/bin/mysqld_pre_systemd (code=exited, status=0/SUCCESS)
 Main PID: 2700 (mysqld)
   CGroup: /system.slice/mysqld.service
           ? . . 2700 /usr/sbin/mysqld --daemonize --pid-file=/var/run/mysqld/mysqld.pid

Mar 15 08:53:15 hdp-03 systemd[1]: Starting MySQL Server...
Mar 15 08:53:20 hdp-03 systemd[1]: Started MySQL Server.
```

图 14-2

### 14.2.2　配置 MySQL 数据库

首次登录 MySQL 时需要完成一些配置，主要是设置密码和授权。

#### 1. 查看临时密码

在安装 MySQL 后，在 mysqld.log 中生成了一个临时密码。使用如下命令查看临时密码。

```
cat /var/log/mysqld.log |grep password
```

执行上述命令后，在得到的结果中会包含临时密码，如下方加粗部分所示。请复制出来，以便后面使用。

```
A temporary password is generated for root@localhost: :v<tx19gNt:%
```

#### 2. 使用临时密码登录并修改密码

（1）使用如下命令登录 MySQL 服务器。

```
Mysql -uroot -p
```

粘贴刚才复制的临时密码，如果出现命令提示符“mysql>”，则表示登录成功。

（2）需要修改临时密码，否则其他任何操作都不会成功。使用如下命令修改密码。

```
alter user 'root'@'localhost' IDENTIFIED BY '新密码';
```

密码必须符合复杂性要求，即包含大小写字母、包含数字、包含特殊字符、长度大于 8 位。这 4 个条件必须全部满足。

### 3. 授权登录

（1）使用如下命令对登录的用户进行授权。

```
grant all privileges on *.* to 'root'@'%' IDentified by '你的密码' with grant  option;
                    # 允许 root 用户从任何位置访问 MySQL 上的任何数据库
flush privileges;    # 刷新
```

（2）针对具体 IP 地址设置访问限制。如果让 IP 地址为xxx.xxx.xxx.xxx的用户只能访问myshop数据库，则授权命令如下。

```
grant all privileges on myshop.* to 'root'@'xxx.xxx.xxx.xxx' IDentified by '你的密码' with grant option; # 允许用户 root 从指定 IP 地址的主机连接 MySQL 服务器的 myshop 数据库
flush privileges;
```

## 14.2.3　客户端连接 MySQL 数据库

CentOS 7.9 的防火墙设置使得客户端无法直接连接 MySQL 数据库，为了简化测试，可以关闭防火墙。

### 1. 防火墙的相关命令

防火墙的相关命令如下。

- 启动防火墙：systemctl start firewalld。
- 关闭防火墙：systemctl stop firewalld。
- 查看防火墙状态：systemctl status firewalld。

### 2. 开放防火墙的端口

在生产环境中，请首先启动防火墙，然后使用如下命令开放防火墙的 3306 端口。

（1）开放 3306 端口。

```
firewall-cmd --zone=public --add-port=3306/tcp --permanent
```

上述命令的意思：作用域是 public，开放 TCP 的 3306 端口，一直有效。

其中的参数含义如下。

- --zone：作用域。
- --add-port=80/tcp：添加端口，格式为"端口/通信协议"。
- --permanent：永久生效，若没有此参数则重启后失效。

（2）重启防火墙。

```
firewall-cmd --reload
```

（3）查询 3306 端口是否开放。

```
firewall-cmd --query-port=80/tcp
```

> 📌提示　在 CentOS 7 中，防火墙使用 firewalld 来管理，而不是使用 iptables 来管理。如果打算使用 iptables 来管理，则需要单独安装它。
>
> 在实际环境中不可能对外开放 3306 端口，可以使用 xshell 工具建立"隧道"来让客户端访问 MySQL。

**3. 连接测试**

假如虚拟机服务器的 IP 地址是 192.168.77.103，则在关闭防火墙或者开放端口后，可以通过 Navicat 客户端直接访问远程数据库，如图 14-3 所示。

图 14-3

## 14.2.4　【实战】生成商城系统的数据库和表

安装 MySQL 数据库后，可以通过脚本方式创建数据库 myshop。

（1）登录 MySQL 数据库，在提示符后输入如下命令。

```
mysql> create database myshop;
```

正常执行后，提示信息如下。

```
Query OK, 1 row affected (0.00 sec)
```

（2）使用"show databases;"命令查看当前数据库中的表，执行结果如图 14-4 所示。

（3）创建 myshop 表并导入数据。

可以使用 Navicat 客户端导入本书配套资源中提供的"ch13/myshop-api/myshop.sql"脚本文件来生成表结构和数据，供读者学习。

```
mysql> show databases;
+--------------------+
| Database           |
+--------------------+
| information_schema |
| djangoblog         |
| match              |
| myshop             |
| mysql              |
| performance_schema |
| shop               |
| shop-test          |
| sonar              |
| sys                |
| uu                 |
+--------------------+
11 rows in set (0.01 sec)
```

图 14-4

## 14.3  使用 uWSGI 进行部署

uWSGI 是一个用 C 语言编写的 Web 服务器，支持 Python、Ruby、Perl 等多种编程语言。uWSGI 服务器可以作为一个独立的 Web 服务器，也可以与其他 Web 服务器（如 Nginx、Apache）一起使用，它通过 WSGI 协议与 Python 应用通信。

### 14.3.1  WSGI、uwsgi 和 uWSGI 的关系

WSGI（Web Server Gateway Interface）是 Python Web 服务的网关。网关的作用是实现不同协议之间的转换。

uwsgi 是一个线路协议，用于实现 uWSGI 服务器与其他服务软件（如 Nginx）间的数据通信。

uWSGI 是一个具体的 Web 服务器，实现了上述两者的 Web 服务器。

三者关系如图 14-5 所示。

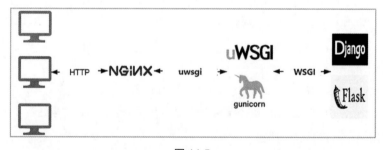

图 14-5

- WSGI：网关。
- uwsgi：线路协议。
- uWSGI：Web 服务器。

举例：A 公司做一些行业的标准，该标准会影响全行业上下游的生产。B 公司将这些行业标准细化为具体的指导意见或接口规范，以便落地执行。C 公司根据这些行业标准和接口规范，制造出自己的产品。

## 14.3.2　安装 uwsgi

### 1. 安装 uwsgi

离线安装 uwsgi 需要的依赖较多，这里采用在线安装的方式。在 192.168.77.103 主机中，使用如下命令进行安装。

```
(flaskenv) [root@hdp-03 virtualenv]# pip3 install uwsgi
… #省略安装过程
Successfully installed uwsgi-2.0.22
```

### 2. 创建软链接

uwsgi 的安装路径为 "/home/virtualenv/flaskenv/bin/uwsgi"。为了使用便捷，通过如下命令创建一个软链接。

```
ln -s /home/virtualenv/flaskenv/bin/uwsgi /usr/bin/uwsgi
```

### 3. 查看版本

安装后，使用如下命令查看版本。

```
uwsgi --version          # 查看 uwsgi 版本，结果为 2.0.22
uwsgi --python-version   # 查看相关的 Python 版本，结果为 3.9.13
```

## 14.3.3　启动并测试 uwsgi

（1）编写一个测试 uwsgi 的简单 Python 脚本文件。

```
(flaskenv) [root@hdp-03 virtualenv]# vi test_uwsgi.py
```

（2）test_uwsgi.py 文件的内容如下。

```
def application(env,start_response):
    start_response('200 OK',[('Content-Type','text/html')])
    return [b"Hello Flask"]
```

（3）启动 uwsgi，在 9000 端口上开放 Web 访问权限。

```
(flaskenv) [root@hdp-03 virtualenv]# uwsgi --http :9000 --wsgi-file test_uwsgi.py
```

（4）测试 uwsgi。

```
curl http://localhost:9000
```

（5）结果如下。

```
Hello Flask
```

### 14.3.4 详解配置文件

uwsgi 提供了通过配置文件来启动服务的方式。安装 uwsgi 后，默认没有配置文件，可以创建一个 uwsgi.ini 文件作为配置文件，文件内容大致如下。

```
[uwsgi]
socket = 127.0.0.1:8001
http = 127.0.0.1:8001
master = false
chdir = /var/www/cmpvirtmgr/
module=manage.py:app
#wsgi-file = manage.py
#callable=app
home = /var/www/env
workers = 2
reload-mercy = 10
vacuum = true
max-requests = 1000
limit-as = 512
buffer-size = 30000
pidfile = /etc/uwsgi/uwsgi.pid
```

具体参数见表 14-2。

表 14-2

| 参 数 | 说 明 |
| --- | --- |
| socket=127.0.0.1:8000 | socket 方式不能直接通过 HTTP 方式访问，需要配合 Nginx 使用 |
| http=127.0.0.1:8000 | 外部通过 HTTP 方式访问 |
| chmod-socket=666 | 分配 socket 的权限 |
| chdir=/var/www/web/ | 项目目录 |
| master=true | 是否启动主进程来管理其他进程 |
| max_requests=5000 | 每个工作进程设置的请求上限 |
| processes=5 | 进程个数 |
| threads=2 | 设置每个工作进程的线程数 |
| pidfile=/var/www/web/script/uwsgi.pid | 指定 PID 文件，该文件内包含 uwsgi 的进程号 |
| daemonize=/var/www/web/usigi.log | 进程后台执行，并保存日志到特定路径；如果 uwsgi 进程被 supervisor 管理，则不能设置该参数 |
| module | 加载 wsgi 模块，形式如"启动文件:启动类" |
| wsgi-file | 启动文件 |
| callable | 启动类 |
| home | 虚拟环境目录 |
| harakiri=300 | 请求的超时时间 |
| vacuum=true | 在服务结束后删除对应的 socket 和 pid 文件 |
| buffer_size=65535 | 设置用于 uwsgi 包解析的内部缓存区大小，默认为 4KB |

## 14.3.5 常用命令

在通过 uwsgi.ini 配置文件启动 uwsgi 服务后,会在指定目录下生成 uwsgi.pid 文件。uwsgi.pid 文件用来重启和停止 uwsgi 服务, uwsgi 的相关命令如下。

- 启动:uwsgi --ini /路径/uwsgi.ini。
- 重启:uwsgi --reload /路径/uwsgi.pid。
- 停止:uwsgi --stop /路径/uwsgi.pid。

## 14.3.6 【实战】部署商城系统后台

接下来部署商城系统后台。

### 1. 关闭调试模式

将应用部署到生产环境后,为了安全起见,不能开启 Debug 模式。修改"ch10/myshop-admin/manage.py"文件,内容如下。

```
# 关闭 Debug 模式
manage.add_command("runserver", Server(use_debugger=False,port=8001))
```

### 2. 安装相关依赖包

在 Windows 主机上执行如下命令,生成商城系统后台功能所需要的全部依赖包。

```
(flaskenv) E:\python_project\flask-project\ch13\myshop-api>pip3 freeze
>requirements.txt
```

requirements.txt 文件的内容如下。

```
….
Flask==2.3.2
Flask-Admin==1.6.0
Flask-Cache==0.13.1
Flask-CKEditor==0.5.0
Flask-Cors==4.0.0
Flask-JWT-Extended==4.5.3
Flask-Login==0.6.2
Flask-Mail==0.9.1
Flask-Migrate==4.0.5
…
```

在 192.168.77.102 主机的虚拟环境中执行如下命令,一次性安装所有的依赖包。

```
pip3 install -r requirements.txt
```

### 3. 编写 uwsgi.ini 配置文件

新建文件 uwsgi.ini,在其中添加如下内容。源代码见本书配套资源中的"ch10/myshop-admin/deploy/uwsgi.ini"。

```
[uwsgi]
```

```
# IP 地址及端口号
http=0.0.0.0:8001
# 项目路径
chdir=/home/yang/myshop-admin
# 启动文件
wsgi-file=manage.py
# 启动类
callable=app
uid=root
gid=root
master=true
processes=4
buffer-size=65535
vacuum=true
pidfile=/home/yang/myshop-admin/uwsgi.pid
daemonize=/home/yang/myshop-admin/uwsgi.log
```

#### 4. 启动服务并测试

将商城系统后台上传到 192.168.77.102 主机的 "/home/yang" 目录下（也可以选择自己的目录），并执行如下命令启动 Web 服务。

```
uwsgi --ini /home/yang/myshop-admin/deploy/uwsgi.ini
```

在启动过程中很容易出现各种错误，日志见 "/home/yang/myshop-admin/uwsgi.log" 文件。

使用如下命令测试网站。

```
curl http://localhost:8001/basic/index
```

#### 5. 开启防火墙，开放端口

在生产环境中，需要开启防火墙，并开放 8001 端口。使用如下命令完成操作。

```
firewall-cmd --zone=public --add-port=8001/tcp --permanent
firewall-cmd --reload
```

在开放端口后，可以通过其他主机访问商城系统后台。

## 14.4 用 Gunicorn 进行部署

Gunicorn 是一个在 UNIX 上被广泛使用的高性能的 Python WSGI UNIX HTTP Server。它和大多数的 Web 框架兼容，并具有实现简单、轻量级、高性能等特点。

### 14.4.1 安装 Gunicorn

#### 1. 安装 Gunicorn

在 192.168.77.102 主机中，使用如下命令进行安装。

```
(flaskenv) [root@hdp-02 virtualenv]# pip3 install gunicorn
…  #省略安装过程
Successfully installed gunicorn-21.2.0
```

### 2. 创建软链接

Gunicorn 安装路径为"/home/virtualenv/flaskenv/bin/gunicorn"。为了使用简单，通过如下命令创建一个软链接。

```
ln -s /home/virtualenv/flaskenv/bin/gunicorn /usr/bin/gunicorn
```

### 3. 查看版本

安装后使用如下命令查看版本。

```
gunicorn -version              # 查看 Gunicorn 的版本，结果为 21.2.0
```

## 14.4.2　启动服务并测试

编写一个简单的 hello world 程序，代码如下所示。源代码见本书配套代码中的"ch13/myshop-api/test.py"。

```
from flask import Flask
app = Flask(_ _name_ _)
@app.route('/')
def hello():
    return '<h1>hello world</h1>'

if _ _name_ _ == '_ _main_ _':
    app.run(debug=True)
```

使用如下命令启动 Flask 应用。

```
(flaskenv) [root@hdp-02 myshop-api]# gunicorn -b 127.0.0.1:5000 test:app --workers 2
```

其中，参数-b 表示 IP 地址和端口号，参数 test:app 格式为"应用文件名:flask 实列名"，--workers 2 表示开启两个工作进程。

正常启动后输出如下所示信息。

```
(flaskenv) [root@hdp-02 myshop-api]# gunicorn -b 127.0.0.1:5000 test:app
[2023-06-03 07:33:27 -0700] [68365] [INFO] Starting gunicorn 21.2.0
[2023-06-03 07:33:27 -0700] [68365] [INFO] Listening at: http://127.0.0.1:5000 (68365)
[2023-06-03 07:33:27 -0700] [68365] [INFO] Using worker: sync
[2023-06-03 07:33:27 -0700] [68366] [INFO] Booting worker with pid: 68366
[2023-06-03 07:33:46 -0700] [68365] [INFO] Handling signal: winch
[2023-06-03 07:33:50 -0700] [68365] [INFO] Handling signal: winch
```

在 102 主机上使用如下命令测试网站。

```
curl http://localhost:5000
```

显示如下，表示网站访问正常。

```
[root@hdp-02 ~]# curl http://localhost:5000
<h1>hello world</h1>
```

### 14.4.3　编写配置文件

通过命令行来启动服务较为烦琐，Gunicorn 支持通过配置文件来启动服务。安装 Gunicorn 后默认没有配置文件，可以创建一个 gunicorn.py 文件，文件内容大致如下。

```python
import multiprocessing
# 预加载资源
preload_app = True
workers = 5                              # 并行工作进程数
threads = 4                              # 指定每个工作者的线程数
bind = '0.0.0.0:8002'                    # 开放 8002 端口
daemon = 'false'                         # 设置守护进程，将进程交给 Supervisor 管理
worker_class = 'gevent'                  # 设置工作模式协程
worker_connections = 2000                # 设置最大并发数
proc_name = 'test'                       # 设置进程名
pidfile = '/home/yang/myshop-api/gunicorn.pid'      # 设置进程文件目录
accesslog = "/home/yang/myshop-api/access.log"      # 设置访问日志路径
errorlog = "/home/yang/myshop-api/error.log"        # 设置错误日志路径
loglevel = "debug"                       # 设置日志记录水平，还可以是 warning 等项
```

各个参数的含义见表 14-3。

表 14-3

| 参　　数 | 含　　义 |
| --- | --- |
| preload | 通过预加载应用，可以加快服务器的启动速度 |
| bind | 监听 IP 地址和端口 |
| workers | 进程的数量。默认为 1 |
| threads | 指定每个工作者的线程数 |
| worker_class | worker 进程的工作方式。包括 sync、eventlet、gevent、tornado 和 gthread，默认为 sync |
| worker_connections | 客户端最大同时连接数。只适用于 eventlet、gevent 工作方式 |
| pidfile | PID 文件路径 |
| accesslog | 访问日志路径 |
| errorlog | 错误日志路径 |
| proc_name | 设置进程名 |
| daemon | 指明应用是否以 daemon 方式运行，默认为 False |
| loglevel | 错误日志输出等级。分为 debug（调试）、info（信息）、warning（警告）、error（错误）、critical（危急） |

其中，参数 workers 指处理工作的进程数量，默认为 1，推荐的数量为"（当前的 CPU 个数 × 2）+ 1"。

可以执行如下 Python 代码计算当前 CPU 个数。

```
import multiprocessing
print multiprocessing.cpu_count()
```

## 14.4.4 【实战】部署商城系统接口

使用 Gunicorn 部署商城系统接口，主要分为以下两个步骤。

### 1. 编写 Gunicorn 配置文件

新建 gunicorn.py 文件，在其中添加如下代码。源代码见本书配套代码中的"ch13/myshop-api/deploy/gunicorn.py"。

```
import gevent
from gevent import monkey
monkey.patch_all()
import multiprocessing
# 预加载资源
preload_app = True
workers = 5 # 并行工作进程数
threads = 4 # 指定每个工作者的线程数
bind = '0.0.0.0:8002' # 8002 端口
# 设置守护进程，将进程交给 Supervisor 管理
daemon = False
worker_class = 'gevent' # 工作模式协程
worker_connections = 2000 # 设置最大并发数
proc_name = 'test' # 设置进程名
pidfile = '/home/yang/myshop-api/gunicorn.pid' # 设置进程文件目录
# 设置访问日志和错误日志的路径
accesslog = "/home/yang/myshop-api/access.log"
errorlog = "/home/yang/myshop-api/error.log"
loglevel = "debug"
# 设置日志记录水平
# loglevel = 'warning'
```

### 2. 启动服务并测试

（1）将商城系统接口项目 myshop-api 上传到 192.168.77.102 主机的 "/home/yang" 目录下（也可以选择自己的目录），并执行如下命令启动 Web 服务。

```
(flaskenv) [root@hdp-02 myshop-api]# gunicorn manage:app -c deploy/gunicorn.py
```

其中，manage:app 的格式为 "应用文件名:flask 实列名"。

> 📢 提示　在启动过程中，如果提示 "ModuleNotFoundError: No module named 'gevent'" 错误，则执行以下代码安装 gevent 包。

```
(flaskenv) [root@hdp-02 myshop-api]# pip3 install gevent
```

（2）启动后，使用如下命令测试。

```
[root@hdp-02 ~]# curl http://localhost:8002/goods/
```

输出结果如下，其中省略了 data 列表的内容。

```
{"code": 200, "msg": "success", "data": [...]}
```

## 14.5　用 Supervisor 管理进程

Supervisor 是一个用 Python 开发的、通用的进程管理程序。当进程中断时，Supervisor 能自动重新启动进程。

### 14.5.1　安装和配置

使用 pip 命令安装 Supervisor。

```
(flaskenv) [root@hdp-02 virtualenv]# pip3 install supervisor
```

安装成功后会提示如下信息，本书使用的版本为 4.2.5。

```
Successfully installed supervisor-4.2.5
```

### 14.5.2　了解配置文件

通过 pip 安装 Supervisor 后，默认是没有配置文件的。需要执行如下命令来生成配置文件。

```
(flaskenv) [root@hdp-02 myshop-admin]# mkdir /etc/supervisor
(flaskenv) [root@hdp-02 myshop-admin]# echo_supervisord_conf >
/etc/supervisor/supervisord.conf
```

配置文件 supervisord.conf 内容较多，我们重点关注"program:theprogramname"节点的内容。"program:theprogramname"是被管理进程的配置参数，其中"theprogramname"是进程的名称，具体参数见表 14-4。

表 14-4

| 参　　数 | 含　　义 |
|---|---|
| command=python3 xx.py | 程序启动命令 |
| process_name=%(program_name)s | 进程的名称 |
| numprocs=1 | 启动多个进程。如果启动多个进程，则进程名称必须不一样 |
| autostart=true | 启动失败自动重试次数，默认为 3 |
| startsecs=10 | 如果启动 10s 后没有异常退出，则表示进程正常启动了，默认为 1s |
| autorestart=true | 程序退出后自动重启 |
| startretries=3 | 启动失败后的自动重试次数，默认为 3 |
| user=root | 指明用哪个用户启动进程，默认为 root |
| priority=999 | 进程启动优先级，默认为 999，值小的优先启动 |
| redirect_stderr=true | 把 stderr 重定向到 stdout，默认为 false |
| stdout_logfile=/a/path | stdout 日志文件的路径 |
| stderr_logfile=/a/path | stderr 日志文件的路径 |

如果有多个进程需要管理，则可以根据"program:theprogramname"节点的内容新建一个 ini 文件，并将其放在"/etc/supervisor/conf.d"目录下统一管理。

## 14.5.3　常用命令

Supervisor 中有一些命令需要掌握。

### 1. supervisord 命令

supervisord 命令用于在安装完 Supervisor 软件后启动 Supervisor 服务。

使用格式如下。

```
supervisord -c /etc/supervisor/supervisord.conf
```

### 2. supervisorctl 工具的常用命令

supervisorctl 是 Supervisord 的命令行工具，可以通过表 14-5 中的命令来管理进程。

表 14-5

| 命　　令 | 含　　义 |
| --- | --- |
| supervisorctl status | 查看进程的状态 |
| supervisorctl stop xxx | 停止名称为"xxx"的进程，如[program:shop_back]中的 shop_back 进程 |
| supervisorctl start xxx | 启动名称为"xxx"的进程，不会重新加载配置文件 |
| supervisorctl restart xxx | 重启名称为"xxx"的进程，不会重新加载配置文件 |
| supervisorctl update | 在配置文件修改后，使用该命令加载新的配置 |
| supervisorctl reload | 载入所有配置文件，并按新的配置文件启动、管理所有进程（会重启原来已运行的程序） |

### 3. 开机自启动命令

使用如下命令实现开机自启动。

```
(flaskenv) [root@hdp-02 flaskenv]# systemctl enable supervisord
```

使用如下命令验证是否为开机自启动。

```
(flaskenv) [root@hdp-02 flaskenv]# systemctl is-enabled supervisord
```

## 14.5.4　Web 监控界面

如果需要在 Web 监控界面中查看进程，则需要去掉"/etc/supervisor/supervisord.conf"文件中的相关注释，如以下代码所示。

```
[inet_http_server]      ; inet (TCP) server disabled by default
port=0.0.0.0:9001       ; (ip_address:port specifier, *:port for all iface)
username=user           ; (default is no username (open server))
password=123            ; (default is no password (open server))
```

在启动 Supervisor 服务后，可以查看 Web 监控界面，如图 14-6 所示。此时还没有启动任何进程。

图 14-6

## 14.5.5 【实战】管理进程

接下来，用 Supervisor 管理商城系统的后台程序和接口程序。

（1）新建文件 supervisor.ini，在其中添加如下配置项，源代码见本书配套代码中的"ch10/myshop-admin/deploy/supervisor.ini"。

```
[program:shop-back]
command=uwsgi --ini /home/yang/myshop-admin/deploy/uwsgi.ini ;程序启动
directory=/home/yang/myshop-admin
priority=1 ; 数字越大，优先级越高
numprocs=1 ; 启动几个进程
autostart=true ; 随着 Supervisord 的启动而启动
autorestart=true ; 自动重启
startretries=10 ; 启动失败时的最多重试次数
redirect_stderr=true ; 重定向 stderr 到 stdout
stdout_logfile = /home/yang/myshop-admin/shop_front.log

[program:shop-api]
command=gunicorn /home/yang/myshop-api/manage:app -c
/home/yang/myshop-api/deploy/gunicorn.py ;程序启动
directory=/home/yang/myshop-api
priority=1 ; 数字越大，优先级越高
numprocs=1 ; 启动几个进程
autostart=true ; 随着 Supervisord 的启动而启动
autorestart=true ; 自动重启
startretries=10 ; 启动失败时的最多重试次数
redirect_stderr=true ; 重定向 stderr 到 stdout
stdout_logfile = /home/yang/myshop-api/shop_api.log
```

（2）将"myshop-admin/deploy/supervisor.ini"文件上传至 192.168.77.102 主机的"/etc/supervisor/conf.d"目录下。

（3）加载配置文件并重启。

```
supervisorctl reload
```

（4）通过 Web 监控界面查看服务的状态，如图 14-7 所示。

如果将后台程序和接口程序的进程"杀掉"，则会看到它们又被"唤起"。请读者自行测试。

图 14-7

# 14.6　用 Nginx 进行代理

Nginx 是一个高性能的 HTTP 服务器和反向代理服务器，也是一个 IMAP/POP3/SMTP 代理服务器，它以事件驱动的方式编写。

- 在性能上，Nginx 占用很少的系统资源，支持更多的并发连接，可实现更高的访问效率。
- 在功能上，Nginx 是优秀的代理服务器和负载均衡服务器。
- 在安装配置上，Nginx 安装简单、配置灵活。

Nginx 支持动静分离。为了加快网站的解析速度，可以把动态页面和静态页面放置在不同的服务器上，以减少服务器的压力，加快解析速度。

Nginx 支持热部署，启动速度特别快，可以在不间断服务的情况下升级软件版本或配置，即使运行数月也无须重新启动。

## 14.6.1　正向代理和反向代理

先来介绍一下 Nginx 中的正向代理和反向代理。

### 1. 正向代理

有些网站使用浏览器无法直接访问，这时可以找一个代理服务器进行访问：将请求发给代理服务器，由代理服务器去访问目标网站，最后代理服务器将访问后的数据返给浏览器。

"正向代理"代理的是客户端，用户的一切请求都交给代理服务器去完成。至于代理服务器如何完成，用户可以不用关心。

> ■ 提示　举一个例子来说明正向代理。
> 很多朋友都买寿险，当发生意外时，会第一时间通知保险代理人，由保险代理人完成后续的各项理赔。这里客户将一切都交给保险代理人处理，保险代理人屏蔽了客户与保险代理机构（服务器端）之间的复杂操作。

### 2. 反向代理

我们在某个网上商城购买商品时，只需要打开浏览器输入网址信息即可。现在的网站都采用分布式部署，后台有成百上千台机器设备，我们的购物请求由反向代理软件分发到某台服务器上来完成。对于用户而言，他们是感受不到代理软件的存在的。

"反向代理"代理的是服务器，隐藏了服务器的信息。

> 📌 提示　举一个例子来说明反向代理。
>
> 很多朋友都买车险，当发生交通事故时，会第一时间拨打客服热线，由这个热线电话转交给具体的人员进行后续理赔处理。对于用户来说，只需要记住某车险的热线电话即可。

### 14.6.2 为什么用了 uWSGI 还需要用 Nginx

在之前章节中，我们部署了 uWSGI 和 Gunicorn 等 Web 服务器，已经可以正常访问商城的前后台。在实际生产环境中，一般都用"Nginx + uWSGI（Gunicorn）"来完成网站部署。那为什么用了 uWSGI 后还需要用 Nginx 呢?主要原因如下。

- Nginx 处理静态文件更有优势，性能更好。
- Nginx 更安全。
- Nginx 可以进行多台机器的负载均衡。

### 14.6.3 安装 Nginx

使用 192.168.77.102 主机来安装 Nginx。

**1. 上传并解压缩 Nginx 安装包**

本书配套资源中提供了 Nginx 的安装包，文件名为"nginx-1.21.1.tar.gz"，将该文件上传到 192.168.77.102 主机的"/opt/tools"目录下。

使用如下命令解压缩上传的 nginx-1.21.1 安装包。

```
(flaskenv) [root@hdp-02 tools]# tar -zxvf nginx-1.21.1.tar.gz
```

**2. 执行命令**

使用如下命令安装依赖。

```
yum -y install gcc pcre pcre-devel zlib zlib-devel
```

使用如下命令配置，并指定 Nginx 的安装目录。

```
(flaskenv) [root@hdp-02 nginx-1.21.1]# ./configure --prefix=/usr/local/nginx
```

使用如下命令编译和安装。

```
make && make install
```

使用如下命令建立软链接。

```
(flaskenv) [root@hdp-02 nginx-1.21.1]# ln -s /usr/local/nginx/sbin/nginx
/usr/bin/nginx
```

### 3. 启动并测试

启动 Nginx 的命令如下。

```
(flaskenv) [root@hdp-02 nginx-1.21.1]# nginx
```

查看 Nginx 进程信息。

```
(flaskenv) [root@hdp-02 nginx-1.21.1]# ps -ef |grep nginx
```

使用如下 curl 命令进行测试，Nginx 启动后默认占用 80 端口，如果 80 端口已被占用，则提示错误信息。

```
(flaskenv) [root@hdp-02 nginx-1.21.1]# curl http://localhost
```

如果显示如下内容，则代表 Nginx 一切正常。

```
<!DOCTYPE html>
<html>
<head>
<title>Welcome to nginx!</title>
</head>
<body>
<h1>Welcome to nginx!</h1>
…
```

### 4. 常用命令

使用 stop 和 quit 参数来停止 Nginx 服务。其中，stop 参数指直接停止，不再工作；quit 参数指在退出前完成已经接受的连接请求。具体命令如下所示。

```
(flaskenv) [root@hdp-02 nginx-1.21.1]# nginx -s stop
(flaskenv) [root@hdp-02 nginx-1.21.1]# nginx -s quit
```

重启 Nginx 的命令如下

```
(flaskenv) [root@hdp-02 nginx-1.21.1]# nginx -s reload
```

> 📎提示　还可以通过"yum install nginx"方式安装，通过这种方式安装更简单，但是安装后的目录很分散，难以管理，例如，配置文件在"/etc/nginx/nginx.conf"目录下，自定义的配置文件在"/etc/nginx/conf.d"目录下，项目文件在"/usr/share/nginx/html"目录下，日志文件在"/var/log/nginx"目录下，其他的安装文件在"/etc/nginx"目录下。

## 14.6.4　了解配置文件

Nginx 的配置文件为 nginx.conf，在"/usr/local/nginx/conf"目录下，可以使用 vi 命令编辑配置文件。通常将 Nginx 配置文件分为 3 部分：全局部分、events 部分、http 部分。接下来对该配置文件进行说明。

### 1. 全局部分

打开 192.168.77.102 服务器上的"/usr/local/nginx/conf/nginx.conf"文件，该文件中的如

下配置被称为全局部分。

```
#user  nobody;
worker_processes  1;              # 开启的进程数，小于或等于 CPU 数
# 错误日志保存位置
#error_log  logs/error.log;
#error_log  logs/error.log  notice;
#error_log  logs/error.log  info;
#pid        logs/nginx.pid;       # 进程号保存文件
```

### 2. events 部分

每个 worker 允许同时产生多个链接，默认为 1024 个。

```
events {
    worker_connections  1024;
}
```

### 3. http 部分

http 部分包括的参数有文件引入、日志格式定义、连接数等。其中，server 块相当于一个站点，一个 http 块可以拥有多个 server 块。location 块用来对同一个 server 块中的不同请求路径做特定的处理，比如，将 "/admin" 转交给 8001 端口处理，将 "/h5" 转交给 80 端口处理等。

以下是一个常见的 Nginx 配置。

```
http {
    include       mime.types;                    # 文件扩展名与文件类型的映射
    default_type  application/octet-stream;    # 默认文件类型
    # 日志文件的输出格式
    #log_format main '$remote_addr - $remote_user [$time_local] "$request"'
    #                '$status $body_bytes_sent "$http_referer" '
    #                '"$http_user_agent" "$http_x_forwarded_for"';
    #access_log  logs/access.log  main;      # 请求日志保存的位置
    sendfile        on;
    #tcp_nopush     on;
    #keepalive_timeout  0;
    keepalive_timeout  65;                    # 连接超时时间
    #gzip  on;                                # 打开 gzip 压缩包
    # 配置负载均衡的服务器列表
    upstream myapp{
        server 192.168.0.1:8001 weight=1;
        server 192.168.0.2:8001 weight=2
    }
    # 配置监控端口、访问域名等
    server {
        listen       80;                      # 配置监听端口
        server_name  localhost;               # 配置访问域名

        #access_log  logs/host.access.log  main; # 访问日志
        location / {
```

```
            #proxy_pass http://myapp;        # 负载均衡反向代理
            root   html;                     # 默认根目录
            index  index.html index.htm;     # 默认访问文件
        }
        #error_page  404              /404.html;

        error_page   500 502 503 504  /50x.html;    # 错误页面及其返回地址
        location = /50x.html {
            root   html;
        }
    }
}
```

日志文件格式输出参数 log_format 的说明见表 14-6。

表 14-6

| 参　　数 | 说　　明 |
|---|---|
| $remote_addr 和$http_x_forwarded_for | 记录客户端的 IP 地址 |
| $remote_user | 记录客户端的用户名称 |
| $time_local | 记录访问时间与时区 |
| $request | 记录请求的 URL 与 HTTP |
| $status | 记录请求状态，如果成功则为 200 |
| $body_bytes_sent | 记录发送给客户端文件的主体内容大小 |
| $http_referer | 记录是从哪个页面链接访问的 |
| $http_user_agent | 记录客户浏览器的相关信息 |

## 14.6.5　【实战】部署商城系统后台

（1）新建文件 nginx.conf，增加一个 server 块，在其中添加如下配置项。源代码见本书配套资源中的 "ch10/myshop-admin/deploy/nginx.conf"。

```
# 商城后台 myshop-admin
server {
    listen 81 default_server;                # 监听 81 端口
    listen [::]:81 default_server;
    index index.html index.htm index.nginx-debian.html;
    server_name _;
    location / {
    proxy_pass http://localhost:8001;        # 转发到本机的 8001 端口
    proxy_http_version 1.1;
    proxy_set_header  Upgrade $http_upgrade;
    proxy_set_header  Connection keep-alive;
    proxy_cache_bypass $http_upgrade;
    proxy_set_header  X-Forwarded-For $proxy_add_x_forwarded_for;
    proxy_set_header  X-Forwarded-Proto $scheme;
    }
}
```

（2）上传"ch10/myshop-admin/deploy/nginx.conf"文件到 192.168.77.102 主机的"/usr/local/nginx/conf"目录下。

（3）重新加载配置文件并启动。

```
nginx -s reload
```

（4）对外开放防火墙的 81 端口。

（5）访问"http://192.168.77.102:81/basic/index"以测试。

## 14.6.6 【实战】部署商城系统接口

（1）打开本书配套资源中的"ch10/myshop-admin/deploy/nginx.conf"文件,增加一个 server 块，在其中添加如下配置项。

```
# 商城API myshop-api
server {
    listen 82;
    listen [::]:82;
    index index.html index.htm index.nginx-debian.html;
    server_name _;
    location / {
    add_header 'Access-Control-Allow-Credentials' 'true';
    add_header 'Access-Control-Allow-Methods' 'GET, POST, OPTIONS';
    add_header 'Access-Control-Allow-Headers'
'content-type,token,id,Content-Type,XFILENAME,XFILECATEGORY,XFILESIZE,Origin,X-Req
uested-With, content-Type, Accept, Authorization';
    proxy_pass http://localhost:8002;
    proxy_http_version 1.1;
    proxy_set_header  Upgrade $http_upgrade;
    proxy_set_header  Connection keep-alive;

    proxy_cache_bypass $http_upgrade;
    server_name_in_redirect off;
    proxy_set_header Host $host:$server_port;
    proxy_set_header X-Real-IP $remote_addr;
    proxy_set_header REMOTE-HOST $remote_addr;
    proxy_set_header  X-Forwarded-For $proxy_add_x_forwarded_for;
    proxy_set_header  X-Forwarded-Proto $scheme;
    }
}
```

在上述代码中，加粗部分用来配置跨域操作。

（2）上传"ch10/myshop-admin/deploy/nginx.conf"文件到 192.168.77.102 主机的"/usr/local/nginx/conf"目录下。

（3）重新加载配置文件并启动。

```
nginx -s reload
```

（4）对外开放防火墙的 82 端口。

（5）访问"http://192.168.77.102:82/goods/"以测试。

## 14.6.7　【实战】部署商城系统前台

（1）打开本书配套资源中的"ch10/myshop-admin/deploy/nginx.conf"，增加一个 server 块，在其中添加如下配置项。

```
# 前端静态项目 myshop-vue
server {
    listen      83 default_server;
    listen      [::]:83 default_server;
    server_name  _;
    root         /home/yang/myshop-vue3/dist/;
    index index.html;
    location / {
    }
    error_page 404 /404.html;
      location = /404.html {
    }
    error_page 500 502 503 504 /50x.html;
      location = /50x.html {
    }
}
```

上述加粗部分代码中的"/home/yang/myshop-vue3/dist/"目录指 myshop-vue3 项目打包后的目录。

（2）上传"ch10/myshop-admin/deploy/nginx.conf"文件到 192.168.77.102 主机的"/usr/local/nginx/conf"目录下。

（3）重新加载配置文件并启动。

```
nginx -s reload
```

（4）对外开放防火墙的 83 端口。

（5）访问"http://192.168.77.102:83/index"以测试。

## 14.6.8　【实战】利用 Nginx 负载均衡部署商城系统接口

随着商城系统访问量的增加，商城系统的接口压力会越来越大，不堪重负，访问速度会明显下降。

商城系统的接口部署在 192.168.77.102 主机上，如果在 3 台虚拟主机上都部署接口，然后根据一定的策略控制对接口的访问，则压力会得到很大的缓解。接下来介绍负载均衡的知识。

### 1. 了解负载均衡

负载均衡（Load Balancing）是一种将任务分派到多个服务器进程的方法，具有以下功能。

- 转发：可以按照一定的负载均衡策略，将用户请求转发到不同的应用服务器上，以减轻单个服务器的压力，提高系统的并发性。
- 故障转移：通过心跳方式判断当前应用服务器是否正常工作，如果宕机了，则自动剔除该服务器，并将用户请求发送到其他应用服务器。在故障服务器恢复后，Nginx 会自动将其启用。

### 2. 在 Nginx 中使用负载均衡

Nginx 提供了以下 3 种不同的负载均衡策略。

（1）轮询：默认方式。每个请求被按照时间顺序被逐一分配到不同的后端服务器，如果后端服务器宕机，则自动将其剔除。

（2）权重（weight）：默认为 1。服务器权重越高，则后端服务器被分配的客户端越多，处理的请求就越多。权重越高，责任越大。

Nginx 中权重的配置如下。

```
upstream myserver{
    server 192.168.77.101:8001 weight =1;
    server 192.168.77.102:8001 weight =5;
}
```

（3）ip_ hash 算法：每个请求均按照访问 IP 地址的 hash 结果进行分配，这样每个请求固定访问一个后端服务器，可以解决 session 共享的问题。

```
upstream myserver{
    ip_hash;
    server 192.168.77.101:8001;
    server 192.168.77.102:8001;
    server 192.168.77.103:8001;
}
```

### 3. 具体配置

在每台主机上都安装 uWSGI 和 Gunicorn，保证每台主机可以正常访问商城系统后台和接口，只在 192.168.77.102 主机上安装 Nginx，具体配置见表 14-7。

表 14-7

| 主　机 | IP 地址 | 服　　务 |
|---|---|---|
| hdp_01 | 192.168.77.101 | uWSGI:8001 部署后台，unicorn:8002 部署接口 |
| hdp_02 | 192.168.77.102 | Nginx:81 部署后台，Nginx:82 部署接口，Nginx:83 部署前台，uWSGI:8001 部署后台，Gunicorn:8002 部署接口 |
| hdp_03 | 192.168.77.103 | uWSGI:8001 部署后台，Gunicorn:8002 部署接口 |

假设当前网站有 1000 个请求，根据权重策略，192.168.77.101 主机通过 500 个请求，192.168.77.102 主机通过 300 个请求，192.168.77.103 主机通过 200 个请求，如图 14-8 所示。

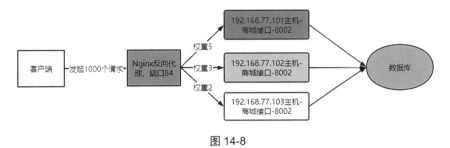

图 14-8

（1）打开本书配套资源中的"ch10/myshop-admin/deploy/nginx.conf"，增加 upstream 和 server 块，在其中添加如下配置项。

```
# 商城系统接口——负载均衡服务器列表
upstream myshopapi{
    server 192.168.77.101:8002 weight=5;
    server 192.168.77.102:8002 weight=3;
    server 192.168.77.103:8002 weight=2;
}
# 商城系统接口——配置负载均衡
server {
    listen 84;
    listen [::]:84;
    index index.html index.htm index.nginx-debian.html;
    server_name _;
    location /goods {
     add_header 'Access-Control-Allow-Credentials' 'true';
     add_header 'Access-Control-Allow-Methods' 'GET, POST, OPTIONS';
     add_header 'Access-Control-Allow-Headers'
'content-type,token,id,Content-Type,XFILENAME,XFILECATEGORY,XFILESIZE,Origin,X-Req
uested-With, content-Type, Accept, Authorization';
     proxy_pass http://myshopapi;
     proxy_http_version 1.1;
     proxy_set_header  Upgrade $http_upgrade;
     proxy_set_header  Connection keep-alive;
…
```

（2）上传"ch10/myshop-admin/deploy/nginx.conf"文件到 192.168.77.102 主机的"/usr/local/nginx/conf"目录下。

（3）重新加载配置文件并启动。

```
nginx -s reload
```

（4）对外开放防火墙的 84 端口。

（5）访问"http://192.168.77.102:84/goods/"以测试。

我们只在 192.168.77.102 主机上部署了 Nginx，可能有读者会问，如果 Nginx 服务宕机，那整个应用是不是就变得不可访问了呢？确实如此,这时可以考虑使用 Keepalived 软件来配置 Nginx 高可用集群，感兴趣的读者可以继续研究。

# 第 15 章
## Flask 应用的 Docker 部署

在第 14 章中我们已经成功地部署了商城系统，有很多开发人员将部署工作交给了运维人员，因为他们认为部署不是开发人员的职责。

事实上，环境的搭建和项目的部署并不是一项容易的任务。由于开发时使用了不同的机器、不同的操作系统、不同的库和组件，因此将项目部署到生产环境中需要大量的环境配置工作。经常会出现"在本地机器上一切正常，但在服务器上出现了问题"的尴尬情况。那么，如何解决这个棘手的问题呢？

通过本章，你将找到解决这个难题的方法。

## 15.1　介绍 Docker

利用 Docker，开发团队可以从运维工作中解脱出来，让应用快速上线，快速迭代。

### 15.1.1　了解 Docker

Docker 是一个开源的应用容器引擎，基于 Go 语言开发，并遵循 Apache 2.0 协议开源。使用 Docker，开发者可以将他们的应用及依赖包打包到一个轻量级、可移植的容器中，然后发布到主流的 Linux 服务器上。Docker 的图标如图 15-1 所示，通俗来说，我们的服务器就是那只鲸鱼，而鲸鱼身体上的集装箱则代表着 Docker 容器。

图 15-1

#### 1. 为什么要使用 Docker

下面以部署商城系统为例，说明为什么要使用 Docker。

传统的部署方式：先在一台或者多台服务器上安装 Linux 操作系统，然后部署数据库、Web 服务器、缓存服务器、负载服务器和应用系统等。

这样的部署会存在一些问题，比如资源浪费。服务器的配置都比较高，如果只部署一个应用，那么会"大材小用"；如果部署多个应用，那么可能存在一些性能冲突。

于是，虚拟化技术出现了。通过 VMware 可以把一台物理机划分成多台虚拟机，根据应用的需求来合理分配不同的虚拟机，每台虚拟机可以配置不同的 CPU、内存和硬盘资源。这样的部署方式，可以有效地提高资源利用率。

引入了虚拟机，资源利用率可以得到极大的提升。随着项目的不断升级和优化，我们需要更多的虚拟机，但是每台虚拟机的资源并没有被充分利用。能不能做到应用系统需要多少资源就给它分配多少资源呢？

我们可以基于操作系统将资源划分为多个小的空间，每个小的空间可以被看作一个集装箱。每个集装箱占用单独的资源，各个集装箱之间是彼此隔离的，每个集装箱中有一个应用。当我们要运行这些应用时，启动集装箱即可。启动后的集装箱被称为"容器"，未启动的集装箱被称为"镜像"。

### 2. Docker 容器的功能

Docker 容器的功能如下。

- 快速地交付与部署：在项目开发完成后，可以直接使用容器来部署代码，这样可以节约开发、测试和部署的时间。
- 轻松地迁移与扩展：Docker 容器几乎可以在所有平台上运行，项目可以很方便地从一个平台迁移到另一个平台。
- 快速地回滚版本：容器技术天生带有回滚属性，每个历史容器或者镜像都会被保存，切换到任何一个容器或镜像都是非常简单的。

举例说明：一家 4 口住在小户型房屋中，时间一长，各种物件会非常多，房间显得非常凌乱。此时收纳箱出现了，有大有小，可以在家里用很多收纳箱来放置不同的物件。使用收纳箱后，房屋干净整洁了，找东西很方便。收纳箱之间是隔离的，互不影响。只要房间足够大，就可以随时使用多个收纳箱来装物品。如果部分物品不需要了，则可以进行收纳箱的回收。如果某天要搬家，只需要将收纳箱带走即可，很方便。

## 15.1.2　虚拟机和容器的区别

虚拟机运行的是一个完整的操作系统，当通过虚拟机管理程序对主机资源进行虚拟访问时，需要的资源更多。容器共享主机的操作系统内核，每个容器都运行在一个独立的进程中，启动速度快，消耗的资源非常少。采用沙箱机制，可以实现多个容器的隔离。

> ■提示　如果认为虚拟机是模拟运行的一整套操作系统（包括内核、应用运行态环境和其他系统环境），以及运行在上面的应用，那么 Docker 容器就是独立运行的一个（或一组）应用，以及它们所必需的运行环境。

### 15.1.3　了解 Docker 的镜像、容器和仓库

下面介绍 Docker 的 3 个常用概念——镜像、容器和仓库。

**1. 镜像**

镜像是由文件系统叠加而成的，其底端是一个文件引导系统（即 bootfs），该文件引导系统很像 Linux/UNIX 的文件引导系统。Docker 用户几乎永远不会和文件引导系统进行交互。一个容器启动后会被移动到内存中，文件引导系统则被卸载，以留出更多的内存空间供磁盘镜像使用。启动 Docker 容器是需要一些文件的，这些文件即 Docker 镜像。

> 📌 提示　Docker 镜像是一个特殊的文件系统，提供容器运行时所需要的文件和必备的参数。

Docker 把应用及其所需的所有内容（包括代码、资源文件、库和配置文件等）打包在镜像文件中，通过这个镜像文件生成 Docker 容器。镜像文件可以被看作容器的模板，Docker 根据镜像文件生成容器的实例。同一个镜像文件可以生成多个同时运行的容器实例。

Docker 镜像可以被看作应用及其环境的集合，是一种封装方式，类似于 Java 下的 Jar 包、CentOS 下的 RPM 包。

**2. 容器**

容器是基于镜像创建的运行实例。一个镜像可以生成多个容器实例。每个容器单独存在，彼此隔离。熟悉面向对象的读者，可以把镜像当作类，把容器当作根据类实例化后的对象。对容器可以进行创建、启动、停止和移除等基本操作。对容器的基本操作不会影响镜像本身。

**3. 仓库**

在制作完镜像文件后，可将其上传到网上的仓库，供其他人使用。

仓库是用来存放镜像的场所。在仓库服务器中存在多个仓库，每个仓库中包含多个镜像，每个镜像通过不同的标签进行区分。

仓库分为公有仓库和私有仓库。

> 📌 提示　Docker 的官方仓库 Docker Hub 是最重要、最常用的公有镜像仓库。用户在 Docker 官网注册账号后，可以从中查找所需要的镜像，并在其中保存自己的镜像。
>
> 　　由于国内用户访问 Docker 公有仓库的速度较慢，因此出现了一批国内的公有仓库，如阿里云等，它们可以提供快速且稳定的镜像访问。

在企业生产环境中往往不能访问公网，此时可以使用官方提供的 Registry 镜像来搭建简单的私有仓库环境。

#### 4. 举例

我的父亲是一位水利设计工程师，他把一辈子奉献给了水利事业，可以做到手绘图纸。他负责设计、施工的大中型桥梁有几十座，渠道有上百公里。

现在有一份桥梁的设计图纸，根据它可以制造出桥梁。我家有一个大书柜，专门用来存放这些图纸。为了让这些图纸被更多人使用，水利设计单位有一个文件储藏室，专门用来存放这些图纸的复印版本。将这个例子与 Docker 技术对应起来，大体如下。

- 桥梁的设计图纸及其复印版本　→ Docker 的镜像。
- 桥梁　→　容器。
- 家中的大书柜　→　私有仓库。
- 水利设计单位的文件储藏室　→　公有仓库。

## 15.2　安装并启动 Docker

Docker 有两个版本：社区版本（Community Edition, CE）和企业版本（Enterprise Edition, EE）。社区版本可以满足大部分需求。下面以 Docker 的社区版本为例进行介绍。

### 15.2.1　安装 Docker

安装 Docker 的 Linux 操作系统的内核版本不能低于 3.10。本书使用的是 CentOS 7.9 版本的操作系统。为了测试方便，需要在 3 台虚拟主机上安装 Docker。

#### 1. 查看 Linux 内核版本

使用如下命令查看 Linux 操作系统的内核版本。

```
uname -r
```

执行结果如下。

```
3.10.0-1160.el7.x86_64
```

#### 2. 安装软件包

yum-utils 包中提供了"yum-config-manager"命令。该命令可以用来对"/etc/yum.repos.d/"文件夹下的仓库文件进行增加、删除、修改和查询。

```
yum install -y yum-utils
```

#### 3. 设置 yum 安装源

"yum-config-manager"命令用于对 yum 仓库进行管理。使用如下命令可以将阿里云镜像网站提供的 docker-ce.repo 文件添加到本地仓库中。

```
yum-config-manager --add-repo
http://阿里云的镜像地址/docker-ce/linux/centos/docker-ce.repo
```

执行上述命令后，"/etc/yum.repos.d/"目录下增加了一个 docker-ce.repo 文件。

#### 4.在线安装 Docker 社区版本

设置 yum 安装源后，安装 Docker 社区版本的命令如下。

```
yum install -y docker-ce
```

#### 5. 卸载 Docker

如果安装未成功，则需要卸载 Docker 并再次进行安装。卸载命令如下。

```
Yum remove docker-ce
```

### 15.2.2 启动 Docker

在 CentOS 7.9 中，可以使用 systemctl 命令进行 Docker 服务的启动、停止等操作。常见命令见表 15-1。

表 15-1

| 命　　令 | 解　　释 | 命　　令 | 解　　释 |
| --- | --- | --- | --- |
| systemctl start docker | 启动 Docker 服务 | systemctl status docker | 查看状态 |
| system stop docker | 停止 Docker 服务 | systemctl enable docker | 开机 Docker 自启动 |
| systemctl restart docker | 重启 Docker 服务 | – | – |

#### 1. 启动 Docker 并查看状态

Docker 正常启动后，状态为 active（running），如图 15-2 中方框标注处所示。

```
[root@hdp-02 yum.repos.d]# systemctl start docker
[root@hdp-02 yum.repos.d]# systemctl status docker
? . docker.service - Docker Application Container Engine
   Loaded: loaded (/usr/lib/systemd/system/docker.service; disabled; vendor preset: disabled)
   Active: active (running) since Mon 2021-03-08 12:13:58 +06; 10s ago
     Docs: https://docs.docker.com
 Main PID: 1931 (dockerd)
    Tasks: 8
   Memory: 60.5M
   CGroup: /system.slice/docker.service
           ? . . 1931 /usr/bin/dockerd -H fd:// --containerd=/run/containerd/containerd.sock
```

图 15-2

#### 2. 查看 Docker 版本

在启动 Docker 服务后，可以使用如下命令查看 Docker 的版本信息。

```
docker version
```

执行命令后，会显示 Docker 引擎的服务器端及客户端信息，比如版本、API 版本、Go 语言版本等，如图 15-3 所示。

```
Server: Docker Engine - Community
 Engine:
  Version:          20.10.5
  API version:      1.41 (minimum version 1.12)
  Go version:       go1.13.15
  Git commit:       363e9a8
  Built:            Tue Mar  2 20:32:17 2021
  OS/Arch:          linux/amd64
  Experimental:     false
 containerd:
  Version:          1.4.3
  GitCommit:        269548fa27e0089a8b8278fc4fc781d7f65a939b
 runc:
  Version:          1.0.0-rc92
  GitCommit:        ff819c7e9184c13b7c2607fe6c30ae19403a7aff
 docker-init:
  Version:          0.19.0
  GitCommit:        de40ad0
```

图 15-3

## 15.3　操作 Docker 镜像

Docker 提供了丰富的镜像。通过镜像操作，可以快速克隆出我们需要的服务。

### 15.3.1　搜索镜像

比如安装 Python 的镜像，可以先通过如下命令进行搜索。

```
docker search python
```

执行结果如图 15-4 所示。

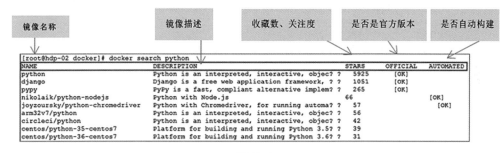

图 15-4

其中的 AUTOMATED 项指明，当代码版本管理中的项目有更新时，是否会触发自动构建镜像。

### 15.3.2　获取镜像

获取镜像的命令格式如下所示。如果不指定镜像标签，则默认为 latest 标签。

```
docker pull 镜像名称:镜像标签
```

拉取 Python 3.9 版本的命令如下。

```
docker pull python:3.9
```

拉取过程如图 15-5 所示。

```
[root@hdp-02 ~]# docker pull python:3.9
3.9: Pulling from library/python
0e29546d541c: Pull complete
9b829c73b52b: Pull complete
cb5b7ae36172: Pull complete
6494e4811622: Pull complete
6f9f74896dfa: Pull complete
fcb6d5f7c986: Pull complete
12abdd900563: Pull complete
ccba14545fc2: Pull complete
cfadf9880bc2: Pull complete
Digest: sha256:c0dcc146710fed0a6d62cb55b92f00bfbfc3b931fff6218f4958bab58333c37b
Status: Downloaded newer image for python:3.9
docker.io/library/python:3.9
```

图 15-5

从拉取过程中可以看到，Docker 镜像基本上由多层构成。上面这个 Python 3.9 镜像由 9 层构成，每个"Pull complete"就是一层，每层都可以被不同的镜像共用。下面通过实例进行说明。

（1）拉取 Python 3.8 版本，命令如下。

```
docker pull python:3.8
```

（2）拉取过程如图 15-6 所示。

```
[root@hdp-02 ~]# docker pull python:3.8
3.8: Pulling from library/python
0e29546d541c: Already exists
9b829c73b52b: Already exists
cb5b7ae36172: Already exists
6494e4811622: Already exists
6f9f74896dfa: Already exists
fcb6d5f7c986: Already exists
35b0d149a82c: Pull complete
700a07047b6b: Pull complete
793b1b0c3ddf: Pull complete
Digest: sha256:4c4e6735f46e7727965d1523015874ab08f71377b3536b8789ee5742fc737059
Status: Downloaded newer image for python:3.8
docker.io/library/python:3.8
```

图 15-6

（3）可以看到，Python 3.8 镜像的前 6 层与 Python 3.9 镜像共用，镜像 ID 也是一样的。这样它们的镜像层只会存储一次，不会占用额外的内存空间。

Docker 默认拉取国外的镜像仓库，下载速度较慢，可以改为拉取国内的镜像仓库，具体可以参考 15.3.5 节。

### 15.3.3 查看镜像

使用"docker images"命令可以查看本地已有的镜像，如图 15-7 所示。

```
[root@hdp-01 ~]# docker images
REPOSITORY   TAG    IMAGE ID       CREATED         SIZE
python       3.7    ad37de9b03ef   23 months ago   903MB
python       3.8    ce9555db0df5   23 months ago   909MB
python       3.9    81f391f1a7d7   23 months ago   912MB
```

图 15-7

其中各个字段的含义如下。

- REPOSITORY：镜像所在的仓库名称。
- TAG：镜像标签。
- IMAGE ID：镜像 ID。
- CREATED：镜像的创建日期。
- SIZE：镜像大小。

Docker 提供了标签。通过标签，可以区分同一个仓库下的不同镜像。

## 15.3.4　导入/导出镜像

如果网络卡顿、无法上网，就不能通过国内外仓库获取镜像。遇到这种问题时，可以先将 A 机器上的镜像导出，然后在 B 机器中执行镜像导入，从而完成镜像的本地迁移。

（1）导出镜像，命令如下。

```
docker save imagename -o filepath
```

使用如下命令导出 python:3.9 镜像，保存名为"python3.9.tar"。

```
docker save python:3.9 -o /root/python3.9.tar
```

（2）导入镜像。

可以将导出的镜像文件复制到其他主机上，命令如下。

```
[root@hdp-01 ~]# docker load -i /root/python3.9.tar
```

如果用"docker load"命令无法导入镜像，则可以尝试使用"docker import"命令，如下所示。

```
[root@hdp-01 ~]# cat /root/python3.9.tar | docker import - python:3.9
```

## 15.3.5　配置国内镜像仓库

Docker 的默认镜像仓库 Docker Hub 服务器位于国外，从国内访问时会出现各种超时故障。为此，Docker 提供了一个镜像加速器，可以通过配置位于国内的镜像加速器来加速 Docker 镜像的拉取。具体步骤如下。

（1）国内阿里云镜像的地址如下。

```
https://阿里云的镜像地址/cn-hangzhou/instances/mirrors
```

（2）打开镜像地址后，可以获取一个类似以下格式的加速器地址。

```
https://xxx.192.168.77.XXX
```

（3）新建配置文件 daemon.json（见本书配套资源中的"/etc/docker/daemon.json"）来使用加速器。

新建配置文件。

```
vi /etc/docker/daemon.json
```

添加如下内容。

```
{
"registry-mirrors":["https://n60e5w42.mirror.aliyuncs.com"],
"insecure-registries":["192.168.77.101"]
}
```

（4）保存文件后，使用如下命令实现 Docker 的重启。

```
systemctl daemon-reload
systemctl restart docker
```

（5）重启后，再次拉取镜像时速度很快，可以愉快地使用 Docker 了。

## 15.4 操作 Docker 容器

镜像启动后就会有一个对应的容器。接下来我们操作 Docker 容器。

### 15.4.1 启动容器

#### 1. 使用"docker run"命令创建并启动容器

使用"docker run"命令可创建并启动容器。"docker run"命令相当于"docker create"（创建）和"docker start"（启动）命令的组合。

启动容器的命令格式如下。

```
docker run [选项] 镜像名:标签名 [命令] [参数]
```

其中常见的选项见表 15-2。

表 15-2

| 选项 | 含 义 |
| --- | --- |
| -i | 创建容器后启动容器并进入容器，通常与 -t 联合使用 |
| -t | 启动容器后进入容器的命令行，通常与-i 联合使用 |
| --name | 为容器指定一个名称 |
| -d | 创建的容器在后台执行，不会自动登录容器，但是会返回容器 ID |
| -p | 端口映射，格式为"宿主机端口:容器端口" |
| -v | 目录映射，格式为"宿主机目录:容器目录" |
| -e | 设置环境变量，格式为"key=value" |

如果在执行命令过程中提示如下信息：

```
WARNING: IPv4 forwarding is disabled. Networking will not work.
```

则可以按以下步骤解决。

（1）编辑"/etc/sysctl.conf"文件，增加如下内容。

```
net.ipv4.ip_forward=1
```

（2）重启网络服务及 Docker 服务。

```
systemctl restart network
systemctl restart docker
```

（3）重新执行"docker run"命令。

### 2. 使用 "docker run" 命令的技巧

"docker run"命令的参数较多，下面通过几个实例来学习。

（1）首先安装 centos 镜像，然后从 centos 镜像启动一个容器，指定容器名称为"centos-test"，在执行 echo 命令且输出"Hello Docker"后容器停止运行。

命令如下所示。

```
[root@hdp-01 ~]# docker pull centos:latest
[root@hdp-01 ~]# docker run -it --name="centos-test" centos:latest  echo "Hello Docker"
```

执行结果如下所示。

```
Hello Docker
```

执行"docker ps －a"命令查看全部容器，如图 15-8 所示。

```
[root@hdp-01 ~]# docker ps -a
CONTAINER ID    IMAGE          COMMAND              CREATED        STATUS                  PORTS      NAMES
553fefd40b3e    centos:latest  "echo 'Hello Docker'"  2 seconds ago  Exited (0) 2 seconds ago           centos-test
```

图 15-8

（2）进入交互型容器。

启动一个 Docker 容器，并且在启动的同时让容器执行"/bin/bash"命令。

```
[root@hdp-01 ~]# docker run -it  centos:latest /bin/bash
```

执行成功后，发现主机提示符变为"root@c2d943c24122"，@之后的字母数字组合就是容器 ID 的前 12 个字符。这意味着已经切换到了容器内部，可以执行 ls 命令来查看容器中的文件。

```
[root@c2d943c24122 /]# ls
bin dev etc home lib lib64 lost+found media mnt opt proc root run sbin
srv sys tmp usr var
```

如果想从容器中退出，则使用 exit 命令。

（3）使用-d 参数创建后台型容器。

如以下命令所示。

```
[root@hdp-01 ~]# docker run -it -d --name "centos-port" -p 80:80 centos:latest
```

其中，－p 参数指定将容器的端口暴露出来，格式为"宿主机端口:容器端口"。

执行结果如图 15-9 所示。

```
[root@hdp-01 ~]# docker ps -a
CONTAINER ID    IMAGE          COMMAND        CREATED         STATUS                    PORTS
  NAMES
c2d943c24122    centos:latest  "/bin/bash"    9 minutes ago   Exited (127) 12 seconds ago
  nice_shamir
768cf1d12c5a    centos:latest  "/bin/bash"    9 minutes ago   Up 9 minutes
  compassionate_kare
9be464eb068d    centos:latest  "/bin/bash"    21 minutes ago  Up 21 minutes             0.0.0.0:80->80/tcp
  centos-port
b9cc19c280e8    centos:latest  "/bin/bash"    22 minutes ago  Up 22 minutes
  centos-test3
```

图 15-9

**3. 实例：启动 Python 3.9 的容器并执行一个 py 文件**

（1）在服务器上创建一个 Python 文件。

在服务器 192.168.77.101 上的"/home/yang"目录下创建一个 test.py 文件，代码如下。

```
print("Hello Docker!");
```

（2）执行容器命令。

命令如下所示。

```
[root@hdp-01 yang]# docker run -it --name="python3.9" -v /home/yang/:/www -w /www
python:3.9 python3 test.py
```

命令参数说明如下。

- −v /home/yang/:/www：将宿主机的"/home/yang"目录挂载到容器的"/www"目录下。
- −w /www：指定容器的"/www"目录为工作目录。
- python:3.9：镜像和 tag。
- python3 test.py：使用容器的 python3 命令来执行工作目录下的 test.py 文件。

## 15.4.2 进入容器

使用如下命令进入一个正在运行的容器。

```
docker exec -it 容器id /bin/bash
```

执行结果如图 15-10 所示。STATUS 状态为 Up 代表容器正在运行。进入容器后，可以执行 pwd 命令查看容器当前所处的目录。

```
[root@hdp-01 ~]# docker run -it -d python:3.9 /bin/bash  ←
9ce58e43f73fe767c268db9532b56d2d83070d15517977c2ca0f5ab8a10973a7
[root@hdp-01 ~]# docker ps
CONTAINER ID    IMAGE       COMMAND        CREATED        STATUS         PORTS       NAMES
9ce58e43f73f    python:3.9  "/bin/bash"    6 seconds ago  Up 5 seconds               cranky_sanderson
[root@hdp-01 ~]# docker exec -it 9ce5 /bin/bash
root@9ce58e43f73f:/# pwd
/
```

图 15-10

💡提示　容器 ID 可以不用写全，只写其中的前三四位即可。

### 15.4.3　停止容器

Docker 提供了两个停止容器运行的命令——"docker stop"和"docker kill"。

#### 1. "docker stop"命令

在使用"docler stop"命令停止容器时，允许在 10s 时间内保存容器中应用的状态然后停止容器运行，命令为如下。

```
docker stop -t=60 容器 ID 或容器名
```

参数 -t 指关闭容器的时间，默认值 10s。

#### 2. "docker kill"命令

使用"docker kill"命令将强行停止容器中应用的运行，命令如下。

```
docker kill 容器 ID 或容器名
```

"docker stop"和"docker kill"的区别：前者留出一定的时间让容器保存状态，后者直接关闭容器。

### 15.4.4　删除容器

删除容器的命令格式如下。

```
docker rm   容器名称
```

例如，删除一个名称为"centos-test"的容器，如图 15-11 所示。

```
[root@hdp-01 ~]# docker ps -a
CONTAINER ID    IMAGE          COMMAND                CREATED         STATUS                  PORTS        NAMES
9ce58e43f73f    python:3.9     "/bin/bash"            3 minutes ago   Up 3 minutes                         cranky_sanderson
553fefd40b3e    centos:latest  "echo 'Hello Docker'"  8 minutes ago   Exited (0) 8 minutes ago             centos-test
[root@hdp-01 ~]# docker rm centos-test
centos-test
[root@hdp-01 ~]# docker ps -a
CONTAINER ID    IMAGE          COMMAND                CREATED         STATUS            PORTS         NAMES
9ce58e43f73f    python:3.9     "/bin/bash"            4 minutes ago   Up 4 minutes                    cranky_sanderson
```

图 15-11

此外，还可以删除所有未使用的容器，如以下命令所示。

```
[root@hdp-01 ~]# docker rm $(docker ps -a -q)
```

### 15.4.5　复制容器内的文件

Docker 支持从宿主机到容器文件的复制，也支持从容器文件到宿主机的复制。语法如下。

```
docker cp [OPTIONS] dest_path container:src_path  //从宿主机到容器文件
docker cp [OPTIONS] container:src_path dest_path  //从容器文件到宿主机
```

其中，参数 container 指正在运行的容器的 ID，可以用"docker ps"命令来查看。

举例说明：

```
[root@hdp-03 ~]# docker cp 04692947ede5:/etc /home/yang/
```

上述命令将容器 ID 为 b80f4b3ad86a 的 Docker 容器中的 etc 文件夹复制到宿主机的 "/home/yang" 目录下。

### 15.4.6　查看容器内的日志

查看容器中的日志使用情况可以使用如下命令。

```
docker logs 容器 ID 或者名称
```

举例如下。

```
[root@hdp-03 ~]# docker logs 04692947ede5
[root@hdp-03 ~]# docker logs nginx
```

## 15.5　【实战】用 Docker 部署 MySQL

在第 14 章中使用传统方式部署了 MySQL 数据库，该过程烦琐且容易出错。接下来使用 Docker 方式部署 MySQL，感受两者的不一样之处。

### 15.5.1　拉取镜像

（1）拉取官方镜像，这里选择拉取 MySQL 5.7.30 镜像，如以下命令所示。

```
Docker pull mysql:5.7.30
```

（2）拉取成功后如图 15-12 所示。

```
[root@hdp-02 ~]# docker pull mysql:5.7.30
5.7.30: Pulling from library/mysql
8559a31e96f4: Pull complete
d51ce1c2e575: Pull complete
c2344aadc4858: Pull complete
fcf3ceff18fc: Pull complete
16da0c38dc5b: Pull complete
b905d1797e97: Pull complete
4b50d1c6b05c: Pull complete
d85174a87144: Pull complete
a4ad33703fa8: Pull complete
f7a5433ce20d: Pull complete
3dcd2a278b4a: Pull complete
Digest: sha256:32f9d9a069f7a735e28fd44ea944d53c61f990ba71460c5c183e610854ca4854
Status: Downloaded newer image for mysql:5.7.30
docker.io/library/mysql:5.7.30
You have new mail in /var/spool/mail/root
```

图 15-12

（3）查看拉取的镜像文件，如图 15-13 所示。

```
[root@hdp-02 ~]# docker images
REPOSITORY                    TAG       IMAGE ID        CREATED         SIZE
portainer/portainer-ce        latest    5f11582196a4    12 months ago   287MB
python                        3.7       ad37de9b03ef    23 months ago   903MB
python                        3.8       ce9555db0df5    23 months ago   909MB
python                        3.9       81f391f1a7d7    23 months ago   912MB
192.168.77.101/myshop/redis   6.2.5     5d89766432d0    2 years ago     105MB
redis                         6.2.5     5d89766432d0    2 years ago     105MB
mysql◄━━━                      5.7.30    9cfcce23593a    3 years ago     448MB
```

图 15-13

## 15.5.2　创建容器

使用 "docker run" 命令创建容器，具体命令如下。

```
docker run -itd --name=mysql -p 3306:3306 -e MYSQL_ROOT_PASSWORD=123456 mysql:5.7.30
```

其中的参数说明如下。

- -p：端口映射，格式为 "宿主机端口:容器端口"。
- -e：添加系统变量，MYSQL_ROOT_PASSWORD 是 root 用户的登录密码。

## 15.5.3　进入 MySQL 容器

（1）使用 "docker exec" 命令进入正在运行的 MySQL 容器。

```
docker exec -it mysql /bin/bash
```

（2）成功执行后进入容器，输入 ls 命令查看容器当前目录下的内容，如图 15-14 所示。

```
[root@hdp-02 ~]# docker exec -it mysql /bin/bash
root@2fc1f2dd262a:/# ls
bin   dev                          entrypoint.sh  home   lib64  mnt   proc  run   srv  tmp  var
boot  docker-entrypoint-initdb.d   etc            lib    media  opt   root  sbin  sys  usr
```

图 15-14

（3）在容器中执行如下命令。

```
mysql -uroot -p
```

（4）输入密码 123456 后，输出结果如图 15-15 所示。接下来即可创建数据库和数据表。

```
root@2fc1f2dd262a:/# mysql -uroot -p
Enter password:
Welcome to the MySQL monitor.  Commands end with ; or \g.
Your MySQL connection id is 3
Server version: 5.7.30 MySQL Community Server (GPL)

Copyright (c) 2000, 2020, Oracle and/or its affiliates. All rights reserved.

Oracle is a registered trademark of Oracle Corporation and/or its
affiliates. Other names may be trademarks of their respective
owners.

Type 'help;' or '\h' for help. Type '\c' to clear the current input statement.

mysql>
```

图 15-15

## 15.6　【实战】用 Docker 方式部署 Redis

用 Docker 方式部署 Redis，速度更快，操作更方便。

## 15.6.1　拉取 Redis

拉取官方镜像，这里选择拉取 Redis 6.2.5 镜像，如以下命令所示。

```
[root@hdp-02 ~]# docker pull redis:6.2.5
```

拉取成功后如图 15-16 所示。

```
[root@hdp-02 ~]# docker pull redis:6.2.5
6.2.5: Pulling from library/redis
07aded7c29c6: Pull complete
1a5d64c027a4: Pull complete
189d72810950: Pull complete
b85aac102f7d: Pull complete
fe1bca69301e: Pull complete
fd69789c2b06: Pull complete
Digest: sha256:c98f0230b5f1831f4f5dd764c4ea8ef11d3e3a1a3593278eb952373d97c82b27
Status: Downloaded newer image for redis:6.2.5
docker.io/library/redis:6.2.5
```

图 15-16

查看拉取的镜像文件，如图 15-17 所示。

```
[root@hdp-02 ~]# docker images
REPOSITORY               TAG       IMAGE ID       CREATED         SIZE
mytest                   v1        2eed9c7911b9   11 months ago   5.59MB
portainer/portainer-ce   latest    5f11582196a4   12 months ago   287MB
nginx                    latest    605c77e624dd   23 months ago   141MB
python                   3.7       ad37de9b03ef   23 months ago   903MB
python                   3.8       ce9555db0df5   23 months ago   909MB
python                   3.9       81f391f1a7d7   23 months ago   912MB
alpine                   latest    c059bfaa849c   2 years ago     5.59MB
redis                    6.2.5     5d89766432d0   2 years ago     105MB
```

图 15-17

## 15.6.2  创建并启动 Redis 容器

使用如下命令创建并启动 Redis 容器。

```
[root@hdp-02 ~]# docker run -itd -p 6379:6379 --name="redis" -v
/home/yang/myshop-api/deploy/redis.conf:/etc/redis/redis.conf -v
/home/yang/redis_data:/data redis:6.2.5 redis-server /etc/redis/redis.conf
--appendonly yes
```

其中的参数含义如下。

- −p 6379:6379：把容器内的 6379 端口映射到宿主机的 6379 端口。
- −v  /home/yang/myshop-api/redis.conf:/etc/redis/redis.conf：把宿主机中配置好的 redis.conf 放到容器中的目录下。
- −v /home/yang/redis_data:/data：在宿主机中显示 Redis 持久化的数据，作为数据备份。
- redis-server /etc/redis/redis.conf：关键配置，让 Redis 按照 redis.conf 的配置启动。
- −appendonly yes：让 Redis 在启动后进行数据持久化。

使用 Docker 部署 Redis，还需要修改 redis.conf 文件。

打开 redis.conf 文件，关键内容如下。源代码见服务器 192.168.77.102 中的 "/home/yang/myshop-api/deploy/redis.conf" 文件。

```
bind 0.0.0.0          # 绑定 IP 地址
port 6379             # 端口
protected-mode no
```

```
daemonize no          # 是否以守护进程运行
requirepass 123456    # 设置密码
```

上述配置中 protected-mode 默认为 yes，表示开启保护模式，限制为本地访问。这里设置为 no，表示解除保护模式。daemonize 默认为 no，改为 yes 会以守护进程方式启动，Redis 会自动在后台运行，这样会导致 Docker 通过配置文件启动 Redis 失败，即一开启就退出。

## 15.7　制作自己的镜像——编写 Dockerfile 文件

直接拉取的镜像不可能满足所有的生产需求，我们需要创建自己的镜像。创建这些镜像，需要编写 Dockerfile 文件。Dockerfile 文件本质上是一个文本文件，可以使用文本编辑器打开并修改。

### 15.7.1　语法规则

Dockerfile 文件是一个镜像创建命令集合的文本文件。Dockerfile 文件一般分为 4 部分：基础镜像、维护者信息、操作指令，以及容器启动时的操作指令。

Dockerfile 文件的基本操作指令见表 15-3。

表 15-3

| 指　令 | 介　绍 |
| --- | --- |
| FROM <image>:<tag> | FROM 必须是第 1 行代码。FROM 后面是镜像名称，指明基于哪个基础镜像来构建容器 |
| MAINTAINER | 描述镜像的维护者信息，如名称和邮箱 |
| RUN 命令 | RUN 后面是一个具体的命令 |
| ADD 源文件 目标路径 | 不仅能够将创建命令所在主机的文件或目录复制到镜像中，还能够将远程 URL 所对应的文件或目录复制到镜像中，并且支持文件的自动解压缩 |
| COPY 源文件 目标路径 | 能够将创建命令所在主机的文件或目录复制到镜像中 |
| USER 用户名 | 指定容器的启动用户 |
| ENTRYPOINT command,param | 指定容器的启动命令 |
| CMD command,param | 指定容器的启动参数 |
| ENV key=value | 指定容器运行时的环境变量，格式为 key=value |
| ARG 参数 | 传递参数 |
| EXPOSE port XXX | 指定容器监听的端口，格式为 port/tcp |
| WORKDIR /path/to/workdir | 设置工作目录 |

其中部分指令详解如下。

- FROM：如果在本地仓库中没有镜像，则从公共仓库中拉取。如果没有指定镜像的标签，则使用默认的 latest 标签。
- RUN：创建镜像的指令。每执行一次 RUN 指令，就会生成一层镜像。在实际使用中，可以通过 "&&" 链接符来减少镜像层数，这样可以让镜像体积更小。

## 15.7.2　创建 Nginx 镜像

接下来创建一个基于 CentOS 7.9 的 Nginx 的 Docker 镜像。

### 1. 新建 Dockerfile 文件

新建 Dockerfile 文件，在其中添加如下内容，同时让 nginx-1.21.1.tar.gz、nginx.conf 和 Dockerfile 文件在同一个目录下。源代码见本书配套资源中的 ch10/myshop-admin/deploy/Dockerfile。

```
# 基础镜像，基于CentOS 7.9版本创建
FROM centos:7.9.2009
# 维护者信息
MAINTAINER yangcoder 111@111.com
# 安装依赖
RUN yum install -y gcc pcre pcre-devel zlib zlib-devel automake autoconf libtool m
ake
# 复制Nginx包
ADD nginx-1.21.1.tar.gz /opt
# 切换工作目录
WORKDIR /opt/nginx-1.21.1
# 指定安装目录并编译安装
RUN ./configure --prefix=/usr/local/nginx && make && make install
# 创建软链接
RUN ln -s /usr/local/nginx/sbin/nginx /usr/bin/nginx
# 复制本地的Nginx配置文件到容器中
COPY nginx.conf /usr/local/nginx/conf/nginx.conf
# 映射端口
EXPOSE 82
# 运行命令，关闭守护模式
CMD ["nginx", "-g", "daemon off;"]
```

读者可以对比 14.6.3 节的 Nginx 安装来理解 Dockerfile 文件内容。

> 📢 提示　使用 ADD 命令可以自动解压缩，省去了使用"tar –zxvf"命令的步骤。

### 2. 根据 Dockerfile 文件构建镜像

使用"docker build"命令从 Dockerfile 创建镜像。

```
docker build  -t 镜像:标签 dir
```

其中，t 参数用于给镜像加一个 tag，dir 表示 Dockfile 文件所在目录。创建过程如图 15-18 所示。

```
[root@hdp-02 deploy]# docker build -t nginx:1.21.1 .
Sending build context to Docker daemon  1.172MB
Step 1/10 : FROM centos:7.9.2009
 ---> eeb6ee3f44bd
Step 2/10 : MAINTAINER yangcoder 111@111.com
 ---> Using cache
 ---> dd5117de67c0
Step 3/10 : RUN yum install -y gcc pcre pcre-devel zlib zlib-devel automake autoconf libtool make
 ---> Using cache
 ---> f43ad7ec3ebc
Step 4/10 : ADD nginx-1.21.1.tar.gz /opt
 ---> Using cache
 ---> 2971a466ff1c
Step 5/10 : WORKDIR /opt/nginx-1.21.1
 ---> Using cache
 ---> ca58442b39a1
Step 6/10 : RUN ./configure --prefix=/usr/local/nginx && make && make install
 ---> Using cache
 ---> d46f8f98f287
Step 7/10 : RUN ln -s /usr/local/nginx/sbin/nginx /usr/bin/nginx
 ---> Using cache
 ---> 13be2dfbbcd1
Step 8/10 : COPY nginx.conf /usr/local/nginx/conf/nginx.conf
 ---> Using cache
 ---> 2f1049da911b
Step 9/10 : EXPOSE 82
 ---> Using cache
 ---> fe83d8c1d321
Step 10/10 : CMD ["nginx", "-g", "daemon off;"]
 ---> Using cache
 ---> 314e069a03f6
Successfully built 314e069a03f6
Successfully tagged nginx:1.21.1
```

图 15-18

## 15.8　将镜像推送到私有仓库 Harbor 中

在企业中，常通过 Harbor 来搭建内部私有仓库，以方便用 Docker 从 Harbor 中上传/下载镜像。

### 15.8.1　搭建 Harbor 私有仓库

Harbor 的中文翻译是"港湾"。港湾是用来停放货物的，而货物是装在集装箱内的。Harbor 是一个用于存储和分发 Docker 镜像的企业级私有仓库服务器，它提供了很好的性能和安全性。

虽然 Docker 官方也提供了公共的镜像仓库，但是从安全和效率等方面考虑，在企业内部部署私有仓库是非常必要的。

安装 Harbor 私有仓库，首先需要安装 Docker Compose。Docker Compose 是 Docker 官方的开源项目，负责实现对 Docker 容器集群的快速编排。

### 15.8.2　安装 Docker Compose

执行如下命令来高速安装 Docker Compose。

```
curl -L
https://192.168.77.XXX/docker/compose/releases/download/1.29.2/docker-compose-`una
me -s`-`uname -m` > /usr/local/bin/docker-compose
chmod +x /usr/local/bin/docker-compose # 设置文件权限
```

```
ln -s /usr/local/bin/docker-compose /usr/bin/docker-compose  # 创建软链接
```

请把 192.168.77.XXX 替换为 get.daocloud.io。

安装后可以查看版本信息，如下。

```
[root@hdp-01 bin]# docker-compose version
docker-compose version 1.29.2, build 5becea4c
docker-py version: 5.0.0
CPython version: 3.7.10
OpenSSL version: OpenSSL 1.1.01  10 Sep 2019
```

## 15.8.3  安装 Harbor

安装 Harbor 分为 3 步。

### 1. 上传并解压缩 Harbor

本书配套资源中提供了 Harbor 安装文件"harbor-offline-installer-v1.10.0.tgz"，将该文件上传至 192.168.77.101 主机服务器的指定目录下，然后使用"tar –xvf"命令解压缩。

### 2. 配置 harbor.yml 文件

进入 Harbor 目录下编辑 harbor.yml 文件，其中包含以下几项。

- hostname：本机的 IP 地址。
- harbor_admin_password：登录密码。
- port：端口号。

配置如图 15-19 所示。其中，hostname 被配置成虚拟机的 IP 地址。

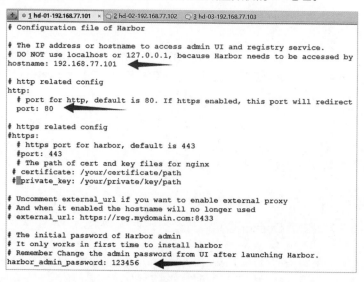

图 15-19

### 3. 安装并启动 Harbor

使用如下命令安装 Harbor。正常安装后，默认 Harbor 处于启动状态。

```
[root@hdp-01 harbor]# sh ./install.sh
```

执行结果如图 15-20 所示。

```
Creating network "harbor_harbor" with the default driver
Creating harbor-log ... done
Creating registryctl   ... done
Creating harbor-db      ... done
Creating redis          ... done
Creating harbor-portal ... done
Creating registry       ... done
Creating harbor-core    ... done
Creating nginx              ... done
Creating harbor-jobservice ... done
✓ ----Harbor has been installed and started successfully.----
```

图 15-20

正常安装 Harbor 后，默认自动启动。可以通过"docker-compose"命令来启动和停止 Harbor。

```
[root@hdp-01 harbor]# docker-compose up        # 启动
[root@hdp-01 harbor]# docker-compose stop       # 停止，但不删除容器
[root@hdp-01 harbor]# docker-compose down        # 停止，删除容器及其网络
```

## 15.8.4　登录 Harbor

访问"http://192.168.77.101"，正常情况下会打开 Harbor 登录页面，输入用户名 admin 和密码 123456 登录后进入主页面，如图 15-21 所示。

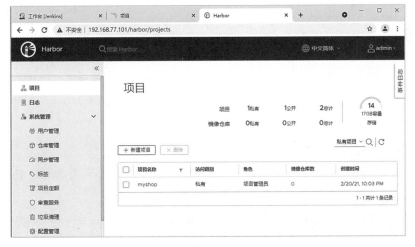

图 15-21

## 15.8.5 配置、使用 Harbor

### 1. 基础配置

在图 15-21 中单击"新建项目"按钮，创建一个名称为"myshop"的项目。然后单击 myshop 项目，选择镜像仓库，可以查看 Harbor 中对镜像格式的要求，如图 15-22 所示。

图 15-22

在 Harbor 仓库中，项目的镜像格式如下所示。

```
docker tag SOURCE_IMAGE[:TAG] 192.168.77.101/myshop/IMAGE[:TAG]
```

使用"docker tag"命令将本地的 SOURCE_IMAGE[:TAG]镜像标识为 Harbor 能够识别的 "192.168.77.101/myshop/IMAGE[:TAG] "，格式为：IP 地址/项目名称/镜像名称。

如果是本地环境，则需要使用如下命令进行镜像标识。

```
[root@hdp-02 harbor]# docker tag redis:6.2.5 192.168.77.101/myshop/redis:6.2.5
```

结果如图 15-23 所示。

```
[root@hdp-02 ~]# docker images
REPOSITORY                       TAG       IMAGE ID        CREATED       SIZE
redis                            6.2.5     ddcca4b8a6f0    2 days ago    105MB
192.168.77.101/myshop/redis      6.2.5     ddcca4b8a6f0    2 days ago    105MB
```

图 15-23

### 2. 配置以非 HTTPS 方式推送镜像

Docker 默认不允许以非 HTTPS 方式推送镜像。可以通过 Docker 的配置选项来取消这个限制，然后重启 Docker 服务。

要在 192.168.77.102 主机上访问 Harbor 仓库，需要配置 insecure-registries 参数，以允许 Docker 客户端向其发送非安全传输请求。打开 192.168.77.102 主机中的 "/etc/docker/daemon.json"文件，配置 insecure-registries 参数如下。

```
{
"registry-mirrors":["https://n60e5w4k.mirror.aliyuncs.com"],
```

```
"insecure-registries":["192.168.77.101"]
}
```

### 3. 登录 Harbor 并上传镜像

在 192.168.77.102 主机中使用"docker login"命令登录 Harbor 服务器，输入用户名和密码，如图 15-24 所示。

```
[root@hdp-02 ~]# docker login 192.168.77.101
Username: admin
Password:
WARNING! Your password will be stored unencrypted in /root/.docker/config.json.
Configure a credential helper to remove this warning. See
https://docs.docker.com/engine/reference/commandline/login/#credentials-store

Login Succeeded
```

图 15-24

使用"docker push"命令上传镜像文件，如图 15-25 所示。

```
[root@hdp-02 ~]# docker push 192.168.77.101/myshop/redis:6.2.5
The push refers to repository [192.168.77.101/myshop/redis]
0083597d42d1: Pushed
992463b68327: Pushed
4be6d4460d36: Pushed
ec92e47b7c52: Pushed
b6fc243eaea7: Pushed
f68ef921efae: Pushed
6.2.5: digest: sha256:eda375fa1d5b3c1b9c81a591bd4bc9934a2f45b346d36ef1aeafcf36212835d2 size: 1574
```

图 15-25

Harbor 服务器上的显示如图 15-26 所示。

图 15-26

使用如下命令拉取 Harbor 中的镜像文件。

```
[root@hdp-02 harbor]# docker pull 192.168.77.101/myshop/redis:6.2.5
```

还可以将 MySQL 镜像推送到 Harbor 仓库中以方便后续使用。

## 15.9　【实战】用 Docker 部署商城系统的接口

用 Docker 部署商城系统接口的过程如下。

## 15.9.1　拉取并启动 MySQL 容器

从 Harbor 仓库中拉取 MySQL 镜像，并启动容器。

```
[root@hdp-02 tools]# docker run -id --name="mysql" -p 3306:3306 -e
MYSQL_ROOT_PASSWORD=Aa_123456 192.168.77.101/myshop/mysql:5.7.30
```

当然，也可以直接从本地拉取并启动容器。

## 15.9.2　创建接口镜像并启动容器

可以通过 Dockerfile 命令创建接口镜像，有两种方法。

- 基于 CentOS 基础镜像创建，这样需要安装依赖和 Python 环境。
- 基于 Python 3.9.13 基础镜像创建，这样可以省去 Python 3.9.13 的编译和安装过程，但产生的容器没有 yum、vi 等基础命令，不方便操作。

上述两种方法最终生成的镜像文件大小为 1GB 左右。下面采用第 2 种方法创建接口镜像。

（1）新建 Dockerfile 文件。

新建 Dockerfile 文件，在其中添加如下内容。源代码见本书配套资源中的"ch13/myshop-api/Dockerfile"。

```
# 基础镜像，基于 Python 3.9.13 版本创建
FROM python:3.9.13
# 维护者信息
MAINTAINER yangcoder 111@111.com
# 创建目录
RUN mkdir -p /home/yang/myshop-api
# 切换到工作目录
WORKDIR /home/yang/myshop-api
# 将当前目录加入工作目录
ADD . /home/yang/myshop-api
# 安装依赖的包
RUN pip install -r requirements.txt -i https://pypi.tuna.tsinghua.edu.cn/simple
# 映射端口
EXPOSE 8005
# 执行命令
CMD ["gunicorn", "-c", "deploy/gunicorn.py","manage:app"]
```

其中，requirements.txt 文件中的内容是商城系统接口需要的全部依赖包信息。

（2）修改配置文件。

修改"ch13/myshop-api/deploy/gunicorn.py"文件中的 bind 参数为：

```
bind = '0.0.0.0:8005'          # 端口 8005
```

修改"ch13/myshop-api/config.py"文件，将数据库链接中的

```
SQLALCHEMY_DATABASE_URI =
"mysql+pymysql://root:Aa_123456@192.168.77.103:3306/myshop?charset=utf8mb4"
```

修改为：

```
SQLALCHEMY_DATABASE_URI =
"mysql+pymysql://root:Aa_123456@mydb:3306/myshop?charset=utf8mb4"
```

这样即可通过 mydb 来访问数据库容器。关于 mydb 是如何来的，在下方的"（4）启动接口容器。"中将进行介绍。

（3）打包为镜像文件并上传到 Harbor 仓库中。

将"ch10/myshop-api"上传到 192.168.77.102 主机的"/home/yang"目录下，然后执行如下命令。

```
[root@hdp-02 myshop-api]# docker build -t myshop-api:1.0.0 .
```

生成的镜像及 TAG 如图 15-27 所示。

```
[root@hdp-02 myshop-api]# docker images
REPOSITORY          TAG        IMAGE ID        CREATED          SIZE
myshop-api          1.0.0      4ebad1fb19e5    26 seconds ago   1.09GB
```

图 15-27

使用如下命令进行镜像标识。

```
[root@hdp-02 harbor]# docker tag myshop-api:1.0.0 192.168.77.101/myshop/myshop:1.0.0
```

将生成的镜像上传到 Harbor 仓库中。

```
[root@hdp-02 myshop-api]# docker push 192.168.77.101/myshop/myshop-api:1.0.0
```

结果如图 15-28 所示。

| | 名称 | ▼ | 标签数 |
|---|---|---|---|
| ☐ | myshop/myshop-api | | 1 |
| ☐ | myshop/mysql | | 1 |
| ☐ | myshop/redis | | 1 |

图 15-28

（4）启动接口容器。

```
[root@hdp-02 myshop-api]# docker run -itd --name="myshop-api-1.0.0" --link mysql:mydb
-p 8005:8005 myshop-api:1.0.0 /bin/bash
```

其中，--link 参数用来链接两个容器，使得源容器（被链接的容器）和接收容器（主动链接的容器）可以互相通信，并且令接收容器可以获取源容器的一些数据。

比如，MySQL 容器是源容器，商城系统接口容器是接收容器，则--link 参数的格式如下。

```
--link 源容器的 ID 或者 name: alias
```

其中的参数说明如下。

- alias：源容器在链接下的别名。有了别名即可访问数据库容器。
- --link mysql:mydb：创建启动接口容器，把该容器和名称为"mysql"的容器链接起来，并给 MySQL 容器起一个别名"mydb"。

在接口容器启动后，进入该容器进行数据库迁移，并启动服务。在完成这些操作后，可以访问"192.168.77.102:8005/goods/"浏览商城系统的接口。

### 15.9.3　拉取并启动 Nginx 容器

接下来拉取并启动 Nginx 容器。

（1）新建 Dockerfile 文件。

新建文件 Dockerfile，在其中添加如下内容。源代码见本书配套资源中的"ch13/myshop-api/deploy/nginx/Dockerfile"。

```
#基础镜像，基于Nginx最新版本
FROM nginx
#维护者信息
MAINTAINER yangcoder 111@111.com
#复制本地的Nginx配置文件到容器中
COPY nginx.conf /etc/nginx/nginx.conf
#映射端口
EXPOSE 85
#运行命令，关闭守护模式
CMD ["nginx", "-g", "daemon off;"]
```

（2）新建 nginx.conf 文件。

在新建的文件中添加如下内容。源代码见本书配套资源中的"ch13/myshop-api/deploy/nginx/nginx.conf"。

```
#商城API myshop-api
server {
   listen 85;
   listen [::]:85;
   index index.html index.htm index.nginx-debian.html;
   server_name _;
   location / {
   add_header 'Access-Control-Allow-Credentials' 'true';
   add_header 'Access-Control-Allow-Methods' 'GET, POST, OPTIONS';
   add_header 'Access-Control-Allow-Headers'
'content-type,token,id,Content-Type,XFILENAME,XFILECATEGORY,XFILESIZE,Origin,X-Req
uested-With, content-Type, Accept, Authorization';
   proxy_pass http://myweb:8005;
   proxy_http_version 1.1;
   proxy_set_header  Upgrade $http_upgrade;
   proxy_set_header  Connection keep-alive;
   proxy_cache_bypass $http_upgrade;
```

```
    server_name_in_redirect off;
    proxy_set_header Host $host:$server_port;
    proxy_set_header X-Real-IP $remote_addr;
    proxy_set_header REMOTE-HOST $remote_addr;
    proxy_set_header  X-Forwarded-For $proxy_add_x_forwarded_for;
    proxy_set_header  X-Forwarded-Proto $scheme;
    }
}
```

请注意加粗部分的代码。"proxy_pass http://myweb:8005;"中的 myweb 是--link 参数中接口容器的别名。

（3）打包镜像并将其上传到仓库中。

在服务器 192.168.77.102 的"home/yang/myshop-api/deploy/nginx"目录下执行生成镜像的命令。

```
[root@hdp-02 nginx]# docker build -t nginx:1.21.1 .
```

使用 docker tag 生成 Harbor 能够识别的镜像，然后使用 docker push 将其上传到 Harbor 仓库中。

```
[root@hdp-02 nginx]# docker tag nginx:1.21.1 192.168.77.101/myshop/nginx:1.21.1
[root@hdp-02 nginx]# docker push 192.168.77.101/myshop/nginx:1.21.1
```

（4）启动 Nginx 容器。

```
[root@hdp-02 nginx]# docker run -itd --name="nginx1.21.1" --link
myshop-api-1.0.0:myweb -p 85:85 nginx:new /bin/bash
```

由于 Nginx 容器依赖 myshop-api-1.0.0 这个接口容器，因此，需要使用--link 参数，并设置 myshop-api-1.0.0 这个接口容器的别名为"myweb"。

最后，浏览"192.168.77.102:85/goods"即可访问商城系统的接口。

这里并没有部署 Redis 和前端 Vue.js 项目，请读者自己动手试试。

## 15.10 【实战】用 Docker Compose 部署多个容器

用 Docker Compose 可以轻松、高效地管理容器。通过 Docker Compose，可以先用 YML 文件来配置应用需要的所有服务，之后用一个命令从 YML 配置文件中创建并启动所有服务。

使用 Docker Compose 有以下 3 个步骤。

（1）用 Dockerfile 定义应用的环境。

（2）用 docker-compose.yml 定义构成应用的服务，这样它们可以在隔离环境中一起运行。

（3）执行"docker-compose up"命令来启动并运行整个应用。

### 15.10.1　编排容器文件

新建文件 docker-compose.yml，在其中添加相关代码。源代码见本书配套资源中的 "ch13/myshop-api/docker-compose.yml"。

源代码中的部分参数见表 15-4。

表 15-4

| 参数 | 含义 | 参数 | 含义 |
|---|---|---|---|
| container_name | 容器名称 | links | 与其他容器相关联，还可以起别名 |
| expose | 将端口暴露给其他容器 | depends_on | 指定当前服务所依赖的服务 |
| ports | 将容器端口和主机端口绑定 | restart | 在出现错误后会自动重启 |
| command | 执行的命令 | – | – |

### 15.10.2　构建和启动

执行如下命令可以快速构建和启动程序。

```
docker-compose build
docker-compose up -d
```

启动后的效果如图 15-29 所示。

```
[root@hdp-03 ~]# docker ps -a
CONTAINER ID   IMAGE                                    COMMAND                  CREATED          STATUS          PORTS                                                      NAMES
ff52d37f80b6   192.168.77.101/myshop/nginx:1.21.1       "/docker-entrypoint.? ?  14 minutes ago   Up 13 minutes   80/tcp, 0.0.0.0:85->85/tcp, :::85->85/tcp                  nginx
dc2206d6a855   192.168.77.101/myshop/myshop-api:1.0.0   "/bin/bash -c 'pytho? ?  14 minutes ago   Up 13 minutes   0.0.0.0:8005->8005/tcp, :::8005->8005/tcp                  myshop-
api-1.0.0
29e4a66d2a01   192.168.77.101/myshop/mysql:5.7.29       "docker-entrypoint.s? ?  14 minutes ago   Up 14 minutes   0.0.0.0:3306->3306/tcp, :::3306->3306/tcp, 33060/tcp       mysql
```

图 15-29

如果容器已经启动，则可以使用如下命令进行关闭。

```
[root@hdp-03 myshop-api]# docker-compose down
Stopping nginx           ... done
Stopping myshop-api-1.0.0 ... done
Removing nginx           ... done
Removing myshop-api-1.0.0 ... done
Removing mysql           ... done
Removing network myshop-api_default
```